U0302769

普通高等院校"十二五"规划教材
普通高等院校"十一五"规划教材
普通高等院校机械类精品教材

编审委员会

顾　问：杨叔子　华中科技大学

　　　　李培根　华中科技大学

总主编：吴昌林　华中科技大学

委　员：（按姓氏拼音顺序排列）

崔洪斌　河北科技大学	孟　逵　河南工业大学
冯　浩　景德镇陶瓷学院	芮执元　兰州理工大学
高为国　湖南工程学院	汪建新　内蒙古科技大学
郭钟宁　广东工业大学	王生泽　东华大学
韩建海　河南科技大学	杨振中　华北水利水电学院
孔建益　武汉科技大学	易际明　湖南工程学院
李光布　上海师范大学	尹明富　天津工业大学
李　军　重庆交通大学	张　华　南昌大学
黎秋萍　华中科技大学出版社	张建钢　武汉纺织大学
刘成俊　重庆科技学院	赵大兴　湖北工业大学
柳舟通　湖北理工学院	赵天婵　江汉大学
卢道华　江苏科技大学	赵雪松　安徽工程大学
鲁屏宇　江南大学	郑清春　天津理工大学
梅顺齐　武汉纺织大学	周广林　黑龙江科技学院

普通高等院校"十二五"规划教材
普通高等院校"十一五"规划教材
普通高等院校机械类精品教材

顾　问　杨叔子　李培根

机械CAD/CAM基础

（第二版）

主　编　何雪明　吴晓光　王宗才

副主编　曲　平　汪太平　李玉龙

　　　　韩　文　陈水胜

编　者　申凤君　祁丽霞

华中科技大学出版社
http://www.hustp.com
中国·武汉

内 容 简 介

本书系统介绍了 CAD/CAM 的基本知识、基本理论和基本方法。全书共 8 章，主要内容包括 CAD/CAM 技术概述、CAD/CAM 软件开发基础、计算机图形处理技术基础、CAD/CAM 建模技术、计算机辅助工程分析、计算机辅助工艺过程设计、计算机辅助数控加工编程和 CAD/CAM 集成技术与计算机集成制造等，各章后均总结了该章的重难点并附有思考与练习的题目。此外，为便于学习与应用，本书相关各章中对 Unigraphics，Ansys 等常用开发应用软件的相应内容进行了介绍，并引入了一些工程应用和开发实例。

本书主要用作高等工科院校机械工程及自动化专业"机械 CAD/CAM 基础"课程的教材，也可用作高等职业学校、成人高校相关专业的教材，还可供从事机电产品设计与制造的研究人员、工程技术人员和工程管理人员学习参考。

图书在版编目(CIP)数据

机械 CAD/CAM 基础/何雪明，吴晓光，王宗才主编. —2 版. —武汉：华中科技大学出版社，2015.8 (2024.8 重印)

普通高等院校"十二五"规划教材　　普通高等院校机械类精品教材

ISBN 978-7-5680-1198-3

Ⅰ.①机…　Ⅱ.①何…　②吴…　③王…　Ⅲ.①机械设计-计算机辅助设计-高等学校-教材　②机械制造-计算机辅助制造-高等学校-教材　Ⅳ.①TH122　②TH164

中国版本图书馆 CIP 数据核字(2015)第 201677 号

机械 CAD/CAM 基础(第二版)　　　　　　　　　何雪明　吴晓光　王宗才　主编

策划编辑：俞道凯
责任编辑：姚同梅
封面设计：李　嫚
责任校对：马燕红
责任监印：张正林
出版发行：华中科技大学出版社(中国·武汉)　　　电话：(027)81321913
　　　　　武汉市东湖新技术开发区华工科技园　　　邮编：430223
录　　排：华中科技大学惠友文印中心
印　　刷：武汉邮科印务有限公司
开　　本：787mm×960mm　1/16
印　　张：22.5　插页：2
字　　数：481 千字
版　　次：2008 年 8 月第 1 版　2024 年 8 月第 2 版第 6 次印刷
定　　价：42.00 元

华中出版

本书若有印装质量问题，请向出版社营销中心调换
全国免费服务热线：400-6679-118　竭诚为您服务
版权所有　侵权必究

　　"爆竹一声除旧，桃符万户更新。"在新年伊始，春节伊始，"十一五规划"伊始，来为"普通高等院校机械类精品教材"这套丛书写这个"序"，我感到很有意义。

　　近十年来，我国高等教育取得了历史性的突破，实现了跨越式的发展，毛入学率由低于 10% 达到了高于 20%，高等教育由精英教育而跨入了大众化教育。显然，教育观念必须与时俱进而更新，教育质量观也必须与时俱进而改变，从而教育模式也必须与时俱进而多样化。

　　以国家需求与社会发展为导向，走多样化人才培养之路是今后高等教育教学改革的一项重要任务。在前几年，教育部高等学校机械学科教学指导委员会对全国高校机械专业提出了机械专业人才培养模式的多样化原则，各有关高校的机械专业都在积极探索适应国家需求与社会发展的办学途径，有的已制定了新的人才培养计划，有的正在考虑深刻变革的培养方案，人才培养模式已呈现百花齐放、各得其所的繁荣局面。精英教育时代规划教材、一致模式、雷同要求的一统天下的局面，显然无法适应大众化教育形势的发展。事实上，多年来许多普通院校采用规划教材就十分勉强，而又苦于无合适教材可用。

　　"百年大计，教育为本；教育大计，教师为本；教师大计，教学为本；教学大计，教材为本。"有好的教材，就有章可循，有规可依，有鉴可借，有道可走。师资、设备、资料（首先是教材）是高校的三大教学基本建设。

　　"山不在高，有仙则名。水不在深，有龙则灵。"教材不在厚薄，内容不在深浅，能切合学生培养目标，能抓住学生应掌握的要言，能做到彼此呼应、相互配套,就行,此即教材要精、课程要精,能精则名、能精则灵、能精则行。

华中科技大学出版社主动邀请了一大批专家,联合了全国几十个应用型机械专业,在全国高校机械学科教学指导委员会的指导下,保证了当前形势下机械学科教学改革的发展方向,交流了各校的教改经验与教材建设计划,确定了一批面向普通高等院校机械学科精品课程的教材编写计划。特别要提出的,教育质量观、教材质量观必须随高等教育大众化而更新。大众化、多样化绝不是降低质量,而是要面向、适应与满足人才市场的多样化需求,面向、符合、激活学生个性与能力的多样化特点。"和而不同",才能生动活泼地繁荣与发展。脱离市场实际的、脱离学生实际的一刀切的质量不仅不是"万应灵丹",而是"千篇一律"的桎梏。正因为如此,为了真正确保高等教育大众化时代的教学质量,教育主管部门正在对高校进行教学质量评估,各高校正在积极进行教材建设、特别是精品课程、精品教材建设。也因为如此,华中科技大学出版社组织出版普通高等院校应用型机械学科的精品教材,可谓正得其时。

我感谢参与这批精品教材编写的专家们!我感谢出版这批精品教材的华中科技大学出版社的有关同志!我感谢关心、支持与帮助这批精品教材编写与出版的单位与同志们!我深信编写者与出版者一定会同使用者沟通,听取他们的意见与建议,不断提高教材的水平!

特为之序。

中国科学院院士
教育部高等学校机械学科指导委员会主任
杨叔子
2006.1

第二版前言

近年来 CAD/CAM 技术的发展突飞猛进,为了及时反映最新的科技成果,满足教学需要,按照教育部机械学科教学指导委员会的教材建设规划要求以及授课实践的需要,我们对本书进行了修订。

本书第一版出版时已经做了大量的调查与研究工作,但在以后的教学中还是陆续发现了一些不尽完善的地方。趁这次修订的机会,我们对全书内容进行了研读,力图顺应新的形势,令本书更加适应实际教学需要。根据"少而精"和"理论联系实际"的原则,补充了一部分新的知识,丰富了应用实例。在第 4 章中,主要修订了 4.5 节"UG NX 软件的应用",以便于教师系统地教学和学生完整地理解和掌握 UGNX8.5 的草绘、三维造型、零部件装配和工程图绘制四个方面内容。在第 5 章中,对 5.2 节"优化设计"的内容做了修改和补充,特别是提供了 LINGO 和 MATLAB 软件可以实现的优化过程的介绍,简化了数值迭代计算过程,将工程实际中需解决的优化问题计算机化,以推动优化技术在工程中的应用。同时,在华中科技大学出版社编辑同志的帮助下,在细节上对全书进行了不同程度的修改,有的是以新换旧,有的是增补,有的是删除,所修订内容接近全书内容的 55%。相信经过本次修订,本书将更加便于教学和自学,适用范围更广。

参加这次修订工作的有江南大学的何雪明、武汉纺织大学的吴晓光、河南工业大学的王宗才、江南大学的曲平、安徽工程大学的汪太平、成都大学的李玉龙、景德镇陶瓷学院的韩文、湖北工业大学的陈水胜、成都理工大学的申凤君和华北水利水电大学的祁丽霞等。本书由何雪明、吴晓光、王宗才担任主编,曲平、汪太平、李玉龙、韩文、陈水胜担任副主编。何雪明负责完成了全书的统稿工作。

本书出版以来,有不少院校将其选作教材,在使用中,授课教师也向我们提出了一些宝贵建议;同时,在这次修订工作中,我们还参阅了很多同行专家的文献资料,并得到了各有关院校老师的支持和帮助。借此次修订的机会,向这些同行、专家和广大读者致以诚挚的谢意。

编　者
2015 年 7 月

前　言

　　CAD/CAM 技术是 20 世纪最杰出的工程成就之一,历经 50 多年的沧桑变革,已经成为当前产品更新、生产发展和国际间经济竞争的重要手段,其应用和发展引起了社会和生产的巨大变革。它具有知识密集、学科交叉、综合性强、应用范围广等特点,是当今世界科技领域的前沿课题。目前,CAD/CAM 技术已广泛应用于机械、电子、航空、航天、汽车、船舶、纺织、轻工以及建筑等诸多领域,它的发展与应用程度已成为衡量一个国家技术发展水平及工业现代化水平的重要标志之一。

　　随着市场竞争的日益激烈以及全球化市场的形成,对制造业来说,企业竞争的核心将是新产品的开发和制造能力。CAD/CAM 技术改变了人们设计、制造产品的常规方式,是提高产品设计质量、缩短产品开发周期、降低产品生产成本、提高产品市场竞争能力的强有力手段。随着 CAD/CAM 技术的推广应用,它已成为工程技术人员必须掌握的基本工具。

　　为进一步推广、应用 CAD/CAM 技术,培养技术发展和市场竞争所需要的人才,本书系统地介绍了计算机在产品设计和制造中的应用和开发技术,旨在使读者掌握 CAD/CAM 的基本概念、原理、知识和方法,了解 CAD/CAM 技术的发展水平,认识推广 CAD/CAM 技术的重要性,为从事 CAD/CAM 技术研究和应用打下基础。

　　在内容安排上,本书着重介绍一些基本概念、实施方法和关键技术及其软件应用。为便于读者学习和理解,本书在每章都总结了该章的重难点并附有思考和练习题。

　　本书可作为高等工科院校机械工程及自动化专业、机械设计制造及自动化专业、机电一体化专业的技术基础课,还可供从事机电产品设计与制造的研究人员、工程技术人员和工程管理人员学习参考。

　　本书的完成是整个写作团队共同努力的结果,参加本书编写的有何雪明、吴晓光、曲平、汪太平、李玉龙、王宗才、韩文、陈水胜、申凤君、祁丽霞。全书由何雪明、吴晓光和王宗才任主编;曲平、李玉龙、汪太平、陈水胜和韩文任副主编;何雪明和吴晓光负责全书的统稿工作。

　　本书在编写过程中,参阅了以往其他版本的同类教材,同时参阅了有关工厂、科研院所的一些教材、资料和文献,并得到许多同行专家教授的支持和帮助,在此表示衷心的致谢。

　　限于编者的水平,书中难免有错误和不妥之处,敬请读者批评指正。

编　者

2008 年 3 月

目　　录

第1章　CAD/CAM 技术概述

CAD/CAM(computer aided design/computer aided manufacturing)技术是制造工程技术与计算机技术相互结合、相互渗透而发展起来的一项综合性应用技术。该技术产生于 20 世纪 50 年代后期发达国家的航空和军事工业中，随着计算机软、硬件技术和计算机图形学技术的发展而迅速成长起来。1989 年美国国家工程科学院将 CAD/CAM 技术评为当代(1964—1989 年)十项最杰出的工程技术成就之一。CAD/CAM 技术涉及知识门类宽、综合性能强、处理速度快、经济效益高，是当今先进制造技术的重要组成部分。CAD/CAM 技术不仅是企业产品设计开发和加工制造的手段和工具，其发展和应用还大大地促进了企业的技术进步和管理水平，对国民经济的快速发展、科学技术的进步产生了深远的影响。目前，CAD/CAM 技术已成为衡量一个国家和地区科技现代化和工业现代化水平的重要标志之一。

1.1　CAD/CAM 技术的基本概念

CAD/CAM 技术以计算机、外围设备及其系统软件为基础，综合集成了计算机科学与工程、计算机几何、机械设计、机械加工工艺、人机工程、控制理论、电子技术等学科知识，以工程应用为对象，实现了包括二维绘图设计、三维几何造型设计、工程计算分析与优化设计、数控加工编程、仿真模拟、信息存储与管理等相关功能。

CAD/CAM 技术有广义和狭义之分。广义的 CAD/CAM,是指利用计算机辅助技术进行产品设计与制造的整个过程以及与之直接或间接相关的活动，包括产品设计(几何造型、分析计算、工程绘图、结构分析、优化设计等)、工艺准备(计算机辅助工艺设计、计算机辅助工装设计与制造、数控自动编程、工时定额和材料定额编制等)、生产作业计划、物料作业计划的运行控制(加工、装配、检测、输送、存储等)、生产控制、质量控制及工程数据管理等。狭义的 CAD/CAM,是指利用 CAD/CAM 系统进行产品造型、计算分析数控程序编制(包括刀具路径规划、刀位文件生成、刀具轨迹仿真及数控代码生成等)。

1.1.1　CAD 技术

计算机辅助设计(computer aided design,CAD)技术是指以计算机为工具，对产品进行包括方案构思、总体设计、工程分析、图形编辑和技术文档整理等设计活动的技术。人具有思维、逻辑推理、学习及直观判断的能力，计算机具有运算速度快、精确度高、信息存储量大、不易忘与不易出错等特点，CAD 技术以"人机对话"方式，使人和计算机相互取长补短，充分发挥各自的优点，获得最优化设计。CAD 是一种借助于计算机完成设计并产生图形、图像的综合性工程技术，具有几何建模、工程分析、模拟仿真、优化设计、工程绘图和数据管理等主要功能。

1.1.2 CAE 技术

计算机辅助工程（computer aided engineering，CAE）技术是以现代计算力学为基础、以计算机仿真为手段的工程分析技术，主要包括有限元法（finite element method，FEM）、边界元法（boundary element method，BEM）、运动机构分析、气动特性和流场分析、电路设计和磁场分析等技术，其中有限元法在机械 CAD 中应用最广泛。CAE 的主要任务是对工程、产品和结构未来的工作状态和运行行为进行模拟仿真，及时发现设计中的问题和缺陷，实现产品优化设计，缩短产品开发周期，节省研发经费。目前市场上比较大型的 CAD/CAM 集成系统中都包含有工程分析模块，CAE 已成为 CAD/CAM 中不可缺少的重要环节。

1.1.3 CAPP 技术

计算机辅助工艺过程设计（computer aided process planning，CAPP）是指借助于计算机软、硬件技术和支撑环境，利用计算机进行数值计算、逻辑判断和推理来制定零件机械加工工艺过程，主要包括毛坯设计、加工方法选择、工序设计、工艺路线制定和工时定额计算等，其中工序设计包含加工设备和工装选用、加工余量分配、切削用量选择、机床刀具选择和工序图生成等内容。应用 CAPP 能够迅速编制出完整、详尽、优化的工艺方案和各种工艺文件，可极大地提高工艺人员工作效率、缩短工艺准备周期，加快产品投放市场的进程。此外，应用 CAPP 技术还可获得符合企业实际的优化工艺，给出合理的工时定额和材料消耗，为企业科学管理提供可靠的数据。

1.1.4 CAM 技术

计算机辅助制造（computer aided manufacturing，CAM）是借助计算机进行产品制造活动的简称，有广义和狭义之分。广义 CAM，一般是指利用计算机辅助完成从毛坯到产品制造过程中的直接和间接的各种活动，包括工艺准备、生产作业计划制定、物流过程的运行控制、生产控制、质量控制等方面的内容。其中，工艺准备包括计算机辅助工艺过程设计、计算机辅助工装设计与制造、数控编程、计算机辅助工时定额和材料定额的编制等任务；物流过程的运行控制包括物料加工、装配、检验、输送、储存等生产活动。狭义 CAM，通常指数控程序的编制，包括刀具路径规划、刀位文件生成、刀具轨迹仿真以及后置处理和数控代码生成等作业过程。通常 CAD/CAM 系统中 CAM 指的是狭义的 CAM。

1.1.5   CAD/CAM 集成技术

自 20 世纪 60 年代开始,CAD 和 CAM 技术各自独立地发展,出现了众多性能优良的相互独立的商品化 CAD,CAPP,CAM 系统,它们在各自领域都起到了重要的作用。然而,这些各自独立的系统相互割裂,不能实现系统之间信息的自动传递和转换,信息资源不能共享,严重制约了其发展。人们认识到,CAD 系统的信息必须能应用到后续的生产制造环节(如 CAE,CAPP,CAM),提出了 CAD/CAM 集成的概念,并首先致力于 CAD,CAPP 和 CAM 系统之间数据自动传递和转换的研究,以便将业已存在和使用的 CAD,CAPP,CAM 系统集成起来。集成化的 CAD/CAM 系统借助于工程数据库技术、网络通信技术以及标准格式的产品数据接口技术,把分散于机型各异的各个 CAD/CAM 模块高效、快捷地集成起来,实现软、硬件资源共享,保证整个系统内的信息流动畅通无阻。

随着网络技术、信息技术的不断发展和市场全球化进程的加快,出现了以信息集成为基础的更大范围的集成技术,包括信息集成、过程集成、资源集成、工作机制集成、技术集成、人机集成以及智能集成等,譬如将企业内经营管理信息、工程设计信息、加工制造信息、产品质量信息等融为一体的计算机集成制造(computer integrated manufacturing,CIM)技术。而 CAD/CAM 集成技术则是计算机集成制造系统、并行工程系统、敏捷制造系统等新型集成系统中的一项核心技术。

1.2   CAD/CAM 系统的主要功能与工作过程

1.2.1   CAD/CAM 系统的主要功能

CAD/CAM 系统能对产品整个设计和制造全过程的信息进行处理,包括产品的概念设计、详细设计、数值计算与分析、工艺设计、加工仿真、工程数据管理等各个方面,主要具有以下几个方面的功能。

(1)几何造型功能   利用几何建模技术,构造各种产品的几何模型,描述基本几何实体及实体间的关系,进行零件的结构设计以及零部件的装配,解决三维几何建模中复杂的空间布局问题,进行消隐、彩色浓淡处理、剖切、干涉检查等,动态地显示几何模型,方便观察、修改模型,检验零部件装配的结果。几何建模技术是 CAD/CAM 系统的核心,为产品的设计、制造提供基本数据,同时也为其他模块提供原始信息。

(2)计算分析功能   CAD/CAM 系统构型后,能够计算产品相应的体积、表面积、质量、重心位置、转动惯量等几何特性和物理特性,对产品结构如应力、温度、位移等进行计算,为系统进行工程分析和数值计算提供必要的基本参数。CAD/CAM 系统要求各类计算分析的算法不仅正确、全面,而且还必须有较高的计算精度。

（3）工程绘图功能　　CAD/CAM 系统不仅具备从三维图形直接向二维图形转换的功能，还具备处理二维图形的能力，包括基本图元的生成、尺寸标注、图形编辑以及显示控制、附加技术条件等功能，保证生成既合乎生产要求，又符合国家标准规定的机械图样。

（4）结构分析功能　　CAD/CAM 系统中结构分析常用的方法是有限元法。这是一种逼值近似解方法，用来进行结构形状比较复杂的零件的静态特性、动态特性、强度、振动、热变形、磁场强度、温度场强度、应力分布状态等的计算分析。分析计算之后，将计算结果以图形、文件的形式输出，例如应力分布图、温度场强度分布图、位移变形曲线等，用户能方便、直观地看到分析结果。

（5）优化设计功能　　CAD/CAM 系统应具有优化求解的功能。也就是在某些条件的限制下，使产品或工程设计中的预定指标达到最优的功能。优化包括总体方案的优化、产品零件结构的优化、工艺参数的优化等。优化设计是现代设计方法学中的一个重要组成部分。

（6）计算机辅助工艺设计（CAPP）功能　　CAPP 是 CAD 与 CAM 的中间环节，它根据建模后生成的产品信息及制造要求，自动决策确定加工该产品所采用的加工方法、加工步骤、加工设备及加工参数，其设计结果一方面能被生产实际所用，生成工艺卡片文件，另一方面能直接输出一些信息，为 CAM 中的数控自动编程系统接收、识别，直接转换为刀位文件。

（7）数控自动编程功能　　在分析零件图和制订出零件的数控加工方案之后，CAD/CAM 系统自动生成数控加工程序。

（8）模拟仿真功能　　CAD/CAM 系统通过仿真软件，模拟真实系统的运行，预测产品的性能、产品的制造过程和产品的可制造性。通常有加工轨迹仿真，机构运动学模拟，机器人仿真，工件、刀具、机床的碰撞、干涉检验等。

（9）工程数据管理功能　　由于 CAD/CAM 系统中数据量大、种类繁多，如几何图形数据、属性语义数据、产品定义数据、生产控制数据等，系统必须对其进行有效管理，支持工程设计与制造全过程的信息流动与交换。通常，CAD/CAM 系统采用工程数据库系统作为统一的数据环境，实现各种工程数据的管理。

（10）特征造型功能　　面向设计和制造过程的特征造型系统，不仅含有产品的几何形状信息，而且也将公差、表面粗糙度、孔、槽等工艺信息建在特征模型中，有利于 CAD/CAPP 的集成。

1.2.2　CAD/CAM 工作过程

CAD/CAM 是计算机技术在产品设计和制造中的应用，可完成产品的需求分析、可行性分析、方案论证、总体设计、分析计算和评价以及设计定型后产品信息传递等。在设计过程中，利用交互设计技术，在完成某一阶段设计后，可以把中间结果以图形方式显示在图形终端的屏幕上，以供设计者直观地分析和判断。如判断后认为需要进行某些方面的修改,可以立即把要修改的参数输入计算机以进行处理,再输出结果,再判断,再修改,反复进行这一过程,直至取得理想的结果为止,最后通过输出设备供制造过程应用。CAD/CAM应用于设计与制造过程的流程如图1-1所示。

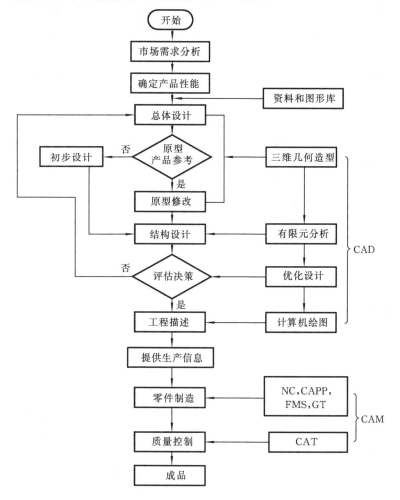

图 1-1 CAD/CAM 应用于设计与制造过程的流程

1.3   CAD/CAM 系统的组成和分类

1.3.1 CAD/CAM 系统的组成

CAD/CAM系统要完成其功能,必须具备两方面的条件:一个是硬件系统;一个是软件系统。硬件系统是 CAD/CAM 系统运行的基础，主要包括计算机主机、计算机外部设备、网络通信设备以及生产加工设备等具有有形物质的设备。软件系统是 CAD/CAM 系统的核心，包括系统软件、支撑软件和应用软件等，通常是指程序及其相关的文档。CAD/CAM 软件在系统中占据着极其重要的地位，软件配置的档次和水平决定了 CAD/CAM 系统性能的优劣，软件的成本已远远超过了硬件设备。软件的发展呼唤更新更快的计算机系统，而计算机硬件的更新又为开发更好的 CAD/CAM 软件系统创造了物质条件。根据应用领域和所完成任务的不同，CAD/CAM 系统的软、硬件组成也不尽相同，特别是在软件构成方面有较大的差别。本书主要介绍机械制造业中应用的 CAD/CAM 系统。

人在 CAD/CAM 系统中起着关键的作用。从使用方法的角度看，目前各类 CAD/CAM 系统基本上都采用人机交互的工作方式，通过人机对话完成 CAD/CAM 的各种作业过程。CAD/CAM 系统的这种工作方式要求人与计算机密切合作，各自发挥自身的特长。计算机在信息的存储与检索、分析与计算、图形与文字处理等方面有着特有的作用，而在设计策略、逻辑控制、信息组织以及经验和创造性等方面，人将占有主导地位，尤其在现阶段，人还起着不可替代的作用。

1.3.2 CAD/CAM 系统的分类

1. 根据使用的支撑软件规模大小分类

（1）CAD 系统 具有较强的几何造型、工程绘图、仿真与模拟、工程分析与计算、文档管理等功能，是为完成设计任务而建立的，规模相对较小，成本也较低。

（2）CAM 系统 具有数控加工编程、加工过程仿真、生产系统及设备的控制与管理、生产信息管理等功能，是专门面向生产过程的，规模相对小一些。

（3）CAD/CAM 集成系统 规模较大、功能齐全、集成度较高，同时具备 CAD 和 CAM 系统的功能以及系统间共享信息和资源的能力，硬件配置较全，软件规模和功能强大，是面向 CAD/CAM 一体化而建立的，是目前 CAD/CAM 发展的主流。

2. 根据 CAD/CAM 系统使用的计算机硬件及其信息处理方式分类

（1）主机系统 这类系统以一个主机为中心。系统集中配备某些公用外围设备（如绘图机、打印机、磁带机等）与主机相连，同时可以支持多个用户工作站及字符终端。一般至少有一个图形终端，并配有图形输入设备，如键盘、鼠标或图形输入板，用来输入字符或命令等。这类系统采用多用户分时工作方式，其优点是主机功能强，能进行大信息量的作业，如大型分析计算、复杂模拟和管理等；缺点是开放性较差，即系统比较封闭、具有专用性，当终端用户过多时，会使系统过载，响应速度变慢，而且一旦主机发生故障，整个系统就不能工作，目前一般不再采用。

（2）工作站系统 工作站本身具有强大的分布式计算功能，因此能够支持复杂的

CAD/CAM 作业和多任务进程。该类系统的信息处理不再采用多用户分时系统的结构与方式,而是采用计算机网络技术将多台计算机(工程工作站或微型计算机)连接起来,一般每台计算机只配一个图形终端,每位技术人员使用一台计算机,以保证对操作命令的快速响应。系统的单用户性保证了快速的时间响应,提高了用户的工作效率。

(3) 微型计算机系统 也称个人计算机(PC 机)系统。近年来,微型计算机在速度、精度、内/外存容量等方面已能满足 CAD/CAM 应用的要求,一些大型工程分析、复杂三维造型、数控编程、加工仿真等作业在微型计算机上运行不再有大的困难,微型计算机的价格也越来越便宜。以往一些对计算机硬件资源要求高、规模较大、在工程工作站上运行的 CAD/CAM 软件逐步移植到微型计算机上,从图形软件、工程分析软件到各种应用软件,满足了用户的大部分要求;现代网络技术能将许多微型计算机及公共外设连成一个完整系统,做到系统内部资源共享。

3. 根据 CAD/CAM 系统是否使用计算机网络分类

(1) 单机系统 在单机系统中,每台计算机都具备完成 CAD/CAM 指定任务所需要的全部软、硬件资源,但计算机之间没有实施网络连接,无法进行通信和信息交互,不能实现资源共享。

(2) 网络化系统 这类系统将本地或异地多台计算机以网络形式连接起来,计算机之间可以进行通信和信息交互,完成 CAD/CAM 任务所需要的全部软、硬件资源分布在各个节点上,实现资源共享。网络上各个节点的计算机可以是微型计算机,也可以是工作站。每个节点有自己的 CPU 甚至外围设备,使用速度不受网络上其他节点的影响。通过网络软件提供的通信功能,每个节点的用户还可以享用其他节点的资源,例如绘图仪、打印机等硬件设备,也能共享某些公共的应用软件及数据文件。

系统采用的网络形式有总线网、星形网、环形网等。总线网适用于将各种性能差别较大的设备连入网内,具有良好的开放性和可扩展性,是目前应用的主流。以太网(Ethernet)是一种典型的总线网,在 CAD/CAM 系统中得到了广泛应用。以太网可以将各种不同类型的工程工作站、微型计算机、外围设备等连接起来,使用非常方便。星形网的访问控制比较简单,缺点是每个站点与中央节点之间有一条连线,所以费用较大,且中央节点的可靠性要求高。环形网采用点到点的结构,无碰撞,传输速度高、距离远,适合传输数据量大的场合,但随着中继器的增多,费用会大大增加,且某一节点出现问题可能影响整个网络。

1.3.3 CAD/CAM 系统的硬件

尽管 CAD/CAM 系统的结构形式、应用范围、软件规模、系统功能各不相同,但其典型的硬件配置大同小异,如图 1-2 所示,主要由计算机主机、存储器、输入/输出设备、图形显示器及网络通信设备组成。

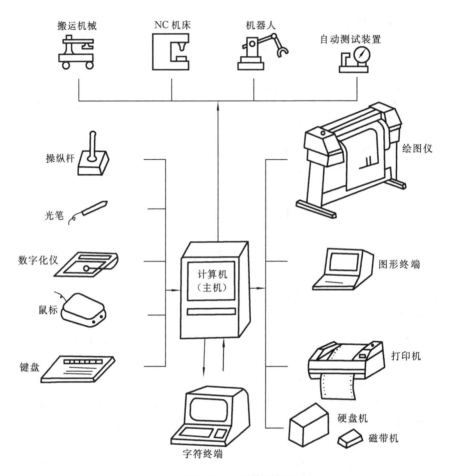

图 1-2　CAD/CAM 系统硬件组成

1. 计算机主机

计算机主机是 CAD/CAM 系统硬件的核心,主要由中央处理器(CPU)、内存储器以及输入/输出(I/O)接口组成,主机是 CAD/CAM 系统的指挥和控制中心,其类型和性能很大程度上决定了 CAD/CAM 系统的性能,如运算精度和速度。CAD/CAM 系统常用的主机类型有微型计算机、工作站、小型计算机等。微型计算机 CAD/CAM 系统性价比高,有丰富的应用软件;工作站 CAD/CAM 系统处理速度快,具有很强的图形处理能力和网络通信能力;小型计算机 CAD/CAM 系统价格昂贵、功能单一,一般只在一些特殊行业和部门使用,如科研机构、军事部门等。

2. 外存储器

外存储器是 CAD/CAM 系统中独立于内存、用于存放各种数据和代码的外部存储设备,通常用于存储 CPU 暂时不用的程序和数据,CAD/CAM 系统的大量软件、图形库和数据库均存储于外存储器中。存放于外存储器中的程序和数据必须先读入计算机内存才能进行运算和处理。常见的外存储器有磁带、磁盘、U 盘和光盘等几种类型。

3. 输入设备

（1）键盘 键盘是计算机最常用、最基本的输入设备，用于完成用户设计所需参数、命令和字符串的输入，以及菜单的选区等操作。但键盘输入速度慢，单靠键盘完成交互式 CAD/CAM 作业是远远不行的。

（2）鼠标 鼠标是一种手动输入的屏幕指示装置，它用于控制光标在屏幕上的位置，以便在该位置上输入图形、字符或激活屏幕菜单。鼠标器操作简单，使用方便。

（3）数字化仪 数字化仪由一块图形输入平板和一个游标定位器组成。当游标定位器移动到数字化仪台面上某一位置时，平板上确定 X, Y 坐标的位置信息就可以直接送入计算机系统以确定游标所在的准确位置。图形输入时，可将工程图样平放在数字化仪的平板上，用定位器跟踪图形的特征点，使这些特征点的位置数字化后输入计算机，再结合绘图命令，一份图样就可以方便地送入计算机内。也可以根据数字化仪菜单上的绘图指令和点的坐标值，在屏幕上绘制出所需要的图形。数字化仪输入图形很费时，也较难保证精度，目前已逐步被图形扫描仪所取代。

（4）图形扫描仪 图形扫描仪是可通过光电阅读装置，将整张图样信息转化为数字信息输入到计算机的一种输入设备。图形扫描仪具有高速输入图形的功能，并能对蓝图进行消蓝、去污以及平滑处理。用扫描仪得到的图形信息是点阵图像文件，不能直接被一般 CAD/CAM 系统所读取，需要进行矢量化处理，即将点阵图像文件所表示的线条和符号识别出来，以直线、圆弧以及矢量字符等矢量信息形式表示。经过矢量化处理的图形信息，可应用交互式图形系统软件在屏幕上进行编辑和修改。

（5）数码相机 采用光电装置将光学图像转换成可直接被计算机处理的数字图像。

（6）其他输入设备 触摸屏、声音交互输入仪等。

4. 输出设备

CAD/CAM 系统常用的输出设备有图形显示器、打印机和绘图仪等。图形显示器可将计算机计算处理的中间或最终结果用图形和文字信息显示出来，供观察或浏览之用。但是，图形显示器显示的信息不能长期保存，必须借助于打印机和绘图仪等硬件设备将 CAD/CAM 系统的设计处理结果绘制输出，以作为技术文档长期保存。

（1）图形显示器 图形显示器主要有阴极射线管显示器和液晶显示器。

（2）打印机 打印机可分为撞击式与非撞击式两种。最典型的撞击式打印机为针式打印机，由计算机控制每个针头的撞击，通过色带将所需输出的信息打印在纸上。非撞击式打印机包括喷墨打印机、激光打印机等。在大幅面图纸输出时常采用自动绘图仪。

（3）自动绘图仪 自动绘图仪是一种高速、高精度的图形输出装置，它可将 CAD/CAM 系统已完成的结构设计图形绘制到图纸上。目前，市场上所提供的绘图仪通常有笔式绘图仪、喷墨绘图仪、热敏绘图仪、光电绘图仪等。

不同种类的绘图仪性能差异较大，选用笔式绘图仪时应考虑以下几个主要参数指标：绘图速度、加速度、定位精度（一般为 0.1 mm）、重复精度（0.01 mm 或更小）、幅面（A0，A1，A2 和 A3）。除以上主要性能指标之外，还需考虑绘图笔的数量（4 支、6 支、8 支、12 支等）和种类（铅笔、墨水笔、陶瓷笔、圆珠笔等）。另外，还要注意区分机械分辨率和软件分辨率。对非笔式绘图机来说，需考虑填充色彩种类、彩色线条种类、调色剂容量、记录"笔尖"的总数（分辨率，如 1 200 dpi），以及缓冲器的容量等性能指标。

（4）生产系统设备　机械 CAD/CAM 系统包括加工设备（如各类数控机床、加工中心等）、物流搬运设备（如有轨小车、无轨小车、机器人等）、仓储设备（如立体仓库、刀库等）、辅助设备（如对刀仪等）等生产系统设备。这些设备通过某种接口与 CAD/CAM 系统中的计算机连接，实现计算机与设备间的通信，如获取和接收设备的状态信息和其他数据信息，向设备发送命令和控制程序（如数控加工程序、机器人控制程序）等。

5. 网络设备

随着计算机技术与通信技术的发展，越来越多的 CAD/CAM 系统采用网络化系统以达到资源和数据共享。

1.3.4　CAD/CAM 系统的软件

CAD/CAM 系统的功能强弱和性能的好坏，不仅取决于系统的硬件配置，而且取决于系统的软件配置。在建立 CAD/CAM 系统时必须十分重视软件的选择和投资强度，否则，再好的硬件也不能发挥作用。由于 CAD/CAM 系统要处理的对象和规模不同，相应配置的软件也有较大的差异。一个具体的 CAD/CAM 系统到底需要哪些软件，到目前为止，尚未有统一的认识和规定。

根据 CAD/CAM 系统中执行的任务及服务对象的不同，可将软件系统分为三个层次，即系统软件、支撑软件和应用软件，如图1-3所示。

1. 系统软件

系统软件主要用于计算机的管理、维护、控制、运行以及对计算机程序的翻译和执行。系统软件具有两个特点：一是通用性，一是基础性。系统软件主要包括操作系统、编程语言系统、网络通信与管理软件三大部分，其组成与主要作用如图1-4所示。

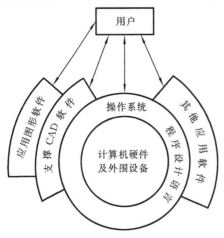

图 1-3　CAD/CAM 软件系统层次结构关系

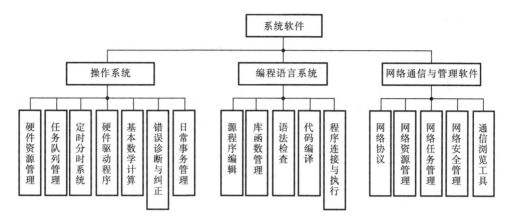

图 1-4　系统软件的组成与作用

1）操作系统

操作系统是系统软件的核心。它控制和指挥计算机的软件资源和硬件资源,其主要内容涉及硬件资源管理、任务队列管理、定时分时系统、硬件驱动程序、基本数学计算、错误诊断与纠正、日常事务管理等。操作系统依赖于计算机系统的硬件,用户通过操作系统使用计算机,任何程序都要经过操作系统分配必要的资源后才能执行。

操作系统按其提供的功能及工作方式的不同可分为单用户、分时、实时、批处理、网络和分布式操作系统六类。

2）编程语言系统

编程语言系统主要完成源程序编辑、库函数管理、语法检查、代码编译、程序连接与执行等工作。按照程序设计方法的不同,可分为结构化编程语言和面向对象的编程语言,按照编程时对计算机硬件依赖程度的不同,可分为低级语言和高级语言。

3）网络通信与管理软件

随着计算机网络技术的发展与广泛应用,大多数 CAD/CAM 系统都应用了网络通信技术,用户共享网内全部软硬件资源。网络通信及其管理软件主要包括网络协议、网络资源管理、网络任务管理、网络安全管理、通信浏览工具等内容。目前这种层次型的网络协议已经标准化,被称为"开放系统网络标准模式(OSI)",它分为七层,即应用层、表达层、会话层、传输层、网络层、链路层和物理层。目前 CAD/CAM 系统中流行的主要网络协议包括 TCP/IP,MAP,TOP 等。

CAD/CAM 系统应用的网络按照其物理连接形式,可分四类,如图 1-5 所示,其中(a)为星形网络,(b)为树形网络,(c)为总线式网络,(d)为分布式网络(环形网)。星形网络在很多情况下不能保证计算机和工作站处于同等的连接地位,故在 CAD/CAM 系统中较理想的网络是总线式网络和分布式网络。按照网络的分布距离,可分为局域网(小范围的网络,分布距离为几千米左右)和广域网(国家级、国际级的网络)。

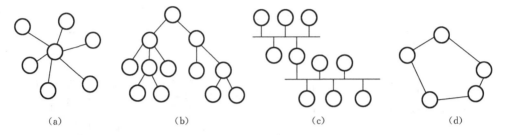

图 1-5　CAD/CAM 系统的网络逻辑结构类型

4) 图形用户接口与标准

图形用户接口(graphics user interface,GUI)是 CAD/CAM 系统中很重要的开发工具,一般也作为系统软件。初始的图形用户接口依赖于所用的编译系统。目前 GUI 尚未有统一的国际标准,但为了满足不同 CAD/CAM 系统对工程数据模型的交换和共享需要,一些公司和组织制定了 IGES(initial graphic exchange specification),DXF(drawing exchange file),STEP(standard for the exchange of product data)等图形(产品)信息交换标准。

2. 支撑软件

支撑软件是 CAD/CAM 系统的通用软件,是各类应用软件的基础,由专门的软件公司开发,为用户提供工具或二次开发环境。从功能特征来分,支撑软件可概括地分为单一功能型和综合集成型两大类。单一功能型支撑软件只提供 CAD/CAM 系统中某些典型的功能,如二维绘图、三维造型设计、工程分析计算、数据库系统等。综合集成型支撑软件提供了设计、分析、造型、数控编程及加工控制等多种模块,功能比较完备。

1) 单一功能型支撑软件

(1) 交互式绘图软件　这类软件主要以人机交互方法完成二维工程图样的生成和绘制,绘图功能强、操作方便、价格便宜,软件主要有美国 Autodesk 公司的 AutoCAD 以及国内自主开发的 CAXA_E,PICAD 及高华 CAD、大恒 CAD。

(2) 三维设计 CAD 系统　国内主要以 MDT、SolidWorks、SolidEdge 为主,其具有参数化特征造型功能、装配和干涉检查功能以及简单曲面造型功能,易于学习掌握。

(3) 数控编程系统　典型的软件系统有 MasterCAM,SurfCAM 等,具有刀具的定义、工艺参数的设定、刀具轨迹的自动生成、后置处理和切削加工模拟等功能。

(4) 工程分析软件　有限元分析是工程分析软件的核心,具有很强的有限元前/后置处理、线性和非线性有限元模型解算、零件优化、热场分析、系统动力学分析等功能。目前比较著名的商品化有限元分析软件有 SAP,NASTRAN,ANSYS 等。

(5) 仿真与模拟软件　仿真与模拟技术是一种建立真实系统的计算机模型的技术,

利用模型分析系统的行为而不建立实际系统,在产品设计时,实时、并行地模拟产品生产或各部分运行的全过程,以预测产品的性能、产品的制造过程和产品的可制造性。利用动力学模拟功能可以仿真分析计算机械系统在质量特性和力学特性作用下系统的运动和力的动态特性;利用运动学模拟功能可根据系统的机械运动关系来仿真计算系统的运动特性。这类软件有 ADAMS(机械系统动力学分析系统)、VERICUT(数控机床加工仿真系统)等。

(6)工艺过程设计软件　工艺过程设计(CAPP)软件将 CAD 数据转换为各种加工、管理信息,包括完整的工艺路线、工序卡等工艺文件以及供数控加工用的数控程序及其工艺信息。如果 CAD/CAM 系统采用了特征建模技术,那么 CAPP 与 CAD 实际上是一种数据共享,CAPP 系统需要一个包括工艺知识库、工艺数据库和推理机的专家系统以有效工作。工艺知识库包括各种典型工艺路线和典型工序以及工艺决策方法。这些资料是经过对不同类型零件的工艺分析,从大量经验中提炼出来的。工艺数据库包括机床、刀具、夹具、切削用量等资料。

2)综合集成型支撑软件

综合集成型支撑软件提供了设计、造型、分析、数控编程等多种功能,如 SDRC 公司的 I-DEAS、UGS 公司的 UG NX、DASSULT 的 CATIA、PTC 公司的 PRO/ENGI-NEERING 等。综合集成支撑软件一般由下列功能模块组成。

(1)CAD 部分,包括几何造型、参数化特征造型模块、工程图绘制模块、装配模块。

(2)CAE 部分,包括有限元分析模块、机构运动仿真分析模块、优化设计模块。

(3)CAM 部分,包括数控加工编程模块、数控加工后置处理模块、切削加工检验模块。

3. 应用软件

应用软件是在系统软件和支撑软件基础上,针对某一专门应用领域的需要而研制的软件,一般提供二次开发所需要的接口、语言和工具等技术,使二次开发的软件能与应用软件本身紧密结合,构成用户实际需要的 CAD/CAM 系统。目前在模具设计软件、组合机床设计软件、电器设计软件、机械零件设计软件、汽车车身设计软件等领域都有相应的商品化的应用软件。应用软件和支撑软件之间并没有本质的区别,某一行业的应用软件逐步商品化形成通用软件产品,也可以称为一种支撑软件。

1.3.5 CAD/CAM 系统软、硬件的选用原则

1. CAD/CAM 系统硬件设备的选用原则

CAD/CAM 系统硬件选择不仅要适应 CAD/CAM 技术发展水平,而且要满足它所服务的对象的要求,应以使用目的和用户所具有的条件(包括经费、人员技术水平等)为前提,以制造商提供的性能指标为依据,以性能价格比及其适用程度为基本出发点,综合考

虑各方面因素加以决策，具体应考虑以下几个方面。

（1）系统功能　主机系统的性能，如 CPU 的规格、数据处理能力和运算速度、内、外存容量，输入/输出设备的性能、图形显示和处理能力、与多种外部设备的接口以及通信联网能力等。

（2）系统的开放性与可移植性　如果需要将应用程序移植到另一个硬件平台，要求系统能独立于制造厂商并遵循有关国际标准，能为各种应用软件提供交互操作性和可移植性平台。

（3）系统升级扩展能力　由于硬件技术的发展十分迅速，为使用户的投资不受或少受损失，应注意欲购产品的内在结构是否具有随着应用规模的扩大而升级扩展的能力，能否向下兼容以便在扩展系统中继续使用。

（4）良好的性能价格比　CAD/CAM 系统硬件的生产厂家和供货商很多，在产品型号选定时，要进行系统的调研与比较，选择具有良好性能价格比的产品。

（5）系统的可靠性、可维护性与服务质量　着重对有关硬件系统的平均年维修率、平均无故障运行时间和平均修复时间等指标进行考察和评估。另外，还应对供应商的经营状况、维护服务机构设置、维护手段、能力和效率、产品市场占有率和已有用户的反应情况等方面进行必要的了解，以便在将来系统安装、调试或出现故障时能得到及时和周到的服务。

2. CAD/CAM 系统中软件的选用原则

选择 CAD/CAM 软件除了考虑性价比外，还要考虑以下因素。

（1）系统功能与能力配置　目前，市场上支持 CAD/CAM 系统的系统软件和支撑软件很多，且大多采用了模块化结构和即插即用的连接与安装方式。不同的功能通过不同的软件模块实现，通过组装不同模块的软件构成不同规模和功能的系统。因此，要根据系统的功能要求确定系统所需要的软件模块和规模。

（2）软件性能价格比　CAD/CAM 软件的生产厂家和供货商很多，选定软件产品时，也要进行系统的调研与比较，选择具有良好性能价格比的产品。

（3）与硬件的匹配性　不同的软件往往要求不同的硬件环境支持。如果软、硬件都需配置，则要先选软件，再选硬件，软件决定着 CAD/CAM 系统的功能。如果已有硬件，只配软件，则要考虑硬件能力，配备相应类型的软件。

（4）二次开发能力与环境　二次开发能够充分发挥 CAD/CAM 软件作用，所以要了解所选软件的二次开发能力，例如所提供的二次开发工具、所需要的环境和编程语言。专用二次开发语言学习和培训量大，但使用效率较高，通用编程语言则相反。

（5）开放性　所选软件应与 CAD/CAM 系统中的设备、其他软件和通用数据库具有良好的接口、数据格式转换和集成能力，具备驱动绘图机及打印机等设备的接口，具备升级能力，便于系统的应用和扩展。

(6) 可靠性　所选软件应在遇到一些极限处理情况和某些误操作时,能进行相应处理而不会使系统崩溃。

1.4　CAD/CAM 技术的发展

1.4.1　CAD/CAM 技术的发展历史

第二次世界大战后,美国为了加速飞机工业的发展,要革新外形样板加工的设备,由空军部门委托麻省理工学院(MIT)进行这项研究工作。MIT 和美国托帕森斯公司合作,于 1952 年试制成功世界上第一台立式三坐标铣床,这台机床首先用于飞机螺旋桨叶片的轮廓检验样板的加工,取得了成功。随后,各机床制造商马上开始研制这类所谓的数控机床。为了解决数控加工中的程序编制问题,MIT 为这种机床开发了一种名为 APT(automatically programmed tools)的计算机程序语言,专门用于为这种机床编写数控程序。MIT 用计算机制作数控纸带,实现了数控编程的自动化,这标志着 CAM 开始。

与此同时,CAD 技术也同时发展起来。CAD 技术的发展与 CAM 技术的发展几乎是平行的、相互独立的。20 世纪 50 年代中期,电子计算机的出现和发展,阴极射线管、绘图仪、光笔的研制成功,为交互式计算机图形学奠定了基础,在计算机终端上直接描述零件成为可能,CAD 由此开始。1962 年,MIT 的研究生 I. E. Sutherland 发表了题为《人机对话图形通信系统》的论文,首次提出了计算机图形学、交互式技术等理论和概念,并研制出 SKETCHPAD 系统,第一次实现了人机交互的设计方法,可以在屏幕上进行图形的设计与修改,从而为交互式计算机图形学理论及 CAD 技术的发展奠定了基础。美国许多大公司都认识到了这一技术的先进性和重要性,看到了它的应用前景,纷纷投以巨资,研制和开发了一些早期的 CAD 系统。例如,IBM 公司开发出了具有绘图、数控编程和强度分析等功能的基于大型计算机的 SLT/MST 系统,1964 年美国通用汽车公司研制了用于汽车设计的 DAC-1 系统,1965 年美国洛克希德飞机公司推出了 CADAM 系统,贝尔电话公司也推出了 GRAPHIC_1 系统等。

然而,由于当时计算机硬件的价格较贵,计算机辅助设计工作并没有普及。在制造领域中,1962 年在数控技术的基础上人们成功地研制出世界上第一台机器人,实现了物料搬运自动化;1966 年又出现了用大型通用计算机直接控制多台数控机床的分布式数控(DNC)系统,初步形成了 CAD/CAM 产业。

CAM 是随着计算机技术和成组技术的发展而发展起来的。成组技术 GT(group technology)就是按照零件的几何相似或工艺相似的原理,组织加工生产的一种方法,它可以大大地降低生产成本。世界上最早进行工艺设计自动化研究的国家是挪威,从 1966 年开始研制,1969 年 AUTOPROS 系统正式发布,它根据成组技术的原理,可利用零件的相似性准则去检索和修改零件的标准工艺来制定相应的零件工艺规程,这是开发得最早的 CAPP 系统。

20 世纪 70 年代,交互式计算机图形学及计算机绘图技术日趋成熟,并得到了广泛的应用。随着计算机硬件的发展,以小型计算机、超小型计算机为主机的通用 CAD 系统,以及针对某些特定问题的专用 CAD 系统开始进入市场。在此期间,三维几何造型软件也发展起来了,出现了一些面向中小企业的 CAD/CAM 商品化软件系统。在制造方面,美国辛辛那提公司研制出了一条柔性制造系统(FMS),将 CAD/CAM 技术推向了一个新阶段。由于计算机硬件的限制,软件只是二维绘图系统及三维线框系统,所能解决的问题也只是一些比较简单的产品设计制造问题。

20 世纪 80 年代,随着计算机硬件技术和计算机外围设备(如彩色高分辨率的图形显示器、大型数字化仪、大型自动绘图机、彩色打印机等)的发展,CAD/CAM 技术及应用也得到了迅速的发展。计算机网络技术的发展,为 CAD/CAM 技术走向更高水平提供了必要的条件。此外,企业界已广泛地认识到 CAD/CAM 技术对企业的生产和发展具有的巨大促进作用,在 CAD/CAM 软件功能方面也对销售商提出了更高的要求。随着数据库、有限元分析优化及网络技术在 CAD/CAM 系统中的应用,CAD/CAM 不仅能够绘制工程图,而且能够进行三维造型、自由曲面设计、有限元分析、机构及机器人分析与仿真、注塑模设计制造等各种工程应用。这些推动了与产品设计制造过程相关的计算机辅助技术,如计算机辅助工艺设计、计算机辅助质量控制等。到了 20 世纪 80 年代后期,在各种计算机辅助技术的基础上,人们为了解决"信息孤岛"问题,开始强调信息集成,出现了计算机集成制造系统,将 CAD/CAM 技术推向了一个更高的层次。

20 世纪 90 年代,CAD/CAM 技术已走出了它的初级阶段,进一步向标准化、集成化、智能化及自动化方向发展。系统集成要求信息集成和资源共享,强调产品生产与组织管理的自动化,从而出现了数据标准和数据交换问题,出现了产品数据管理软件系统。在这个时期,国外许多 CAD/CAM 软件系统更趋于成熟,商品化程度大幅度提高,如美国洛克希德飞机公司研制的 CADAM 系统、法国 Dassault Systems 公司研制开发的 CATIA 系统、法国 Matra Datavision 公司开发的 EUCLID 系统、美国 SDRC 公司开发的 I_DEAS 系统、美国 PTC 公司推出的 Pro/Engineer 系统及美国 Unigraphics 公司研制的 UGⅡ系统等,这些系统大都运行在 IBM,DEC,VAX,Apollo,SUN,SGI 等大中型计算机及工作站上。随着微型计算机硬件性能的提高,出现了一批微型计算机 CAD/CAM 系统,如 AutoCAD 系统、Solid Edge 系统、SolidWorks 系统及 MasterCAM 系统等。一些只能在大中型计算机以及工作站上运行的 CAD/CAM 软件也开始向微型计算机平台上移植。

进入 21 世纪后,CAD/CAM 技术朝着网络化、集成化、智能化、标准化的方向深入发展,强调 CAD/CAM 技术与管理系统(如产品生命周期管理(PLM)系统、企业资源计划(ERP)系统、产品数据管理(PDM)系统)的集成与协调,实现制造资源信息化。

1.4.2　我国 CAD/CAM 技术现状

我国在 20 世纪 70 年代就开始对 CAD/CAM 进行研究,80 年代,我国进行了大规模的 CAD/CAM 技术研究与开发,国家对 CAD/CAM 技术十分重视。1986 年,我国制订了国家高技术发展计划(简称 863 计划),将 CIMS 作为自动化研究主题之一,并于 1987 年成立了自动化领域专家委员会和 CIMS 主题专家组,建立了国家 CIMS 工程研究中心和七个单元技术实验室,结合我国国情,专家组将 CIMS 的集成分成信息集成、过程集成和企业集成三个阶段,并选择了沈阳鼓风机厂和北京第一机床厂等一些典型制造企业开展 CIMS 工程的实施和示范,取得了比较显著的应用成效。1991 年成立了全国 CAD 应用工程协调指导小组,制定了《CAD 应用工程发展规划纲要》,制定与评审 CAD 通用技术规范。在"九五"期间,原国家科委将 CAD 应用作为四大工程(先进制造技术、先进信息工程、CIMS 工程、CAD 应用工程)之一,"十五"期间,CIMS 工程与 CAD 应用工程合并实施制造业信息化工程。我国 CAD/CAM 技术的研究与开发大致经历了三个阶段:引进、跟踪、研发阶段,自主开发和快速成长阶段,产业化、系统化发展阶段。

1.4.3　CAD/CAM 技术的发展趋势

随着 CAD/CAM 技术不断研究、开发与广泛应用,对 CAD/CAM 技术的要求也越来越高,这进一步地推动 CAD/CAM 系统日新月异地发展。CAD/CAM 技术的发展趋势可以概括为以下几个方面。

1. 向集成化方向发展

CIMS 是在新的生产组织原理指导下形成的一种新型生产模式,它要求将 CAD/CAPP/CAM/CAE 集成起来。CIMS 是现代制造企业的一种生产、经营和管理模式,它以计算机网络和数据库为基础,利用信息技术(包括计算机技术、自动化技术、通信技术等)和现代管理技术将制造企业的经营、管理、计划、产品设计、加工制造、销售及服务等全部生产活动集成起来,将各种局部自动化系统集成起来,将各种资源集成起来,将人、机系统集成起来,实现整个企业的信息集成,保证企业内的工作流、物质流和信息流畅通无阻,达到实现企业全局优化、提高企业综合效益和提高市场竞争力的目的。CIMS 集成主要包括人员集成、信息集成、功能集成、技术集成。

CIMS 的目标在于企业效益最大化,这在很大程度上取决于企业内、外部的协调。一般来说,企业集成的程度越高,协调性越好。只有集成才能使"正确的信息在正确的时刻以正确的方式到正确的地方",集成是构成整体和系统的主要途径,是企业成功的关键因素。计算机图形处理技术、图形输入和工程图样识别技术、产品造型技术、参数化设计技术、CAPP 技术、数据库技术、数据交换技术等关键技术的迅猛发展推动了 CIMS 的发展。

2. 向智能化方向发展

随着人工智能(AI)的发展,智能制造技术也日趋成熟。智能制造技术是一种由智能机器和专家共同组成的人机一体化系统,它在制造工业的各个环节中以一种高度柔性与高度集成的方式,通过计算机模拟人类的智能活动,诸如分析、推理、判断、构思和决策等,取代或延伸制造环境中人的部分脑力劳动,同时对人的设计制造智能进行收集、存储、完善、共享、继承和发展。智能制造技术是通过集成传统的制造技术、计算机技术、自动化及人工智能等发展起来的一种新型制造技术。专家系统(expert system,ES)是智能制造技术的典型代表,它实质上是一种"知识+推理"的程序。将 ES 技术应用于机械设计领域,并同 CAD 技术结合起来形成智能 CAD 系统,必将大大提高机械设计的效率和质量,使 CAD 技术更加实用和有效。

3. 向网络化方向发展

自 20 世纪 90 年代以来,计算机网络技术飞速发展,使独立的计算机能按照网络协议进行通信,实现资源共享。CAD/CAPP/CAM 技术日趋成熟,可应用于越来越大的项目,这类项目往往不是一个人,而是多个人、多个企业在多台计算机上协同完成,所以分布式计算机系统非常适用于 CAD/CAPP/CAM 的作业方式。同时,随着因特网的发展,可针对某一特定产品,将分散在不同地区的现有智力资源和生产设备资源迅速组合,建立动态联盟的制造体系,以适应不同地区的现有智力资源和生产设备资源的迅速组合,该体系可以在任何时间、任何地点与任何一个角落的用户、供应商以及制造者打交道。建立动态联盟的制造体系,将成为全球化制造系统的发展趋势。

4. 面向并行工程的发展

并行工程是随着 CAD、CIMS 技术发展提出的一种新的系统工程方法,即并行地、集成地设计产品及其开发产品的过程,要求产品开发人员在设计阶段就考虑产品整个生命周期的所有要求,包括质量、成本、进度、用户要求等,以便更大限度地提高产品开发效率及一次成功率。并行工程的关键是用并行设计方法代替串行设计方法,图 1-6 所示为串、并行两种设计方法示意图。图 1-6(a)中,信息流向是单向的;图 1-6(b)中,信息流向是双向的。在并行工程运行模式下,设计人员之间可以相互进行通信,根据目标要求既可随时响应其他设计人员要求而修改自己的设计,也可要求其他设计人员响应自己的要求。通过协调机制,群体设计小组的多种设计工作可以并行协调地进行。

并行工程正受到越来越多的重视,CAD/CAM 系统需要提供支持并行工程运行的工具和条件,建立并行工程中数据共享的环境,提供多学科开发小组的协同工作环境。

5. 面向先进制造技术的 CAD 技术的发展

由于制造业的竞争越来越激烈,出现了一些先进制造技术,如并行工程、精益生产、智能制造、敏捷制造、分形企业、计算机集成制造等技术。它们在强调生产技术、组织结构优化的同时,都特别强调产品结构的优化,并对 CAD 技术提出了新的要求:产品信息模型

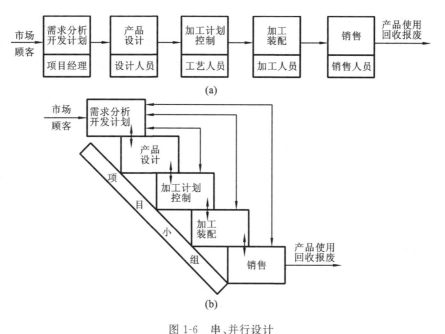

图 1-6 串、并行设计

(a) 串行作业方式； (b) 并行作业方式

要在产品整个生命周期的不同环节(从概念设计、结构设计、详细设计到工艺设计、数控编程)间进行转换；在用 CAD 系统进行新产品开发时，只需要重新设计其中一部分零件，大部分零部件的设计都将继承以往产品的信息，即 CAD 系统具有变型设计能力，能快速重构得到一种全新产品；CAD 系统遵循产品信息标准化原则；二维与三维产品模型间能相互转换；引入虚拟现实技术，设计人员能在虚拟世界中设计、测试、制造新产品。

6. 面向虚拟设计技术的发展

虚拟设计是一种新兴的多学科交叉技术，以虚拟现实技术为基础，以机械产品为对象，使设计人员能与多维的信息环境进行交互，利用这项技术可以极大地减少实物模型和样品的制作。虚拟设计是以 CAD 为基础，利用虚拟现实技术发展而来的一种新的设计系统，可分为增强的可视化系统和基于虚拟现实的 CAD 系统。

(1) 增强的可视化系统　利用现行的 CAD 系统进行建模，输出到虚拟环境系统。设计人员利用三维的交互设备(如头盔式显示器、数据手套等)在一个虚拟环境中，对虚拟模型进行各个角度的观察。目前的虚拟设计多采用增强的可视化系统，这主要是因为基于虚拟建模技术的系统还不够完善，相比之下，目前的 CAD 建模技术比较成熟，可以利用。

(2) 基于虚拟现实的 CAD 系统　用户可以在虚拟环境中进行设计活动，包括三维设计。这种系统易于学习掌握，用户略加熟悉便可利用这样的系统进行产品设计，其设计效率比现行的 CAD 系统至少高 5~10 倍。

虚拟现实技术对缩短产品开发周期、节省制造成本有着重要的意义，不少大公司，例如通用汽车公司、波音公司、奔驰公司、福特汽车公司等的产品设计中都采用了这项先进技术。随着科技日新月异的发展，虚拟设计在产品的概念设计、装配设计、人机工程学等方面必将发挥更加重大的作用。

本章重难点及知识拓展

CAD/CAM 技术是一门由多学科和多项技术综合形成的实用技术，是当今世界发展最快的技术之一。该项技术改变了传统的设计制造方式，推动了制造业的迅猛发展，使传统的机械行业有了新的发展空间。

本章介绍了 CAD/CAM 的基本概念，CAD/CAM 系统的组成和基本类型，CAD/CAM 系统的硬、软件结构和 CAD/CAM 技术的发展。通过对本章的学习，要了解 CAD/CAM 系统的基本结构、基本原理、发展现状与趋势。要掌握 CAD/CAM 系统软、硬件方面的基本概念、基本知识。CAD/CAM 系统的功能（如二维/三维计算机绘图、计算机造型、性能分析与计算、数控加工与仿真等）都是由技术人员在计算机上操作实现的，对 CAD/CAM 技术的掌握首先是计算机操作技能的掌握。在学习本课程之前，要进行计算机应用基础知识和基本技能的训练，达到本课程计算机应用的起点要求。

思考与练习

1. 什么是 CAD、CAM、CAPP、CAE、CAD/CAM 集成？
2. CAD/CAM 集成的意义何在？
3. 简述 CAD/CAM 硬件的类型及其特点。
4. CAD/CAM 软件是由哪些部分组成的？各组成部分在系统中起什么作用？
5. CAD/CAM 系统的基本功能和主要任务是什么？
6. CAD/CAM 系统中常用的输入/输出设备有哪些？
7. CAD/CAM 的发展趋势如何？
8. 简述 CAD/CAM 系统支撑软件的类型和功能。

第2章　CAD/CAM 软件开发基础

本章介绍了软件开发的演化过程,引出了软件危机的概念,讨论了解决危机的软件工程的思想和方法;介绍软件开发的技术基础——数据结构;举例讲解 CAD/CAM 软件开发的基本工作——数据资料的程序化处理,并就计算机软件的重要分支——数据库技术进行了阐述。

2.1　软件危机与软件工程

计算机从诞生到现在已经有 50 多年的历史了,软件和硬件一直是计算机系统中密不可分的两个组成部分。随着计算机在各个领域的广泛应用,计算机软件需求量与日俱增,尤其是适应于生产实际,质量高、实用性强的 CAD/CAM 软件。因此,如何运用科学的方法和技术有组织、有计划地开发软件已成为计算机进一步应用和发展的关键。

2.1.1　软件危机

计算机软件从最初只能解决单一的、相对简单的科学计算问题到现代的包含数百万行代码、能处理各种复杂需要,其开发方式发生了根本的变化。20 世纪 40 年代中期到 50 年代末期是计算机系统发展的第一个时期——个人编程时代。这一时期的软件程序通常规模较小,编写者和使用者往往是同一个人或同一组人,软件开发具有明显的个体化特征。20 世纪 60 年代初期到 60 年代末期是计算机系统发展的第二个时期——软件作坊时代。这一时期,软件需求规模增大,功能增强,个人往往无力开发,同时许多不同的部门常常需要相同或相似的软件,各自开发会造成人力的巨大浪费,因此软件作坊应运而生。许多用户不再自己开发软件,而是购买或定做软件。然而软件作坊基本上还是沿用早期形成的个体化的软件开发方式,使得软件任务延误、质量不可靠,甚至无法维护,软件的发展远落后于硬件的发展,于是引发了软件危机(software crisis)。

软件危机是计算机软件开发和维护过程中遇到的一系列严重问题的集中体现。这些问题不仅局限于如何使所开发出的软件正常工作,还包括如何开发软件、如何维护越来越多的现有软件,以及如何满足不断增长的软件需求。软件危机的出现,除了源于软件本身的特点外,还与在软件开发和维护方面的许多错误认识和做法有关。

2.1.2　软件工程

为了摆脱软件危机所造成的困境,北大西洋公约组织(NATO)的科学委员会于 1968

年 10 月在德国加尔密斯(Garmisch)召开的有关研讨会上,首次提出了"软件工程"(software engineering)的概念,其主要思路是把人类长期以来从事各种工程项目所积累起来的行之有效的原理、概念、技术和方法,特别是人类从事计算机硬件研究和开发的经验教训,应用到软件的开发和维护中。

软件工程是指导软件开发和维护的工程类学科,是开发、运行、维护和修改软件的系统方法,即制定合理的工程原则,以最低的成本、最短的时间、最好的质量开发出满足用户需求的软件。

软件工程涉及软件的整个生命周期,即软件产品从形成概念开始,经过开发、使用和不断整补修正,直到最后被淘汰的整个过程。按照软件工程的思想,这个过程可划分为若干个相互区别又相互联系的阶段。每个阶段中的工作均以前一阶段的结果为依据,并作为下一个阶段的前提;每个阶段完成确定的任务,提交相应的文档;每个阶段结束时,都要进行严格的技术复审和管理复审。软件工程通过采用软件生命周期模型,从时间的角度上将软件开发和维护的整个周期进行分解。通过规范各开发阶段的文档,从技术和管理两个方面对开发过程进行严格的审查,从而保证软件的顺利开发,保证软件的质量和可维护性。

软件开发分为以下六个阶段。

1. 可行性研究与计划阶段

可行性研究与计划阶段确定软件开发目标和总体要求,进行可行性分析,制订开发计划。

这一阶段的任务是首先明确"要做什么",明确软件的功能和目标以及大致规模;其次研究"是否能做",探索要开发软件的难度、深度和广度,估计系统成本和收益,分析开展该项工作的可行性,包括技术、设备、人员以及市场可行性等方面内容。可行性研究的结果是决策者承接或中止该开发项目的重要依据。若研究结果项目可行,则要制订初步项目开发计划。

该阶段完成后应交付以下文档:可行性论证报告,初步的项目开发计划、合同书,软件质量保证计划。

2. 需求分析阶段

需求分析阶段进行系统分析,确定被开发软件的运行环境、功能和性能需求、设计约束。

这一阶段的任务是弄清"必须做什么"。软件开发人员和用户应密切配合,充分交流信息,以使软件开发人员真正准确地了解用户的具体要求,得出经过用户确认的系统逻辑模型。编写初步用户手册、软件配置管理计划,确定测试准则,为概要设计提供需求说明书。

该阶段完成后应交付的文档有:软件需求说明书,数据要求说明书,修改后的项目开发计划、测试计划,初步的用户手册,软件配置管理计划。

3. 设计阶段

设计阶段确定设计方案,包括软件结构、模块划分、功能分配以及处理流程。通常,设计阶段应分解成概要设计和详细设计两个步骤。

概要设计的任务是解决"如何做",考虑多种可能的解决方案,并依据某种令人信服的标准或原则推荐及确定设计方案;然后,进行模块划分,也就是将软件系统按功能划分成许多规模适中的程序集,再将其按合理的层次结构组织起来。

完成后应交付以下文档:概要设计说明书,数据库/数据结构设计说明书。

详细设计的任务是解决"如何具体做",其主要目的是利用计算机能完成的算法详细地给出各部分功能的实现方法,告诉程序员如何实现具体的功能。详细设计还不是编写程序,而是设计出程序的详细规格说明、处理流程。

完成后应交付以下文档:详细设计说明书,模块开发卷宗。

4. 实现阶段

实现阶段完成源程序的编码、编译和无语法错误的程序清单,完成程序单元测试。

这个阶段的任务是编制出正确的、可读性好的程序。该阶段主要将详细设计说明转化为所要求的程序设计语言或数据库语言书写的源程序,并对编好的源程序进行模块测试,检验模块接口与设计说明的一致性,并交付模块源程序清单,书写"模块开发卷宗"中相应于该阶段的内容。

完成后应交付的文档:模块开发卷宗,初步的操作手册。

5. 测试阶段

测试阶段实现系统组装测试和确认测试,检查审阅文档,成果评价。

这个阶段的任务是通过各种类型的测试发现问题、纠正错误,使软件达到预定的要求。

组装测试是根据概要设计中各功能模块的说明及制订的测试计划,将经过测试的模块逐步进行组装和测试。

完成后应提交以下文档:可运行的系统源程序清单,测试分析报告。

确认测试则是按需求分析阶段确定的功能要求,并根据测试计划,由用户或用户委托第三方对软件系统进行验收,撰写测试分析报告,并提交最终的用户手册和操作手册。

完成后应提交以下文档:测试分析报告,经过修改和确认的用户手册和操作手册,项目开发总结报告。

6. 运行与维护阶段

软件在运行使用中不断地被维护,根据新提出的需要和运行中发现的问题进行必要且可能的扩充和修改。

通常有四类维护活动。

(1) 改正性维护——诊断和改正运行中发现的软件错误。

(2) 适应性维护——修改软件以适应环境的变化。

（3）完善性维护——根据用户的要求改进或扩充软件使其更加完善。

（4）预防性维护——修改软件为将来的维护活动做准备。

完成后应交付以下文档：运行日志，软件问题报告，软件修改报告。

每一项维护活动结束，软件都有不同程度的改进，对商品化软件来说，都会推出新的版本。

在软件的开发过程中，采用软件工程方法不能完全消除软件危机，但该方法为建造高质量的软件提供了一个可靠的前提和保障，并可以大大地减少软件危机的产生。

2.2　数据结构

数据处理是 CAD/CAM 系统的核心，如何保存及处理工程数据、图形数据等是 CAD/CAM 系统研究的关键问题，其中数据结构是数据处理中最基本的软件技术。

数据在计算机科学中是指所有能输入计算机中并能被计算机处理的符号的总称。对数据的研究与管理不单纯限于数据本身，更重要的在于数据之间的关系，也就是数据结构问题。

2.2.1　数据结构的基本概念

1. 数据

数据（data）是信息的载体，是对客观事物的符号表示。通俗地讲，凡是能够被计算机识别、存取和加工处理的符号、字符、图形、图像、声音、视频信号、程序等一切信息都可以称为数据。数据可以是数值数据，也可以是非数值数据。数值数据包括整数、实数、浮点数、复数等，主要用于科学计算和商务处理；非数值数据包括文字、符号、图形、图像、动画、语音、视频信号等。随着计算机科学和技术的发展，数据的含义也越来越广。

2. 数据元素

数据元素（data element）是数据的基本单位，通常在计算机程序中作为一个整体来处理。一个数据元素可以由若干个数据项组成，数据项是数据中最基本的、不可分并已经过命名的数据单位。数据元素也称为元素、节点或记录。

3. 数据对象

数据对象是具有相同性质的数据元素的集合，是数据的一个子集。例如，整数数据对象是集合 $N = \{0, \pm 1, \pm 2, \pm 3, \cdots\}$；大写字母字符数据对象是集合 $C = \{'A', 'B', \cdots, 'Z'\}$。

4. 数据结构

数据结构是相互之间存在一种或多种特定关系的数据元素的集合，它反映了数据之间的结构层次关系。

表 2-1 称为一个数据结构，表中的每一行是一个节点（或记录），由学号、姓名、各科成

绩和平均成绩等数据项组成。首先,此表中数据元素之间有如下关系:对表中除第一个和最后一个节点之外的任一个节点,与它相邻且在它前面的节点(又称直接前驱)有且只有一个,与它相邻且在其后的节点(又称直接后继)也有且只有一个。表中:只有第一个节点没有直接前驱,故称之为开始节点;只有最后一个节点没有直接后继,故称之为终端节点。

表 2-1　学生成绩表

学　　号	姓　　名	计算机导论	高等数学	普通物理	平均成绩
04081101	陈晓杰	80	90	85	85
04081102	马莉莉	75	68	78	74
04081103	林春鹰	82	78	66	75
04081104	王铭钧	90	85	93	89
⋮	⋮	⋮	⋮	⋮	⋮
04081150	张吉祥	70	88	75	78

2.2.2　数据的逻辑结构

数据的逻辑结构描述的是数据元素间的逻辑关系,它从客观的角度来组织和表达数据。数据结构按节点间逻辑关系的不同分为线性结构和非线性结构两大类。其中,非线性结构又分为树形结构和网状结构。

1. 线性结构

在线性结构中,节点按照它们之间的关系,可以排成一个序列,如图 2-1 所示。线性结构是一种最简单的结构,它所表示的关系是一对一的,结构中除起始节点(见图 2-1 中的 a_1)和终止节点(见图 2-1 中的 a_n)外,每个节点都有唯一的直接前驱和直接后继。

图 2-1　线性结构

2. 树形结构

树形结构反映的是客观世界中十分普遍的层次关系,如图 2-2 所示。在树形结构中,只有唯一的一个节点没有前驱,称为"树根",如图 2-2 中的节点 A,其余都有且仅有一个前驱。树形结构所反映的关系是一对多。

3. 网状结构

网状结构的数据元素之间存在多对多的关系。图 2-3 所示为数据的网状结构,它可以表示为某个零件的加工工艺路线方案图:每个节点分别代表某部件的装配操作,连线表示具有一定装配工作内容和工作时间(或者成本)的装配工序。从第一道装配工序 A 到

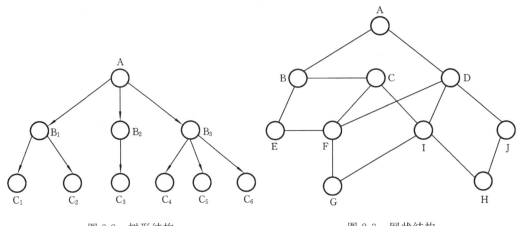

图 2-2　树形结构　　　　　　　　　　　图 2-3　网状结构

最后一道装配工序 H,可以有几种不同的装配过程方案。

树形结构和网状结构常常同时出现。

2.2.3　数据的物理结构

数据的物理结构是数据在计算机内部的存储形式,它从物理存储的角度来描述数据以及数据间的关系。数据的逻辑结构是独立于计算机的,而数据的物理结构是依赖于计算机的,它是逻辑结构在计算机中的实现。常用的物理结构有顺序存储结构和链接存储结构两种。

1. 顺序存储结构

用一组连续的存储单元依次存放各数据元素,数据元素与其存放地址间存在着一一对应的关系,各数据在存储器中的存储顺序与逻辑顺序一致,依次排列,这样形成的存储结构称为顺序存储结构。

顺序存储占用存储单元少,简单易行,结构紧凑,但数据结构缺乏柔性,若要增删数据,必须重新分配存储单元,重新存入全部数据,因而不适合需要频繁修改、补充、删除数据的场合。

2. 链接存储结构

该结构把数据的地址分散存放在其他有关的数据中,并按照存取路径进行链接。这样,在求得初始数据的地址后,检索出该地址存放的数据和下一个数据的地址,一环扣一环,可逐次检索到所需的数据。数据中存入的下一个数据的地址称为指针。通过各种指针,可构成不同的存取路径,以适应逻辑结构的需要。因而每个数据可能存放在不连续的存储单元中,存储结构可独立于逻辑结构,数据在存储介质上的顺序不必与逻辑顺序一致而仍能按逻辑要求来存取数据。

　　链接存储结构根据指针的数目大致有三种类型。

　　(1)单向链结构　单向链结构的数据元素由数据域 data 和指针域 point 组成,如图 2-4 所示,单向链最后一个数据元素的指针域设为 NULL(∧ 表示空)。各个数据元素通过指针构成一个链状结构,链接方向单一,这种结构只能沿着指向后继的指针完成先后顺序操作。单向链结构根据其链接方向是否与逻辑顺序一致又可分为正向链和反向链。若将最后一个数据元素和第一个数据元素通过指针链接,则就成为环链结构,如图 2-5 所示。

数据域(data)	指针域(point)

图 2-4　单向链结构的数据元素组成

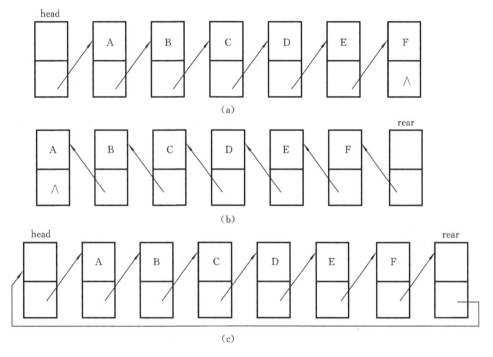

图 2-5　单向链结构

(a)正向链;　(b)反向链;　(c)单向环链

　　(2)双向链结构　双向链结构在单向链的基础上,为每个数据元素增加了一个指针域,用于存放指向该数据元素前趋的地址,即可方便地实现双向操作。图 2-6 为双向链结构的数据元素组成,由指针域 next、数据域 data、指针域 last 三部分构成。next 存放数据

指针域(next)	数据域(data)	指针域(last)

图 2-6　双向链结构的数据元素组成

元素后继的地址，data 存放数据元素的数据，last 存放数据元素前驱的地址。因此，双向链结构中有两个指针，分别按正、反两个方向链接。双向链也可以构成环链，如图 2-7 所示。

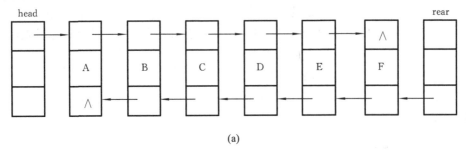

(a)

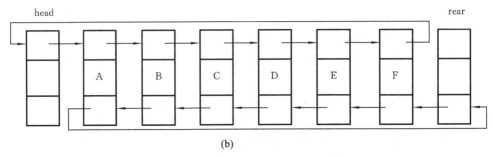

(b)

图 2-7　双向链结构

（a）双向链；　（b）双向环链

环链结构的特点是存取时可以从环的任何一个数据元素入口，按指针逐个存取各个记录，直到再遇到入口记录为止。对于双向环链结构，可以自入口处按较短路径的方向存取记录，提高存取效率。当某个指针因意外而损坏时不致影响整个结构，且易修复。

（3）多向链结构　多向链结构中有多于两个的指针。它通常用于矩阵元素，树结构存储，只要查询到某一元素，即可获得相邻的、相关元素的地址，如图 2-8 所示。

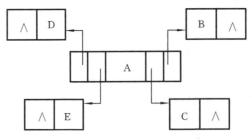

图 2-8　多向链结构

上述链接存储结构在不改变原来存储结构的情况下，增删记录十分方便。如图 2-9 所示，只要将插入项前一个记录的指针指向插入项，插入项本身的指针指向后一项即可完成插入。同理,将删除项前一个记录的指针指向删除项后一项即可完成删除。

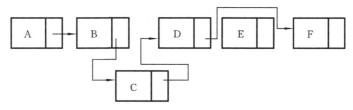

图 2-9　链接存储结构的记录增删

2.2.4　常见的数据结构

1. 线性表

线性表(linear list)是一种最常见的数据结构。例如,英文字母表(A,B,C,…,Z)就是一个线性表,线性表的特点是组成它的数据元素之间是一种线性关系,即数据元素一个接在另一个的后面排列,每一个数据元素的前面和后面都至多有一个其他数据元素。

线性表的概念如下:

线性表是由数据类型相同的 $n(n \geqslant 0)$ 个数据元素组成的有限序列,通常记为

$$(a_1, a_2, \cdots, a_{i-1}, a_i, a_{i+1}, \cdots, a_n)$$

其中,数据元素的个数 n 称为线性表的表长,$n=0$ 时称为空表;下标 i 表示数据元素的位序。通常,用 L 表示一个线性表。

线性表的逻辑结构也就是线性表中数据元素之间的逻辑关系。线性表中相邻元素之间存在着"顺序"关系。将 a_{i-1} 称为 a_i 的直接前驱,a_{i+1} 称为 a_i 的直接后继。就是说,对于 a_i,当 $i=2,3,\cdots,n$ 时,有且仅有一个直接前驱 a_{i-1};当 $i=1,2,\cdots,n-1$ 时,有且仅有一个直接后继 a_{i+1}。而 a_1 是表中第一个元素,它没有前驱;a_n 是最后一个元素,无后继。线性表中的所有数据的类型相同,可以是单一的整型、字符型,也可以是结构体类型。

显然,L 是一种最简单、最常见的数据结构,其特点就是数据元素之间呈线性关系。

线性表的物理结构既可以采用顺序存储结构,也可以采用链接存储结构。

2. 栈与队列

(1) 栈　栈(stack)又称堆栈,是一种特殊的线性表。它的插入和删除操作只能在表的一端进行。栈中允许进行插入和删除的一端称为栈顶(top)。栈顶的第一个元素称为栈顶元素。在栈中不可以进行插入和删除的一端称为栈底(bottom)。在一个栈中插入新元素,即把新元素放到当前栈顶元素的上面,使其成为新的栈顶元素,这一操作称为进栈、入栈或压栈。从一个栈中删除一个元素,即把栈顶元素删除掉,使其下一个元素成为新的栈顶元素,称为出栈或退栈。例如,给定栈

$$S = (a_1, a_2, \cdots, a_n)$$

则称 a_1 是栈底元素，a_n 是栈顶元素，进栈顺序为 $a_1, a_2, \cdots, a_n$，而出栈顺序为 $a_n, a_{n-1}, \cdots,$ a_1，如图 2-10 所示。当栈中没有元素时，称为空栈。

　　栈中插入和删除操作都只能在栈顶一端进行。由于栈的插入和删除操作只能在栈顶一端进行，后进栈的元素必定先出栈，所以栈又称为后进先出（last in first out）的线性表，简称 LIFO 结构。

　　和线性表一样，顺序存储结构和链接存储结构都可以作为栈的存储结构。

　　（2）队列　队列（queue）也是线性表的一种特例，它是一种限定在表的一端进行插入而在另一端进行删除的线性表。允许删除的一端，称为队头（front）；允许插入的一端，称为队尾（rear）。向队列中插入新元素，称为入队（或进队），新元素入队后，就成为新的队尾元素；向队列中删除元素，称为出队（或退队），元素离队后，其后继元素就成为队头元素。

　　例如，队列

$$Q = (a_1, a_2, \cdots, a_n)$$

队列中的元素是按照 $a_1, a_2, \cdots, a_n$ 的顺序进入的，退出队列也只能按照这个次序依次退出，如图 2-11 所示。

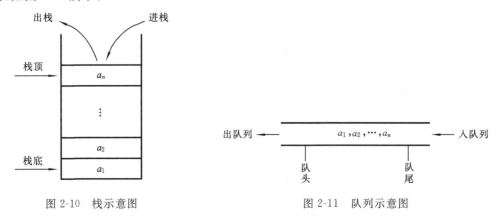

图 2-10　栈示意图　　　　　　　图 2-11　队列示意图

　　由于第一个进队的数据元素也会第一个出队，所以队列也称为先进先出（first in first out）的线性表，简称 FIFO 结构。

　　队列的物理结构仍可采用顺序存储和链接存储结构。

3. 串

　　串（string）是由零个或多个任意字符组成的有限字符序列。通常记为

$$S = ``a_1 a_2 \cdots a_n''$$

其中：S 是串名，双引号作为串的定界符；$a_1 a_2 \cdots a_n$ 为串值，引号本身不属于串的内容，a_i $(1 \leqslant i \leqslant n)$ 是任意一个字符，称为串的数据元素，是构成串的基本单位，i 是它在整个串中的位序；n 为串的长度，简称串长，表示串中所包含的字符个数。长度为零的字符串称为

空串。由一个或多个连续空格组成的串称为空格串,空格串的长度不为零。如果两个串的长度相等且对应字符都相同,则称这两个串是相等的。

串可用一个字符型数组来顺序存储,也可链接存储。链接存储时,先将 S 分成若干块,然后把各块依次链接起来。

4. 数组

数组(array)是一组按一定顺序排列的具有相同类型的数据。一维数组(向量)是存储在计算机的连续存储空间中的多个具有统一类型的数据元素。同一数组的不同元素通过不同的下标标识,如 $(a_0,a_1,\cdots,a_{n-1})$。一维数组可以看作一个线性表。二维数组 A_{mn} 可以看作由 m 个行向量组成的,也可以看做由 n 个列向量组成。二维数组中的每个元素 a_{ij} 均属于两个向量,即第 i 行的行向量和第 j 列的列向量。如果 a_{ij} 不是边界元素,则它在行向量上有一个直接前驱 $a_{i-1,j}$ 和一个直接后继 $a_{i+1,j}$;在列向量上有一个直接前驱 $a_{i,j-1}$ 和一个直接后继 $a_{i,j+1}$。同样,三维数组中的每个元素都属于三个向量,每个元素最多可以有三个直接前驱和三个直接后继。m 维数组的每个元素都属于 m 个向量,每个元素最多可有 m 个直接前驱和 m 个直接后继。

数组与线性表的存储方式相同,用顺序存储结构存放在存储器中都是按一维排列存储的(无论是一维数组还是二维数组或更高维数组),只是要按照一定的顺序存储。例如,二维数组有两种存储方式,其一是按行顺序存放(如 BASIC、PASCAL 语言等),其二是按列顺序存放(如 FORTRAN 语言)。图 2-12 为 FORTRAN 语言中 $A(3,2)$ 的存放顺序。

$A(1,1)$	$A(2,1)$	$A(3,1)$	$A(1,2)$	$A(2,2)$	$A(3,2)$

图 2-12　FORTRAN 语言中 $A(3,2)$ 存放顺序

5. 树与二叉树

1) 树

树的定义如下。

树(tree)是 $n(n\geq 0)$ 个节点的有限集 T,当 $n=0$ 时,称为空树;当 $n>0$ 时,满足以下条件:

① 有且仅有一个节点,称为树根(root)节点;

② 当 $n>1$ 时,除根节点以外的其余 $n-1$ 个节点可以划分成 $m(m>0)$ 个互不相交的有限集 $T_1,T_2,\cdots,T_m$,其中每一个集合本身又是一棵树,称为根的子树(subtree)。

图 2-13 是一棵树的示意图。

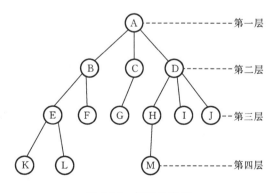

图 2-13　树的示意图

由树的定义知,树有以下特点。

① 树中有且仅有一个节点被称为树根节点。

② 树中各子树是互不相交的集合。

树中只有一个没有前驱的节点称为树根,其他节点仅有一个直接前驱节点;树中节点的最大层次称为树的深度;节点的子树的个数称为度,度数是 0 的节点称为树叶。图中,节点 A 为树根(或根节点),A 的度是 3,树的深度是 4,节点 K,L,F,G,M,I,J 为树叶(或叶节点)。

树的物理结构可以有多种形式。各数据元素既可以连续存储在一起,也可以分散存储,通过指针来建立元素间的联系和存取路径。以图 2-13 为例,其存储方式如下。

① 以单向链结构存储　存储结构和逻辑结构不一致,每一个元素只用一个指针,存取路径和时间较长,如图 2-14 所示。

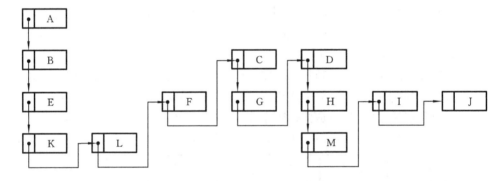

图 2-14　树的单向链存储结构

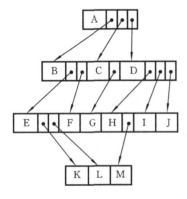

图 2-15　树的多向链存储结构

② 以多向链结构存储　存储结构与逻辑结构一致,各层次的数据元素分别按顺序连续存储在三个块中,层次之间的逻辑关系用指针实现,当下层数据个数较多时,指针就多,所占存储单元也多,如图 2-15 所示。

③ 以环链结构存储　分别建立上下层之间、同层各元素之间的环链连接,可通过左右不同的指针来达到不同的存取要求或实现不同的数据组合。如图 2-16 所示,左指针构造上、下层次间的环链,右指针构造每一个子树的同层各元素间的环链。

2）二叉树

（1）定义、特点及形态　二叉树由 $n(n \geqslant 0)$ 个节点的有限集 T 构成,此集合或者为空集,或者由一个根节点及两棵互不相交的左、右子树构成,并且左、右子树都是二叉树。注意,二叉树的子树有左右之分,因此,二叉树是一种有

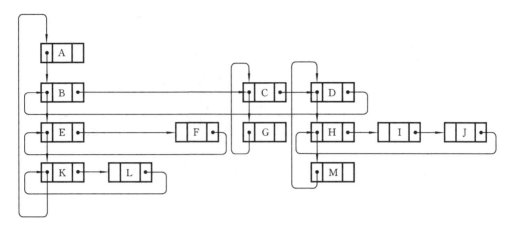

图 2-16　树的环链存储结构

序树。

二叉树与树的区别如下。

① 二叉树可以是空的,树则必须至少有一个根节点。

② 二叉树的度数不能超过 2,树则无此限制。

③ 二叉树的子树有左右之分,不能颠倒,树的子树则可以交换位置。

二叉树有五种基本形态,如图 2-17 所示。

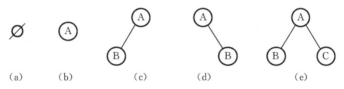

图 2-17　二叉树的基本形态

(a) 空二叉树;　(b) 只有一个节点的二叉树;　(c) 只有左子树的二叉树

(d) 只有右子树的二叉树;　(e) 完全二叉树

(2) 物理结构　通常采用链接存储结构,每个节点设有两个指针,左指针指向左子树的地址,右指针指向右子树的地址。这种结构与逻辑结构一致,描述清楚,也便于删除和插入运算,但占用存储单元较多,如图 2-18 所示。

(3) 遍历二叉树　即按一定规律、不重复地访问树中的每一个节点。这对于在二叉树中查找某一指定节点(或逐一对全部节点进行某种处理,或将非线性结构线性化)具有重要意义。对线性结构来说,遍历并非难事,但对二叉树就需要找到一个完整而有规则的遍历方法。常用的有三种方式。

① 前序遍历　操作过程为:若二叉树为空,则退出,否则,依次访问根节点→前序遍历左子树→前序遍历右子树。即遵循从上至下、先左后右原则。如图 2-18 所示二叉树的

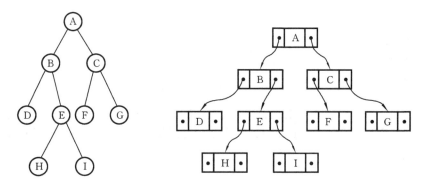

图 2-18 　二叉树的存储结构

前序遍历为 ABDEHICFG,如图 2-19(a)所示。

　　② 中序遍历　　操作过程为:若二叉树为空,则退出,否则,中序遍历左子树→访问根节点→中序遍历右子树。即遵循从左向右、先上后下原则。如图 2-18 所示二叉树的中序遍历为 DBHEIAFCG,如图 2-19(b)所示。

　　③ 后序遍历　　操作过程为:若二叉树为空,则退出,否则,后序遍历左子树→后序遍历右子树→访问根节点。即遵循从左向右、先下后上原则。如图 2-18 所示二叉树的后序遍历为 DHIEBFGCA,如图 2-19(c)所示。

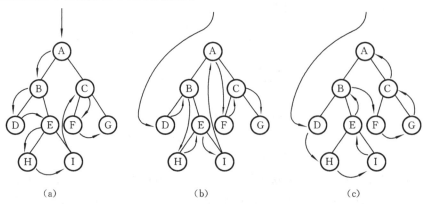

(a)   (b)   (c)

图 2-19 　遍历示意图

(a) 前序遍历; 　(b) 中序遍历; 　(c) 后序遍历

6. 图

　　图(graph)是比树更为复杂的一种非线性结构。在图结构中,每个节点可能有多个直接前驱,也可能有多个直接后继,节点的联系是任意的,因此,它不像树结构那样有明显的层次关系。

　　图的定义:一个图 G 由两个集合 V 和 E 组成,V 是有限的非空顶点集,E 是 V 上的顶点对所构成的边集,分别用 $V(G)$ 和 $E(G)$ 来表示图中的顶点集和边集。用二元组 $G=(V,E)$ 来表示图 G。

在图中,边由确定该边的两个顶点表示。若两端点是无序的,则边线不带箭头,用圆括号表示为 (V_i,V_j),这样的图称为无向图,如图 2-20(a)所示。若两顶点是有序的,则从 V_i 到 V_j 用一带箭头的线段相连,并用尖括号表示为 $\langle V_i,V_j\rangle$,这样的图称为有向图,如图 2-20(b)所示。无向图 G_1 表示为

$$G_1 = (V,E)$$

$$V = \{V_1,V_2,V_3,V_4,V_5\}$$

$$E = \{(V_1,V_2),(V_5,V_3),(V_1,V_4),(V_2,V_3),(V_2,V_5),(V_4,V_3)\}$$

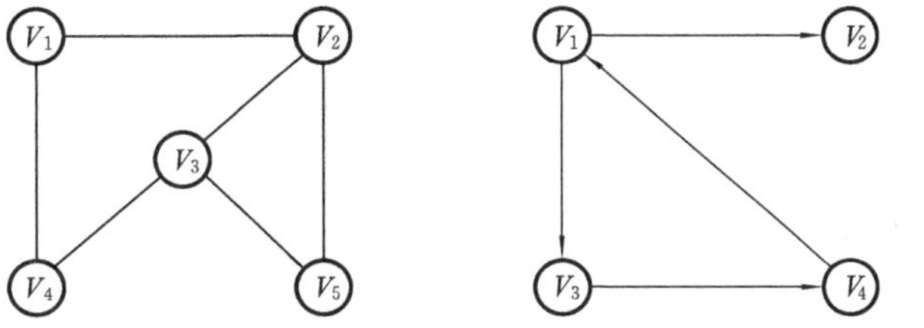

(a)　　　　　　　　　　　　(b)

图 2-20　图的示例

(a) 无向图 G_1；　(b) 有向图 G_2

有向图 G_2 表示为

$$G_2 = (V,E)$$

$$V = \{V_1,V_2,V_3,V_4\}$$

$$E = \{\langle V_4,V_1\rangle,\langle V_1,V_2\rangle,\langle V_1,V_3\rangle,\langle V_3,V_4\rangle\}$$

通常,用 n 阶邻接方阵表示 n 个顶点的图的逻辑结构,其中每个元素满足:

$$V(i,j) = \begin{cases} 1, & (V_i,V_j) \in E(G),即\ V_i,V_j\ 有边连接 \\ 0, & V_i,V_j\ 无边连接 \end{cases}$$

然后,以数组的顺序存储方式作为这个矩阵的物理结构。图 2-21 所示是一个图结构及其邻接矩阵。

当图的边具有与它相关的权时,这样的图称为网。权可以代表从一个顶点到另一个顶点的距离、时间、所耗代价等。仍可用邻接矩阵表示网,只要把矩阵中原为 1 的元素改为权值即可,即

$$A(i,j) = \begin{cases} W_{ij}, & (V_i,V_j) \in E(G),W_{ij}\ 为权值 \\ 0, & V_i,V_j\ 无边连接 \end{cases}$$

图 2-22 所示为一个网结构及其邻接矩阵。

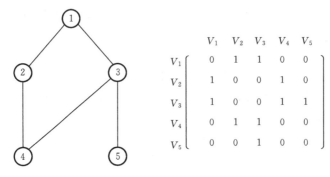

图 2-21　图及邻接矩阵

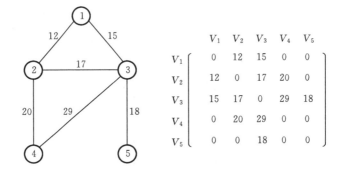

图 2-22　网及邻接矩阵

2.2.5　文件

文件是数据管理的一种形式，它独立于应用程序，单独存储。在 CAD/CAM 系统中，文件常常作为管理数据、交换数据的方法而被广泛采用。具体说来，文件是记录的集合。而记录又抽象为数据元素，它由若干个数据项组成，其中有一项可以用来标识一个记录，该项称为关键字项，该数据项的值称为关键字。

文件的操作主要表现在两个方面，一是查找，二是排序。

1. 查找

查找(searching)即寻找关键字为某值的记录，或从数组中寻找某个确定的数据。常用的查找方法有三种。

(1) 顺序查找法(sequential search)　从第一个记录开始，逐个查询，若找到欲查数值，则查找成功，否则查找失败。这是一种最简单但效率较低的方法。

(2) 折半查找法　又叫二分查找法(binary search)，即按下列步骤查找。

① 将文件记录按关键字大小顺序排列。

② 将查找范围中点处关键字 K_m 与待查记录关键字 K 进行比较，应为下列三种情况

之一：

  a. $K<K_m$,确定待查记录在文件前半区域；

  b. $K=K_m$,确定该记录恰为待查记录；

  c. $K>K_m$,确定待查记录在文件后半区域。

  ③ 若为情况 b,则查找成功；若为情况 a 或 c,则在确定的查找区域中继续顺序查找,或逐次折半进行查找；若直至过程结束还未查找到所需关键字,则查找失败。

  (3) 分块查找法(blocking search)　与折半查找法类似,只是要先将按关键字排好序的文件划分成大于 2 的若干块,再将待查关键字依次与各块的最大关键字比较,确定查找范围,然后顺序查找。

  例 2-1　某零件文件中有九个零件(记录),其关键字分别为 4,7,16,31,39,41,47,55,61,以升序排列。要求查找关键字为 55 的零件。

  查找步骤如下。

  ① 将九个记录分为三块：(4,7,16),(31,39,41),(47,55,61)。

  ② 将待查关键字 55 与三块中最大关键字 16,41,61 依次比较,确定要查找的记录在第三块中。

  ③ 在第三块中顺序查找,查找成功。

2. 排序

  排序(sort)是对文件中记录的关键字(或数组元素值)按递增或递减的顺序重新排列。

  排序的方法很多,常用的有以下几种。

  (1) 选择排序(selection sort)　在所有记录中选出关键字最小的记录,将它与第一个记录交换,然后在第二个记录到最后一个记录中重复上述操作。依此类推,直至排序完成为止。

  例 2-2　对关键字序列(8,4,3,6,9,2,7)进行选择排序。

  排序过程示意如下。

  ① 从序列(8,4,3,6,9,2,7)中选出 2,将 2,8 交换位置,得到序列(2,4,3,6,9,8,7)。

  ② 从序列(2,4,3,6,9,8,7)中选出 3,将 3,4 交换位置,得到序列(2,3,4,6,9,8,7)。

  ③ 从序列(2,3,4,6,9,8,7)中选出 7,将 7,9 交换位置,得到序列(2,3,4,6,7,8,9),排序完毕。

  (2) 冒泡排序(bubble sort)　其基本思想是：顺次比较相邻记录的关键字,若后者比前者小,则交换位置,否则,位置不变。经过数轮比较和交换,较小的数向前移动,较大的数向后移动,犹如水中气泡一点点冒出水面,故而得名。

  例 2-3　对关键字序列(9,7,18,3,4,10,8)进行冒泡排序。

  排序过程示意如下。

  ① 在序列(9,7,18,3,4,10,8)中：对 9,7 进行比较,交换位置；对 9,18 进行比较,不

换位置；对 18,3 进行比较，交换位置；同理，将 18 与 4,10,8 分别进行比较，均交换位置。此轮排序后得到序列(7,9,3,4,10,8,18)。

② 在序列(7,9,3,4,10,8,18)中：对 9,3 进行比较，交换位置；对 9,4 进行比较，交换位置；对 9,10 进行比较，不换位置；对 10,8 进行比较，交换位置。此轮排序后得到序列(7,3,4,9,8,10,18)。

③ 在序列(7,3,4,9,8,10,18)中：对 7,3 进行比较，交换位置；对 7,4 进行比较，交换位置；对 7,9 进行比较，不换位置；对 9,8 进行比较，交换位置。此轮排序后得到序列(3,4,7,8,9,10,18)，排序完毕。

(3) 插入排序(insertion sort)　基本思路是：首先假定第一个记录的位置是合适的，然后取出第二个记录与第一个记录进行关键字比较。若第二个记录小于第一个记录，则将第二个记录插到第一个记录前面，否则，位置不变；再取第三个记录与前面各记录进行关键字比较，将其插入到前面有序记录的合适位置上；依此类推，直到排序完成。这种排序法的关键是首先进行比较、查找，以确定该项应插入的位置，因此，插入排序是一个不断比较、插入的过程。

例 2-4　对关键字序列(8,4,6,9,2,7)进行插入排序。

排序过程示意如下。

$$[(8),4,6,9,2,7]$$
↓将 4 插入有序序列(8)
$$[(4,8),6,9,2,7]$$
↓将 6 插入有序序列(4,8)
$$[(4,6,8),9,2,7]$$
↓将 9 插入有序序列(4,6,8)
$$[(4,6,8,9),2,7]$$
↓将 2 插入有序序列(4,6,8,9)
$$[(2,4,6,8,9),7]$$
↓将 7 插入有序序列(2,4,6,8,9)
$$[(2,4,6,7,8,9)]$$

至此排序完毕。

除上面介绍的排序方法之外，还有快速排序法、希尔排序法、合并排序法、堆阵排序法、基数排序法等。

2.3　工程数据的处理方法

在机械设计过程中，要使用许多工程数据，可从工程手册或设计规范中查找各种系数和数据,这些系数和数据往往是以表格、线图、经验公式等形式给出的。人工设计时,是由人工查找,速度慢,效率低,易出错。在计算机辅助设计中,这些工程数据应由计算机高效、快速处理。

总体上说,处理工程数据的方法有以下三种。

1. 程序化处理

即在应用程序内部对数表、线图等进行查询、处理或计算。具体处理方法有两种:一种方法是将数表中的数据或线图离散化,以一维、二维或多维数组的形式存入计算机,用查表或插值的方法检索所需要的数据;另一种方法是将数表或线图拟合成公式,编制成计算机程序,再利用程序计算出所需要的数据。

其优点是程序与数据结合在一起,缺点是数据无法共享,并会增大程序的长度。

2. 文件化处理

即将数表及线图中的数据按一定的结构存放在数据文件中,需要数据时,由程序来打开文件并读取数据。以文件形式保存的数据独立于应用程序之外,可以供多个应用程序使用。

其优点是:数据与程序做了初步的分离,实现了有条件的数据共享,增强了数据管理的安全性,提高了数据系统的可维护性。

其缺点是:

(1) 文件只能表示事物而不能表示事物之间的联系;

(2) 文件较长;

(3) 数据与应用程序之间仍有依赖关系;

(4) 安全性和保密性差。

3. 数据库管理

将工程数据存放到数据库中,可以克服文件化处理的不足。其优点是:

(1) 数据实现共享;

(2) 数据集中;

(3) 数据结构化,既表示了事物,又表示了事物之间的联系;

(4) 数据与应用程序无关;

(5) 安全性和保密性好。

由于工程数据处理的规模大小不同,因此,须根据实际情况选用上述三种数据处理方式中的一种。对于规模较小的设计任务可采用文件管理方式或程序化处理方式,而对数据量十分庞大的一类设计任务则可采用数据库管理方式。

2.3.1 工程数据的程序化处理

1. 数值的程序化处理

数值程序化就是将要使用的各个参数及其函数关系,用一种合理编制的程序存入计算机,以便运行使用。其方法要具体问题具体分析。

(1) 用数组形式存储数据。如果要使用的数据是一组单一、严格的而又无规律可循的数列,通常的方法是用数组形式存储数据,程序运行时,直接检索使用。

(2) 用数学公式计算数据。如果要使用的数值是一组单一、严格的但能找到某种规律的数列,则不必定义数组逐项赋值,将反映这种规律的数学公式编入程序,通过计算即可快速、准确地达到目的。

例 2-5 将 60,70,80,90,100,110,120 这一标准直径系列编入程序。

① 解题分析。通过对上述标准直径系列进行分析,发现这组数值是按 10 递增的,在程序中加入导出的数学公式就可以了。

② 编程思路。在程序中输入计算直径 D_c,判断其是否在标准直径范围内,若不在,显示越界信息,否则,通过数学公式确定要选定的标准直径。其中,数学公式为 $D=INT(D_c/10.02)*10+10$,请分析、理解公式中 10.02 的作用。

2. 数表的程序化处理

数表程序化就是用程序完整、准确地描述不同函数关系的数表,以便在运行过程中迅速、有效地检索和使用数表中的数据。

数表程序化一般有下述几种方法,使用时具体问题具体分析。

1) 屏幕直观输出法

例 2-6 将齿轮传动强度计算中的使用系数 K_A 数表(见表 2-2)程序化。要求根据原动机工作特性和工作载荷特性确定适宜的使用系数 K_A。

表 2-2　使用系数 K_A

原动机工作特性	工作机械载荷特性		
	平稳	中等冲击	较大冲击
平稳	1.00	1.25	1.75
轻度冲击	1.25	1.50	2.00 或更大
中等冲击	1.50	1.75	2.25 或更大

该表格幅面不大,数据亦有限,但因 K_A 是经验值,实际应用中允许根据情况综合考虑,选取中间数据,仅凭程序中简单的条件判断难以正确选取。故而,采用屏幕直观输出法显示整个表格,可让用户凭经验自行选定 K_A。这种处理方法可以避免计算机进行一系列复杂、模糊的分析、判断。用输出语句(函数)显示整个表格即可。

2) 数组存储法

机械设计中使用到的数表,按照是否为函数,可以分为两大类:一类是列表函数表——函数数表,如 V 带传动小带轮包角系数 K_a;另一类是简单数表——非函数数表,如渐开线齿轮的标准模数表等。列表函数数表可以检索，而且非数表中的数据可以通过插值法求得；简单数表只能检索，不能插值。

例 2-7 将表 2-3 中的齿轮标准模数值编入程序。要求程序运行时，输入模数计算值后，能输出合适的标准模数。

表 2-3   齿轮标准模数（部分）   单位：mm

第一系列	2		2.5		3				4		5
第二系列		2.25		2.75		(3.25)	3.5	(3.75)		4.5	
第一系列		6			8		10		12		
第二系列	5.5		(6.5)	7		9			(11)		14

考察表 2-3 中数据及实际使用情况，有如下特点。

① 该表为简单数表。所列齿轮标准模数是一组取值严格，而从总体上看又无统一规律的数列。

② 标准规定：第一系列为优先采用模数；第二系列中不带括号的数值为可以采用模数，而带括号的数值为尽可能不采用的模数。程序中应能反映这一标准规定。

③ 通常，根据模数的计算值选用较大的标准值。但对于比标准值大得有限的一类计算值（如计算值为 3.01 mm，标准值为 3 mm），若选用高一档的模数值或许并不合适，在编程中应考虑这一情况。

④ 程序运行结束之前，设置一交互节点，由用户对机选模数值加以判断，或满意则结束，或重新选取大一档或小一档数值。

3）公式计算法

例 2-8 将蜗轮当量齿数 Z_V 与齿形系数 Y_F 的关系数表（见表 2-4）程序化。要求输入 Z_V 计算值后，能输出对应的 Y_F 值。

表 2-4   蜗轮齿形系数

Z_V	20	24	26	28	30	32	35
Y_F	1.98	1.88	1.85	1.80	1.76	1.71	1.64
Z_V	37	40	45	50	60	80	100
Y_F	1.61	1.55	1.48	1.45	1.40	1.34	1.30

对表 2-4 进行分析，Z_V 和 Y_F 间的关系无规则，Z_V 计算值又不一定恰好为表中所列数

值。此时,需根据数表给出的数据范围和趋势找到合适的 Y_F 值,这就要构造某个函数关系式来近似表达列表数据关系。工程中常用的有插值法和曲线拟合法。

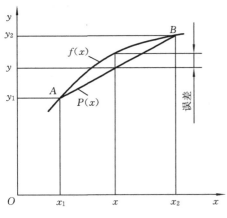

图 2-23　一元线性插值的几何解析

（1）插值法　插值法的基本思想是,设法构造某个简单的函数 $Y=P(x)$ 作为实际列表函数 $f(x)$ 的近似表达式,然后,计算 $P(x)$ 值以得到 $f(x)$ 的近似值,并且使 $f(x_i)=P(x_i)$($i=1,2,\cdots,n$)成立。$P(x)$ 就称为 $f(x)$ 的插值函数,点 $x_1,x_2,\cdots,x_n$ 称为插值节点。因此,插值法的实质就是如何构造一个既简单又足够精确的函数 $P(x)$。

常见的数据插值方法有线性插值法、抛物线插值法和拉格朗日(Lagrange)插值法等。

① 线性插值法　线性插值法即两点插值法,这是最简单又常用的一种插值方法。

逼近函数 $P(x)$ 采用线性函数,其几何解析如图 2-23 所示,欲求中间点 x_i 处的函数值 $f(x_i)$,步骤如下。

a. 在已知插值点的邻近选取两个自变量 x_1 和 x_2,并满足 $x_1<x<x_2$;

b. 用过 A,B 两点的直线 $P(x)$ 代替原有函数 $f(x)$,则由解析几何可写出对称式直线方程的表达式为

$$P(x) = \frac{x-x_2}{x_1-x_2}y_1 + \frac{x-x_1}{x_2-x_1}y_2 \tag{2-1}$$

若记

$$A_1(x) = \frac{x-x_2}{x_1-x_2}, \quad A_2(x) = \frac{x-x_1}{x_2-x_1}$$

则式(2-1)可表示为

$$P(x) = A_1(x)y_1 + A_2(x)y_2 \tag{2-2}$$

式(2-2)称为以 x_1,x_2 为节点的基本插值多项式。在编程时,只要将列表数据和插值公式编入其中,就可在输入一个 x 值后,计算出相应的 y 值。

线性插值由于只有两点的信息,没有考虑原有函数 $f(x)$ 的曲率半径和方向,故精度较低。当所取自变量的间隔很小,插值精度要求不是很高时,还是可以满足要求的。

② 抛物线插值法　抛物线插值法是利用三个节点的函数值,构造一个简单函数来进行插值计算的方法。

选取三个节点 $(x_1,y_1),(x_2,y_2),(x_3,y_3)$,仿照上述两节点插值法的方法,类似式(2-2),利用三个基本插值多项式 $A_1(x),A_2(x),A_3(x)$ 的线性组合而得到插值多项式。

若记

$$A_1(x) = \frac{(x-x_2)(x-x_3)}{(x_1-x_2)(x_1-x_3)}, \quad A_2(x) = \frac{(x-x_1)(x-x_3)}{(x_2-x_1)(x_2-x_3)}$$

$$A_3(x) = \frac{(x-x_1)(x-x_2)}{(x_3-x_1)(x_3-x_2)}$$

则插值多项式为

$$P(x) = A_1(x)y_1 + A_2(x)y_2 + A_3(x)y_3$$

(2-3)

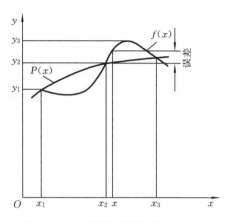

式(2-3)是一个不超过二次的多项式,因此这种插值法又称为二次插值法,其几何解析如图 2-24 所示,用通过三点(x_1,y_1),(x_2,y_2),(x_3,y_3)所作的抛物线 $P(x)$ 来近似代替(或逼近)原有函数 $f(x)$。抛物线插值法较线性插值法可获得更高的精度。

抛物线插值法的关键是如何选取合适的三个插值节点。

图 2-24　一元抛物线插值的几何解析

设已知插值点 x_d,求 y_d。

a. 从数表中选取两点 x_i 和 x_{i+1},并满足 $x_i < x_d < x_{i+1}$。

b. 比较$|x_d - x_i|$和$|x_{i+1} - x_d|$的值。若$|x_d - x_i| < |x_{i+1} - x_d|$,则第三点取 x_{i-1};反之,则第三点取 x_{i+2}。

在利用式(2-3)进行插值时,应该选取距离待求插值点最近的三个节点,以减小插值误差。

③ 拉格朗日插值法　拉格朗日插值法是利用原有节点信息来构造插值函数的方法。

当节点取为 n 时,可得到多项式的一般表达式,即拉格朗日插值多项式为

$$P(x) = \sum_{i=1}^{n} A_i(x) y_i$$

(2-4)

其中,$A_i(x)$是次数不超过 n 的多项式,可以表示为

$$A_i(x) = \frac{(x-x_1)(x-x_2)\cdots(x-x_{i-1})(x-x_{i+1})\cdots(x-x_n)}{(x_i-x_1)(x_i-x_2)\cdots(x_i-x_{i-1})(x_i-x_{i+1})\cdots(x_i-x_n)}$$

(2) 曲线拟合法　插值法的实质是在几何上用严格通过各个节点的曲线来近似代替列表函数曲线。但通过试验所得的数据往往离散性很大,误差比较大。因此,插值法建立的公式必然保留了所有误差,这是插值法的主要缺陷。鉴于这种情况,常采用另外的方法构造近似曲线,此曲线并不严格通过所有节点,而是尽可能反映所给数据的趋势。这种方法称为曲线拟合法。具体步骤和原理详见线图程序化中的介绍。

3. 线图的程序化处理

在机械设计中,很多参数间的函数关系是用线图表示的。线图的特点是鲜明直观,能表现出函数的变化趋势。目前,线图不能直接存储在计算机中,在编程序前必须进行预处

· 43 ·

理,以便计算机能应用这些设计资料。

对线图的处理方法有两种:一是将其转换成相应的数表,对数表中没有的节点值采用插值法求得;二是将线图公式化。

1) 线图表格化

将线图转换成表格,就可以使用数表的处理方法对其进行处理。对于各种曲线,将其转换成数表比较方便,只要在所需处理的线图上取一些节点,然后把这些节点的横、纵坐标值——对应列成表格即可。例如在如图 2-25 所示的线图上取 n 个节点 (x_1, y_1),(x_2, y_2),$\cdots$,(x_n, y_n),将其制成表格,如表 2-5 所示。节点数取得越多,精度就越高。节点的选取原则是使各节点的函数值不致相差很大。

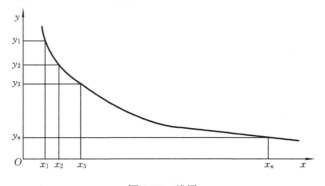

图 2-25　线图

表 2-5　在图 2-25 中取 n 个节点组成表格

x_1	x_2	x_3	$\cdots$	x_n
y_1	y_2	y_3	$\cdots$	y_n

将线图表格化后,再参照数表处理方法,用程序化或文件化处理方法进行处理。

2) 线图公式化

线图的表格化处理,不仅工作量较大,而且还需占用大量的存储空间。因此,理想的线图处理方法是用一个或几个分段方程来表示线图中各数据之间的函数关系,即对线图进行公式化处理。

线图的公式化处理有两种方法。一种是找到线图原来的公式,这是最精确的线图处理方法,但并不是所有的线图都存在原来的公式,即使有,一时也难找到。另一种是用曲线拟合的方法求出描述线图的经验公式。

在实际的工程问题中时常需要用一定的数学方法将一系列测试数据或统计数据拟合成近似的经验公式,这种建立经验公式的过程称为曲线拟合。

曲线拟合的方法很多,最常用的是最小二乘法。

(1) 最小二乘法拟合基本原理   设由实验得到或绘图经离散后得到 m 个点(x_i,y_i),$i=1,2,\cdots,m$。假设由这些点得到的拟合公式为 $y=f(x)$,如图 2-26 所示,则每个节点处的偏差为 $e_i=f(x_i)-y_i$,$i=1,2,\cdots,m$。

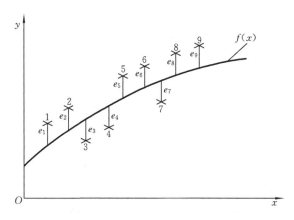

图 2-26   最小二乘法曲线拟合

如果将每个点的偏差值直接代数相加,则有可能因为正、负偏差的抵消而掩盖整个误差程度,不能正确反映拟合公式的精确度。为此,将所有节点的偏差取平方值并求和,得到

$$\sum_{i=1}^{m} e_i^2 = \sum_{i=1}^{m} (f(x_i) - y_i)^2$$

让偏差平方和达到最小,因此称为最小二乘法拟合。

拟合公式的类型通常选取初等函数,如对数方程、指数方程、代数多项式等。这一工作由工程人员来决定,一般先将数据点画在方格纸上,根据曲线形态判断所采用的函数类型。

(2) 线性方程拟合   有 n 组实验数据(x_i,y_i),设线性方程的形式是

$$y = a + bx \tag{2-5}$$

根据最小二乘法原理,为达到最好的拟合,应使各节点的偏差平方和为最小。设 $S(a,b)$ 为偏差平方和,则

$$S(a,b) = \sum_{i=1}^{n} (y_i - a - bx_i)^2 \tag{2-6}$$

只要将求出 $S_{\min}$ 时的 a,b 代入式(2-5)所得的线性方程,即得偏差平方和最小时的曲线拟合方程。可见,曲线拟合可归结为函数求极值问题。

对式(2-6)求偏导并使之为零,得

$$\frac{\partial S}{\partial a} = -2\sum_{i=1}^{n}(y_i - a - bx_i) = 0$$

$$\frac{\partial S}{\partial b} = -2\sum_{i=1}^{n}(y_i - a - bx_i)x_i = 0$$

整理并求出 a,b 数值，分别为

$$a = \frac{\sum_{i=1}^{n}y_i - b\sum_{i=1}^{n}x_i}{n}$$

$$b = \frac{\sum_{i=1}^{n}y_ix_i - \sum_{i=1}^{n}x_i\sum_{i=1}^{n}y_i/n}{\sum_{i=1}^{n}x_i^2 - (\sum_{i=1}^{n}x_i)^2/n}$$

　　将 a,b 代入式（2-5），则此线性函数即为 n 组实验数据的拟合方程，其偏差平方和 $S(a,b)$ 的大小反映了拟合公式的精度。

　　（3）对数方程拟合　　有 n 组实验数据 (x_i,y_i)，设对数方程的形式是

$$y = a + b\ln x \tag{2-7}$$

采用变量代换法，使之回归线性方程的形式。令 $X = \ln x$，代入式（2-7）得

$$y = a + bX \tag{2-8}$$

　　式（2-8）和式（2-5）形式相同，同理可求出系数 a,b 值，分别为

$$a = \frac{\sum_{i=1}^{n}y_i - b\sum_{i=1}^{n}X_i}{n}$$

$$b = \frac{\sum_{i=1}^{n}y_iX_i - \sum_{i=1}^{n}X_i\sum_{i=1}^{n}y_i/n}{\sum_{i=1}^{n}X_i^2 - (\sum_{i=1}^{n}X_i)^2/n}$$

需要注意的是，$X_i = \ln x_i$，偏差平方和为

$$S(a,b) = \sum_{i=1}^{n}(y_i - a - b\ln x_i)^2$$

然后，可以对对数方程进行拟合，编制相应的程序。

　　（4）指数方程拟合　　有 n 组实验数据 (x_i,y_i)，设指数方程的形式是

$$y = ax^b \tag{2-9}$$

对方程两边取对数，得

$$\ln y = \ln a + b\ln x$$

采用变量代换，令 $Y = \ln y, A = \ln a, X = \ln x$，则有

$$Y = A + bX$$

此时,又可借用线性方程拟合的求解公式求出系数 A, b 的值。偏差平方和为

$$S(a, b) = \sum_{i=1}^{n} (y_i - a x_i^b)^2$$

(5) 对数指数方程拟合   有 n 组实验数据 (x_i, y_i),设对数指数方程的形式是

$$y = a e^{bx} \tag{2-10}$$

方程两边取对数,得

$$\ln y = \ln a + bx \ln e$$

令 $Y = \ln y, A = \ln a$,因 $\ln e = 1$,则有

$$Y = A + bx$$

此时,又可借用线性方程拟合的求解公式求出系数 A, b 的值。偏差平方和为

$$S(a, b) = \sum_{i=1}^{n} (y_i - a e^{bx_i})^2$$

(6) 二次方程拟合及多次方程拟合   有 n 组实验数据 (x_i, y_i),设二次方程的形式是

$$y = a + bx + cx^2 \tag{2-11}$$

设 $S(a, b, c)$ 为偏差平方和,则

$$S(a, b, c) = \sum_{i=1}^{n} (y_i - a - bx_i - cx_i^2)^2 \tag{2-12}$$

对式(2-12)求偏导并使其为零,得

$$\begin{cases} \dfrac{\partial S}{\partial a} = -2 \sum_{i=1}^{n} (y_i - a - bx_i - cx_i^2) x_i^0 = 0 \\[2mm] \dfrac{\partial S}{\partial b} = -2 \sum_{i=1}^{n} (y_i - a - bx_i - cx_i^2) x_i^1 = 0 \\[2mm] \dfrac{\partial S}{\partial c} = -2 \sum_{i=1}^{n} (y_i - a - bx_i - cx_i^2) x_i^2 = 0 \end{cases} \tag{2-13}$$

整理得

$$\begin{cases} a \sum_{i=1}^{n} x_i^0 + b \sum_{i=1}^{n} x_i^1 + c \sum_{i=1}^{n} x_i^2 = \sum_{i=1}^{n} y_i x_i^0 \\[2mm] a \sum_{i=1}^{n} x_i^1 + b \sum_{i=1}^{n} x_i^2 + c \sum_{i=1}^{n} x_i^3 = \sum_{i=1}^{n} y_i x_i^1 \\[2mm] a \sum_{i=1}^{n} x_i^2 + b \sum_{i=1}^{n} x_i^3 + c \sum_{i=1}^{n} x_i^4 = \sum_{i=1}^{n} y_i x_i^2 \end{cases}$$

解方程求出系数 a, b, c 的值。

同理,可推出 k 次方程拟合公式为

$$y = A_0 + A_1 x + A_2 x^2 + \cdots + A_k x^k = \sum_{j=0}^{k} A_j x^j \qquad (2\text{-}14)$$

其偏差平方和 S 为

$$S = \sum_{i=1}^{n} (y_i - A_0 - A_1 x_i - A_2 x_i^2 - \cdots - A_k x_i^k)^2 \qquad (2\text{-}15)$$

对式(2-15)求偏导并使之为零,整理得

$$
\begin{cases}
A_0 \sum\limits_{i=1}^{n} x_i^0 + A_1 \sum\limits_{i=1}^{n} x_i^1 + \cdots + A_k \sum\limits_{i=1}^{n} x_i^k = \sum\limits_{i=1}^{n} y_i x_i^0 \\[2mm]
A_0 \sum\limits_{i=1}^{n} x_i^1 + A_1 \sum\limits_{i=1}^{n} x_i^2 + \cdots + A_k \sum\limits_{i=1}^{n} x_i^{k+1} = \sum\limits_{i=1}^{n} y_i x_i^1 \\[2mm]
\qquad\qquad\qquad\qquad\qquad\vdots \\[2mm]
A_0 \sum\limits_{i=1}^{n} x_i^k + A_1 \sum\limits_{i=1}^{n} x_i^{k+1} + \cdots + A_k \sum\limits_{i=1}^{n} x_i^{k+k} = \sum\limits_{i=1}^{n} y_i x_i^k
\end{cases} \qquad (2\text{-}16)
$$

解方程组可求出系数 $A_0, A_1, \cdots, A_k$ 的值。

采用最小二乘法多项式拟合时需要注意以下问题:

① 多项式的幂次不能太高,通常幂次小于 7。可以用较低的幂次进行拟合,如果误差太大,再提高幂次;

② 一组数据或一条曲线有时不能用一个多项式表示其全部,此时应分段处理,分段大都发生在拐点或转折处;

③ 若要提高某区间的拟合精度,则应在该区间内采集更多的点。

例 2-9 有一组实验数据如表 2-6 所示,试用二次多项式对其进行拟合。

表 2-6 一组实验数据

点号	1	2	3	4	5	6	7
x_i 值	-3	-2	-1	0	1	2	3
y_i 值	4	2	3	0	-1	-2	-5

解 设二次多项式为

$$y = A_0 + A_1 x + A_2 x^2$$

由表中的实验数据可知 $n=7$,同时 $k=2$,代入式(2-16)得

$$
\begin{cases}
nA_0 + A_1 \sum\limits_{i=1}^{n} x_i + A_2 \sum\limits_{i=1}^{n} x_i^2 = \sum\limits_{i=1}^{n} y_i \\[2mm]
A_0 \sum\limits_{i=1}^{n} x_i + A_1 \sum\limits_{i=1}^{n} x_i^2 + A_2 \sum\limits_{i=1}^{n} x_i^3 = \sum\limits_{i=1}^{n} y_i x_i \\[2mm]
A_0 \sum\limits_{i=1}^{n} x_i^2 + A_1 \sum\limits_{i=1}^{n} x_i^3 + A_2 \sum\limits_{i=1}^{n} x_i^4 = \sum\limits_{i=1}^{n} y_i x_i^2
\end{cases}
$$

将表中的 x_i, y_i 值代入上式,得

$$\begin{cases} 7A_0 + 0A_1 + 28A_2 = 1 \\ 0A_0 + 28A_1 + 0A_2 = -39 \\ 28A_0 + 0A_1 + 196A_2 = -7 \end{cases}$$

求解得

$$A_0 = \frac{2}{3}, \quad A_1 = -\frac{39}{28}, \quad A_2 = -\frac{11}{84}$$

最后得到拟合后的经验公式

$$y = \frac{1}{84}(56 - 117x - 11x^2)$$

2.3.2　工程数据的文件化处理

前述各种方法都是将工程数据的数据资料编入程序,使用起来方便、快捷,但它的缺陷是数据依赖于程序而存在。若要修改数据,则要修改程序;若其他程序也需要同样的数据资料,只有重复处理于各自的程序之中,无法共享。因此,对于需要频繁修改,或系统内各应用程序之间共享的数据,通常采用文件管理的方法。文件可以独立于应用程序存在,修改文件中的数据不会影响应用程序,只要各应用程序兼容文件的格式,都可使用其中的数据资料。

工程数据文件化处理中通常采用两种类型的文件,一类是文本文件,另一类是数据文件。文本文件用于存储行文档案资料,如技术报告、专题分析、论证材料等,可利用任何一种计算机文字处理工具软件建立。数据文件有自己固定的存取格式,用于存储数值、短字符串数据,如切削参数、标准零件尺寸等,可利用字表处理软件建立,但为了便于应用程序调用,通常采用高级语言中的文件管理功能实现文件的建立、数据的存取。

对工程数据的文件化要注意如下几个问题。

(1) 数据资料的正确组织。由于大部分数据资料并不是简单的表格形式,可能含有组合项、多重嵌套表格,而数据文件不具备支持各种复杂格式的能力,因此需要先对数据资料进行正确的分解和组织,将复杂的表格拆分成若干个简单的表格,做好建立文件的准备工作。

(2) 选择合适的文件组织方法。应根据要存储数据的使用情况、数量大小选择建立顺序、索引文件等的类型。

(3) 正确录入数据。这是系统正确运行的前提。在录入数据时要细致认真,确保数据有效。

(4) 主要保存、备份数据文件。因文件与程序独立存在,因此在保存程序的同时,还要注意数据文件的计算机建档和管理。

若 CAD/CAM 中的某些数据资料或信息需要在不同的系统间共享,且数据量大、结构复杂、操作要求高,数据文件的管理方式也难以满足要求,此时,要采用更科学、先进、有效的管理技术——数据库技术。

2.3.3 工程数据的数据库管理

在 CAD/CAM 系统的设计、分析、制造等过程中,要查阅各种标准、规范等相关资料,并产生各个阶段的结果数据信息,包括图形和数据。对这些数据信息的管理效率,直接影响 CAD/CAM 系统的应用水平。随着计算机技术的发展,CAD/CAM 系统中的信息管理从文件模式发展为数据库模式,直至目前流行的工程数据库模式。

1. 数据库技术概述

1）数据库技术的特点

数据库技术是三种数据管理技术之一,是在人工管理、文件管理的基础上迅速发展起来的、目前最先进的数据管理技术。

数据的人工管理是计算机发展过程中最早采用的,也是最直接的数据管理方式。程序中用到的数据,包括数据的存储、操作都必须由程序员自己编程管理,数据与程序互相依赖,程序之间存在大量的重复数据。

数据的文件管理是指数据可以用统一格式,以文件形式长期保存在计算机外存储器中,数据的存取则通过应用软件按文件标识符（即文件名）或文件中的记录标识来完成。文件管理方式实现了以文件为单位的数据共享,但由于文件间彼此孤立,因此其共享范围有限,且文件管理系统中缺乏对数据进行集中管理和控制的能力,数据的操作仍离不开应用程序,两者之间未实现完全独立。

数据库管理正是为解决文件管理中的问题应运而生的,它具有如下主要特点。

（1）数据结构化。在描述数据的同时,也描述数据之间的联系,即数据结构化。

（2）数据共享性好、冗余度低。数据库从整体观点处理数据,面向系统,因而弹性大、易扩充、使用方式灵活,实现了数据共享。

（3）数据具有独立性。数据可独立于程序存在,应用程序也不必随着数据结构的变化而修改。数据库系统本身还有很强的操作功能,不需应用程序额外负担数据操作任务。

（4）数据具有安全性、完整性。数据库系统提供数据的控制功能,保护数据,防止不合理使用;保证数据的正确性、有效性、相容性,即数据的完整性。

需要指出的是,人工管理、文件管理和数据库管理都是数据管理的方法,其各有特点和适用场合。一般而言:若管理的数据只需在系统内程序间共享,则可采用文件管理;若需在系统间共享、交换,则采用数据库管理;假如无须共享,量也不大,操作亦不复杂,则也可用人工程序管理。要具体问题具体分析、具体解决。

2) **数据库系统的组成**

数据库系统包括数据库及其管理系统。数据库可以简单理解为具有某种规律或联系的文件及数据的集合。数据库管理系统(data base management system,DBMS)则是用于对数据库及系统资源进行统一管理和控制的软件,它具有数据库的定义、管理、建立、维护、通信以及设备控制等功能,是数据库系统的核心。数据库管理系统起着应用程序和数据库之间的接口作用,用户通过数据库管理系统访问数据库中的数据及对数据库中的数据进行处理,而不必了解数据库的物理结构。也就是说,数据库管理系统是建立在数据库和用户程序之间的一个界面,用户程序一般情况下不能直接对数据库进行访问,要访问或操作数据库,必须通过数据库管理程序。通常把数据库管理系统看成服务的提供者,把用户程序看成数据的客户,这样的模式就是所谓的客户/服务器(C/S)模式。如果一个"服务器"系统可同时为多个用户程序提供服务,则称该"服务器"系统具备数据共享能力。图2-27为数据库系统的结构示意图。

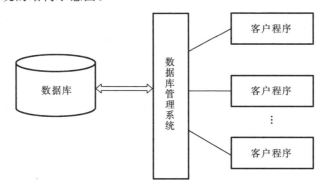

图 2-27 数据库系统结构

3) **数据库的数据模型**

数据模型(data model)是指数据库内部数据的组织方式,描述了数据之间的联系、数据的操作以及语义约束规则,是数据结构化的表现。其实质是一组向用户提供的规则,这组规则规定了数据如何组织在一起,以及相应地允许进行何种操作。现行数据库系统中,常用的数据模型有三种。

(1) 层次模型(hierarchical model) 用树形结构表示实体之间联系的模型称为层次模型,它能描述一对多的关系。层次模型必须满足两个条件:只有一个根节点;根节点以外的其他节点有且仅有一个父节点。

图 2-28 是用层次模型表示的,因为层次模型中的每个节点(根节点除外)只有一个父节点,所以任何一个叶到根的映象是唯一的。因此,对于除根节点以外的节点,只要指出它的父节点,就可以实现节点间的联系,这样就表示了层次模型的整体结构。

按照层次模型建立的数据库系统称为层次模型数据库系统。

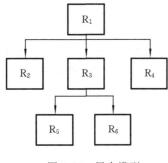

图 2-28　层次模型

层次模型的特点是结构简单、清晰，但难以处理实体之间复杂的联系。

（2）网状模型（network model）　网状模型是用网状数据结构来描述数据库的总体逻辑结构，它体现了多对多的关系。取消层次模型中的两个限制条件便形成了网状模型，层次模型是网状模型的特殊形式。如图 2-29 所示网状模型中一个子节点可有两个或多个父节点，且两节点间可以有多种联系，因此，不能用父节点来描述节点的联系。当同一对节点之间有多于一种联系时，要赋予不同的联系名以示区别。

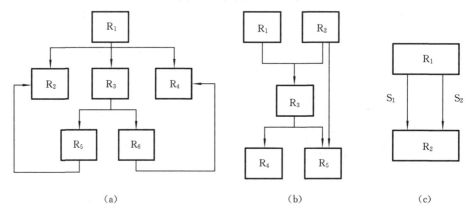

(a)　　　　　　　　　　(b)　　　　　　　　　　(c)

图 2-29　网状模型

（a）模型示例 1；　（b）模型示例 2；　（c）模型示例 3

按照网状模型建立的数据库系统称为网状模型数据库系统。

（3）关系模型（relational model）　关系模型是用二维表结构表示实体之间联系的模型。一个二维表就称为一个关系，如表 2-7 所示。

表 2-7　螺纹连接件常用材料与屈服极限

材　　料	屈服极限 σ_s/MPa
10	210
Q215	220
Q235	240
35	320
45	360

描述一种关系的二维表必须满足以下条件。

（1）表中的每一列必须是一个基本数据项，而不应是组合项。

（2）表中的每一列必须具有相同的数据类型。

（3）表中的每一列必须有一个唯一的名称。

（4）表中不应有内容相同的行。

（5）行与列的顺序均不影响表中所表示信息的含义。

关系模型的数据结构简单，数据独立性高，具有直观、使用方便等优点。

基于关系模型建立的数据库系统称为关系数据库系统。目前常用的关系数据库系统有 FoxPro，Oracle，Access 等。

2. 工程数据库简介

商品化的数据库系统主要是为了满足事务管理的要求，其数据库技术已比较成熟，一般称为商用数据库系统，如 Oracle 等。在 CAD/CAM 系统中，人们希望能够利用数据库技术有效地管理工程应用中所涉及的图形、图像、声音等形式更加自然的信息，这是现行商用数据库系统难以适应的，因此，人们提出了工程数据库的概念。

所谓工程数据库，是指能满足人们在工程活动中对数据处理要求的数据库。理想的 CAD/CAM 系统，应该是在操作系统支持下，以图形功能为基础、以工程数据库为核心的集成系统，从产品设计、工程分析直到制造过程中所产生的全部数据都应维护在同一个工程数据库环境中。

1）工程数据类型分析

在工程应用中，要处理的数据种类多，结构复杂，包括文字与图形等。用于支持整个生产过程的工程数据，可分为以下几个类型。

（1）通用型数据　通用型数据是指产品设计与制造过程中所用到的各种数据资料，如国家及行业标准、技术规范、产品目录等方面的数据。这些数据的特点是数据结构不变，数据具有一致性，数据之间关系分明，数据相对稳定，即使有变动，也只是数值的改动。

（2）设计型数据　设计型数据是指在生产设计与制造过程中产生的数据，包括各种工程图形、图表及三维几何造型等数据。这类数据有两大特点：一是数据呈动态，设计型数据是在设计过程中才产生的，因此，存储的数据结构随数据类型的改变而改变；二是数据由工程设计的过程所确定，"设计—评价—再设计"是典型的工程设计流程。因此，设计型数据有时被反复修改。

（3）工艺加工数据　工艺加工数据是指专门为 CAD/CAM 系统工艺加工阶段服务的数据，如金属切削工艺数据、热加工工艺数据等。

（4）管理信息数据　在高度集成的 CAD/CAM 系统中，还应包括生产活动各个环节的信息数据，如与生产工时定额、物料需求计划、成本核算、销售、市场分析等相关的管理信息数据。

2）对工程数据库管理系统的要求

工程数据库管理系统，简称 EDBMS（engineering data base management system），其功能是针对工程数据的特点而设置的。

工程数据库管理系统一般要满足以下几个主要要求。

（1）支持复杂的数据类型，反映复杂的数据结构。工程数据库中的数据除了字符和数之外，还有文本和图形数据，因此设计过程中实体之间的关系是复杂多样的，这就要求工程数据管理系统既能支持过程性的设计信息，又能支持描述性的设计信息。

（2）支持反复建立、评价、修改并完善模型的设计过程，满足数值及数据结构经常变动的需要。

（3）工程数据模型必须支持层次性的设计结构。在分层的总图结构中，顶层表示总图，总图中的一个抽象代号可以表示下层的一个子图。下层图形中的某一个抽象代号又能表示更下一层的某一子层。如此表达，便可到达由基本零件图形组成的底层，而基本零件都存储在图形库中。各种图纸所包含的数据也可按此法处理。这样，只要按层次结构特性，便可迅速绘制装配总图、部件图和零件图。对于每一层中的同一实体，数据模型还必须支持多种视图的表示。

（4）支持多用户的工作环境并保证在这种环境下各种数据语义的一致性。如机械设计包含机、电、液、控制等方面的技术，各类专业人员都可以按自己的观点理解同一数据结构并进行不同的应用。因此，必须提供描述与处理过程中比一般数据库管理系统更强的语义约束，以维护数据语义的一致性。

（5）具有良好的用户界面。应支持交互作业，设计者可以用交互方式对工程数据库进行操作、检索和激活某一软件包。同时，应保证系统具有快速的、实时性的响应，以满足设计者对数据库的使用和对库中数据值及数据结构修改的需要。

本章重难点及知识拓展

软件危机是计算机软件开发和维护过程中遇到的一系列严重问题的集中体现。软件工程是指导软件开发和维护的工程类学科。软件工程方法是开发、运行、维护和修改软件的系统方法。采用软件工程方法不能完全消除软件危机，但该方法为建造高质量的软件提供了一个可靠的前提和保障，并可大大减少软件危机的产生。

数据处理是 CAD/CAM 系统的核心，数据结构技术是数据处理中的最基本的软件技术。数据的逻辑结构描述的是数据元素间的逻辑关系；数据的物理结构是数据在计算机内部的存储形式，它从物理存储的角度来描述数据以及数据间的关系。要重点了解常见的几种数据结构。

程序化处理、文件化处理和数据库管理是处理工程数据的三种主要方法。要重点了解工程数据程序化处理的目的、方法。

数据库是 CAD/CAM 集成系统的关键技术之一,要了解数据库系统的特点和组成、数据库系统的数据模型、工程数据库的概念及其管理系统的功能需求。

思考与练习

1. 简述软件工程的基本概念和重要意义。
2. 简述常用逻辑结构和物理结构的类型、特点。
3. 简述文件的主要操作。
4. 处理工程数据一般有哪几种方法?各有什么优缺点?
5. 简述曲线拟合的理论基础。
6. 对题 6 表所示的实验数据,分别用直线、抛物线插值法求解 $x=2.05$ 时的 y 值。

题 6 表　一组实验数据

x	2.59	2.40	2.33	2.21	2.09	2.00	1.88	1.80	1.72	1.01
y	1.88	1.8	1.7	1.68	1.62	1.59	1.53	1.49	1.44	1.36

7. 采用最小二乘法对题 6 表中的实验数据进行多项式拟合,并绘制拟合曲线。
8. 何谓数据库系统的数据模型?各种模型有哪些特点?
9. 简述工程数据库的概念。

第3章 计算机图形处理技术基础

计算机绘图是目前 CAD/CAM 的重要组成部分,两者之间相互促进,密不可分。计算机绘图的理论和方法具有基础性和普遍意义。本章介绍了五种图形生成技术,图形几何变换的基础知识以及图形消隐、裁剪等计算机图形处理方面的内容。另外,在介绍曲线曲面参数表示的基础上还介绍了三种曲线曲面的构造描述方法。

3.1 图形生成技术

3.1.1 图形生成方法

CAD 研究的主要内容就是如何简便、快捷地生成图形,建立零部件的几何模型。而图形生成方法决定了计算机绘图的作用和效率。归纳起来,目前所应用的图形生成方法主要有以下五种。

1. 轮廓线法

一般来讲,任何一个二维几何图形都由点、线条组成,它们是所描述实体上各几何形状特征在不同面上投影产生的轮廓线的集合。所谓轮廓线法,就是将这些线条逐一绘出,得到该物体的图形。该方法绘制的线条只取决于线条的端点坐标,不分先后,没有约束,因而,比较简单,适应面也广。但绘图工作量大、效率低,容易出错,尤其是不能满足系列化产品图形的设计要求,生成的图形的各元素之间无约束关系,所以无法通过尺寸参数加以修改。

采用轮廓线法绘图通常有两种工作方式。一是编制程序,成批绘制图形,程序一经确定,所绘图形也就确定了。若要修改图形,只有修改程序,这是一种程序控制的静态的自动绘图方式,例如应用 Basic 语言或 C 语言编写绘图程序。二是利用交互式绘图软件系统,把计算机屏幕作为图板,通过鼠标或键盘点击菜单,或直接输入绘图或操作命令,按照人机对话方式生成图形,AutoCAD 绘图软件就属于这种方式。轮廓线法产生的图形重用率低,哪怕只变动一个几何尺寸,也要重新修改程序或重画相关部位。

2. 参数化法

参数化法是首先建立图形与尺寸参数的约束关系,每个可变的尺寸参数用待标变量表示,并赋予一个缺省值。绘图时,修改不同的尺寸参数即可得到不同规格的图形。采用这种方法工作起来简单、可靠、绘图速度快。参数化法通常用于通用件、标准件的图库建设或建立企业内部已定型系列化产品的图形库。利用一套几何模型,即可随时调出所需产品型号的图纸,也能进行约束关系不变的改型设计。

参数化法也有程序绘图和交互绘图两种工作方式。程序绘图需将参数代入程序或在程序运行初期将参数输入其中;交互绘图则先将附有缺省值的参数图以图形文件形式存入系统,使用时调入,再以人机对话方式逐一改变参数。

3. 尺寸驱动法

尺寸驱动法是一种交互式的变量设计方法,它是按设计者的意图,先将草图快速勾画在屏幕上,然后根据产品结构形状需要,为草图建立尺寸和形位约束,草图受到这种约束的驱动而变得横平竖直,尺寸大小也一一对应。这种方法摆脱了烦琐的几何坐标点的提取和计算,保留了图形所需的向量,尺寸绘图质量好、效率高;它使设计者不再拘泥于一些绘图细节,如某线条与另一条相关线是否平行或垂直等问题,而可以把精力集中在该结构是否能满足功能要求上,因而支持快速的概念设计。尺寸驱动法是当前图形处理乃至CAD实体建模的研究热点之一,它的原理还可应用于装配设计,建立好装配件间的尺寸约束关系,即可支持产品零部件之间的驱动式一致性修改。

图3-1为尺寸驱动法绘图的一个简单示例。使用尺寸驱动法作图,开始只需画出图形的大致轮廓,精确尺寸和形状由尺寸约束或形位约束控制,如图3-1(a)所示为大致轮廓,六边形的六条边添加相等关系,上、下两边添加水平约束,添加一定的尺寸约束,可得到图3-1(b)所示的正六边形。

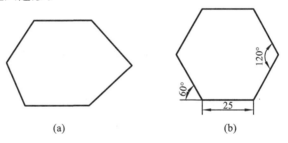

(a)　　　　　　　　　　　　　　　　(b)

图 3-1　尺寸驱动法绘图

(a)随意画出的轮廓;　(b)添加一定的尺寸和形位约束所得图形

4. 图形元素拼合法

图形元素拼合法(简称图元拼合法)是将各种常用的、带有某种特定专业含义的图形元素存储建库,设计绘图时,根据需要调用合适的图形元素加以拼合。图形元素拼合法要以参数化法为基础,每一个图形元素实际上就是一个小参数化图形。固定尺寸参数的图形元素在应用中几乎没有实用价值。这种方法可用于新产品的设计和绘制,效率远高于轮廓线法。通常,图形元素的定义和建库都是针对某些通用件、标准件和适用于本单位产品的形状特征的。图形元素拼合法既可以用交互方式通过屏幕菜单拾取选项加以拼合,也可以通过对话框形式进行参数及图素的选择。

如果要画齿轮,则可从齿轮图库中调出齿轮的基本图元素,即可很快地完成齿轮的图线绘制及主要参数的计算;如果要画轴,则调用画轴的不同的图形元素,即可组成不同类型的轴元素。图 3-2 为调用不同的图形元素得到轴件的例子。

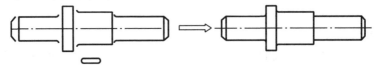

图 3-2   图形元素拼合法示例

5. 三维实体投影法

三维实体投影法是在计算机三维建模环境下建立零件的三维模型的方法,这种方法能直观地、全面地反映设计对象的形状、外观,还能减轻设计者的负担,提高设计质量和效率。若要将三维设计结果以二维图纸形式输出,则只需利用三维几何建模软件系统中提供的二维图投影功能就能方便地实现,同时进行必要的修改,补充好尺寸标注、公差和技术要求。

上述的各种图形生成方法,在实践中均有应用。设计者也可根据设计要求及本企业的情况选择、应用及编制绘图软件。原国家科委工业司和原国家技术监督局标准司在 1995 年 6 月联合发布的《CAD 通用技术规范》中提出了 CAD 工程制图的方向和任务。

（1）积极采用有关国际标准来制定我国 CAD 工程制图方面的标准。

（2）扩大图形量,分别建立专业的图形库。

（3）提高图形库与 CAD 工程制图软件的接口技术,满足各种类型 CAD 工程制图的要求。

（4）许多 CAD 软件本身带有供用户使用的二次开发环境,设计人员可直接利用这些软件编制适应本企业的绘图软件,充分发挥 CAD 工程制图的作用,使 CAD/CAM 与工程制图一体化。

3.1.2   图形软件标准

CAD/CAM 技术的不断发展使其对计算机图形处理的要求越来越高,图形应用软件的开发难度增大、成本提高。为此,软件专业人员更应遵循图形软件标准,使图形应用软件开发直接在面向应用的高层次上进行,而不要再在基本图形技术和接口上重复花费精力。

图形软件标准是一组通用的、独立于设备的、由标准化组织发布实施的图形系统软件包,它提供图形描述、应用程序和图形输入/输出接口等功能,使应用软件更易于在各系统间实现资源共享,使 CAD/CAM 系统的集成更易于实现。

目前已有多种有关图形软件标准,按其功能及在系统中的地位,可分为以下三个层次。

1. CAD 系统间的数据交换标准

(1) 初始图形交换规范　初始图形交换规范(initial graphics exchange specification, IGES)是美国国家标准和技术研究院(NIST)主持,波音公司和通用电气公司参加编制的标准,于 1980 年被批准为美国国家标准。它建立了用于产品定义的数据表示方法与通信信息结构,作用是在不同的 CAD/CAM 系统间交换产品定义数据。其原理是:通过前处理器把发送系统的内部产品定义文件翻译成符合 IGES 规范的"中性格式"文件,再通过后处理器将中性格式文件翻译成接收系统的内部文件。IGES 定义了文件结构格式、格式语言和几何、拓扑及非几何产品定义数据在这些格式中的表示方法,其表示方法是可扩展的,并且独立于几何造型方法。

目前,绝大多数图形支撑软件都提供了读、写 IGES 文件的接口,使在不同软件系统之间交换图形成为现实。

(2) 产品模型数据交换标准　产品模型数据交换标准(standard for the exchange of product model data, STEP)是由国际标准化组织(ISO)制定并于 1992 年公布的国际标准。它包括一系列标准,其目标是在产品生存周期内为产品数据的表示与通信提供一种中性数字形式,这种数字形式完整地表达产品信息并独立于应用软件之外,也就是建立统一的产品模型数据描述。它包括为进行设计、制造、检验和产品支持等活动而全面定义的产品零部件及其与几何尺寸、性能参数及处理要求等相关的各种属性数据。STEP 标准是 CAD/CAM 集成、CIMS 提供产品数据共享的基础,是当前被广泛关注并应用于计算机集成领域的热门标准。

(3) DXF 文件　DXF 文件是 AutoCAD 用于将内部的图样信息传递到外部的数据文件,它虽不是由标准化机构制定的标准,但由于其应用广泛,成为一个中性的数据文件。

2. 图形系统标准

(1) 图形核心系统　图形核心系统(graphic kernel system, GKS)是 1979 年由德国标准化组织(DIN)提出草案的,ISO 于 1985 年采用,并以此作为国际标准。GKS 是最早颁布的国际图形标准,也是一个为应用程序服务的基本图形系统。它提供了应用程序和一组图形输入、输出设备之间的功能性接口。该功能性接口包括在各式各样的图形设备上为交互的或非交互的二维作图所需的全部基本功能,即输出功能、输入功能、控制功能、变换功能、图段功能、元文件功能、询问功能和出错处理功能。这是一个二维图形软件标准。

为了满足三维图形的需要,DIN 与 ISO 合作制定了三维图形核心系统 GKS-3D 作为 GKS 的扩充。GKS-3D 提供三维空间下的图形功能,它包括 GKS 的重要概念和特点,在三维空间里对原 GKS 的功能进行了精确定义。这样,两者在实现时并不相互依赖,而在设计原则和基本结构上又尽量保持一致。GKS-3D 与 GKS 完全兼容。

(2) 程序员层次交互图形系统　程序员层次交互图形系统(programmer's hierarchical interactive graphics system, PHIGS)是美国计算机图形技术委员会于 1986 年推出的，后被作为国际标准。它是为应用程序员提供的控制图形设备的图形软件系统接口及动态修改和绘制显示图形数据的手段。PHIGS 的图形数据按照层次结构组织，使多层次的应用模型能方便地利用它进行描述。它是为具有高度动态性、交互性三维图形的应用而设计的图形软件工具包。1990 年扩充为 PHIGS-PLUS，其功能强于 GKS 系统。

3. 图形子功能程序和图形输入输出装置之间的接口标准

（1）计算机图形元文件编码　计算机图形元文件（computer graphics metafile，CGM）是 ISO 标准格式文件。它采用了高效率的图形编码方法，规定了存储图形数据的格式，由一套与设备无关的用于定义图形的语法和词法元素组成，作为图形数据的中性格式，能适用于不同的图形系统和图形设备。

（2）计算机图形接口编码　计算机图形接口（computer graphics interface，CGI）是美国标准化协会（ANSI）于 1984 年起草的，后被 ISO 接受为国际标准。它描述了通用的抽象图形设备的软件接口，定义了一个虚拟的设备坐标空间、一组图形命令及其参数格式。CGI 有两种字符编码与二进制编码，提供了 300 多个函数功能。采用 CGI，无论是应用程序还是图形支撑软件均可实现在不同设备配置之间的可移植性。对于具体的图形设备，可配备各自的 CGI 驱动程序来实现操作。

软件标准也处于不断研究、制定、修改、完善之中，世界各国的标准化组织都非常重视计算机软件的标准化问题。1987—2001 年，我国也先后颁布了有关《信息技术词汇》系列标准及《数据处理词汇》系列标准（GB/T 5271.1～28）、《计算机图形核心系统（GKS）》（GB/T 9544—1988）、《CAD 标准件图形文件》系列标准（GB/T 15049.1～11—1996，现已作废）、《初始图形交换规范（IGES）》（GB/T 14213—1993，现已更新）、《CAD 通用技术规范》（GB/T 17304—1998）、《CAD 文件管理》系列标准（GB/T 17825.1～10—1999）、《CAD 电子文件光盘存储、归档与档案管理要求》系列标准（GB/T 17678.1～2—1999）、《电气工程 CAD 制图规则》（GB/T 18135—2000）等。标准的制定与执行规范了市场，也推动了计算机软件业的发展与提高，对我国推广与应用先进的 CAD/CAM 技术、提高系统集成化水平具有非常重要的意义。

3.2　图形的几何变换

3.2.1　坐标系

1. 世界坐标系

用户在设计绘图以及用图形应用程序描述几何形体时，用来定义物体形状、大小和位置的坐标系称为世界坐标系（world coordinate system，WCS），也称为用户坐标系（user coordinate system），即通常所用的笛卡儿坐标系。它可以是直角坐标系也可以是极坐标系,可以是绝对坐标系也可以是相对坐标系;坐标值可以是实型量也可以是整型量;单位可以是毫米、厘米、米以及英寸等,取值范围无限制。

2. 设备坐标系

用户设计绘制的工程图样,最终需通过图形输出设备(显示器、绘图仪等)输出并显示在屏幕上或绘制在图纸上。设备坐标系(device coordinate system,DCS)(也称为物理坐标系)是指具体设备本身的坐标系,一般是二维坐标系,个别的是三维坐标系。图形的输出在设备坐标系下进行。设备坐标系的取值范围受设备的输入/输出精度和有效幅面的限制,一般是某个整数域,常用的单位是像素、绘图笔步长。坐标原点在设备的左下角或左上角,以水平向右为 x 轴的正方向,以竖直向下或向上为 y 轴的正方向。

3. 规格化坐标系

工程图样最终通过图形输出设备输出时,要受到输出设备本身物理参数的限制。因此,工程技术人员在绘制图形程序时,必然要考虑输出的图形在图纸或屏幕上的位置与大小,这样不仅麻烦,还会影响程序的通用性和可移植性。为此,在从世界坐标系到设备坐标的转换中,引入了规格化坐标系(normalized device coordinate system,NDCS)。规格化坐标系(也称标准设备坐标系)一般是与设备无关的图形系统,通常取无量纲的单位长度作为规格化坐标系中的图形有效空间,即 X,Y 轴的单位长度取值范围为 $0.0\sim1.0$。

用户坐标系、规格化坐标系、设备坐标系三者之间的关系如图 3-3 所示。若用户绘图定义的范围为 W_w,H_w,用户坐标系的原点坐标为 (X_{0w},Y_{0w}),则用户坐标系中的一点 (X_w,Y_w) 变换为规格化坐标系中的点 (X_n,Y_n) 的表达式为

$$\begin{cases} X_n = (X_w - X_{0w})/W_w \\ Y_n = (Y_w - Y_{0w})/H_w \end{cases}$$

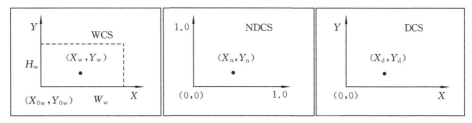

图 3-3 三种坐标系统之间的关系

然而,由用户坐标系变换到设备坐标系时,可利用规格化坐标系进行过渡。例如,在微型计算机的 VGA 显示模式下,分辨率为 640×480,设备坐标系的取值范围是 $X\in[0,639],Y\in[0,479]$。当用户坐标系以 $(0,0)$ 为原点时,规格化坐标为

$$\begin{cases} X_n = X_w/W_w \\ Y_n = Y_w/H_w \end{cases}$$

当变换到设备坐标系时,有

$$\begin{cases} X_d = 639 X_n = [639 X_w / W_w] \\ Y_d = 479 Y_n = [479 Y_w / H_w] \end{cases}$$

式中 [ ] 表示对其内容取整,因为 X_d、Y_d 必须为整数。

利用上述公式可将用户坐标系空间中的图形显示在屏幕上。

4. 观察坐标系

观察坐标系(viewing coordinate system,VCS)又称目坐标系,是一个定义在用户坐标系 $O_w X_w Y_w Z_w$ 中任何方向、任何地方的左手三维直角辅助坐标系 $O_e X_e Y_e Z_e$,其原点与视心重合,如图 3-4 所示。在观察坐标系中,Z_e 轴正方向为观察方向,垂直于 Z_e 轴的平面称为观察平面,Z_e 轴与观察平面的交点为视点。这样,只要将用户坐标系中一点 P 转换为观察坐标系中的一点,便可得到该点在观察平面上的像 P^*。该坐标系主要用于指定裁剪空间,确定三维几何形体哪一部分需要在屏幕上输出;此外,通过观察平面可以把世界坐标系中三维几何形体需要输出部分的坐标值转换为规格化坐标系中的坐标值。

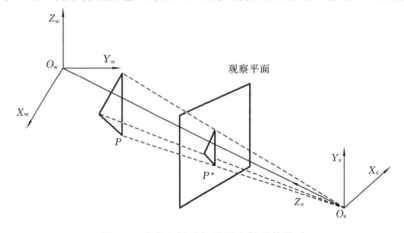

图 3-4　观察坐标系与世界坐标系的关系

3.2.2　窗口-视区变换

1. 窗口

窗口(window)是在用户坐标系中进行观察和处理的一个坐标区域。窗口矩形内的形体,系统认为是可见的;窗口矩形外的形体,系统则认为是不可见的。

窗口可以嵌套,即在第一层窗口中可以再定义第二层窗口,在第 i 层窗口中可以再定义第 $i+1$ 层窗口。如果需要,还可以定义圆形窗口、多边形窗口等异形窗口。

2. 视区

显示窗口内图形时,可能占用整个屏幕,也可能在显示屏幕上有一个方框,要显示的图形只出现在这个方框内。在图形输出设备(显示屏、绘图仪等)上用来复制窗口内容的矩形区域称为视区(view port)。

视区是一个与图形输出设备密切联系的概念,显示终端的屏幕和绘图仪的幅面都是用来表现视区的二维平面,而且是个有限的平面。

视区可以嵌套,还可以在同一物理设备上定义多个视区,分别作为不同的应用或分别显示不同角度、不同对象的图形。

3. 窗口-视区变换

只有当定义的视区大小与窗口大小相同,而且设备坐标的度量单位与用户坐标的度量单位也相同时,两者之间才是 1∶1 的对应关系,而在绝大多数情况下,窗口与视区无论是大小还是单位都不相同。所以当窗口内的图形信息送到视区输出之前,必须进行坐标变换,即把用户坐标系的坐标值转化为设备坐标系的坐标值,这个变换就是窗口-视区变换。

如图 3-5 所示,设窗口的左下角点坐标为(X_{wl}, Y_{wb}),右上角点坐标为(X_{wr}, Y_{wt});在设备坐标系中定义的视区为:左下角点坐标(X_{vl}, Y_{vb}),右上角点坐标(X_{vr}, Y_{vt})。窗口-视区变换要求在保持一定比例关系的前提下,把窗口中的点 $W(X_w, Y_w)$ 映射到视区中的点 $V(X_v, Y_v)$,即保持点在闭合矩形中的相对位置不变。

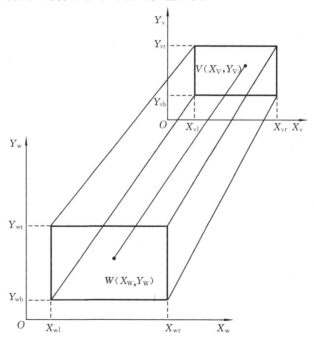

图 3-5　窗口-视区变换示意图

变换公式为

$$
\begin{cases}
X_V = \dfrac{X_{vr} - X_{vl}}{X_{wr} - X_{wl}}(X_w - X_{wl}) + X_{vl} \\[3mm]
Y_V = \dfrac{Y_{vt} - Y_{vb}}{Y_{wt} - Y_{wb}}(Y_w - Y_{wb}) + Y_{vb}
\end{cases}
$$

根据上式,可得出以下结论。

（1）视区不变,窗口缩小或放大时,显示的图形会相应放大或缩小。

（2）窗口不变,视区缩小或放大时,显示的图形会相应缩小或放大。

（3）视区纵横比不等于窗口纵横比时,显示的图形会有伸缩变化。

（4）窗口与视区大小相同、坐标原点也相同时,显示的图形不变。

用户定义的图形从窗口到视区的逻辑变换过程如图 3-6 所示。

图 3-6　窗口-视区二维逻辑变换过程

与二维情况类似,三维窗口内实体需经投影变换,变成二维图形,再在指定的视区内输出,其逻辑变换过程如图 3-7 所示。

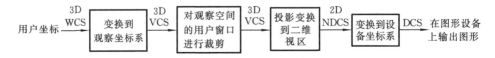

图 3-7　窗口-视区三维逻辑变换过程

当图形需要或可能在多种输出设备上输出时,宜先将窗口变换到规格化输出设备坐标系中的视区内,然后按不同输出设备的分辨率变换到具体输出设备。

3.2.3　二维图形的几何变换

1. 基本原理

在二维平面中,构成图形的基本要素是点和线,任何一个图形都可以认为是点的集合。一条直线是由两点构成的,所以对一个图形做几何变换,实际上就是对一系列点进行变换。

1) 点的表示

在二维平面内,一个点通常用它的坐标(x, y)来表示,写成矩阵形式,则为

$$
\begin{bmatrix} x & y \end{bmatrix} \quad \text{或} \quad \begin{bmatrix} x \\ y \end{bmatrix}
$$

写成齐次坐标形式,即为

$$\begin{bmatrix} x & y & 1 \end{bmatrix} \quad 或 \quad \begin{bmatrix} x \\ y \\ 1 \end{bmatrix}$$

齐次坐标是将一个 n 维空间的点用 $n+1$ 维坐标来表示。如在直角坐标系中,二维点 $\begin{bmatrix} x & y \end{bmatrix}$ 的齐次坐标通常用三维坐标 $\begin{bmatrix} Hx & Hy & H \end{bmatrix}$ 表示,一个三维点 $\begin{bmatrix} x & y & z \end{bmatrix}$ 的齐次坐标通常用四维坐标 $\begin{bmatrix} Hx & Hy & Hz & H \end{bmatrix}$ 表示,其中 H 是不为零的一个全比例因子。

普通直角坐标与其齐次坐标的关系为

$$\begin{cases} x = Hx/H \\ y = Hy/H \\ z = Hz/H \end{cases}$$

由于 H 的取值是任意的,所以任一点可由多组齐次坐标表示。在一般使用中,总是将 H 设为1,以保持两种坐标的一致。

表示点的矩阵通常被称为点的位置向量。可以采用行向量,也可采用列向量。本书中采用行向量来表示点。任一平面图形都可以用矩阵表示图形上各点的坐标。如有三角形的三个顶点坐标 $A(x_1, y_1), B(x_2, y_2), C(x_3, y_3)$,用矩阵表示为

$$\begin{bmatrix} x_1 & y_1 \\ x_2 & y_2 \\ x_3 & y_3 \end{bmatrix}$$

写成齐次坐标形式,即为

$$\begin{bmatrix} x_1 & y_1 & 1 \\ x_2 & y_2 & 1 \\ x_3 & y_3 & 1 \end{bmatrix}$$

2) 变换矩阵

若 A, B 和 T 都是矩阵,且 $AT = B$,这种对一个矩阵 A 和另一个矩阵 T 施行乘法运算而得到一个新矩阵 B 的方法,可被用来完成一个点或一组点的几何变换。T 被称为变换矩阵。

3) 点的变换

将点的坐标 $\begin{bmatrix} x & y & 1 \end{bmatrix}$ 与变换矩阵 T 相乘,变换后点的坐标记为 $\begin{bmatrix} x' & y' & 1 \end{bmatrix}$,则有

$$\begin{bmatrix} x' & y' & 1 \end{bmatrix} = \begin{bmatrix} x & y & 1 \end{bmatrix} T$$

新点的位置取决于变换矩阵中各变量的值。

2. 变换类型

1) 比例变换

在二维平面上,对一个点 $P(x, y)$ 进行比例变换,就是将该点的两个坐标值分别按比

例系数 S_x 和 S_y 进行变化。变换后点的坐标值为

$$x' = S_x x, \quad y' = S_y y$$

S_x 和 S_y 分别为 X 方向和 Y 方向上的比例系数。

变换过程为

$$[x' \quad y' \quad 1] = [x \quad y \quad 1] \begin{bmatrix} S_x & 0 & 0 \\ 0 & S_y & 0 \\ 0 & 0 & 1 \end{bmatrix}$$

其中,比例变换矩阵为

$$T = \begin{bmatrix} S_x & 0 & 0 \\ 0 & S_y & 0 \\ 0 & 0 & 1 \end{bmatrix}$$

当 $S_x = S_y = 1$ 时,为恒等比例变换,即图形不变。

当 $S_x = S_y > 1$ 时,图形沿两个坐标轴方向等比例放大。

当 $0 < S_x = S_y < 1$ 时,图形沿两个坐标轴方向等比例缩小。

当 $S_x \neq S_y$ 时,图形沿两个坐标轴方向做非均匀的比例变换,由于图形在两个方向上的缩放系数不一致,经过变换后的图形将产生畸变(即与原图形不相似),产生伸缩效果。

2) 对称变换

对称变换后的图形是原图形关于某一轴线或原点的镜像。

(1) 关于 X 轴的对称变换,变换后,图形点集的 X 坐标不变,而 Y 坐标的值不变,符号相反,如图 3-8(a)所示。其数学表达式为

$$x' = x, \quad y' = -y$$

变换过程为

$$[x' \quad y' \quad 1] = [x \quad y \quad 1] \begin{bmatrix} 1 & 0 & 0 \\ 0 & -1 & 0 \\ 0 & 0 & 1 \end{bmatrix} = [x \quad -y \quad 1]$$

变换矩阵为

$$T = \begin{bmatrix} 1 & 0 & 0 \\ 0 & -1 & 0 \\ 0 & 0 & 1 \end{bmatrix}$$

(2) 关于 Y 轴的对称变换,变换后,图形点集的 X 坐标的值不变,符号相反,而 Y 坐标不变,如图 3-8(b)所示。其数学表达式为

$$x' = -x, \quad y' = y$$

变换过程为

$$[x' \quad y' \quad 1] = [x \quad y \quad 1] \begin{bmatrix} -1 & 0 & 0 \\ 0 & 1 & 0 \\ 0 & 0 & 1 \end{bmatrix} = [-x \quad y \quad 1]$$

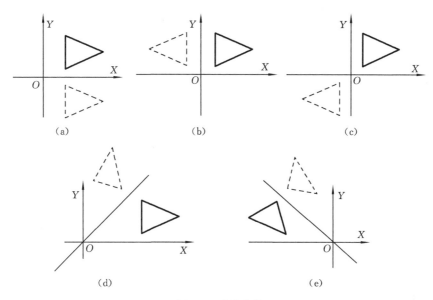

图 3-8　对称变换

(a) 关于 X 轴的对称变换；　(b) 关于 Y 轴的对称变换；　(c) 关于原点的对称变换；
(d) 关于直线 $Y = X$ 的对称变换；　(e) 关于直线 $Y = -X$ 的对称变换

变换矩阵为
$$\boldsymbol{T} = \begin{bmatrix} -1 & 0 & 0 \\ 0 & 1 & 0 \\ 0 & 0 & 1 \end{bmatrix}$$

（3）关于原点的对称变换，变换后，图形点集的 X 和 Y 坐标的值不变，符号均相反，如图 3-8(c) 所示。其数学表达式为
$$x' = -x, \quad y' = -y$$

变换过程为
$$[x'\ \ y'\ \ 1] = [x\ \ y\ \ 1] \begin{bmatrix} -1 & 0 & 0 \\ 0 & -1 & 0 \\ 0 & 0 & 1 \end{bmatrix} = [-x\ \ -y\ \ 1]$$

变换矩阵为
$$\boldsymbol{T} = \begin{bmatrix} -1 & 0 & 0 \\ 0 & -1 & 0 \\ 0 & 0 & 1 \end{bmatrix}$$

（4）关于直线 $Y = X$ 的对称变换，如图 3-8(d) 所示。其数学表达式为
$$x' = y, \quad y' = x$$

变换过程为

$$[x'\quad y'\quad 1] = [x\quad y\quad 1]\begin{bmatrix} 0 & 1 & 0 \\ 1 & 0 & 0 \\ 0 & 0 & 1 \end{bmatrix} = [y\quad x\quad 1]$$

变换矩阵为 $\quad\quad\quad\quad\quad\quad\quad\quad\quad\quad T = \begin{bmatrix} 0 & 1 & 0 \\ 1 & 0 & 0 \\ 0 & 0 & 1 \end{bmatrix}$

（5）关于直线 $Y = -X$ 的对称变换，如图 3-8(e)所示。其数学表达式为

$$x' = -y, \quad y' = -x$$

变换过程为

$$[x'\quad y'\quad 1] = [x\quad y\quad 1]\begin{bmatrix} 0 & -1 & 0 \\ -1 & 0 & 0 \\ 0 & 0 & 1 \end{bmatrix} = [-y\quad -x\quad 1]$$

变换矩阵为 $\quad\quad\quad\quad\quad\quad\quad\quad\quad\quad T = \begin{bmatrix} 0 & -1 & 0 \\ -1 & 0 & 0 \\ 0 & 0 & 1 \end{bmatrix}$

3）错切变换

错切变换是指图形沿某坐标方向产生不等量的移动而引起图形变形的一种变换，如矩形错切成平行四边形。

（1）图形沿 X 方向错切，如图 3-9 所示，实线所画为原图形，虚线所画为变换后的图形。其数学表达式为

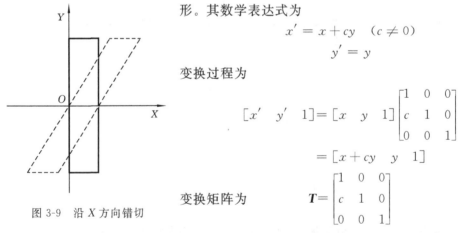

$$x' = x + cy \quad (c \neq 0)$$
$$y' = y$$

变换过程为

$$[x'\quad y'\quad 1] = [x\quad y\quad 1]\begin{bmatrix} 1 & 0 & 0 \\ c & 1 & 0 \\ 0 & 0 & 1 \end{bmatrix}$$
$$= [x+cy\quad y\quad 1]$$

变换矩阵为 $\quad\quad T = \begin{bmatrix} 1 & 0 & 0 \\ c & 1 & 0 \\ 0 & 0 & 1 \end{bmatrix}$

图 3-9　沿 X 方向错切

图形变换的特点是：图形的 Y 坐标不变，新的 X 坐标在原来基础上增加一个增量，这个增量是坐标 Y 的正比例函数（$\Delta = cy$）。所以整个图形是在等高的前提下倾斜了一个角度，产生错位效应。如果 X 轴上的点在变换过程中保持不变，则当 $c>0$ 时图形沿 X 轴正方向错切，当 $c<0$ 时图形沿 X 轴负方向错切。

（2）图形沿 Y 方向错切，如图 3-10 所示，实线所画为原图形，虚线所画为变换后的图形。其数学表达式为

$$x' = x$$
$$y' = y + bx \quad (b \neq 0)$$

变换过程为

$$[x' \quad y' \quad 1] = [x \quad y \quad 1] \begin{bmatrix} 1 & b & 0 \\ 0 & 1 & 0 \\ 0 & 0 & 1 \end{bmatrix} = [x \quad y+bx \quad 1]$$

变换矩阵为

$$\boldsymbol{T} = \begin{bmatrix} 1 & b & 0 \\ 0 & 1 & 0 \\ 0 & 0 & 1 \end{bmatrix}$$

图形变换的特点是：图形的 X 坐标不变，新的 Y 坐标在原来基础上增加一个增量，这个增量是坐标 X 的正比例函数（$\Delta = bx$）。如果 Y 轴上的点在变换过程中保持不变，则当 $b > 0$ 时图形沿 Y 轴正方向错切，当 $b < 0$ 时图形沿 Y 轴负方向错切。

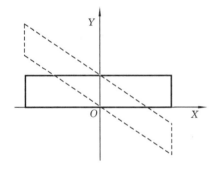
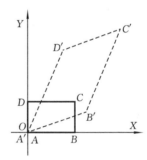

图 3-10　沿 Y 方向错切　　　　　　　　图 3-11　同时沿 X 方向和 Y 方向错切

（3）图形同时沿 X 方向和 Y 方向错切，如图 3-11 所示，实线所画为原图形，虚线所画为变换后的图形。其数学表达式为

$$x' = x + cy \quad (c \neq 0)$$
$$y' = y + bx \quad (b \neq 0)$$

变换过程为

$$[x' \quad y' \quad 1] = [x \quad y \quad 1] \begin{bmatrix} 1 & b & 0 \\ c & 1 & 0 \\ 0 & 0 & 1 \end{bmatrix} = [x+cy \quad y+bx \quad 1]$$

变换矩阵为

$$\boldsymbol{T} = \begin{bmatrix} 1 & b & 0 \\ c & 1 & 0 \\ 0 & 0 & 1 \end{bmatrix}$$

4）旋转变换

旋转变换就是将平面图形上的点绕原点顺时针或逆时针方向进行旋转，一般规定逆时针方向为正，顺时针方向为负。如图 3-12 所示，点 $P(x,y)$ 绕原点逆时针旋转 θ 角后，移到新的位置 P'，其坐标为 (x',y')。点 $P'(x',y')$ 的数学表达式为

$$x' = r\cos(\theta+\alpha) = r(\cos\alpha\cos\theta - \sin\alpha\sin\theta) = x\cos\theta - y\sin\theta$$
$$y' = r\sin(\theta+\alpha) = r(\cos\alpha\sin\theta + \sin\alpha\cos\theta) = x\sin\theta + y\cos\theta$$

变换过程为

$$\begin{bmatrix} x' & y' & 1 \end{bmatrix} = \begin{bmatrix} x & y & 1 \end{bmatrix} \begin{bmatrix} \cos\theta & \sin\theta & 0 \\ -\sin\theta & \cos\theta & 0 \\ 0 & 0 & 1 \end{bmatrix}$$

变换矩阵为

$$\boldsymbol{T} = \begin{bmatrix} \cos\theta & \sin\theta & 0 \\ -\sin\theta & \cos\theta & 0 \\ 0 & 0 & 1 \end{bmatrix}$$

逆时针旋转 θ 角。

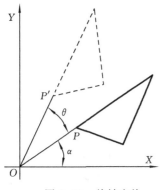

图 3-12 旋转变换

5）平移变换

平移变换指的是将平面上任意一点沿 X 方向移动 m，沿 Y 方向移动 n。平面上的点 $P(x,y)$，经过平移后到了点 $P'(x',y')$，其数学表达式为

$$x' = x + m$$
$$y' = y + n$$

变换过程为

$$\begin{bmatrix} x' & y' & 1 \end{bmatrix} = \begin{bmatrix} x & y & 1 \end{bmatrix} \begin{bmatrix} 1 & 0 & 0 \\ 0 & 1 & 0 \\ m & n & 1 \end{bmatrix} = \begin{bmatrix} x+m & y+n & 1 \end{bmatrix}$$

变换矩阵为

$$\boldsymbol{T} = \begin{bmatrix} 1 & 0 & 0 \\ 0 & 1 & 0 \\ m & n & 1 \end{bmatrix}$$

例 3-1 有一个三角形，其坐标点为 $A(3,0)$，$B(0,3)$，$C(2.5,4)$，求其放大 1 倍的图形。

解

$$\begin{matrix} A \\ B \\ C \end{matrix} \begin{bmatrix} 3 & 0 & 1 \\ 0 & 3 & 1 \\ 2.5 & 4 & 1 \end{bmatrix} \begin{bmatrix} 2 & 0 & 0 \\ 0 & 2 & 0 \\ 0 & 0 & 1 \end{bmatrix} = \begin{bmatrix} 6 & 0 & 1 \\ 0 & 6 & 1 \\ 5 & 8 & 1 \end{bmatrix} \begin{matrix} A' \\ B' \\ C' \end{matrix}$$

A'，B'，C' 为变换后的新点，其图形表示见图 3-13。

例 3-2 有一个矩形，其坐标点为 $A(0,0)$，$B(5,0)$，$C(5,3)$，$D(0,3)$，如果 $b=c=2$，求经错切变换后各点的坐标值。

解

$$\begin{array}{c}A\\B\\C\\D\end{array}\begin{bmatrix}0&0&1\\5&0&1\\5&3&1\\0&3&1\end{bmatrix}\begin{bmatrix}1&2&0\\2&1&0\\0&0&1\end{bmatrix}=\begin{bmatrix}0&0&1\\5&10&1\\11&13&1\\6&3&1\end{bmatrix}\begin{array}{c}A'\\B'\\C'\\D'\end{array}$$

例 3-3　求将单位正方形 $ABCD$ 沿 X 方向移动 2、沿 Y 方向移动 1 时正方形各顶点的坐标。

解

$$\begin{array}{c}A\\B\\C\\D\end{array}\begin{bmatrix}0&0&1\\1&0&1\\1&1&1\\0&1&1\end{bmatrix}\begin{bmatrix}1&0&0\\0&1&0\\2&1&1\end{bmatrix}=\begin{bmatrix}2&1&1\\3&1&1\\3&2&1\\2&2&1\end{bmatrix}\begin{array}{c}A'\\B'\\C'\\D'\end{array}$$

其图形表示见图 3-14。

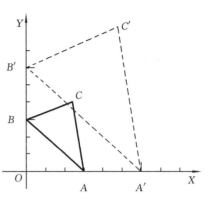

图 3-13　图形放大 1 倍

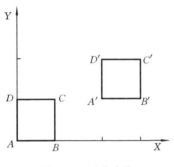

图 3-14　平移变换

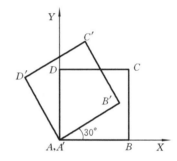

图 3-15　旋转变换图

例 3-4　将单位正方形 $ABCD$ 绕原点逆时针旋转 30°,求正方形各顶点的坐标值。

解

$$\begin{array}{c}A\\B\\C\\D\end{array}\begin{bmatrix}0&0&1\\1&0&1\\1&1&1\\0&1&1\end{bmatrix}\begin{bmatrix}\cos30°&\sin30°&0\\-\sin30°&\cos30°&0\\0&0&1\end{bmatrix}=\begin{bmatrix}0&0&1\\0.866&0.5&1\\0.366&1.366&1\\-0.5&0.866&1\end{bmatrix}\begin{array}{c}A'\\B'\\C'\\D'\end{array}$$

其图形表示见图 3-15。

综上所述,通常把二维图形的基本变换用一个统一的变换矩阵 $\boldsymbol{T}=\begin{bmatrix}a&b&p\\c&d&q\\m&n&s\end{bmatrix}$ 来表示。一个图形的变换完全取决于变换矩阵中各元素的取值。将变换矩阵划分为四个子矩阵,各个子矩阵在变换中所起的作用不同:$\begin{bmatrix}a&b\\c&d\end{bmatrix}$ 可使平面图形产生比例、对称、错切和旋转变换，$[m \quad n]$ 可使平面图形产生平移变换，$\begin{bmatrix} p \\ q \end{bmatrix}$ 可使平面图形产生透视变换，而 s 则使平面图形产生全比例变换。

二维图形基本变换及其变换矩阵归纳如表 3-1 所示。

表 3-1　二维图形基本变换及其变换矩阵

图形变换名称	变换矩阵	图　例	说　明
比例变换	$T = \begin{bmatrix} a & 0 & 0 \\ 0 & d & 0 \\ 0 & 0 & 1 \end{bmatrix}$		a——X 方向的比例因子 d——Y 方向的比例因子
等比例变换	$T = \begin{bmatrix} 1 & 0 & 0 \\ 0 & 1 & 0 \\ 0 & 0 & s \end{bmatrix}$		s——全比例因子
平移变换	$T = \begin{bmatrix} 1 & 0 & 0 \\ 0 & 1 & 0 \\ m & n & 1 \end{bmatrix}$		m——X 方向的平移因子 n——Y 方向的平移因子
旋转变换	$T = \begin{bmatrix} \cos\theta & \sin\theta & 0 \\ -\sin\theta & \cos\theta & 0 \\ 0 & 0 & 1 \end{bmatrix}$		θ——旋转角，逆时针为正，顺时针为负
错切变换	$T = \begin{bmatrix} 1 & 0 & 0 \\ c & 1 & 0 \\ 0 & 0 & 1 \end{bmatrix}$		沿 X 方向错切 c——错切因子 $c \neq 0$
	$T = \begin{bmatrix} 1 & b & 0 \\ 0 & 1 & 0 \\ 0 & 0 & 1 \end{bmatrix}$		沿 Y 方向错切 b——错切因子 $b \neq 0$

续表

图形变换 名称	变 换 矩 阵	图 例	说 明
对称变换	$T = \begin{bmatrix} 1 & 0 & 0 \\ 0 & -1 & 0 \\ 0 & 0 & 1 \end{bmatrix}$	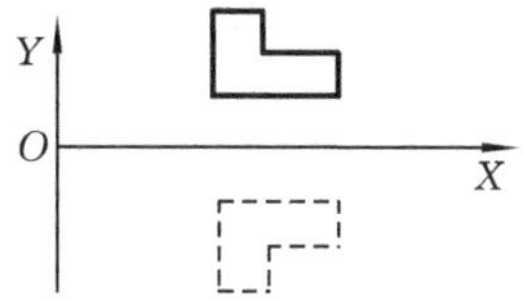	关于 X 轴的对称变换
	$T = \begin{bmatrix} -1 & 0 & 0 \\ 0 & 1 & 0 \\ 0 & 0 & 1 \end{bmatrix}$	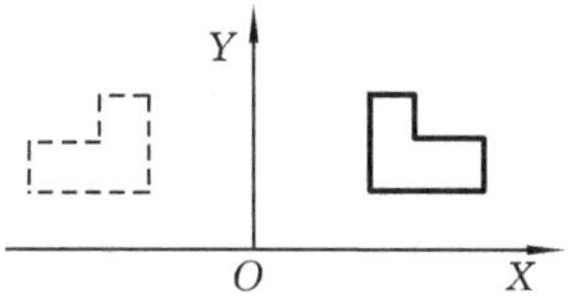	关于 Y 轴的对称变换
	$T = \begin{bmatrix} -1 & 0 & 0 \\ 0 & -1 & 0 \\ 0 & 0 & 1 \end{bmatrix}$	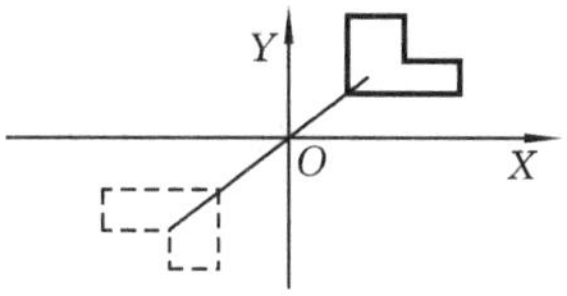	关于原点的对称变换
	$T = \begin{bmatrix} 0 & 1 & 0 \\ 1 & 0 & 0 \\ 0 & 0 & 1 \end{bmatrix}$	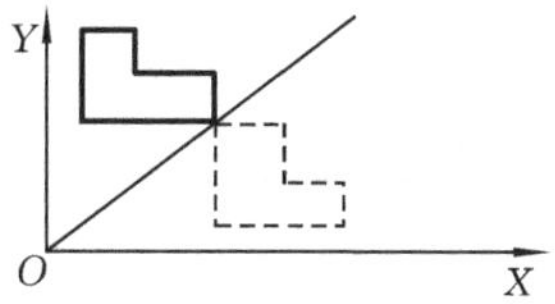	关于直线 $Y=X$ 对称的对称变换
	$T = \begin{bmatrix} 0 & -1 & 0 \\ -1 & 0 & 0 \\ 0 & 0 & 1 \end{bmatrix}$	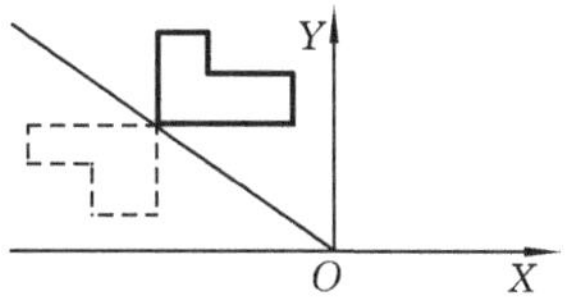	关于直线 $Y=-X$ 对称的对称变换

3. 二维图形的复合变换

上述介绍的二维图形的变换是相对坐标原点或坐标轴所做的基本变换。而实际上，我们常见到的图形变换是相对于任意点或线所进行的变换，因此，需要经过多次基本变换才能完成。由两种及两种以上的基本变换组合而成的变换称为复合变换。

复合变换的原理及步骤：首先将任意点平移至坐标原点，或将任意线平移和旋转至与 X 或 Y 轴重合，再将图形做基本变换，最后反向移回任意点或将任意线移回原位。

1）**图形相对于任一点做旋转变换**

这种变换由三种基本变换复合而成。

（1）将旋转中心移到原点（平移）。

（2）按要求的角度和方向旋转（旋转）。

（3）将旋转后的图形平移到原来的旋转中心（平移）。

设图形绕平面上的点 (e,f) 旋转 θ 角，则上述过程由以下三个矩阵相乘而实现

$$
T = \begin{bmatrix} 1 & 0 & 0 \\ 0 & 1 & 0 \\ -e & -f & 1 \end{bmatrix} \begin{bmatrix} \cos\theta & \sin\theta & 0 \\ -\sin\theta & \cos\theta & 0 \\ 0 & 0 & 1 \end{bmatrix} \begin{bmatrix} 1 & 0 & 0 \\ 0 & 1 & 0 \\ e & f & 1 \end{bmatrix}
$$

其中，T 为复合变换矩阵。

例 3-5　求如图 3-16 所示的三角形 ABC 以点 $(5,3)$ 为中心逆时针旋转 $60°$ 的复合变换矩阵。

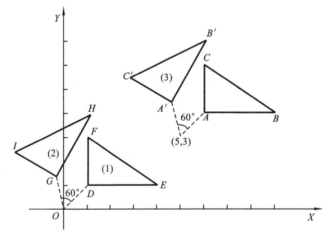

图 3-16　以点 $(5,3)$ 为中心旋转 $60°$

解　复合变换矩阵为

$$
T = \begin{bmatrix} 1 & 0 & 0 \\ 0 & 1 & 0 \\ -5 & -3 & 1 \end{bmatrix} \begin{bmatrix} \cos60° & \sin60° & 0 \\ -\sin60° & \cos60° & 0 \\ 0 & 0 & 1 \end{bmatrix} \begin{bmatrix} 1 & 0 & 0 \\ 0 & 1 & 0 \\ 5 & 3 & 1 \end{bmatrix}
$$

2）图形相对于任一点做比例变换

这种变换也由三种基本变换复合而成。

（1）将比例中心移到原点（平移）。

（2）按要求进行缩放（比例）。

（3）将缩放后的图形平移回原来的比例中心（平移）。

设图形相对于点 (e,f) 做比例变换，上述变换过程由以下三个矩阵相乘实现：

$$T = \begin{bmatrix} 1 & 0 & 0 \\ 0 & 1 & 0 \\ -e & -f & 1 \end{bmatrix} \begin{bmatrix} a & 0 & 0 \\ 0 & d & 0 \\ 0 & 0 & 1 \end{bmatrix} \begin{bmatrix} 1 & 0 & 0 \\ 0 & 1 & 0 \\ e & f & 1 \end{bmatrix}$$

其中,T 为复合变换矩阵。

例 3-6 求三角形 ABC 相对于点 $(1,3)$ 在 X,Y 方向上均放大一倍的复合变换矩阵。

解 复合变换矩阵为

$$T = \begin{bmatrix} 1 & 0 & 0 \\ 0 & 1 & 0 \\ -1 & -3 & 1 \end{bmatrix} \begin{bmatrix} 2 & 0 & 0 \\ 0 & 2 & 0 \\ 0 & 0 & 1 \end{bmatrix} \begin{bmatrix} 1 & 0 & 0 \\ 0 & 1 & 0 \\ 1 & 3 & 1 \end{bmatrix} = \begin{bmatrix} 2 & 0 & 0 \\ 0 & 2 & 0 \\ -1 & -3 & 1 \end{bmatrix}$$

3) 图形相对于任一条线 $y = ax + b$ 做对称变换

这种类型由五种变换复合而成。

(1) 将直线沿 Y 轴平移 $-b$ 或沿 x 轴平移 b,使其通过坐标原点,直线方程变为 $y = ax$。变换矩阵为

$$T_1 = \begin{bmatrix} 1 & 0 & 0 \\ 0 & 1 & 0 \\ 0 & -b & 1 \end{bmatrix} \quad \text{或} \quad T_1 = \begin{bmatrix} 1 & 0 & 0 \\ 0 & 1 & 0 \\ 0 & 0 & 1 \end{bmatrix}$$

(2) 将直线 $y = ax$ 旋转 θ(或 $-\theta_1$)角,使其与 Y(或 X)轴重合,变为 x(或 y)$= 0$。变换矩阵为

$$T_2 = \begin{bmatrix} \cos\theta & \sin\theta & 0 \\ -\sin\theta & \cos\theta & 0 \\ 0 & 0 & 1 \end{bmatrix}$$

或为

$$T_2 = \begin{bmatrix} \cos\theta_1 & -\sin\theta_1 & 0 \\ \sin\theta_1 & \cos\theta_1 & 0 \\ 0 & 0 & 1 \end{bmatrix}$$

其中:$\theta = \text{arccot} a, \theta_1 = 90° - \theta$。

(3) 相对 Y(或 X)轴做对称变换。变换矩阵为

$$T_3 = \begin{bmatrix} -1 & 0 & 0 \\ 0 & 1 & 0 \\ 0 & 0 & 1 \end{bmatrix}$$

或为

$$T_3 = \begin{bmatrix} 1 & 0 & 0 \\ 0 & -1 & 0 \\ 0 & 0 & 1 \end{bmatrix}$$

(4) 反向旋转,恢复直线 $y = ax$。变换矩阵为

$$T_4 = \begin{bmatrix} \cos\theta & -\sin\theta & 0 \\ \sin\theta & \cos\theta & 0 \\ 0 & 0 & 1 \end{bmatrix}$$

或为

$$T_4 = \begin{bmatrix} \cos\theta_1 & \sin\theta_1 & 0 \\ -\sin\theta_1 & \cos\theta_1 & 0 \\ 0 & 0 & 1 \end{bmatrix}$$

（5）反向平移，恢复直线 $y=ax+b$，使对称轴回到原来位置。变换矩阵为

$$T_5 = \begin{bmatrix} 1 & 0 & 0 \\ 0 & 1 & 0 \\ 0 & b & 1 \end{bmatrix} \quad 或 \quad T_5 = \begin{bmatrix} 1 & 0 & 0 \\ 0 & 1 & 0 \\ -b & 0 & 1 \end{bmatrix}$$

综上所述，复合变换矩阵为

$$T = T_1 T_2 T_3 T_4 T_5$$

例 3-7 求某图形关于直线 $y=x+2$ 对称的复合变换矩阵。

解 求解步骤如下。

（1）将直线右移 2 个单位与原点相交。

（2）继续旋转 $45°$ 与 Y 轴重合。

（3）相对 Y 轴做对称变换。

（4）反向旋转 $45°$。

（5）左移 2 个单位，恢复原直线。

总的变换矩阵为

$$T = T_1 T_2 T_3 T_4 T_5$$

$$= \begin{bmatrix} 1 & 0 & 0 \\ 0 & 1 & 0 \\ 2 & 0 & 1 \end{bmatrix} \begin{bmatrix} \cos45° & \sin45° & 0 \\ -\sin45° & \cos45° & 0 \\ 0 & 0 & 1 \end{bmatrix} \begin{bmatrix} -1 & 0 & 0 \\ 0 & 1 & 0 \\ 0 & 0 & 1 \end{bmatrix}$$

$$\cdot \begin{bmatrix} \cos45° & -\sin45° & 0 \\ \sin45° & \cos45° & 0 \\ 0 & 0 & 1 \end{bmatrix} \begin{bmatrix} 1 & 0 & 0 \\ 0 & 1 & 0 \\ -2 & 0 & 1 \end{bmatrix} = \begin{bmatrix} 0 & 1 & 0 \\ 1 & 0 & 0 \\ -2 & 2 & 1 \end{bmatrix}$$

特别值得注意的是，复合变换矩阵通常由几个矩阵相乘而来，而矩阵乘法通常不符合交换律，因此，矩阵相乘的顺序不同，其结果也不同，故复合变换矩阵的求解顺序不能任意变动。

例 3-8 已知矩形一顶点坐标为 (x_0,y_0)，边长分别为 d,w，方向角为 α。建立该矩形的数学模型。

解 建立矩形的数学模型，就是建立矩形各角点的坐标计算式。首先假定矩形的起点在坐标原点，方向角为零，则四个角点的坐标分别为 $P_1(0,0)$，$P_2(d,0)$，$P_3(d,w)$，

$P_4(0, w)$。矩形的实际位置可以认为是由这一原始位置经过旋转变换和平移变换后确定的,如图 3-17 所示,最后图形的原始位置坐标与变换矩阵相乘即可得到矩形的数学模型。

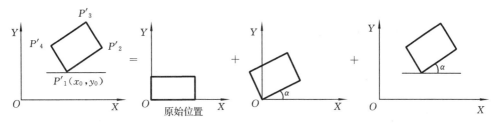

图 3-17 矩形的数学模型

复合变换矩阵为

$$T = T_1 T_2 = \begin{bmatrix} \cos\alpha & \sin\alpha & 0 \\ -\sin\alpha & \cos\alpha & 0 \\ 0 & 0 & 1 \end{bmatrix} \begin{bmatrix} 1 & 0 & 0 \\ 0 & 1 & 0 \\ x_0 & y_0 & 1 \end{bmatrix} = \begin{bmatrix} \cos\alpha & \sin\alpha & 0 \\ -\sin\alpha & \cos\alpha & 0 \\ x_0 & y_0 & 1 \end{bmatrix}$$

然后,将 P_1, P_2, P_3, P_4 的坐标值与变换矩阵相乘即得变换后得各点的坐标值。

$$\begin{matrix} P_1 \\ P_2 \\ P_3 \\ P_4 \end{matrix} \begin{bmatrix} 0 & 0 & 1 \\ d & 0 & 1 \\ d & w & 1 \\ 0 & w & 1 \end{bmatrix} \begin{bmatrix} \cos\alpha & \sin\alpha & 0 \\ -\sin\alpha & \cos\alpha & 0 \\ x_0 & y_0 & 1 \end{bmatrix}$$

$$= \begin{bmatrix} x_0 & y_0 & 1 \\ x_0 + d\cos\alpha & y_0 + d\sin\alpha & 1 \\ x_0 + d\cos\alpha - w\sin\alpha & y_0 + d\sin\alpha + w\cos\alpha & 1 \\ x_0 - w\sin\alpha & y_0 + w\cos\alpha & 1 \end{bmatrix} \begin{matrix} P'_1 \\ P'_2 \\ P'_3 \\ P'_4 \end{matrix}$$

3.2.4 三维图形的几何变换

三维图形的几何变换是二维图形几何变换的简单扩展,对三维空间的点 $P(x, y, z)$ 用齐次坐标表示为 $(x, y, z, 1)$ 或 (X, Y, Z, H),因此,三维空间的点的变换可写为

$$\begin{bmatrix} x' & y' & z' & 1 \end{bmatrix} = \begin{bmatrix} x & y & z & 1 \end{bmatrix} T$$

其中 T 是一个 4×4 的变换矩阵,即

$$T = \begin{bmatrix} a & b & c & p \\ d & e & f & q \\ h & i & j & r \\ l & m & n & s \end{bmatrix}$$

把矩阵 T 分成四块,每个子块在图形变换中的作用如下:

$$\begin{bmatrix} a & b & c \\ d & e & f \\ h & i & j \end{bmatrix}$$ ——产生比例、对称、错切和旋转变换；

$$\begin{bmatrix} l & m & n \end{bmatrix}$$ ——产生平移变换；

$$\begin{bmatrix} p \\ q \\ r \end{bmatrix}$$ ——产生透视变换；

$$\begin{bmatrix} s \end{bmatrix}$$ ——产生全比例变换。

1. 三维比例变换

空间立体图形各个顶点坐标按规定比例放大或缩小属于三维比例变换。三维齐次变换矩阵左上角的 3×3 矩阵的主对角线上的元素 a, e, j 的作用是使图形产生比例变换。比例变换的齐次变换矩阵为

$$T = \begin{bmatrix} a & 0 & 0 & 0 \\ 0 & e & 0 & 0 \\ 0 & 0 & j & 0 \\ 0 & 0 & 0 & 1 \end{bmatrix}$$

$$\begin{bmatrix} x' & y' & z' & 1 \end{bmatrix} = \begin{bmatrix} x & y & z & 1 \end{bmatrix} \begin{bmatrix} a & 0 & 0 & 0 \\ 0 & e & 0 & 0 \\ 0 & 0 & j & 0 \\ 0 & 0 & 0 & 1 \end{bmatrix} = \begin{bmatrix} ax & ey & jz & 1 \end{bmatrix}$$

其中，a, e, j 分别表示沿 X, Y, Z 轴方向上的缩放因子。

若 $a = e = j = 1, s \neq 1$，则元素 s 可使整个图形按同一比例放大或缩小。即

$$\begin{bmatrix} x' & y' & z' & 1 \end{bmatrix} = \begin{bmatrix} x & y & z & 1 \end{bmatrix} \begin{bmatrix} 1 & 0 & 0 & 0 \\ 0 & 1 & 0 & 0 \\ 0 & 0 & 1 & 0 \\ 0 & 0 & 0 & s \end{bmatrix} = \begin{bmatrix} x & y & z & s \end{bmatrix}$$

若 $s > 1$，则整个图形变换后缩小；若 $s < 1$，则整个图形变换后放大。

2. 三维对称变换

标准的三维空间对称变换是相对于坐标平面进行的。

（1）相对 OXY 坐标平面做对称变换，如图 3-18 所示，其变换矩阵为

$$T = \begin{bmatrix} 1 & 0 & 0 & 0 \\ 0 & 1 & 0 & 0 \\ 0 & 0 & -1 & 0 \\ 0 & 0 & 0 & 1 \end{bmatrix}$$

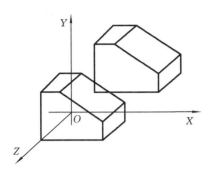

图 3-18　相对 OXY 平面做对称变换

（2）相对 OYZ 坐标平面做对称变换,如图 3-19 所示,其变换矩阵为

$$T = \begin{bmatrix} -1 & 0 & 0 & 0 \\ 0 & 1 & 0 & 0 \\ 0 & 0 & 1 & 0 \\ 0 & 0 & 0 & 1 \end{bmatrix}$$

（3）相对 OXZ 坐标平面做对称变换,如图 3-20 所示,其变换矩阵为

$$T = \begin{bmatrix} 1 & 0 & 0 & 0 \\ 0 & -1 & 0 & 0 \\ 0 & 0 & 1 & 0 \\ 0 & 0 & 0 & 1 \end{bmatrix}$$

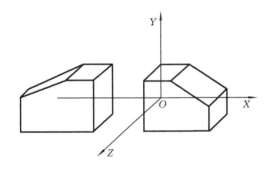

图 3-19　相对 OYZ 平面做对称变换

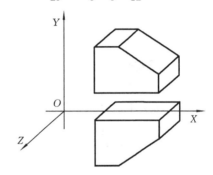

图 3-20　相对 OXZ 平面做对称变换

3. 三维错切变换

三维错切变换,使三维图形沿空间三轴方向发生错切,其变换矩阵为

$$T = \begin{bmatrix} 1 & b & c & 0 \\ d & 1 & f & 0 \\ h & i & 1 & 0 \\ 0 & 0 & 0 & 1 \end{bmatrix}$$

$$[x' \quad y' \quad z' \quad 1] = [x \quad y \quad z \quad 1] \begin{bmatrix} 1 & b & c & 0 \\ d & 1 & f & 0 \\ h & i & 1 & 0 \\ 0 & 0 & 0 & 1 \end{bmatrix}$$

$$= [x + dy + hz \quad y + bx + iz \quad z + cx + fy \quad 1]$$

从上面可以看出,当变换矩阵的主对角线元素为 1,而第四行和第四列其他元素均为

0 时，将发生错切变换。当 d,h 不全为 0 时，沿 X 方向有错切；当 b,i 不全为 0 时，沿 Y 方向有错切；当 c,f 不全为 0 时，沿 Z 方向有错切。如图 3-21 所示为单位立方体的错切变换，变换矩阵中 $b=c=h=i=0,d=0.5,f=0.3$。

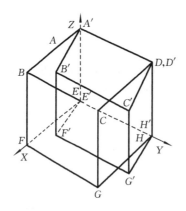

图 3-21　三维错切变换

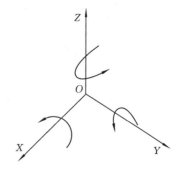

图 3-22　三维图形的旋转变换

4. 三维旋转变换

三维旋转变换是指空间立体绕某一轴旋转一个角度 θ，一般是绕坐标轴旋转 θ 角。θ 角的正负按右手法则确定：右手大拇指指向旋转轴的正向，其余四个手指的指向即为 θ 角的正向，如图 3-22 所示。

1) 绕 X 轴旋转

$$T = \begin{bmatrix} 1 & 0 & 0 & 0 \\ 0 & \cos\theta & \sin\theta & 0 \\ 0 & -\sin\theta & \cos\theta & 0 \\ 0 & 0 & 0 & 1 \end{bmatrix}$$

$$\begin{bmatrix} x' & y' & z' & 1 \end{bmatrix} = \begin{bmatrix} x & y & z & 1 \end{bmatrix} \begin{bmatrix} 1 & 0 & 0 & 0 \\ 0 & \cos\theta & \sin\theta & 0 \\ 0 & -\sin\theta & \cos\theta & 0 \\ 0 & 0 & 0 & 1 \end{bmatrix}$$

$$= \begin{bmatrix} x & y\cos\theta - z\sin\theta & y\sin\theta + z\cos\theta & 1 \end{bmatrix}$$

2) 绕 Y 轴旋转

$$T = \begin{bmatrix} \cos\theta & 0 & -\sin\theta & 0 \\ 0 & 1 & 0 & 0 \\ \sin\theta & 0 & \cos\theta & 0 \\ 0 & 0 & 0 & 1 \end{bmatrix}$$

$$[x' \quad y' \quad z' \quad 1] = [x \quad y \quad z \quad 1] \begin{bmatrix} \cos\theta & 0 & -\sin\theta & 0 \\ 0 & 1 & 0 & 0 \\ \sin\theta & 0 & \cos\theta & 0 \\ 0 & 0 & 0 & 1 \end{bmatrix}$$

$$= [z\sin\theta + x\cos\theta \quad y \quad z\cos\theta - x\sin\theta \quad 1]$$

3）绕 Z 轴旋转

$$T = \begin{bmatrix} \cos\theta & \sin\theta & 0 & 0 \\ -\sin\theta & \cos\theta & 0 & 0 \\ 0 & 0 & 1 & 0 \\ 0 & 0 & 0 & 1 \end{bmatrix}$$

$$[x' \quad y' \quad z' \quad 1] = [x \quad y \quad z \quad 1] \begin{bmatrix} \cos\theta & \sin\theta & 0 & 0 \\ -\sin\theta & \cos\theta & 0 & 0 \\ 0 & 0 & 1 & 0 \\ 0 & 0 & 0 & 1 \end{bmatrix}$$

$$= [x\cos\theta - y\sin\theta \quad x\sin\theta + y\cos\theta \quad z \quad 1]$$

5. 三维平移变换

空间的一点 $P(x,y,z)$ 平移到 $P'(x',y',z')$。

$$T = \begin{bmatrix} 1 & 0 & 0 & 0 \\ 0 & 1 & 0 & 0 \\ 0 & 0 & 1 & 0 \\ l & m & n & 1 \end{bmatrix}$$

$$[x' \quad y' \quad z' \quad 1] = [x \quad y \quad z \quad 1] \begin{bmatrix} 1 & 0 & 0 & 0 \\ 0 & 1 & 0 & 0 \\ 0 & 0 & 1 & 0 \\ l & m & n & 1 \end{bmatrix} = [x+l \quad y+m \quad z+n \quad 1]$$

其中，l,m,n 分别为 X,Y,Z 轴方向上的平移量。

和二维复合变换的原理相同，也可通过对三维基本变换矩阵进行组合，实现对三维立体较为复杂的变换。

三维图形基本变换及其变换矩阵归纳见表 3-2。

表 3-2　三维图形基本变换及其变换矩阵

图形变换名称	变换矩阵	图例	说明
比例变换	$T=\begin{bmatrix} a & 0 & 0 & 0 \\ 0 & e & 0 & 0 \\ 0 & 0 & j & 0 \\ 0 & 0 & 0 & 1 \end{bmatrix}$		a,e,j 分别是 X,Y,Z 方向的比例因子
等比例变换	$T=\begin{bmatrix} 1 & 0 & 0 & 0 \\ 0 & 1 & 0 & 0 \\ 0 & 0 & 1 & 0 \\ 0 & 0 & 0 & s \end{bmatrix}$		s 为全比例因子
平移变换	$T=\begin{bmatrix} 1 & 0 & 0 & 0 \\ 0 & 1 & 0 & 0 \\ 0 & 0 & 1 & 0 \\ l & m & n & 1 \end{bmatrix}$		l,m,n 分别是 X,Y,Z 方向的平移因子
旋转变换	$T=\begin{bmatrix} 1 & 0 & 0 & 0 \\ 0 & \cos\theta & \sin\theta & 0 \\ 0 & -\sin\theta & \cos\theta & 0 \\ 0 & 0 & 0 & 1 \end{bmatrix}$		θ 为绕 X 轴的旋转角度，逆时针方向为正，顺时针方向为负
	$T=\begin{bmatrix} \cos\theta & 0 & -\sin\theta & 0 \\ 0 & 1 & 0 & 0 \\ \sin\theta & 0 & \cos\theta & 0 \\ 0 & 0 & 0 & 1 \end{bmatrix}$		θ 为绕 Y 轴的旋转角度，逆时针方向为正，顺时针方向为负
	$T=\begin{bmatrix} \cos\theta & \sin\theta & 0 & 0 \\ -\sin\theta & \cos\theta & 0 & 0 \\ 0 & 0 & 1 & 0 \\ 0 & 0 & 0 & 1 \end{bmatrix}$		θ 为绕 Z 轴的旋转角度，逆时针方向为正，顺时针方向为负

续表

图形变换名称	变 换 矩 阵	图　例	说　明
对称变换	$T=\begin{bmatrix} 1 & 0 & 0 & 0 \\ 0 & 1 & 0 & 0 \\ 0 & 0 & -1 & 0 \\ 0 & 0 & 0 & 1 \end{bmatrix}$		关于 OXY 坐标平面的对称变换
	$T=\begin{bmatrix} -1 & 0 & 0 & 0 \\ 0 & 1 & 0 & 0 \\ 0 & 0 & 1 & 0 \\ 0 & 0 & 0 & 1 \end{bmatrix}$		关于 OYZ 坐标平面的对称变换
	$T=\begin{bmatrix} 1 & 0 & 0 & 0 \\ 0 & -1 & 0 & 0 \\ 0 & 0 & 1 & 0 \\ 0 & 0 & 0 & 1 \end{bmatrix}$		关于 OXZ 坐标平面的对称变换
错切变换	$T=\begin{bmatrix} 1 & 0 & 0 & 0 \\ d & 1 & 0 & 0 \\ 0 & 0 & 1 & 0 \\ 0 & 0 & 0 & 1 \end{bmatrix}$		沿 X 含 Y 的错切，d 为错切因子
	$T=\begin{bmatrix} 1 & 0 & 0 & 0 \\ 0 & 1 & 0 & 0 \\ h & 0 & 1 & 0 \\ 0 & 0 & 0 & 1 \end{bmatrix}$		沿 X 含 Z 的错切，h 为错切因子
	$T=\begin{bmatrix} 1 & b & 0 & 0 \\ 0 & 1 & 0 & 0 \\ 0 & 0 & 1 & 0 \\ 0 & 0 & 0 & 1 \end{bmatrix}$		沿 Y 含 X 的错切，b 为错切因子
	$T=\begin{bmatrix} 1 & 0 & 0 & 0 \\ 0 & 1 & 0 & 0 \\ 0 & i & 1 & 0 \\ 0 & 0 & 0 & 1 \end{bmatrix}$		沿 Y 含 Z 的错切，i 为错切因子

3.2.5　三维图形的投影变换

把三维坐标表示的几何形体变成二维图形的过程称为投影变换。投影变换在工程制图中比较常用。投影可以分为平行投影和中心投影，中心投影的投影中心到投影面之间的距离是有限的，而平行投影的投影中心到投影面之间的距离是无限的。平行投影又可分为正平行投影和斜投影，正平行投影可获得工程上的三视图和正轴测图。

1. 正平行投影变换

投影方向垂直于投影平面时的投影称为正平行投影。正视图、俯视图和侧视图均属于正平行投影，如图 3-23 所示。

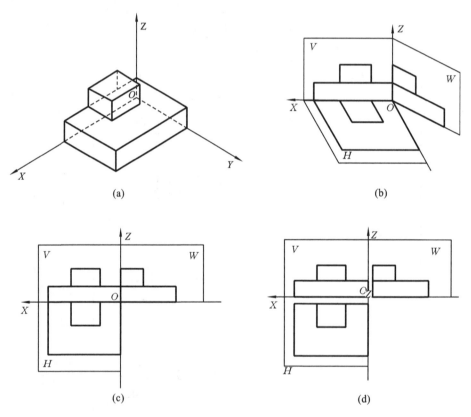

图 3-23　三视图的形成
(a) 立体图；　(b) 投影；　(c) 展开；　(d) 平移

1) 主视图变换矩阵

取 V 面（OXZ 平面）上的投影为主视图，投影的结果是 Y 坐标为 0，变换矩阵为

$$T_V = \begin{bmatrix} 1 & 0 & 0 & 0 \\ 0 & 0 & 0 & 0 \\ 0 & 0 & 1 & 0 \\ 0 & 0 & 0 & 1 \end{bmatrix}$$

变换结果为

$$[x' \quad y' \quad z' \quad 1] = [x \quad y \quad z \quad 1]T_V = [x \quad 0 \quad z \quad 1]$$

2) 俯视图变换矩阵

变换的过程是:先将物体向 H 面作正投影,即令 $z=0$,然后使水平投影面按右手坐标系绕 X 轴旋转 $-90°$,使其与正面投影面共面,最后让图形沿 $-Z$ 轴平移一段距离 $n(n>0)$,以使 H 面投影和 V 面投影之间保持一段距离。变换矩阵为

$$T_H = \begin{bmatrix} 1 & 0 & 0 & 0 \\ 0 & 1 & 0 & 0 \\ 0 & 0 & 0 & 0 \\ 0 & 0 & 0 & 1 \end{bmatrix} \begin{bmatrix} 1 & 0 & 0 & 0 \\ 0 & \cos(-90°) & \sin(-90°) & 0 \\ 0 & -\sin(-90°) & \cos(-90°) & 0 \\ 0 & 0 & 0 & 1 \end{bmatrix} \begin{bmatrix} 1 & 0 & 0 & 0 \\ 0 & 1 & 0 & 0 \\ 0 & 0 & 1 & 0 \\ 0 & 0 & -n & 1 \end{bmatrix}$$

$$= \begin{bmatrix} 1 & 0 & 0 & 0 \\ 0 & 0 & -1 & 0 \\ 0 & 0 & 0 & 0 \\ 0 & 0 & -n & 1 \end{bmatrix}$$

变换结果为

$$[x' \quad y' \quad z' \quad 1] = [x \quad y \quad z \quad 1]T_H = [x \quad 0 \quad -y-n \quad 1]$$

3) 左视图变换矩阵

变换的过程是:先将物体向 W 面做正投影,即令 $x=0$,然后将投影面按右手坐标系绕 Z 轴旋转 $90°$,使其与 V 面共面,最后让图形沿 $-X$ 轴平移一段距离 $l(l>0)$,以使 W 面投影和 V 面投影之间保持一段距离。变换矩阵为

$$T_W = \begin{bmatrix} 0 & 0 & 0 & 0 \\ 0 & 1 & 0 & 0 \\ 0 & 0 & 1 & 0 \\ 0 & 0 & 0 & 1 \end{bmatrix} \begin{bmatrix} \cos90° & \sin90° & 0 & 0 \\ -\sin90° & \cos90° & 0 & 0 \\ 0 & 0 & 1 & 0 \\ 0 & 0 & 0 & 1 \end{bmatrix} \begin{bmatrix} 1 & 0 & 0 & 0 \\ 0 & 1 & 0 & 0 \\ 0 & 0 & 1 & 0 \\ -l & 0 & 0 & 1 \end{bmatrix}$$

$$= \begin{bmatrix} 0 & 0 & 0 & 0 \\ -1 & 0 & 0 & 0 \\ 0 & 0 & 1 & 0 \\ -l & 0 & 0 & 1 \end{bmatrix}$$

变换结果为

$$[x' \quad y' \quad z' \quad 1] = [x \quad y \quad z \quad 1]T_W = [-y-l \quad 0 \quad z \quad 1]$$

2. 正轴测投影变换

正轴测投影,也称为正轴测图,它是一种立体图,能够直观地表达物体的三维形状。若将图 3-24(a)所示的立方体直接向 V 面投影,就得到图 3-24(b);若将立方体绕 Z 轴旋转 θ 角,再向 V 面投影,就得到图 3-24(c);若将立方体先绕 Z 轴旋转 θ 角,再绕 X 轴旋转 −φ 角(φ>0),然后向 V 面投影,就得到图 3-24(d),即立方体的正轴测投影图。

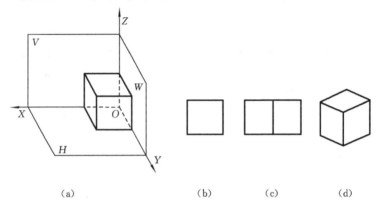

图 3-24　正轴测投影图的生成过程

其变换矩阵为

$$
\boldsymbol{T}_{正轴测} = \begin{bmatrix} \cos\theta & \sin\theta & 0 & 0 \\ -\sin\theta & \cos\theta & 0 & 0 \\ 0 & 0 & 1 & 0 \\ 0 & 0 & 0 & 1 \end{bmatrix} \begin{bmatrix} 1 & 0 & 0 & 0 \\ 0 & \cos\varphi & -\sin\varphi & 0 \\ 0 & \sin\varphi & \cos\varphi & 0 \\ 0 & 0 & 0 & 1 \end{bmatrix} \begin{bmatrix} 1 & 0 & 0 & 0 \\ 0 & 0 & 0 & 0 \\ 0 & 0 & 1 & 0 \\ 0 & 0 & 0 & 1 \end{bmatrix}
$$

$$
= \begin{bmatrix} \cos\theta & 0 & -\sin\theta\sin\varphi & 0 \\ -\sin\theta & 0 & -\cos\theta\sin\varphi & 0 \\ 0 & 0 & \cos\varphi & 0 \\ 0 & 0 & 0 & 1 \end{bmatrix} \qquad (*)
$$

以上是一个正轴测投影变换的一般形式。在应用中,只要任意给定 θ,φ 的值,就可以得到不同的正轴测投影图。正轴测投影图主要有正等轴测图和正二等轴测图。

1）正等轴测投影

按国家标准规定,以 θ=45°,φ=35°16′代入式(*)中,即可得到正等轴测投影变换矩阵

$$
\boldsymbol{T}_{正等} = \begin{bmatrix} 0.707 & 0 & -0.408 & 0 \\ -0.707 & 0 & -0.408 & 0 \\ 0 & 0 & 0.816 & 0 \\ 0 & 0 & 0 & 1 \end{bmatrix}
$$

2) 正 二 等 轴 测 投 影

按国家标准规定,以 $\theta=20°42'$, $\varphi=19°28'$,代入式(*)中,即可得到正二等轴测投影变换矩阵

$$\boldsymbol{T}_{正二等}=\begin{bmatrix} 0.935 & 0 & -0.118 & 0 \\ -0.354 & 0 & -0.312 & 0 \\ 0 & 0 & 0.943 & 0 \\ 0 & 0 & 0 & 1 \end{bmatrix}$$

3. 透视投影变换

透视图是采用中心投影法得到的图形,即通过透视中心(视点),将空间立体投射到二维平面(投影面)上所产生的图形。

1) **透 视 变 换 矩 阵**

3.2.4 节介绍的 4×4 三维图形几何变换矩阵中,第四列元素 p,q,r 为透视参数,赋给它们非零数值将产生透视效果。在讨论透视变换时,一般不考虑全比例变换参数 s 的影响,故

$$\boldsymbol{T}=\begin{bmatrix} 1 & 0 & 0 & p \\ 0 & 1 & 0 & q \\ 0 & 0 & 1 & r \\ 0 & 0 & 0 & 1 \end{bmatrix}$$

用该矩阵对点 $(x,y,z,1)$ 进行变换,其结果为

$$[x'\ \ y'\ \ z'\ \ 1]=[x\ \ y\ \ z\ \ 1]\begin{bmatrix} 1 & 0 & 0 & p \\ 0 & 1 & 0 & q \\ 0 & 0 & 1 & r \\ 0 & 0 & 0 & 1 \end{bmatrix}=[x\ \ y\ \ z\ \ px+qy+rz+1]$$

$$=\left[\frac{x}{px+qy+rz+1}\ \ \frac{y}{px+qy+rz+1}\ \ \frac{z}{px+qy+rz+1}\ \ 1\right]$$

若 p,q,r 三个元素中有两个为零,则得到一点透视变换;若 p,q,r 三个元素中有一个为零,可得到两点透视变换;若 p,q,r 三个元素均不为零,可得到三点透视变换。

2) **一 点 透 视 变 换**

进行一点透视变换时,物体上沿某一方向相互平行的一组棱线在透视图中不再平行,其延长线的交点称为灭点。一点透视只有一个灭点。透视变换矩阵中的元素 p,q,r 只有一个不为零,可获得一点透视效果。

Y 轴上有灭点的一点透视可通过以下步骤来实现。

（1）将物体平移到适当的位置，一般置于画面后。

（2）对物体进行一点透视变换。

（3）将物体向 V 面投影。

因此，Y 轴上有灭点的一点透视投影变换矩阵为

$$T = \begin{bmatrix} 1 & 0 & 0 & 0 \\ 0 & 1 & 0 & 0 \\ 0 & 0 & 1 & 0 \\ l & m & n & 1 \end{bmatrix} \begin{bmatrix} 1 & 0 & 0 & 0 \\ 0 & 1 & 0 & q \\ 0 & 0 & 1 & 0 \\ 0 & 0 & 0 & 1 \end{bmatrix} \begin{bmatrix} 1 & 0 & 0 & 0 \\ 0 & 0 & 0 & 0 \\ 0 & 0 & 1 & 0 \\ 0 & 0 & 0 & 1 \end{bmatrix} = \begin{bmatrix} 1 & 0 & 0 & 0 \\ 0 & 0 & 0 & q \\ 0 & 0 & 1 & 0 \\ l & 0 & n & mq+1 \end{bmatrix}$$

按类似步骤，可推出在 X,Z 坐标轴上分别具有一个灭点的一点透视变换矩阵。

例 3-9 如图 3-25(a)所示，正方体的各顶点为 $A(0,0,0),B(0,0,1),C(1,0,1),$ $D(1,0,0),E(0,1,0),F(0,1,1),G(1,1,1),H(1,1,0)$。求作该正方体的一点透视图。

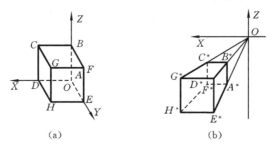

图 3-25　物体一点透视图

解 为使所作透视图立体感增强，一般使 p,q,r 中的非零元素小于 1。为此，令 $p=r$ $=0,q=-0.5$；另外，l,m,n 赋值如下：

（1）$l=1$，表示将正方体沿 X 轴方向移动 1；

（2）$m=-1$，表示将正方体沿 $-Y$ 轴方向移动 1，使立体位于画面后；

（3）$n=-2$，表示将正方体沿 $-Z$ 轴方向平移 2。

正方体的一点透视图如图 3-25(b)所示。

将上述数据代入一点透视变换矩阵，并进行运算可得

$$T = \begin{bmatrix} 1 & 0 & 0 & 0 \\ 0 & 0 & 0 & q \\ 0 & 0 & 1 & 0 \\ l & 0 & n & mq+1 \end{bmatrix} = \begin{bmatrix} 1 & 0 & 0 & 0 \\ 0 & 0 & 0 & -0.5 \\ 0 & 0 & 1 & 0 \\ 1 & 0 & -2 & 1.5 \end{bmatrix}$$

据此，各顶点的一点透视变换结果为

$$\begin{bmatrix} 0 & 0 & 0 & 1 \\ 0 & 0 & 1 & 1 \\ 1 & 0 & 1 & 1 \\ 1 & 0 & 0 & 1 \\ 0 & 1 & 0 & 1 \\ 0 & 1 & 1 & 1 \\ 1 & 1 & 1 & 1 \\ 1 & 1 & 0 & 1 \end{bmatrix} \begin{bmatrix} 1 & 0 & 0 & 0 \\ 0 & 0 & 0 & -0.5 \\ 0 & 0 & 1 & 0 \\ 1 & 0 & -2 & 1.5 \end{bmatrix} = \begin{bmatrix} 1 & 0 & -2 & 1.5 \\ 1 & 0 & -1 & 1.5 \\ 2 & 0 & -1 & 1.5 \\ 2 & 0 & -2 & 1 \\ 1 & 0 & -2 & 1 \\ 1 & 0 & -1 & 1 \\ 2 & 0 & -1 & 1 \\ 2 & 0 & -2 & 1 \end{bmatrix} = \begin{bmatrix} 0.666 & 0 & -1.333 & 1 \\ 0.666 & 0 & -0.666 & 1 \\ 1.333 & 0 & -0.666 & 1 \\ 1.333 & 0 & -1.333 & 1 \\ 1 & 0 & -2 & 1 \\ 1 & 0 & -1 & 1 \\ 2 & 0 & -1 & 1 \\ 2 & 0 & -2 & 1 \end{bmatrix}$$

3) 两点透视变换

如前所述,只要透视变换矩阵中的三个元素 p,q,r 中有一个为零,其余两个不为零,就可得到具有两个灭点的透视变换。设 $p \neq 0, q \neq 0, r = 0$,两点透视投影图可用下面两种方法求得。

(1) 先将物体平移,以旋转合适的视点,然后进行两点透视变换,再将物体绕 Z 轴旋转 θ 角($\theta = \arctan(p/q)$),最后向 V 面投影。此时,两点透视变换矩阵为

$$\boldsymbol{T} = \begin{bmatrix} 1 & 0 & 0 & 0 \\ 0 & 1 & 0 & 0 \\ 0 & 0 & 1 & 0 \\ l & m & n & 1 \end{bmatrix} \begin{bmatrix} 1 & 0 & 0 & p \\ 0 & 1 & 0 & q \\ 0 & 0 & 1 & 0 \\ 0 & 0 & 0 & 1 \end{bmatrix} \begin{bmatrix} \cos\theta & \sin\theta & 0 & 0 \\ -\sin\theta & \cos\theta & 0 & 0 \\ 0 & 0 & 1 & 0 \\ 0 & 0 & 0 & 1 \end{bmatrix} \begin{bmatrix} 1 & 0 & 0 & 0 \\ 0 & 0 & 0 & 0 \\ 0 & 0 & 1 & 0 \\ 0 & 0 & 0 & 1 \end{bmatrix}$$

$$= \begin{bmatrix} \cos\theta & 0 & 0 & p \\ -\sin\theta & 0 & 0 & q \\ 0 & 0 & 1 & 0 \\ l\cos\theta - m\sin\theta & 0 & n & lp + mq + 1 \end{bmatrix}$$

(2) 先将物体平移,然后使物体绕 Z 轴旋转 θ 角(通常为 $30°$ 或 $60°$),以使物体的主要平面(OXZ 平面)与画面成一定角度,再进行透视变换,最后向 V 面投影。此时,两点透视变换矩阵为

$$\boldsymbol{T} = \begin{bmatrix} 1 & 0 & 0 & 0 \\ 0 & 1 & 0 & 0 \\ 0 & 0 & 1 & 0 \\ l & m & n & 1 \end{bmatrix} \begin{bmatrix} \cos\theta & \sin\theta & 0 & 0 \\ -\sin\theta & \cos\theta & 0 & 0 \\ 0 & 0 & 1 & 0 \\ 0 & 0 & 0 & 1 \end{bmatrix} \begin{bmatrix} 1 & 0 & 0 & 0 \\ 0 & 1 & 0 & q \\ 0 & 0 & 1 & 0 \\ 0 & 0 & 0 & 1 \end{bmatrix} \begin{bmatrix} 1 & 0 & 0 & 0 \\ 0 & 0 & 0 & 0 \\ 0 & 0 & 1 & 0 \\ 0 & 0 & 0 & 1 \end{bmatrix}$$

$$= \begin{bmatrix} \cos\theta & 0 & 0 & q\sin\theta \\ -\sin\theta & 0 & 0 & q\cos\theta \\ 0 & 0 & 1 & 0 \\ l\cos\theta - m\sin\theta & 0 & n & ql\sin\theta + qm\cos\theta + 1 \end{bmatrix}$$

4）三点透视变换

所谓三点透视，即具有三个灭点的透视，此时，透视变换矩阵 T 中的元素 p,q,r 均不为零。获得三点透视的方法也有两种。

（1）首先将物体平移到合适位置，接着用透视变换矩阵对物体进行透视变换，然后使物体先绕 Z 轴旋转 θ 角，再绕 X 轴旋转 $-\varphi$ 角（$\varphi>0$），最后将旋转后的物体向 V 面投影即可得到三点透视投影图。其透视投影变换矩阵为

$$
T=
\begin{bmatrix}
1 & 0 & 0 & 0 \\
0 & 1 & 0 & 0 \\
0 & 0 & 1 & 0 \\
l & m & n & 1
\end{bmatrix}
\begin{bmatrix}
1 & 0 & 0 & p \\
0 & 1 & 0 & q \\
0 & 0 & 1 & r \\
0 & 0 & 0 & 1
\end{bmatrix}
\begin{bmatrix}
\cos\theta & \sin\theta & 0 & 0 \\
-\sin\theta & \cos\theta & 0 & 0 \\
0 & 0 & 1 & 0 \\
0 & 0 & 0 & 1
\end{bmatrix}
$$

$$
\cdot
\begin{bmatrix}
1 & 0 & 0 & 0 \\
0 & \cos\varphi & -\sin\varphi & 0 \\
0 & \sin\varphi & \cos\varphi & 0 \\
0 & 0 & 0 & 1
\end{bmatrix}
\begin{bmatrix}
1 & 0 & 0 & 0 \\
0 & 0 & 0 & 0 \\
0 & 0 & 1 & 0 \\
0 & 0 & 0 & 1
\end{bmatrix}
$$

$$
=
\begin{bmatrix}
\cos\theta & 0 & -\sin\theta\sin\varphi & q \\
-\sin\theta & 0 & -\cos\theta\sin\varphi & q \\
0 & 0 & \cos\varphi & r \\
l\cos\theta-m\sin\theta & 0 & -\sin\varphi(l\sin\theta+m\cos\theta)+n\cos\varphi & lp+mq+nr+1
\end{bmatrix}
$$

（2）首先将物体平移到适当位置，接着将物体先绕 Z 轴旋转 θ 角，再绕 X 轴旋转 $-\varphi$ 角（$\varphi>0$），然后进行一点透视，最后向 V 面投影即可得到三点透视投影图。其透视投影变换矩阵为

$$
T=
\begin{bmatrix}
1 & 0 & 0 & 0 \\
0 & 1 & 0 & 0 \\
0 & 0 & 1 & 0 \\
l & m & n & 1
\end{bmatrix}
\begin{bmatrix}
\cos\theta & \sin\theta & 0 & 0 \\
-\sin\theta & \cos\theta & 0 & 0 \\
0 & 0 & 1 & 0 \\
0 & 0 & 0 & 1
\end{bmatrix}
\begin{bmatrix}
1 & 0 & 0 & 0 \\
0 & \cos\varphi & -\sin\varphi & 0 \\
0 & \sin\varphi & \cos\varphi & 0 \\
0 & 0 & 0 & 1
\end{bmatrix}
$$

$$
\cdot
\begin{bmatrix}
1 & 0 & 0 & 0 \\
0 & 1 & 0 & q \\
0 & 0 & 1 & 0 \\
0 & 0 & 0 & 1
\end{bmatrix}
\begin{bmatrix}
1 & 0 & 0 & 0 \\
0 & 0 & 0 & 0 \\
0 & 0 & 1 & 0 \\
0 & 0 & 0 & 1
\end{bmatrix}
$$

$$
=
\begin{bmatrix}
\cos\theta & 0 & -\sin\theta\sin\varphi & q\sin\theta\sin\varphi \\
-\sin\theta & 0 & -\cos\theta\cos\varphi & q\cos\theta\sin\varphi \\
0 & 0 & \cos\varphi & q\sin\varphi \\
l\cos\theta-m\sin\theta & 0 & -\sin\varphi(l\sin\theta+m\cos\theta)+n\cos\varphi & q\cos\varphi(l\sin\theta+m\cos\theta)+nq\sin\varphi+1
\end{bmatrix}
$$

同样可以证明,上面通过不同途径得到的两种三点透视投影变换矩阵,尽管形式各异,但其实质是相同的。

3.3　图形的消隐技术

3.3.1　隐藏线和隐藏面问题

用计算机产生三维实体的真实图形,是计算机辅助图形处理技术研究的重要内容之一。在用显示设备描绘计算机生成的三维图形时,实质上是将三维信息通过某种投影变换转换为投影平面上的二维信息而显示出来。由于可见与不可见部分均被显示出来,往往会导致图形的二义性。如图 3-26(a)所示的轴测图,是按图 3-26(b)所示方式叠加在一起,还是如图 3-26(c)所示要从大长方体上挖去一小长方体呢? 要使其表达具有唯一性,必须将隐藏在长方体背后的、绘图时不可见的线和面消除。因此,当按工程图样的要求绘制图形时,要消除图形的二义性,就必须消除实际不可见的线和面,也就是消除所谓的隐藏线和隐藏面,简称为消隐。图形消隐是计算机图形学中的难点和热点。

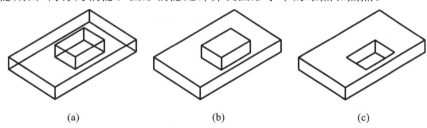

(a)　　　　　　　　　(b)　　　　　　　　　(c)

图 3-26　物体的线框图和消隐图

消隐的对象是三维实体。根据消隐对象的不同,消隐算法可分为两类。若在图形显示时消去由于物体自身遮挡或物体相互遮挡而无法看见的线段(即棱边),称为线消隐;若消除的是物体自身的背部或被其他物体遮挡的表面或部分表面,称为面消隐。

消隐不仅与消隐对象有关,还与观察实体的方式(即投影方式)有关。随着观测点、观察方向或投影面的改变,实体上某些可见的部分将会变成不可见,某些不可见的部分又会变成可见。如图 3-27 所示,当视点在 V_1 时,实体上的 A,B 两

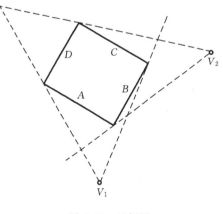

图 3-27　示例图

面可见，C,D 两面不可见。而把视点从 V_1 移到 V_2 后，A 面变得不可见，C 面变得可见。在讨论消隐算法时，都假定实体经过空间转换，转换到了规格化投影空间或屏幕坐标空间。

根据消隐空间的不同，消隐算法又可分为两类：一类是物体空间算法，另一类是图像空间算法。前者是指描述物体的空间，根据物体的几何关系计算出物体的哪些部分是可见的，哪些部分是不可见的。这种算法利用计算机硬件的浮点精度来完成几何计算，具有精度高，不受显示器分辨率影响的特点，但复杂物体消隐耗时严重。后者指物体已转化为显示屏的图像空间，确定每个像素的可见性。这种算法只能以与显示器分辨率相适应的精度来完成，因而不够精确。一般地，大多数隐藏面消除算法采用图像空间算法，而大多数隐藏线消除算法采用物体空间算法。

3.3.2　消隐算法

1. Roberts 算法

Roberts 算法是最早（1963 年）提出的消除隐藏线的算法之一，它要求画面中所有物体都是凸多面体，即每一个表面必定是一个凸多边形，故凸多面体可看作一组相连的凸多边形集合。若为凹多面体，则应先将它分解成凸多面体的组合。在消隐问题中，凸多面体是最简单的情形。因为当某个表面为可见时，则围成它的全部边界线都可见。而当某个表面隐藏时，则围成它的全部边界线均应视为不可见，不会发生部分可见、部分不可见的情况。所以，凸多面体消隐算法的关键在于找出哪些表面可见，哪些表面不可见，然后就能知道哪些棱线该画，哪些棱线应略去不画。

例如，平面立体是由多个平面多边形围成的立体，其各表面均有其各自的法线，规定法线的方向是由立体的内部指向立体的外部空间，因此称为"外法线"。假设在右手坐标系中，以 OXZ 坐标平面为投影面，以 Y 轴为深度坐标轴，现在要在投影面上输出平面立体的正投影，此时投影线必平行于坐标轴 Y。只要计算出平面外法线与 Y 轴的夹角 β，就可以判断该法线所代表平面的可见性。

当 $0° \leqslant \beta < 90°$ 时，$\cos\beta > 0$，平面的外法线在 Y 轴上的投影和 Y 轴的正方向是一致的。反映到空间，则说明该法线所代表的多面体的外表面是朝向观察者的，因此，这样的面是可见的。如图 3-28 所示的三棱锥上的 $\triangle ABC$ 和 $\triangle AOC$。

当 $90° < \beta \leqslant 180°$ 时，$\cos\beta < 0$，平面外法线在 Y 轴上的投影和 Y 轴的负方向是一致的，说明该法线所代表的多面体的外表面是背向观察者的，因此这些面是不可见的。如图 3-28 所示的三棱锥上的 $\triangle AOB$。

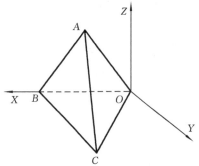

图 3-28　凸多面体可见性判断

当$\beta=90°$时,平面外法线在Y轴上的投影为零,即该法线所代表的平面平行于Y轴,平面在投影面上成一条直线,把它作为可见或不可见的部分处理,均不会影响图形的正确性。

2. 深度缓冲器算法

如图 3-29 所示,在屏幕坐标系中沿Z轴的方向为观察方向。过屏幕上任一像素点(i,j)作平行于Z轴的射线R,与物体表面上的多边形相交于点P_1和P_2。点P_1和P_2就是多边形平面上对应像素(i,j)的点,点P_1和P_2的Z值称为该点深度值。

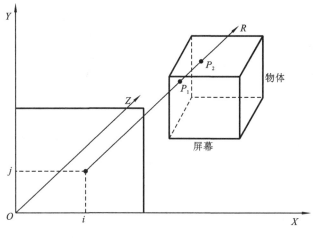

图 3-29 示例图

深度缓冲器算法(depth buffer method)是一种典型的像空间算法,它需要一个深度缓存数组 ZB,数组的大小与屏幕上像素点的个数相同,也与显示器的帧缓存 FB 的单元个数相同,且一一对应。其基本思想是将投影平面上每个像素所对应的面片的深度进行比较,然后取最近面片(即深度值最小)的属性值作为该像素点的显示属性值。由于通常沿着观察系统的Z轴来计算物体表面距观察平面的深度,因此,该算法也称为 Z-buffer 算法。这种算法通常用于只包含多边形面的场景,因为可以很快算出这些场景的深度值,算法易于实现。这种算法也可以用于非平面物体的表面,前提是该表面已经离散成多边形表面。

在算法执行时,深度缓冲器中所有单元均初始化为零(最小深度),刷新缓冲器中所有单元均初始化为背景属性,然后逐个处理多边形表面中的各个面片。每扫描一行,计算该行各像素点所对应的深度值,并将结果与缓冲器中记录进行比较,始终保存最小的深度值以及它所对应的属性。

某多边形面上的点(X,Y)所对应的深度值可由平面方程$aX+bY+cZ+d=0$计算得到:

$$Z = \frac{-aX - bY - d}{c}$$

由于所有扫描线上相邻点的水平间距为一个像素单位，扫描线行与行之间的垂直间距也为一个像素单位。因此可利用这种连贯性简化计算过程，如图 3-30 所示。若已计算出点 (X, Y) 的深度值为 Z，则相邻连贯点 $(X+1, Y)$ 的深度值可由下式计算：

$$Z_{i+1} = \frac{-a(X+1) - bY - d}{c} = Z_i - \frac{a}{c}$$

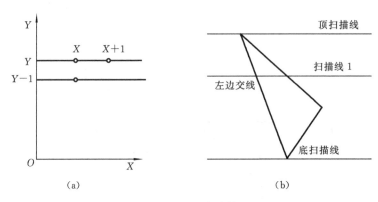

图 3-30　深度计算

沿着 Y 方向的计算，应是先计算出 Y 坐标的范围，然后由上至下逐个处理各个面片。由最上方顶点出发，沿多边形左边界递归计算边界上各点的坐标 $X_{i+1} = X_i - 1/m$，m 为该边斜率。沿该边的深度值也可以递归计算出来，即

$$Z_{i+1} = Z_i + \frac{a/m + b}{c}$$

深度缓冲器算法的最大优点在于简单易行：它在 X, Y, Z 轴方向上都没有进行任何排序，也没有利用任何相关性，有利于硬件的实现。然而，Z 缓冲区需要较多的存储空间。例如对于一个分辨率为 1024×1024 的图像来说，每个数组就需要 10^6 个以上的存储单元。大的数据存储量会影响到处理的速度，所以应设法减小所需的存储量。最简单的办法是将图像划分成许多较小的子图像，然后把深度缓冲器算法依次应用于每一幅子图像，这样，深度坐标数组和亮度数组就可以重复使用，从而达到减少存储单元的目的。

3. 扫描线算法

扫描线是在显示屏上具有相同 Y 坐标的所有光栅点组成的一条光栅线。从空间来看，实际上是当视点位于无穷远时，视线水平面（即扫描平面）与投影面的交线（见图 3-31(a)）。扫描线算法通过计算每一行扫描线与各物体在屏幕上投影之间的关系来确定该行的有关信息。扫描线算法的原理与扫描线多边形填充算法的原理一致，所不同的是扫描线消隐算法能处理可能相重叠的多边形。

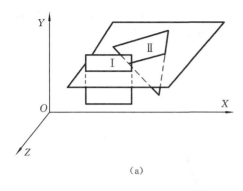
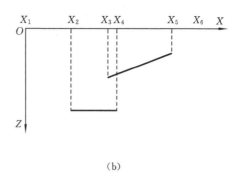

(a)   (b)

图 3-31 分段扫描线算法

最简单的扫描线算法实际上就是深度缓冲器算法的一维情况,它是在显示屏上自上而下逐条地处理扫描线。找出当前扫描线上位于每一个平面多边形内的像素,根据深度值确定每个像素位置的可见点,并利用对应多边形平面参数计算当前像素位置的亮度值。

复杂一些的扫描线算法是分段扫描线算法。如图 3-31(b)所示,设多边形的边界在平面 OXY 上的投影和扫描线交点的横坐标为 X_i,这些交点将扫描线分成若干间隔区域。在每一间隔区域内最靠近观察者的投影所对应的那个面就是该间隔区域内的可见面,具体的判断要靠深度测试来完成。在间隔区域内任取一点,用多边形各自的平面方程计算其深度,深度最大的多边形在该间隔区域内为可见,其余平面则不可见。在扫描线上的间隔区域可以分成三类。

(1) 不包含任何截交线段的间隔区域,如图中的间隔区域 X_1X_2 和 X_5X_6。对于这类间隔区域,应以背景的亮度来显示。

(2) 只含有一条线段的间隔,如图中的间隔区域 X_2X_3 和 X_4X_5,位于这类间隔区域内的线段是唯一的,所以必然是可见的。在这类间隔区域内应显示该线段所在表面的亮度。

(3) 同时存在若干条线段的间隔区域,如图中的间隔区域 X_3X_4。在这种情况下,需要经过计算和比较,在多条线段中找出距离视点最近的那条线段,也就是 Z 坐标最大的线段,然后在这类间隔区域内显示这条位于最前面的线段及所在表面的亮度。

扫描线算法的最大优点是把原来的三维问题降级为了二维问题,可大大地简化计算比较工作。但是,当处在当前扫描线平面内的截交线数量较多时,划分的间隔区域将过多,从而使问题变得复杂。

4. 区域分解算法

区域分解算法的基本思想是:把物体投影到全屏幕窗口上,并把初始窗口取作边界平行于屏幕坐标系的矩形,然后递归地分割窗口,直到窗口仅有像素那么大为止。分割是四等分过程,即每一次把矩形的窗口等分成四个相等的小矩形,其中每个小矩形也称为窗口。每一次细分,都要判断要显示的多边形和窗口的关系,这种关系有包围、相交、内含和分离四种。包围是指多边形包围窗口;相交指的是多边形一部分在窗口内,另一部分在窗口外;内含指的是多边形全部落在窗口内;分离指的是多边形完全在窗口外。多边形和窗口的四种关系如图 3-32 所示。

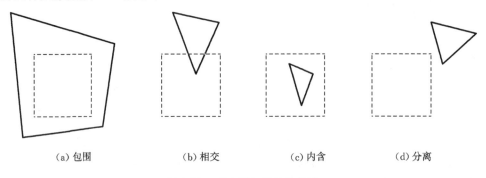

|　　(a) 包围　　　　　　　(b) 相交　　　　　　(c) 内含　　　　　　(d) 分离

图 3-32　多边形与窗口的关系

这种算法的具体处理方法如下。

（1）若所有的多边形和窗口都分离,这时只要把窗口内所有的像素填成背景色即可。

（2）若只有一个多边形和窗口相交,或这个多边形包含在窗口内,这时先对窗口内的每一像素填上背景色,然后对窗口内多边形部分用一定的方法进行填充(设置多边形平面的亮度)。

（3）在窗口中存在一个或多个多边形,但其中离观察者最近的一个多边形已包围了整个窗口,此时应使整个窗口亮度与该多边形的亮度一致。

（4）若窗口内的情况较复杂,应将整个窗口一分为四,对分得的窗口重复进行以上测试,直到窗口仅有像素级别大小,若此时窗口内仍有两个以上的面,只要取窗口内最近的可见面的颜色或所有可见面的平均色作为该像素的值即可。

3.4　图形的裁剪技术

利用窗口和视区技术,可以把整体图形的某一部分显示于屏幕上的指定位置。但要将窗口中的图形正确识别,还要应用图形的裁剪技术,即对窗口边框上的图形进行裁剪,保留图形在窗口内的部分,舍弃窗口外的部分。当然,为适应某种需要也可裁剪掉窗口内的图形,留出的窗口空白区用于书写文字说明或作其他用途。

3.4.1　点的裁剪

在图形裁剪中,最基本的是点的裁剪。点的裁剪就是判断点是落在窗口内还是窗口外。直线 $x=x_{wl},x=x_{wr},y=y_{wt},y=y_{wb}$ 为矩形裁剪窗口左、右、上、下四条边,对于某一点 $P(x,y)$,只要满足

$$x_{wl} \leqslant x \leqslant x_{wr}, \quad y_{wb} \leqslant y \leqslant y_{wt}$$

则该点一定落在边界所围成的矩形框内,且为可见点。从理论上讲,这种逐点比较法是一种"万能"的裁剪方法,可对任意图形进行裁剪。但是,若把图形的所有元素都转换成点,再进行判断,这样裁剪的效率是很低的,而且裁剪出来的点列不再保持原来图形的画线序列,因而会给图形输出造成困难。

3.4.2 直线段的裁剪

从图 3-33 可以看出,不同位置的线段被窗口边界分成一段或几段:两个端点都在窗口内的直线段 a 全部可见;两个端点都在窗口外,且与窗口不相交的直线段 b 全部不可见;两个端点都在窗口外,但与窗口相交的直线段 c 和一个端点在窗口内、另一个端点在窗口外的直线段 d 部分可见,需要根据裁剪算法找出落在窗口内线段的起点和终点坐标。

可用的裁剪算法很多,Cohen-Sutherland 编码裁剪算法是其中之一。这种裁剪算法有以下几个步骤。

1) 点的位置描述

延长窗口的边线,将整个图形所在的平面分成九个区域,如图 3-34 所示,每个区域各用一个 4 位二进制编码表示,线段的两个端点按其所在的区域赋予对应的代码,4 位编码分别代表点的位置与窗口边界的上、下、左、右关系。

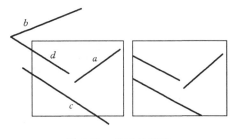

1001	1000	1010
0001	0000 窗口	0010
0101	0100	0110

图 3-33 线段的裁剪   图 3-34 点的位置编码

4 位编码的意义如下(从右到左)。

第一位:如果端点在窗口左边界的左侧为 1,否则为 0。

第二位:如果端点在窗口右边界的右侧为 1,否则为 0。

第三位:如果端点在窗口下边界的下侧为 1,否则为 0。

第四位:如果端点在窗口上边界的上侧为 1,否则为 0。

如图 3-35 中点 a,e,b,g,f 分别描述为 1001,1000,0000,0001,0100。

2）裁剪判断

用规则判断每条线段是否可见，是否需要裁剪。

（1）两端点编码全部由数字"0"组成，则该线段必全部位于窗口之内，线段可见，应将整个线段画出。

（2）两端点编码不全由数字"0"组成，则将两端点的编码按相同位置的位进行逻辑"与"运算，结果不全为 0，则此线段两端点都在裁剪区一个边界的外侧，为不可见线段，应该裁剪掉。

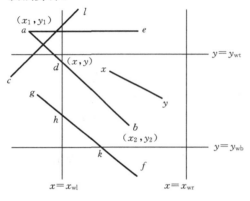

（3）两端点编码不全由数字"0"组成，且按其位进行逻辑"与"运算的结果为 0，则此线段为暂不确定线段，有两种情况：该线段完全不可见；线段可能与裁剪窗口相交，至少有一部分可见，需要进行进一步的计算与判断。

如图 3-35 所示线段 xy，两端点编码均为 0000，该线段全部落入窗口内；线段 ae，两端点编码均不为 0000，将其逻辑相乘，结果仍不为 0000，该线段完全不可见，在窗口之外；线段 ab，有一个端点为 0000，

图 3-35　线段裁剪例图

一个为 1001，逻辑相乘后结果为 0000，该线段有一部分可见；线段 gf，两端点均不为 0000，逻辑相乘后结果为 0000，该线段也有一部分可见；而线段 cl，两端点均不为 0000，逻辑相乘后结果为 0000，可是，该线段完全落在窗口之外，不可见。

3）求交计算

如果判断后的线段不能确定，则要进一步计算被裁剪直线段与裁剪窗口边界线的交点，根据交点位置，再赋予 4 位编码，对分割后的线段进行判断，或接受，或舍弃，或再次分割判断。重复这一过程，直到全部线段均被舍弃或均被接受为止。

设线段 ab 和窗口相交于点 d，求交点 d 的坐标，即求直线 $x=x_{wl}$ 和线段 ab 的交点坐标。

线段 ab 的方程为

$$\frac{y-y_1}{y_2-y_1}=\frac{x-x_1}{x_2-x_1}$$

将 $x=x_{wl}$ 代入上式，得

$$\frac{y-y_1}{y_2-y_1}=\frac{x_{wl}-x_1}{x_2-x_1}$$

因此，线段与窗口左边界的交点坐标为

$$\begin{cases} x = x_{wl} \\ y = y_1 + \dfrac{(y_2 - y_1)(x_{wl} - x_1)}{x_2 - x_1} \end{cases}$$

用上述方法,同样可以求出不同位置的线段与其他窗口边界交点坐标的计算公式。除上述编码算法外,还有矢量线段裁剪法、中点分割法等算法可以实现二维直线段的裁剪。

3.4.3　多边形裁剪的 Sutherland-Hodgman 算法

Sutherland-Hodgman 算法是解决多边形裁剪的较好算法,其处理对象是多边形的顶点,依次用窗口的四条边框线对多边形进行裁剪,即先用一条边框线对整个多边形进行裁剪,得到一个或者若干个新的多边形,再用第二条边对这些新产生的多边形进行裁剪,如此进行下去,直到用四条边框线都裁剪完为止。如图 3-36 所示,连接多边形的顶点 $P_1P_2,P_2P_3,\cdots,P_6P_7,P_7P_1$ 组成多边形的多条边。经过一次边框线对多边形的裁剪,就产生一组新的顶点序列,如图 3-36 中的 $Q_1,Q_2,\cdots,Q_8;R_1,R_2,\cdots,R_9;S_1,S_2,\cdots,S_8$ 和 $T_1,T_2,\cdots,T_8$。裁剪顺序是左边框线、顶边框线、右边框线、底边框线。作裁剪的边框线依次检验多边形的每个顶点 P_i,处于该边框线可见侧的顶点被列入新的顶点序列中,而处于不可见侧的顶点则被删掉。此外,还要检验点 P_i 和它的前一点 P_{i-1} 是否处于边框线的同侧(点 P_1 除外),如果不处在同侧,则必须求出边框线和线段 P_iP_{i-1} 的交点,并把这个交点作为新的顶点列入新的输出顶点序列中。当最后一点 P_n 被检验完后,还要检验线段 P_nP_1 是否和边框线相交。

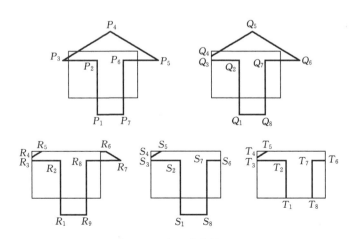

图 3-36　多边形裁剪过程

本章重难点及知识拓展

轮廓线法、参数化法、尺寸驱动法、图形元素拼合法以及三维实体投影法是主要的五种图形生成方法。

要掌握窗口视区的概念及变换原理，以及二维图形几何变换、三维图形几何变换、三维图形投影变换的基本原理、方法和种类。

思考与练习

1. 分析图形软件标准化的意义。

2. 图形软件的常用标准有哪些？

3. 试述窗口和视区的概念及变换原理。

4. 以下叙述中正确的是（　　）。

　　A. 窗口大小不变化，当视区增大时，图形放大

　　B. 窗口大小不变化，当视区减小时，图形放大

　　C. 视区大小不变化，当窗口增大时，图形放大

　　D. 窗口大小不变化，当视区增大时，图形不变

5. 利用图形变换矩阵，可以使图形产生（　　）。

　　A. 比例变换　　　　　　B. 对称变换　　　　　　C. 旋转变换

　　D. 错切变换　　　　　　E. 平移变换

6. 什么是复合变换？如何实现复合变换？

7. 已知图形变换矩阵为 $T = \begin{bmatrix} \cos 30° & -\sin 30° & 0 \\ \sin 30° & \cos 30° & 0 \\ 2 & 3 & 1 \end{bmatrix}$，请指出其变换过程。

8. 已知 $\triangle ABC$ 各顶点的坐标分别为 $A(20,15)$，$B(20,40)$，$C(40,30)$，分别进行下列变换：

　　（1）使长度方向（x 方向）缩小一半，高度方向（y 方向）增加一倍；

　　（2）使整个三角形放大为原来的 1.5 倍。

9. 已知四边形 $ABCD$ 各顶点的坐标分别为 $A(9,9)$，$B(30,9)$，$C(30,24)$，$D(9,24)$，试用齐次变换矩阵对其进行下列变换，并画出变换前后的图形。

（1）沿 x 方向平移 10，沿 y 方向平移 20，再绕坐标原点逆时针旋转 $90°$；

（2）绕坐标原点逆时针旋转 $90°$，再沿 x 方向平移 10，沿 y 方向平移 20。

10. 将题 9 中的四边形绕点 $P(12,35)$ 逆时针旋转 $60°$，试求变换结果。

11. 已知正方体的棱边长为 $60\ mm$，其中一个顶点在坐标原点，且正方体位于第一分角内，将其沿 x 方向平移 10，沿 y 方向平移 20，沿 z 方向平移 15，试用齐次变换矩阵求变换结果。

12. 计算机绘图中如何产生三视图？写出各视图的变换矩阵。

13. 何谓透视变换？它能产生什么效果？

14. 按自己的理解，叙述窗口和裁剪的定义以及它们的用途。

第4章   CAD/CAM 建模技术

在 CAD/CAM 中,建模技术是将现实世界中的物体及其属性转化为计算机内部数字化表达的原理和方法,是定义产品在计算机内部表示的数字模型、数字信息以及图形信息的工具,是产品信息化的源头,它为产品设计、制造、装配、工程分析以及生产过程管理等提供有关产品的信息描述与表达方法,是实现计算机辅助设计与制造的前提条件,也是实现 CAD/CAM 集成化的核心内容。

CAD/CAM 建模技术创始于 20 世纪 60 年代中期,在四十多年的发展过程中,大致可分为几何建模(geometry modeling)、产品建模和产品结构建模等三个阶段。几何建模包括线框建模、曲面建模和实体建模等;产品建模主要有特征模型和参数化模型等建模方法;产品结构建模主要为装配建模技术。建模技术还处于不断发展中,智能建模技术将是CAD/CAM 建模技术的发展方向之一。

4.1   几何建模技术

4.1.1   基本概念

1. 几何建模的基本概念

当人们看到三维客观世界中的事物时,对其有个认识,将这种认识描述到计算机内部,让计算机理解,这个过程称为建模。在 CAD/CAM 中,建模的步骤如图 4-1(a)所示。即首先对物体进行抽象,得到一种想象中的模型;然后将这种想象模型以一定的格式转换成以符号或算法表示的形式,形成信息模型,该模型表示了物体的信息类型和逻辑关系;最后形成计算机内部的数字化存储模型。通过这种方法定义和描述的模型,必须是完整的、简明的、通用的和唯一的,并且能够从模型上提取设计、制造过程中需要的全部信息。因此,建模过程实质就是一个描述、处理、存储、表达现实物体及其属性的过程,可抽象为图4-1(b)所示的流程。

CAD/CAM 系统中的几何模型就是把三维实体的几何形状及其属性用合适的数据结构进行描述和存储,供计算机进行信息转换与处理的数据模型。这种模型包含了三维形体的几何信息、拓扑信息以及其他的属性数据。而所谓的几何建模就是以计算机能够理解的方式,对几何实体进行确切的定义,赋予一定的数学意义,再以一定的数据结构形式对所定义的几何实体加以描述,从而在计算机内部构造一个实体的几何模型。通过这种方法定义、描述的几何实体必须是完整的、唯一的,而且能够从计算机内部的模型上提

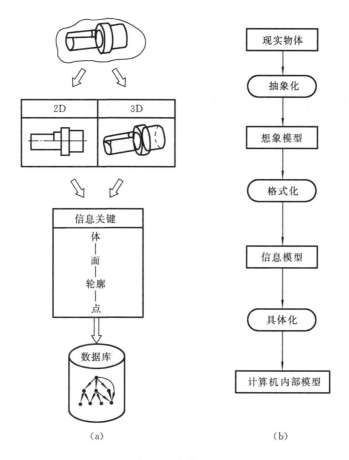

（a）   （b）

图 4-1 建模过程

取该实体生成过程中的全部信息,或者能够通过系统的计算分析自动生成某些信息。计算机集成制造系统的水平在很大程度上取决于三维几何建模系统的功能,因此,几何建模技术是 CAD/CAM 系统中的关键技术。

2. 建模技术基础

1）**几何信息**

几何信息是指构成三维形体的各几何元素在欧氏空间中的位置和大小,它可以用具体数学表达式来进行定量描述。例如:任意一个点可用直角坐标系中的三个坐标分量定义;任意一条直线可用其两个端点的空间坐标定义;面可以是平面或曲面,其中平面以有序边棱线的集合定义,曲线边和曲面以解析函数、自由曲线或者曲面表达式定义。

几种常见的几何元素的定义如下。

顶点: $V=(x,y,z)$

直线：$(x-x_0)/A=(y-y_0)/B=(z-z_0)/C$

平面：$ax+by+cz+d=0$

二次曲面：$ax^2+by^2+cz^2+dxy+exz+fyz+gx+hy+iz+j=0$

自由曲面：可用 Coons 曲面、Bezier 曲面、B 样条曲面、NURBS 曲面的参数方程表示。

这类几何形体信息作为几何模型的主要组成部分，可用合适的数据结构进行组织并存储在计算机内，以供 CAD/CAM 系统处理和转换。

形体的各几何元素之间具有一定的相关性，可相互导出。如边与边的相交、三个面相交均可得到一个顶点，两个顶点或两个面的交线可决定一条边。几何元素之间的内在关系使得 CAD 系统的构造具有一定的灵活性，具体存储哪些几何信息可以根据系统的性能特点和要求来决定。

2）拓扑信息

拓扑是研究图形在形变与伸缩下保持空间性质不变的一个数学分支。拓扑不管物体的大小，只管图形内的相对位置关系。拓扑信息反映三维形体中各几何元素的数量及其相互间连接关系。任一形体都是由点、边、环、面、体等各种不同的几何元素构成的，这些几何元素间的连接关系是指一个形体由哪些面组成，每个面上有几个环，每个环由哪些边组成，每条边又由哪些顶点定义等。各种几何元素相互间的关系构成了形体的拓扑信息。如果拓扑信息不同，即使几何信息相同，最终构造的实体也可能完全不同。如在一圆周上有五个等分点，若用直线顺序连接每个点，则形成一个正五边形，若用直线隔点连接每个点，则形成一个正五角星形。

在几何建模中最基本的几何元素是点(V)、边(E)、面(F)，这三种几何元素之间的连接关系可用以下九种拓扑关系表示。

（1）面与面的连接关系，即面-面相邻性（见图 4-2(a)）。

（2）面与顶点的组成关系，即面-顶点包含性（见图 4-2(b)）。

（3）面与棱边的组成关系，即面-边包含性（见图 4-2(c)）。

（4）顶点与面的隶属关系，即顶点-面相邻性（见图 4-2(d)）。

（5）顶点与顶点间的连接关系，即顶点-顶点相邻性（见图 4-2(e)）。

（6）顶点与棱边的隶属关系，即顶点-边相邻性（见图 4-2(f)）。

（7）棱边与面的隶属关系，即边-面相邻性（见图 4-2(g)）。

（8）棱边与顶点的组成关系，即边-顶点包含性（见图 4-2(h)）。

（9）棱边与棱边的连接关系，即边-边相邻性（见图 4-2(i)）。

这九种拓扑关系之间并不独立，实际上是等价的，即可以由一种关系推导出其他几种关系，可视具体要求不同，选择不同的拓扑描述方法。

描述形体拓扑信息的根本目的是便于直接对构成形体的各面、边及顶点的参数和属性进行存取和查询，便于实现以面、边、点为基础的各种几何运算和操作。

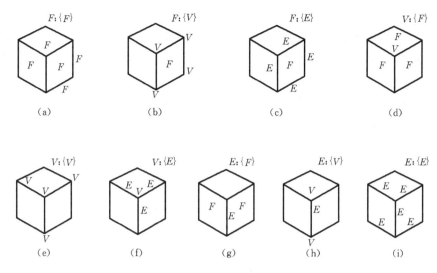

图 4-2 平面立体顶点、边和面的连接关系

(a) 面-面相邻性； (b) 面-顶点包含性； (c) 面-边包含性； (d) 顶点-面相邻性；

(e) 顶点-顶点相邻性； (f) 顶点-边相邻性； (g) 边-面相邻性； (h) 边-顶点包含性； (i) 边-边相邻性

3）非几何信息

非几何信息是指除描述产品实体几何、拓扑信息以外的信息，包括零件的物理属性和工艺属性等，如零件的质量、性能参数、公差、表面粗糙度和技术要求等信息。为了满足CAD/CAPP/CAM 集成的要求，非几何信息的描述和表示显得越来越重要。非几何信息也是目前特征建模中特征分类的基础。

4）形体的表示

形体在计算机内通常采用如图 4-3 所示的六层拓扑结构进行定义，各层结构的含义如下。

（1）体 体是由封闭表面围成的有效空间，其边界是有限个面的集合。通常把具有良好边界的形体定义为正则形体，正则形体没有悬边、悬面或一条边有两个以上邻面的情况，非正则形体则与之相反。

（2）壳 壳由一组连续的面围成。实体的边界称为外壳；如果壳所包围的空间是个空集则为内壳。一个连通的物体由一个外壳和若干个内壳构成。

（3）面 面是由一个外环和若干个内环界定的有界、连通的表面。面有方向性，一般用外法矢方向作为该面的正方向。

（4）环 环是面的封闭边界，是有序、有向边的组合。环不能自交，且有内、外之分。确定面的最大边界的环称为外环，而确定面中孔或凸台周界的环称为内环。若外环的边按逆时针排序，内环的边按顺时针排序，则沿任一环的正向前进时左侧总是在面内，右侧总是在面外。

（5）边　边是实体两个邻面的交界，对正则形体而言，一条边有且仅有两个相邻面，在正则多面体中不允许有悬空的边。一条边有两个顶点，分别称为该边的起点和终点，边不能自交。

（6）顶点　顶点是边的端点，它是两条或两条以上边的交点。顶点不能孤立存在于实体内、实体外或面和边的内部。

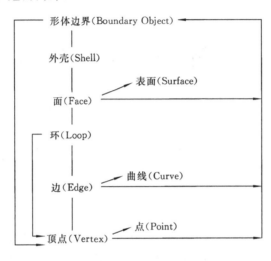

图 4-3　形体的表示

通过层次化的形式，可以方便地描述形体的几何信息和拓扑信息。

5）正则集合运算

无论采用哪种方法表示物体，人们都希望能通过一些简单形体经过组合形成新的复杂形体。这可以通过形体的布尔集合运算（即并、交、差运算，参见 4.1.4 节）来实现，它是用来把简单形体组合成复杂形体的工具。

经过集合运算生成的形体也应是具有良好边界的几何形体，并保持初始形状的维数。对两个实体进行普通布尔交运算产生的结果并不一定是实体。如图 4-4 所示，对两个立方体进行普通布尔交运算的结果分别是实体、平面、线、点和空集。有时两个三维形体经过交运算后，会产生一个退化的结果，如图 4-5 所示，在形体中多了一个悬面。悬面是一个二维形体，在实际的三维形体中是不可能存在悬面的，也就是集合运算在数学上是正确的，但有时在几何上是不恰当的。为解决上述问题，需要采用正则集合运算。

正则集合运算与普通集合运算的关系如下：

$$A \bigcap{}^* B = K_i(A \bigcap B)$$
$$A \bigcup{}^* B = K_i(A \bigcup B)$$

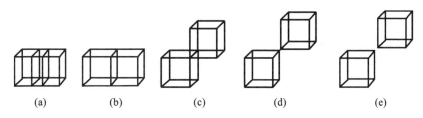

图 4-4　两个立方体的普通布尔交运算的结果

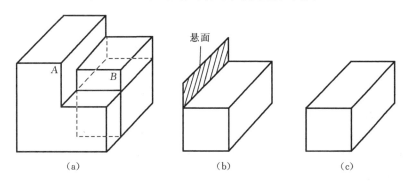

图 4-5　两个三维形体的交集

$$A -^* B = K_i(A - B)$$

式中 $\cap^*$,$\cup^*$,$-^*$ 分别为正则交、正则并和正则差,K 是封闭的意思,i 是内部的意思。图 4-5(b)所示为普通布尔交运算的结果,出现了悬面;图 4-5(c)所示为正则求交的结果。

6) 欧拉检验公式

在几何建模中要保证建模过程的每一步所产生的中间形体的拓扑关系都是正确的,需检验物体描述的合法性和一致性。欧拉提出了一条描述流形体的几何分量和拓扑关系的检验公式:

$$V - E + F = 2B - 2G + L$$

式中:F——面数;

V——顶点数;

E——边数;

B——相当于独立的、不相连接的多面体数;

L——所有面上未连通的内环数(面中的空洞数);

G——贯穿多面体的孔的个数(体中的空穴数)。

如图 4-6 所示,有三个物体,图 4-6(b)中的圆柱孔可看作一个近似的四棱柱,图 4-6(c)的形状类似镜框,前面有斜坡,背面是平面,用欧拉公式检查全部合格,均为合法形体。

运用以上校验公式对图 4-6(a)、(b)、(c)进行运算,其结果如下:

图(a):　　　　　　　　　　$14 - 21 + 9 = 2 \times 1 - 2 \times 1 + 2$

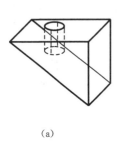
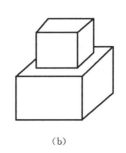
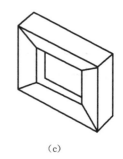

（a）　　　　　　　　　　　（b）　　　　　　　　　　　（c）

图 4-6　符合欧拉公式的形体

图（b）：　　　　　　　　　　$16-24+11=2×1-2×0+1$
图（c）：　　　　　　　　　　$16-28+13=2×1-2×1+1$

符合欧拉公式的物体称为欧拉物体。通过一系列增加和删除面、边、点的操作去构造欧拉物体的过程称为欧拉运算。现在已有一套欧拉算子供用户使用，保证在每一步欧拉运算后正在构造中的物体符合欧拉公式。

3. 几何建模技术的发展

在 CAD/CAM 系统中，CAD 的数据模型是一个关键，只有 CAD 建模技术进步，CAM 才能有实质的发展。在 CAD 数据建模技术发展史上，有四次大的技术革命。早期的 CAD 系统以平面图形的处理为主，系统的核心是二维图形的表达技术。最早的三维 CAD 系统所用到的数据模型是线框模型，它用线框来表示三维形体，没有面和体的信息，在这种数据模型基础之上的 CAM 最多处理一些二维的数控编程问题，功能也非常有限。

法国雷诺汽车公司的工程师贝塞尔（Bézier）针对汽车设计的曲面问题，提出了贝塞尔曲线、曲面算法，这称得上是第一次 CAD 数据建模技术革命，它为曲面模型的 CAD/CAM 系统奠定了理论基础。法国的达索飞机制造公司的 CATIA 系统是曲面模型 CAD 系统的典型代表。CAD 系统曲面模型的出现，为曲面的数控加工提供了完整的基础数据，与这种 CAD 系统集成的 CAM 系统可以进行曲面数控加工程序的计算机辅助编程。有了曲面模型，CAM 的数控加工编程问题可以基本解决。

由于表面模型技术只能表达形体的表面信息，难以准确表达零件的其他特性，如质量、重心、惯性矩等，不利于 CAE 分析的前处理。基于对 CAD/CAE 一体化技术发展的探索，SDRC 公司于 1979 年发布了世界上第一个完全基于实体造型技术的大型 CAD/CAE 软件 I-DEAS。实体造型技术能够精确表达零件的全部属性，在理论上有助于统一 CAD，CAE，CAM 的数据模型表达，给设计者带来了惊人的便利。实体模型的 CAD/CAM 系统将 CAE 的功能集成进来，并形成了 CAD，CAE，CAM 一致的数据模型。可以这样说，实体模型是 CAD 数据建模技术发展史上的第二次技术革命。但实体造型技术在带来算法的改进和未来发展希望的同时，也带来了数据计算量的极度膨胀，在当时的硬件条件下,实体造型的计算及显示速度很慢,它的实际应用显得比较勉强,实体模型的 CAD 系统并没有得到真正的发展。

实体造型之前的造型技术都属于无约束自由造型技术,这种技术的一个明显缺陷就是无法进行尺寸驱动,不易于实现设计与制造过程的并行作业。在这种情况下,原来倡导实体建模技术的一些人提出了参数化实体建模理论,这是 CAD 数据建模技术发展史上的第三次技术革命。这种造型技术的特点是:基于特征,全尺寸约束,全数据相关,尺寸驱动设计修改。其典型的代表系统是 PTC 公司的 Pro/Engineer。

当实体几何拓扑关系及尺寸约束关系较复杂时,参数驱动方式就变得难以驾驭,人们在面对挤满屏幕的尺寸时无所适从。若设计中关键形体的拓扑关系发生改变,失去了某些约束的几何特征也会造成系统数据混乱。面对这种情况,SDRC 公司在参数化造型技术的基础上,提出了变量化造型技术,它解决了欠约束情况下的参数方程组的求解问题。SDRC 公司抓住机遇,将原来基于实体模型的 I-DEAS 全面改写,推出了全新的基于变量化造型技术的 I-DEAS Master Series CAD/CAM 系统,这可称得上是 CAD 数据建模技术发展史上的第四次技术革命。

另外值得一提的是,由于 CAD/CAM 系统发展的历史继承性,许多 CAD/CAM 系统宣称自己采用的是混合数据模型,主要是由于它们受原系统内核的限制,在不愿意重写系统的前提下,只能将面模型与实体模型结合起来,各自发挥自己的优点。实际上这种混合模型的 CAD/CAM 系统由于数据表达的不一致性,其发展空间是受到限制的。

4.1.2 线框建模

1. 线框建模的原理

用顶点和棱边表示形体的方法就是线框建模。通俗地讲,线框模型就如同用一个铁丝做一个骨架来表示一个物体。线框模型是在计算机图形学和 CAD 领域中最早用来表示形体的模型。现在很多二维 CAD 方面的软件都是基于这种几何模型而开发出来的。这种模型以线段、圆、弧、文本和一些简单的曲线为描述对象,通常人们也把线段、圆、弧、文本和一些曲线称为图形元素。线框模型中引进了图元的概念。图元是由图形元素和属性元素组成的一个整体。有了图形元素,人们对图形的操作就产生了一个飞跃,人们不仅可以对具体的图形元素进行操作,甚至还可以把多个图形元素和符号或零件联系起来,组成块进行统一编辑操作,并且还可以进行交、并、差等布尔运算,使计算机辅助设计的领域进一步扩大。也有一些软件甚至根据人们的习惯,加入了辅助线、辅助圆、切圆等功能,更加接近了使用人员的要求。现在来看,二维 CAD 方面的软件已经非常成熟,这也和线框结构的几何模型已经成熟是有绝对关系的。

由于二维几何建模系统比较简单实用,同时大部分二维 CAD 系统都提供了方便的人机交互功能,采用了很多比较适合人们习惯的算法,并提供了一些符合人们习惯的绘图方式,因此二维绘图系统深得人们的欢迎。如果任务仅局限于计算机辅助绘图或者是对回转零件进行数控编程,可以采用二维几何建模系统。但在二维绘图系统中,由于各视图和剖面图在计算机内部是独立产生的,因此就不能将它们构成一个整体的模型,当一个视图改变时,其他视图不可能自动改变,这是它的一个很大的弱点。

线框结构并不只适用于 CAD/CAM 的二维软件几何模型,在三维软件中也有其用武之地,比如现在的 AUTODESK 3D STUDIO,MICROSOFT SOFTIMAGE 等软件所基于的模型就是线框结构的几何模型。当然,与二维软件相比,三维软件对线框结构做了进一步的改进,其三维模型的基础是多边形,已经不是线段、圆、弧这样零碎的图形元素。

三维线框模型在计算机内部是以边表、点表来描述和表达物体的。如图 4-7 所示,一个单位立方体是由 8 个顶点和 12 条棱边定义的。计算机内部存储的是顶点、线及线间的拓扑关系。信息数据结构为表格结构,主要是使用顶点表、边表来描述和表达物体。顶点表(见表4-1)描述每个顶点的编号和坐标,边表(见表4-2)说明每一棱边起点和终点的编号以及边的几何元素类型的代码,表中以"0"表示直线(若有圆弧,可以用其他代码表示)。

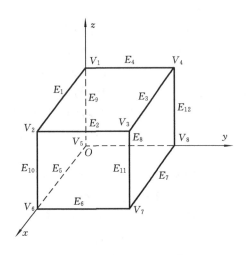

图 4-7　线框造型模型数据

表 4-1　顶点表

顶点	坐　标　值		
	x	y	z
V_1	0	0	1
V_2	1	0	1
V_3	1	1	1
V_4	0	1	1
V_5	0	0	0
V_6	1	0	0
V_7	1	1	0
V_8	0	1	0

表 4-2　边表

棱边	顶　点　号		属性
E_1	1	2	0
E_2	2	3	0
E_3	3	4	0
E_4	4	1	0
E_5	5	6	0
⋮	⋮	⋮	⋮
E_{10}	2	6	0
E_{11}	3	7	0
E_{12}	4	8	0

2. 线框建模的特点

线框模型具有很好的交互作图功能,用于构图的图形元素是点、线、圆、圆弧、样条曲线等。其特点是数据结构简单,对硬件要求不高、显示响应速度快等。利用线框模型,通过投影变换可以快速地生成三视图,生成任意视点和方向的透视图和轴测图,并能保证各视图间正确的投影关系。因此,线框模型至今仍被普遍应用,它作为建模的基础与表面模型和实体模型密切配合,成为 CAD 建模系统中不可缺少的组成部分。例如,在 CAD 系统中可以先画一个二维框图,然后进行拉伸即可形成一个三维实体。已建成的实体模型,可以用线框图快速地进行显示和处理。

由于线框模型只有棱边和顶点的信息,缺少面与边、面与体等拓扑信息,因此形体信息的描述不完整,容易产生多义性(见图 4-8),对形体占据的空间不能正确描述。此外,由于没有面和体的信息,不能进行消隐,不能产生剖视图,不能进行物性计算和求交计算,无法检验实体的碰撞和干涉情况,无法生成数控加工的刀具轨迹和有限网络的自动划分等。

由于存在以上的缺点,三维线框模型不适用于需要对物体进行完整性信息描述的场合,一般用在实时仿真或中间结果显示上。

(a)   (b)   (c)

图 4-8　线框建模的多义性

(a)线框模型;　(b)凹面、通孔;　(c)凸面、无孔

3. 线框建模实例

利用 MasterCAM 系统大都是在屏幕上先绘制三维线框模型,再由线框模型产生曲面。现以图 4-9 所示的电吹风机三维线框模型为例,说明在 MasterCAM 系统中三维线框模型的构建过程。

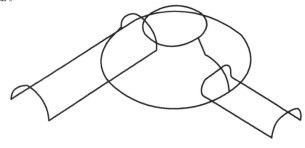

图 4-9　电吹风机三维线框模型

具体构建步骤如下。

（1）在俯视图上绘制三个圆。设置构图平面为俯视图，视角为俯视图。设置工作深度为 25，以点（0,0）为圆心、20 为半径画第一个圆；设置工作深度为 16，以点（0,0）为圆心、25 为半径画第二个圆；设置工作深度为 0，以点（0,0）为圆心、47.5 为半径画第三个圆。选择视角为等角视图，得到如图 4-10 所示的图形。

（2）在前视图上构建电吹风机的主体边界线。设置构图平面为前视图，工作深度为0。以图 4-10 所示的点 P_1 和 P_2 为两个端点、以 16 为半径画第一条圆弧；再以图 4-10 所示的点 P_3 和 P_4 为两个端点、以 13 为半径画第二条圆弧，得到图 4-11 所示的图形；再以 6 为半径对这两条圆弧倒圆角。

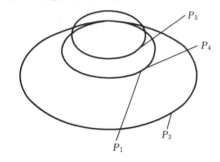

图 4-10　俯视图线框构建

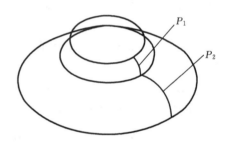

图 4-11　前视图弧线框构建

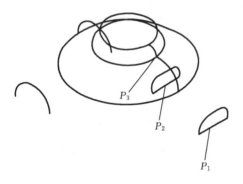

图 4-12　手柄线框构建

（3）绘制电吹风机的风管（使用前视构图平面）。设置工作深度为 100，以点（−32,0）为圆心、16 为半径，并按起始角度为 0°、终止角度为 180°绘制第一个圆弧；再设置工作深度为 0，以点（−32,0）为圆心、16 为半径，并按起始角度为 0°，终止角度为 180°绘制第二条圆弧。

（4）绘制电吹风机手柄的边界外形（设置构图平面为侧视图）。设置工作深度为 100，以点（−13,0）和点（13,10）为两对角点绘制矩形，然后以 6 为半径对矩形倒圆角，接着使用前视构图平面，平移拷贝已经倒圆角的矩形，得到图 4-12 所示的图形。

（5）调整。删除多余的图形元素，切换构图平面为 3D 构图平面。连接必要的图形元素，得到图 4-9 所示的电吹风机的线框模型。

4.1.3　表面建模

1. 表面建模的基本原理

表面建模也称曲面建模，是通过对实体的各个表面或曲面进行描述而构造实体模型的一种建模方法。曲面建模时,先将复杂的外表面分解成若干个组成面,然后定义出一块块的基本面素,基本面素可以是平面或二次曲面,例如圆柱面、圆锥面、圆环面、旋转面等,通过各面素的连接构成组成面,各组成面的拼接就是所构造的模型。在计算机内部,曲面建模的数据结构仍是表结构,表中除了给出边线及顶点的信息之外,还提供了构成三维立体各组成面素的信息,即在计算机内部,除顶点表和边表之外,还提供了面表。如图 4-7 所示的立方体,除了顶点表和棱边表之外,增加了面表结构(见表 4-3)。面表包含有构成面边界的棱边序列、面方程系数以及表面可见性等信息。

表 4-3　面表

表面号	组 成 棱 线	表面方程系数	可见性
1	E_1, E_2, E_3, E_4	a_1, b_1, c_1, d_1	Y
2	E_5, E_6, E_7, E_8	a_2, b_2, c_2, d_2	N
3	E_1, E_{10}, E_5, E_9	a_3, b_3, c_3, d_3	N
4	E_2, E_{11}, E_6, E_{10}	a_4, b_4, c_4, d_4	Y
5	E_3, E_{12}, E_7, E_{11}	a_5, b_5, c_5, d_5	Y
6	E_4, E_9, E_8, E_{12}	a_6, b_6, c_6, d_6	N

从数据结构也可看出,表面模型起初只能用于多面体结构形体,对于一些曲面形体必须先进行离散化,将之转换为由若干小平面构成的多面体后再进行造型处理。随着曲线曲面理论的发展和完善,曲面建模替代了初始的表面建模,成功地应用到了 CAD/CAM 系统。

相对线框建模来说,表面模型增加了面、边的拓扑关系,因而可以进行消隐处理、剖面图的生成、渲染、求交计算、数控刀具轨迹的生成、有限元网格划分等操作,但表面模型仍缺少体的信息以及体、面间的拓扑关系,无法区分面的哪一侧是体内或体外,仍不能进行物性计算和分析。

2. 表面构造方法

常用表面构造方法有以下几种,如图 4-13 所示。

(1) 平面　可用三点定义一个平面,如图 4-13(a)所示。

(2) 直纹面　一条直线(母线)的两个端点在两条空间曲线(导线)的对应等参数点上移动形成的曲面,如图 4-13(b)所示。

(3) 回转面　平面曲线绕某一轴线旋转所产生的曲面,如图 4-13(c)所示。

(4) 柱状面　将一平面曲线沿垂直于该面的方向移动某一距离而生成,如图 4-13(d)所示。

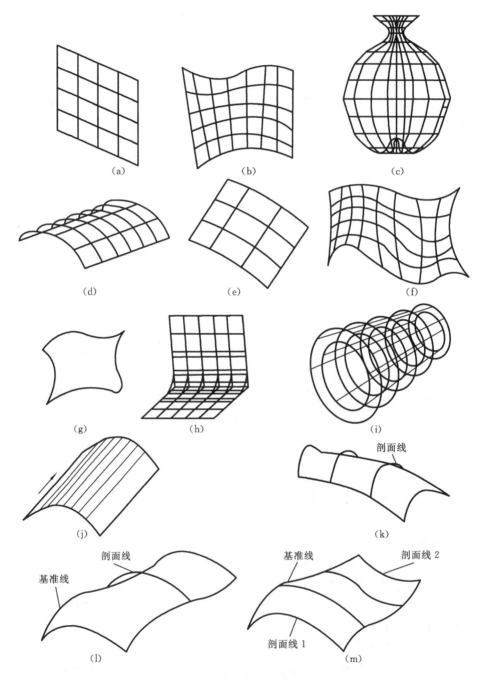

图 4-13　常用表面构造方法

(5) 贝塞尔(Bézier)曲面　它是一组空间离散点的近似曲面,但并不通过给定的点,不具备局部控制能力,如图 4-13(e)所示。

(6) B样条曲面　它也是一组输入点的近似曲面,但可局部控制,如图 4-13(f)所示。

(7) 孔斯(Coons)曲面　它由封闭的边界曲线构成,如图 4-13(g)所示。

(8) 圆角面　即圆角过渡面,可以是等半径的,也可以是变半径的,如图 4-13(h)所示。

(9) 等距面　它是将原始曲面的每一点沿该点的法线方向移动一个固定的距离而生成的曲面,如图 4-13(i)所示。

(10) 线性拉伸面　它是将一条平面曲线沿一方向移动而形成的曲面,如图 4-13(j)所示。

(11) 扫成面　扫成面可以有如下三种构造方法。

① 用一条剖面线沿两条给定的边界曲线移动,剖面线的首、尾点始终在两条边界曲线对应的等参数点上,剖面形状保持相似变化,如图 4-13(k)所示。

② 用一条剖面线沿一条基准线平行移动而构成曲面,如图 4-13(l)所示。

③ 用两条剖面线和一条基准线,使一条剖面线沿着基准线光滑过渡到另一条剖面线而形成曲面,如图 4-13(m)所示。

3. 曲面建模的方法

曲面建模方法的重点是在给出离散点数据的基础上,构建光滑过渡的曲面,使这些曲面通过或逼近这些离散点。由于曲面参数方程不同,得到的复杂曲面类型和特性也不同。目前应用最为广泛的是双参数曲面,它仿照参数曲线的定义,将参数曲面看成是一条变曲线 $r=r(u)$ 按照某参数 v 运动形成的。

在解析几何中,空间曲线上一点 P 的每个坐标被表示成参数 u 的函数:

$$\begin{cases} x = x(u) \\ y = y(u) \quad (u_0 \leqslant u \leqslant u_1) \\ z = z(u) \end{cases}$$

同样,在三维空间内一张任意曲面可用带参数 u,v 的参数方程表示为

$$\begin{cases} x = x(u,v) \\ y = y(u,v) \quad (u_0 \leqslant u \leqslant u_1, v_0 \leqslant v \leqslant v_1) \\ z = z(u,v) \end{cases}$$

如图 4-14 所示,曲面有两族参数曲线 $r(u,v_j)$ 和 $r(u_i,v)$,通常简称 u 线和 v 线。u 线与 v 线的交点是 $r(u_i,v_j)$。

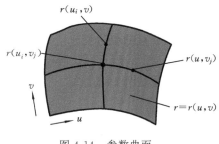

图 4-14　参数曲面

1）Bézier **曲线和曲面**

（1）Bézier 曲线　在工程设计中，由给定型值点进行曲线设计往往由于型值点的误差而得不到满意的结果。另一方面，在一些更注意外观的设计中，型值点的精度又不是很重要。从 1962 年起，法国雷诺汽车公司的工程师 Bézier 开始构造以"逼近"为基础的参数曲线表示法。以这种方法为基础，完成了一种自由曲线和曲面的设计系统 UNISURF，1972 年在雷诺汽车公司正式使用。

Bézier 曲线是用一组多边折线（也称为特征多边形）的各顶点唯一定义出来的。在多边形的各顶点中，只有第一点和最后一点在曲线上，其余的顶点则控制曲线的导数、阶次和形式。第一条和最后一条折线表示曲线在起点和终点处的切线方向，曲线形状趋于折线集的形状，改变控制点与改变曲线形状有着形象生动的直接联系。

由于 Bézier 曲线是用 N 根折线定义的 n 阶曲线，故 n 阶（亦称 n 次）曲线段的表达式为

$$P(t) = \sum_{i=0}^{n} B_{i,n}(t)P_i \quad (0 \leqslant t \leqslant 1)$$

它是关于 t 的一个 n 次多项式。其中 $P_i(i = 0,1,\cdots,n)$ 为给定各顶点（$n+1$ 个）的位置向量，即曲线的特征多边形；$B_{i,n}(t)$ 称为伯恩斯坦（Bernstein）基函数，也是各顶点位置向量之间的调和函数，即

$$B_{i,n}(t) = \frac{n!}{i!(n-i)!}t^i(1-t)^{n-i} \quad (i = 0,1,\cdots,n)$$

工程上应用较多的是三次 Bézier 曲线（$n=3$），如图 4-15 所示。

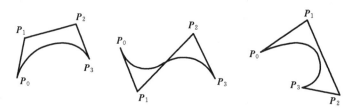

图 4-15　由四个顶点定义的三次 Bézier 曲线

其曲线段的表达式为

$$P(t) = (1-t)^3 P_0 + 3t(1-t)^2 P_1 + 3t^2(1-t)P_2 + t^3 P_3$$

写成矩阵形式为

$$P(t) = \begin{bmatrix} t^3 & t^2 & t & 1 \end{bmatrix} \begin{bmatrix} -1 & 3 & -3 & 1 \\ 3 & -6 & 3 & 0 \\ -3 & 3 & 0 & 0 \\ 1 & 0 & 0 & 0 \end{bmatrix} \begin{bmatrix} P_0 \\ P_1 \\ P_2 \\ P_3 \end{bmatrix}$$

Bézier 曲线的性质如下。

① 曲线过特征多边形的起点、终点，即 $P(0)=P_0$，$P(1)=P_n$。

② 曲线与始边、终边相切，即 $P'(0)=n(P_1-P_0)$，$P'(1)=n(P_n-P_{n-1})$。

③ 曲线在端点处的二阶导矢为

$$P''(0)=n(n-1)(P_0-2P_1+P_2)$$

$$P''(1)=n(n-1)(P_0-2P_{n-1}+P_{n-2})$$

所以曲线在端点处的曲率与相邻的三个顶点位置有关。

④ 对称性，把特征多边形的顶点编号顺序完全颠倒，由于基函数的对称性，曲线形状不变，只是方向改变。

⑤ 凸包性，曲线落在由特征多边形构成的凸包中，并且具有几何不变性。通过调整特征多边形顶点的方法来控制曲线的形状。

Bézier 曲线具有许多优点，如直观、计算简单等。但它不是样条，特征多边形顶点的个数决定了曲线的次数，顶点愈多，曲线的次数越高，多边形对曲线的控制力越弱。另外，它是整体构造的，每个基函数在整个曲线段范围内非零，故不便于修改，改变某一控制点对整个曲线都有影响。

（2）Bézier 曲面　设 $P_{i,j}(i=0,1,2,\cdots,n;j=0,1,2,\cdots,m)$ 为给定的 $(n+1)\times(m+1)$ 个排成网格的控制顶点，利用基函数 $B_{i,n}(u)$，$B_{j,m}(v)$ 可构造一张曲面片：

$$P(u,v)=\sum_{i=0}^{n}\sum_{j=0}^{m}P_{i,j}B_{i,n}(u)B_{j,m}(v)$$

其中 $u\in[0,1]$，$v\in[0,1]$。称该曲面为 $n\times m$ 次 Bézier 曲面。

当 $n=m=3$ 时，双三次 Bézier 曲面由 16 个控制网格点构造（见图 4-16）：

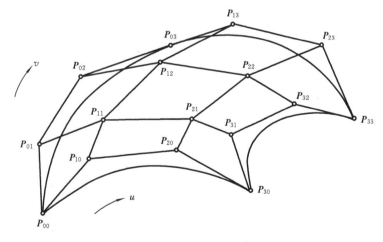

图 4-16　双三次 Bézier 曲面

$$P(u,v) = \sum_{i=0}^{3} \sum_{j=0}^{3} P_{i,j} B_{i,3}(u) B_{j,3}(v)$$

2) B 样条曲线和曲面

(1) B 样条曲线   为推广 Bézier 曲线,在 1972—1974 年间,由 Gordon、Forrest、Riesenfeld 等人发展了 B 样条方法。

设给定 $n+1$ 个控制顶点的向量为 $P_i (i=1,2,\cdots,n)$,把 n 次参数曲线段

$$P(t) = \sum_{i=0}^{n} B_{i,n}(t) P_i \quad (0 \leqslant t \leqslant 1)$$

称为 B 样条曲线段。与 Bézier 曲线类似,依次用线段连接 P_i 中相邻两个向量终点所得的折线多边形为 B 样条曲线的特征多边形。$B_{i,n}(t)$ 称为 B 样条曲线的基函数,它随 B 样条曲线的次数不同而变化。

B 样条基函数定义为

$$B_{i,n}(t) = \frac{1}{n!} \sum_{j=0}^{n-i} (-1)^j C_{n+1}^j (t+n-i-j)^n \quad (0 \leqslant t \leqslant 1)$$

式中:i 是基函数的序号,$i=0,1,2,\cdots,n$,其中 n 是样条次数;j 表示一个基函数是由哪几项相加。

$n=2$ 时的 B 样条曲线称为二次 B 样条曲线。不难证明,该曲线段的两端点 $P(0)$、$P(1)$ 是特征多边形两边的中点,如图 4-17(a)所示;曲线段两端点 $P(0)$,$P(1)$ 的切向量就是特征多边形的两个边向量。如果继 P_0,P_1,P_2 之后还有一些点 $P_3,P_4,\cdots$,那么依次每取三点,就可画出一段二次 B 样条曲线段,连接起来就是二次 B 样条曲线,如图 4-17(b)所示。

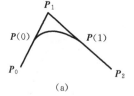
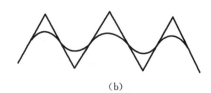

(a)   (b)

图 4-17   二次样条曲线

三次均匀 B 样条曲线的矩阵表达式为

$$P(u,v) = \frac{1}{6} \begin{bmatrix} t^3 & t^2 & t & 1 \end{bmatrix} \begin{bmatrix} -1 & 3 & -3 & 1 \\ 3 & -6 & 3 & 0 \\ -3 & 0 & 3 & 0 \\ 1 & 4 & 1 & 0 \end{bmatrix} \begin{bmatrix} P_0 \\ P_1 \\ P_2 \\ P_3 \end{bmatrix}$$

同理,$n=k$ 时的 B 样条曲线称为 k 次 B 样条曲线。

与 Bézier 曲线相比较,B 样条曲线有如下不同。

① Bézier 曲线的阶次与控制顶点数有关,而 B 样条的基函数次数与控制顶点无关。

② Bézier 曲线所用的基函数是多项式函数,B 样条曲线的基函数是多项式样条。

③ Bézier 曲线缺乏局部控制能力,而 B 样条具有局部控制能力,更适合于几何设计。

(2) B 样条曲面　B 样条曲面也可视为由 B 样条曲线网格绘制而成的。通用 B 样条曲面方程为

$$P(u,v) = \sum_{i=0}^{m} \sum_{j=0}^{n} B_{i,m}(u) B_{j,n}(v) P_{ij}$$

双三次 B 样条曲面方程为

$$P(u,v) = \sum_{i=0}^{3} \sum_{j=0}^{3} B_{i,3}(u) B_{j,3}(v) P_{ij}$$

3) 非均匀有理 B 样条(NURBS)曲线和曲面

(1) NURBS 曲线　B 样条方法不能精确地描述二次曲线以及球面等曲面,而使用非均匀有理 B 样条则可以解决这一问题。NURBS 技术得到了较快的发展和广泛的应用,其主要原因有以下几种。

① 对标准的解析曲线和自由曲线提供了统一的数学描述,便于工程数据库的管理和应用。

② 保留了 B 样条曲线的节点插入、修改、分割和修改控制点等强有力的技术,而且还具有修改权因子来方便地修改曲线形状的能力。

③ 具有几何变换不变性。

④ 均匀 B 样条曲线、有理及非有理 Bézier 曲线等均为 NURBS 曲线的一个子集。

因此,NURBS 曲线具有更强的表达功能。

NURBS 曲线的定义如下:给定 $n+1$ 个控制点 P_i 及其权因子 $W_i(i=0,1,2,\cdots)$,则 k 阶 $k-1$ 次 NURBS 曲线的表达式为

$$C(u) = \frac{\sum_{i=0}^{n} N_{i,k}(u) W_i P_i}{\sum_{i=0}^{n} N_{i,k}(u) W_i}$$

式中:P_i 也称为特征多边形顶点位置向量;$N_{i,k}(u)$ 是 k 阶 B 样条基函数。

如果基函数 $N_{i,k}(u)$ 的节点是均匀的,则该曲线称为均匀有理 B 样条(URBS)曲线。如果其节点是非均匀的,则该曲线称为非均匀有理 B 样条(NURBS)。

尽管 NURBS 曲线具有几何描述的唯一性、几何不变性,并且具有易于定界、几何直观等优点,是目前工程中应用最广泛的一种自由曲线,但由于其表达式较前面几种方法更为复杂,而且当权因子为零和负值时容易引起计算的不稳定,导致曲线发生畸变,因此

在使用 NURBS 时应有适当的限制,以保证算法的稳定性。

（2）NURBS 曲面　给定一张 $(m+1)\times(n+1)$ 的网络控制点 $\boldsymbol{P}_{i,j}$（$i=0,1,2,\cdots,n$；$j=0,1,2,\cdots,m$）,以及各网络控制点的权值 $W_{i,j}$（$i=0,1,2,\cdots,n$；$j=0,1,2,\cdots,m$）,则 NURBS 曲面的表达式为

$$\boldsymbol{S}(u,v)=\frac{\sum\limits_{i=0}^{n}\sum\limits_{j=0}^{n}N_{i,k}(u)N_{j,l}(v)W_{ij}\boldsymbol{P}_{ij}}{\sum\limits_{i=0}^{n}\sum\limits_{j=0}^{n}N_{i,k}(u)N_{j,l}(v)W_{ij}}$$

式中: $N_{i,k}(u)$ 和 $N_{j,l}(v)$ 分别为 NURBS 曲面 u 和 v 参数方向的 B 样条基函数; k,l 为 B 样条基函数的阶次。

$N_{i,k}(u)$ 的节点向量为 $[\,x_1\quad x_2\quad\cdots\quad x_p\,]$; $N_{j,l}(v)$ 的节点向量为 $[\,y_1\quad y_2\quad\cdots\quad y_q\,]$。注意以下几个条件必须满足:

$$x_{i+1}\geqslant x_i,\quad y_{j+1}\geqslant y_j$$
$$p=m+k+1,\quad q=n+l+1$$

由此可见,NURBS 曲面具有 B 样条曲面所拥有的全部特点,如果权值是一个定值,那么 NURBS 曲面就相当于一个 B 样条曲面。NURBS 曲面可以精确地呈现基本曲面,NURBS 曲面表达式是当今最新也是工程中应用最广的曲面数学化方程式。

4. 曲面的性质

（1）曲面是有边界的。如任何一个 NURBS 曲面都是由四条边界组成的。

（2）曲面是有方向的。尽管曲面没有厚度,但曲面却是有方向的（法向方向为曲面的正方向）,即曲面有正面和背面之分。在显示的时候,正面和背面可以有不同的颜色。

（3）曲面的显示方式有线框和着色两种。线框显示时,可调节其线框的密度,使显示更加精确;着色显示时,可以改变成不同颜色,以达到显示效果。

（4）曲面坐标的方向多用行、列来加以描述。

5. 表面建模的特点

（1）表达了零件表面和边界定义的数据信息,有助于对零件进行渲染等处理,有助于系统直接提取有关面的信息以便生成数控加工指令,因此,大多数 CAD/CAM 系统都具备曲面建模的功能,但都是针对某一个表面进行的,倘若同时考虑多个表面的加工及检验可能出现的干涉,还必须采用三维实体模型。

（2）在物体性能计算方面,表面建模中面信息的存在有助于对物体性能方面与面积有关特征的计算,同时对封闭的零件来说,采用扫描等方法也可实现对零件进行与体积等物理性能有关的特征计算。但是,由于表面模型中没有各个表面的相互关系,很难说明这个物体是一个实心还是一个薄壳,不能计算其质量特性。

（3）一般来说,以表面建模方式生成的零部件及产品可分割成板、壳等单元形式的有

限元网格。

（4）曲面建模事实上是以蒙面的方式构造零件形体,因此容易在零件建模中漏掉某个甚至某些面的处理,这就是常说的"丢面"。同时依靠蒙面的方法把零件的各个面贴上去,往往会在两个面相交处出现缺陷,如重叠或间隙,不能保证零件的建模精度。

6. 表面建模实例

绘制图 4-18 所示电吹风的曲面模型。其步骤如下所述。

（1）使用扫描曲面绘制电吹风机主体曲面,如图 4-18 中的部分 1 所示。

（2）使用直纹面绘制电吹风机风管的曲面,如图 4-18 中的部分 2 所示。

（3）使用直纹面绘制电吹风机把手的曲面,如图 4-18 中的部分 3 所示。

（4）使用曲面修整延伸功能处理电吹风机的干涉曲面,如图 4-18 中的部分 4 所示。

（5）使用平面修整功能处理电吹风机主体的上表面,如图 4-18 中的部分 5 所示。

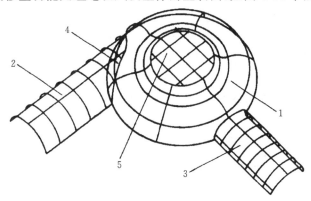

图 4-18   电吹风机曲面造型

4.1.4   实体模型

实体建模(solid modeling)技术是 20 世纪 70 年代后期、80 年代初期逐渐发展完善并推向市场的。实体模型是在计算机内部以实体形式描述的现实世界物体的模型,它具有完整性、清晰性和准确性。它不仅定义了形体的表面,还定义了形体的内部形状,使形体的实体物质特性得到了正确的描述,是三维 CAD/CAM 软件系统普遍采用的建模形式。

1. 实体建模的基本原理

实体建模不仅描述了实体的全部几何信息,而且定义了所有点、线、面、体的拓扑信息。实体模型与表面模型的区别在于:表面模型所描述的面是孤立的面,没有方向,没有与其他的面或体的关联;实体模型提供了面和体之间的拓扑关系。在实体模型中,面是有界的不自交的连通表面,具有方向性,其外法线方向根据右手法则由该面的外环走向确定,其中的环是由有向边有序围成的封闭边界,确定面的最大外边界的环为外环,按逆时针排序，面中的孔或凸台周界的环为内环，按顺时针排序。根据以上定义即可容易判断实体在面的哪一侧。面的法向量总是指向形体之外，并且在面上沿任一条边正向运动时，左侧总是体内，右侧总是体外。因此，实体建模系统能够方便地确定三维空间中在面的哪一侧存在实体，确定给定点的位置是处在实体的边界面上，还是在实体的内部或外部。利用实体建模系统可对实体信息进行全面完整的描述，能够实现消隐、剖切、有限元分析、数控加工，对实体进行着色、光照及纹理处理、外形计算等各种处理和操作。

2. 体素及其布尔运算

构造实体模型常常采用一些基本实体（体素），通过集合运算（布尔运算）生成复杂的形体。实体建模主要包括两个方面的内容，即体素的定义与描述、体素之间的布尔运算。基本体素的种类越多，越容易产生复杂的形体。

1) 体素的定义与描述

体素的定义方式有两类：一类是基本体素，另一类是扫描体素。

基本体素可以通过输入少量的参数定义。例如长方体，可以只输入长、宽、高三个参数定义它的大小，通过输入基准点的坐标定义它的位置和方向。基准点的位置是非常重要的，一般定义在该元素与其他元素有相互位置关系的位置上，即安装基准上。不同的造型系统，由于使用场合不同，可能有不同的基本体素。一般常用的基本体素如图 4-19 所示。

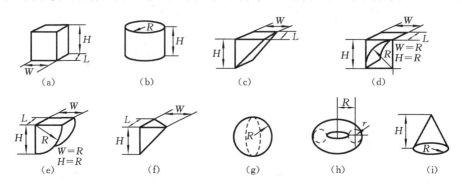

图 4-19　常用的基本体素

(a) 长方体；(b) 圆柱体；(c) 楔；(d) 带 1/4 内圆柱体；(e) 1/4 圆柱体；
(f) 三棱锥；(g) 球体；(h) 圆环体；(i) 圆锥体

扫描体素又可以分为平面轮廓扫描体素和三维实体扫描体素。平面轮廓扫描法是一种将二维封闭的轮廓，沿指定的路线平移或绕任意一条轴线旋转得到扫描体的方法，一般使用在棱柱体或回转体上。图 4-20 所示为由平面轮廓扫描法得到的实体。

三维实体扫描法是用一个三维实体作为扫描体，让它作为基体在空间运动。运动可以是沿某条曲线的移动，也可以是绕某条轴线的转动，或绕某一个点的摆动。运动的方式不同产生的结果也就不同。图 4-21 所示为一把铣刀沿不同的进给路线所产生的实体。

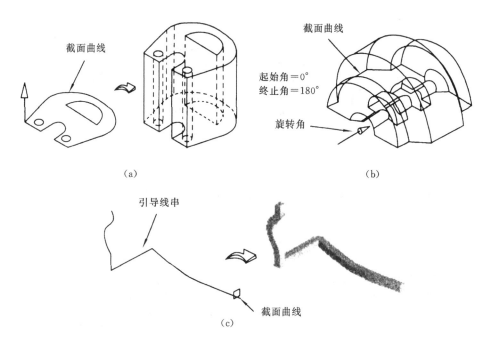

(a)   (b)

(c)

图 4-20　由平面轮廓扫描法得到的实体
(a) 沿直线扫描；　(b) 旋转扫描；　(c) 沿曲线扫描

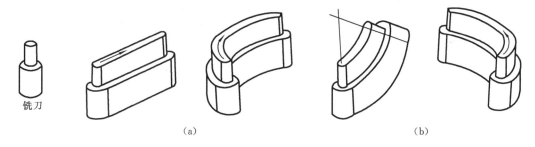

(a)   (b)

图 4-21　由三维实体扫描法得到的实体
(a) 沿直线和顺时针方向扫描；　(b) 绕一点摆动和逆时针方向扫描

三维扫描法对于生产过程的干涉检查、运动分析、数控加工模拟有着非常重要的意义。

　　概括地说，扫描体素需要两个分量：一个是被移动的基体，一个是移动的路径。通过扫描的方式可以生成某些用基本体素难以产生的物体。

　　2）体素之间的布尔运算

　　两个或两个以上体素经过集合运算可以得到新的实体，这种集合运算称为布尔运算。体素间的集合运算有交（∩）、并（∪）、差（一）三种，以两个基本体素为例，运算结果如图 4-22 所示。

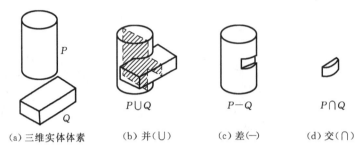

图 4-22　体素之间的集合运算

图 4-23 显示了从定义基本体素到生成新实体的全过程,通过定义五个基本体素,经过四次集合运算,即完成三维实体的建模。

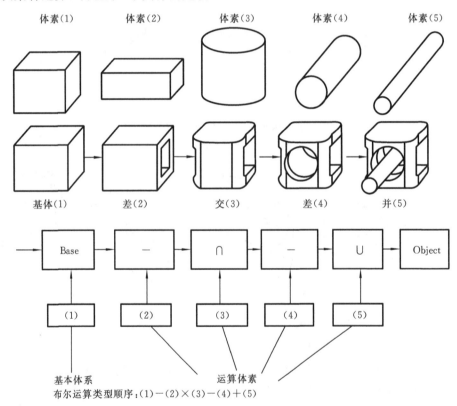

图 4-23　体素间集合运算生成实体的过程

3. 三维实体建模的计算机内部表示

计算机内部表示三维实体模型的方法有很多,常用的主要有体素调用法、空间位置枚举法、单元分解法、扫描变换表示法、体素构造表示法和边界表示法。

体素调用法就是用一组参数来定义一组形状相似但大小不同的形体,如锥、柱、球、环、立方块等作为基本体素。这种表示法适合表示标准件,通常用来构造体素库及特征库。空间位置枚举法是将空间分割为许多细小均匀的立方块网格,根据形体所占据的网格位置分别用 1 和 0 标记,若某一位置的立方块被形体所占据,则相应位置的标记置为 1,否则置为 0。采用这种方法表示形体的大小和形状,方法简单,物性计算方便,但所占存储空间大。单元分解法克服了空间位置枚举法的缺点,允许将形体表示成一些形状相同、大小不同的基本体积单元的组合,这些基本单元有规则地分布在空间网格位置上;其缺点是各部分之间的关系难以建立,数据结构复杂。扫描变换表示法是通过一个二维图形沿某一路径扫描、产生新形体的一种方法,一般有平移扫描和旋转扫描,常用作造型系统的输入手段。体素构造表示法和边界表示法是实体造型系统中的两种主要表示方法,前者用基本体素的并、交、差等集合运算来表示形体,后者则用面、边、点等形体的边界信息来表示形体。

在一个造型系统中,对于不同的应用目的可采用不同的表示形式,但采用哪一种表示方法都必须考虑两个问题:首先是这种表示方法所确定的数据结构是否唯一地描述了一个实际形体;其次是这种表示方法所能表达形体的覆盖率是多少,即定义形体范围的大小如何。覆盖率越高,造型系统的造型能力越强。

1) 边界表示法

边界表示法简称 B-rep(boundary representation)法,B-rep 法的基本思想是将物体定义成由封闭的边界表面围成的有限空间,如图 4-24 所示。这样一个形体可以通过它的边界,即面的子集来表示。也就是说,形体是由面构成的,而每一个面又是通过边来定义的,边通过点来定义,而点是通过三个坐标值来定义的。因此边界表示法强调的是形体的外表细节,详细记录了形体的所有几何和拓扑信息。如图 4-25 所示的物体,将它按照面、边、点的方式存储,就得到一种网状的数据存储结构。在这个结构中可以从体找到面,从

图 4-24 边界表示模型

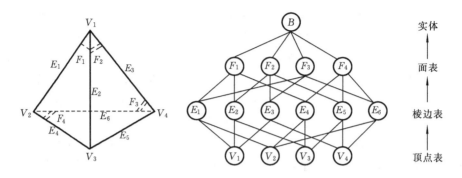

图 4-25　边界表示法数据结构

面找到组成的线，从线找到顶点。此外，由于线是两个相邻表面的边线，由此边线构成了平面之间的关联。

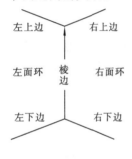

图 4-26　翼边结构

边界表示的模型通常采用翼边数据结构（winged edge data structure，WED）。在组成形体的三要素即表面、棱边、顶点中，WED 以边为核心来组织数据，如图 4-26 所示。棱边的数据结构中包含两个点指针，分别指向该边的起点和终点，棱边被看作一条有向线段（从起点指向终点）。当一个形体为多面体时，其棱边为直线段，由它的起点和终点唯一确定。当形体为曲面体时，其棱边为曲线段，这时必须增添一项指针指向该曲线数据。此外，WED 中另设有两个环指针，分别指向棱边所邻接的两个表面上的环（左环和右环），由这种边环关系就能确定棱边与相邻面之间的拓扑关系。为了能从棱边出发搜索到它所在的任一闭环上的其他棱边，数据结构中又增设了四个指向边的指针，分别是左上边、左下边、右上边、右下边。其中，右下边表示该棱边在右面环中逆时针方向连接的下一条棱边，而左上边为棱边在左面环中逆时针方向连接的下一条线，其余类推。WED 方法拓扑信息完整，查询和修改方便，可很好地应用于正则布尔运算。

早期的 B-rep 法只支持多面体模型。现在由于参数曲面和二次面均可统一用 NURBS 曲面表示，面可以是平面和曲面，边可以是曲线，使实体造型和曲面造型相统一，不仅丰富了造型能力，也使得边界表示可精确地描述形体边界，所以这种表示方法也称为精确 B-rep 法。

在 CAD/CAM 环境下，采用边界表示法建立实体的三维模型，有利于生成和绘制线框图、投影图，有利于与二维绘图功能衔接，生成工程图。但它也有一些缺点。由于在大多数系统中，面的边线是按照逆时针方向存储的，因此边在计算机内部的存储次数都是两次，这样边的数据存储会有冗余。此外，它没有记录实体是由哪些基本体素构成的，无法记录基本体素的原始数据。

2）构造立体几何法

构造立体几何法简称 CSG（constructive solid geometry）法，是一种利用一些简单形状的体素（如长方体、圆柱体、球体、锥体等），经变换和布尔运算构成复杂形体的表示方法。在计算机内部存储的主要是物体的生成过程。在这种表示模式中，采用二叉树结构来描述体素所构成的复杂形体的关系，如图 4-27 所示。在图 4-27 中，树根表示定义的形体，树叶为体素或变换量（平移量、旋转量），中间节点表示变换方式或布尔运算的算子。对体素施以变换，例如平移或旋转，可使之产生刚体运动，将其定位于空间中的某一位置。布尔运算的算子可以是并、交、差等集合运算的算子（分别用 $\cup^*$，$\cap^*$，$-^*$ 表示）。该二叉树又称为 CSG 树。

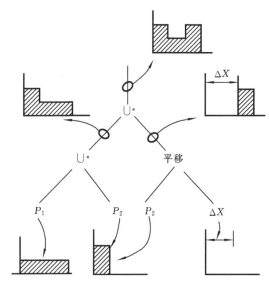

图 4-27　CSG 的二叉数结构

CSG 树表示是无二义性的，也就是说一棵 CSG 树能够完整地确定一个形体。但一个复杂形体可用不同的 CSG 树来描述，如图 4-28 所示。由此可见，CSG 法具备有一定的灵活性。此外，CSG 数据结构很容易转化成其他的数据结构，但其他数据结构想要转换成 CSG 结构却很困难。

采用 CSG 树表示形体直观简洁，其表示形体的有效性由基本体素的有效性和布尔运算的有效性来保证。通常 CSG 树只定义了它所表示形体的构造方式，但不存储表面、棱边、顶点等形体的有关边界信息，也未显示定义三维点集与所表示形体在空间的一一对应关系。所以 CSG 树表示又被称为形体的隐式模型。

采用 CSG 法的几何造型系统通常包括两部分内容：一部分是二叉树的数据结构，另

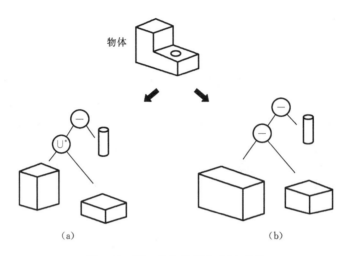

图 4-28　同一物体的两种 CSG 结构

一部分是描述体素位置和几何形状的数值参数。由于 CSG 树提供了足够的信息，因此支持对形体的一切物性计算。此外，通过 CSG 形式可以计算出形体的边界表示数据，实现 CSG 表示向边界表示的转化，以便获取形体的边界信息。

　　CSG 数据结构比较简单，信息量小，易于管理；每个 CSG 都和一个实际的有效形体相对应；CSG 表示可方便地转换成边界表示；CSG 树记录了形体的生成过程，可修改形体生成的任意环节以改变形体的形状。但是 CSG 数据结构也有一些缺陷。对形体的修改操作不能深入到形体的局部，如面、边、点等。由于它记录的信息不是很详细，如果对实体操作中需要详细的信息，则需要大量的计算。例如两个体素的交线的计算，当计算完成以后，由于没有存储结构，计算的结果不能保存，如果需要对屏幕上的图形进行刷新，这时又需要重新计算，显示形体的效率很低。此外，对于较复杂的物体，拼合起来还有一定的局限性。因此，纯 CSG 的系统很少使用，一般使用混合模型。

　　3) CSG 法和 B-rep 法混合表示

　　从以上两种构造方式看，B-rep 法强调的是形体的外表细节，详细记录了形体的所有几何和拓扑信息，具有显示速度快等优点，缺点在于不能记录产生模型的过程。而 CSG 法具有记录产生实体的过程，便于交、并、差运算等优点，缺点在于对物体的记录不详细。从中可以看出，两种构造方法互补，如果将它们混合在一起，可发挥各自的优点，克服各自的缺点，这就是混合模型的思想。

　　在混合模型中，以 CSG 模型表示几何造型的过程及其设计参数，用 B-rep 模型维护详细的几何信息和进行显示、查询等操作。在基于 CSG 法的造型中，可将形状特征、参数化设计引入造型过程中的体素定义、几何变换及最终的几何造型中，而 B-rep 信息则为这些操作提供了几何参考或基准。CSG 信息和 B-rep 信息的相互补充，确保了几何模型信

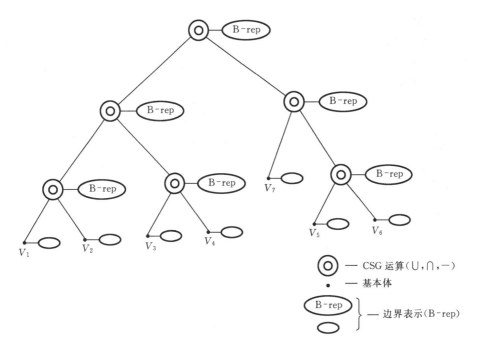

图 4-29　混合模型结构

息的完整和正确,如图 4-29 所示。

4) 空间位置枚举法

空间位置枚举法,也称空间单元表示法、分割法,是通过一系列由空间单元构成的图形来表示物体的一种表示方法。这些单元是有一定大小的空间立方体。如图 4-30 所示

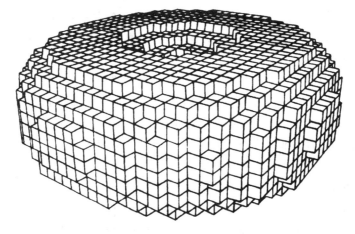

图 4-30　用空间单元表示法表示的圆环

的圆环，是由相同大小的立方体构成的。

在计算机内部通过确定各个单元的位置是否填充来建立整个实体的数据结构。这种数据结构通常是四叉树或八叉树。四叉树常用于二维物体的描述，对三维实体需采用八叉树，如图 4-31 所示。

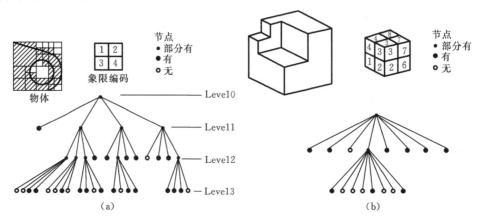

图 4-31　空间单元表示法

(a) 四叉树；　(b) 八叉树

首先定义三维实体的外接立方体，并将其分割成八个子立方体，依次判断每个子立方体。若为空，则表示无实体填充；若为满，则表示有实体充满；若部分有实体填充，将该子立方体继续分解，使所有的子立方体或为空，或为满，直到达到给定的精度为止。

空间单元表示法是一种数字化的近似表示法，单元的大小直接影响到模型的分辨率，特别是对于曲线或曲面，精度越高，单元数目就越大，因此，空间单元表示法要求有大量的存储空间。此外，它不能表达一个物体任意两部分之间的关系，也没有关于点、线、面的概念，仅仅是一种空间的近似。但从另一方面讲，它的算法比较简单，同时也是物性计算和有限元网格划分的基础。

空间单元表示法的最大优点是便于做局部修改及进行集合运算。在集合运算时，只要同时遍历两个拼合体的四叉树或八叉树，对相应的小立方体进行布尔组合运算即可。另外，八叉树数据结构可大大简化消隐算法，因为各类消隐算法的核心是排序。采用八叉树法最大的缺点是占用存储空间大。由于八叉树结构能表示现实世界物体的复杂性，近年来日益受到人们的重视。

4. 三维实体建模实例

实体模型不像线框模型那样有许多曲线集合，也不像曲面模型那样有许多曲面集合，实体模型是由单个图素构成的。即不管它多复杂，有多少个基本体素组合，一旦构造完成，就是一个实体模型整体，且可进行倒圆角、倒角、挖空实体、合并实体等各种操作。

MasterCAM 系统构建实体有挤压、旋转、扫描、举升、倒圆角、倒角、薄壁、牵引、剪切、布尔运算、基本实心体等方法。构建实体模型的操作方法如下。

1）构建实体的基本操作

可采用下面一种方法构建一个基本操作。

（1）用挤压曲线串连、旋转曲线串连、扫描曲线串连或举升曲线串连定义一个实体。

（2）用基本实心体（如圆柱体、圆锥体、球体等）的形状来定义一个实体。

（3）从一个预定义的文档中输入一个实体。

2）构建实体的附加操作

构建基本操作之后，就可以采用下列功能去修整一个实体。

（1）在一个基本实体上，做一次或多次剪切可删除不需要的图素。

（2）在一个基本实体上增加基本实体。

（3）在基本实体上做倒圆角等光顺处理。

（4）在基本实体上增加拔模斜度。

（5）挖空或者对实体做抽壳处理。

（6）利用曲线或者曲面分割实体。

（7）对实体表面做牵引处理。

3）管理实体

在实体零件的基础上，首先通过实体管理器的树状目录对实体零件的局部进行修改，最后重新生成所有的实体。

下面以实例来说明 MasterCAM 系统中三维实体建模过程。构建如图 4-32 所示的三维实体。构建步骤如下。

（1）使用圆柱体以原点为基准点构建直径为 15、高为 20 的圆柱体（见图 4-32 中形体 1）。

（2）利用基本实体功能构建立方体，其高度为 6、长度为 20、宽度为 50（见图 4-32 中形体 2）。

（3）使用圆柱体功能构建以 X 轴为轴向、半径为 12、高为 15 的圆柱体。

（4）修改刚生成的圆柱体，在 OXY 构图面中将基准点改为（-15,0），高度改为 30。

（5）使用实体修整功能切除圆柱体下半部分，如图 4-32 中形体 3 所示。利用布尔运算将三部分相加在一起形成一个整体。

（6）使用基本实体功能，在俯视构图面分别构建三个圆柱体，基准点分别为（0,0），（0,-19），（0,19），半径分别为 4,3,3,高度分别

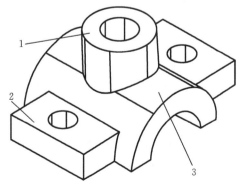

图 4-32　三维实体模型

为 21,7,7。

（7）采用布尔运算将其从主体上减去（切割掉）。

（8）利用基本实体构建出以 X 轴为轴向,基准点为(−16,0),高度为 32,半径为 7 的圆柱体,减去主体即可得到结果。

4.2　特征建模技术

4.2.1　概述

线框模型、曲面模型和实体模型等只是提供了三维形体的几何信息和拓扑信息,因此把这些称为产品的几何建模或三维几何建模。但是产品的几何模型尚不足以驱动产品生命周期的全过程。例如,计算机辅助工艺过程设计不仅需要由 CAD 系统提供被加工对象的几何与拓扑信息,还需要提供加工过程中所需的工艺信息。为提高生产组织的集成化和自动化程度,实现 CAD/CAE/CAPP/CAM 的集成,就要求产品的几何模型向产品模型发展。特征建模是以几何模型为基础并包括零件设计、生产过程所需的各种信息的一种产品模型方案。

与前一代的几何造型系统相比,特征造型有其自身的特点。

（1）过去的 CAD 技术从二维绘图起步,经历了三维线框、曲面和实体造型等发展阶段,都是着眼于完善产品的几何描述能力。而特征造型则是着眼于更好地表达完整的产品技术和生产管理信息,为建立产品的集成信息模型服务。它的目的是通过建立面向产品制造全过程的统一产品模型,替代传统的产品设计方法及技术文档,使得一个工程项目或机电产品的设计和生产准备各个环节可以并行展开,而且保持信息流畅通。

（2）它使产品设计工作在更高的层次上进行,设计人员的操作对象不再是原始的线条和体素,而是产品的功能要素,如螺纹孔、定位孔、键槽等。特征的引用直接体现设计意图,使得建立的产品模型容易为别人理解和组织生产,设计的图样更容易修改,设计人员可以将更多的精力用在创造性构思上。

（3）它有助于加强产品设计、分析、工艺准备、加工、检验各部门间的联系,更好地将产品的设计意图贯彻到各个后续环节,并且及时得到后者的意见反馈,为开发新一代的基于统一产品信息模型的 CAD/CAPP/CAM 集成系统创造条件。

（4）它有助于推动行业内的产品设计和工艺方法的规范化、标准化和系列化,使得在产品设计中能及早考虑制造要求,保证产品结构有更好的工艺性。

（5）它将推动各行业归纳总结实践经验,从中提炼更多规律性知识,以丰富各领域专家的规则库和知识库,促进智能 CAD 系统和智能制造系统逐步实现。

4.2.2　特征定义与分类

1. 特征的定义

由于特征造型技术是一门新兴的研究和应用领域,目前人们对 CAD 中特征的认识尚没有达到完全统一。在研究特征技术的过程中,国内外学者从不同的侧面、不同的角度,根据需要给特征赋予了不同的含义。从加工角度来看,特征被定义为与加工操作和工具有关的零部件形式以及技术特征;从形体造型角度来看,特征是一组具有特定关系的几何或拓扑元素;从设计角度来看,特征又分为设计特征、分析特征和设计评价特征等。

很多学者也对特征做了定义。有人认为"特征就是任何已被接受的某一个对象的几何、功能元素和属性,通过特征我们可以很好地理解该对象的功能、行为和操作";有人认为"特征就是一个包含工程含义或意义的几何原型外形";也有人认为"特征是一个形状,对于这类形状工程人员可以附加一些工程信息特征、属性及可用于几何推理的知识"。总之,特征是产品信息的集合。它不仅具有按一定拓扑关系组成的特定形状,且反应特定的工程语义,适宜在设计、分析和制造中使用。

自从基于特征的造型系统问世以来,特征的概念越来越明朗和面向实际。在基于特征的造型系统中,特征是构成零件的基本元素,或者说,零件是由特征组成的。所以可以将特征定义为:特征是由一定拓扑关系的一组实体元素构成的特定形状,它还包括附加在形状之上的工程信息,对应于零件上的一个或多个功能,能够用固定的方法加工成形。

2. 特征的分类

从不同的应用角度出发,形成了不同的特征定义,也产生了不同的特征分类标准。从产品整个生命周期的角度出发,特征可分为设计特征、分析特征、加工特征、公差及检测特征、装配特征等;从产品功能的角度出发,特征可分为形状特征、精度特征、技术特征、材料特征、装配特征;从复杂程度的角度出发,特征可分为基本特征、组合特征、复合特征。

通常,考虑到工程应用的背景和实现上的方便性,可将特征分为以下几类。

(1) 形状特征:用于描述某个有一定工程意义的几何形状信息,是产品信息模型中最主要的特征信息之一。它是其他非几何信息如精度特征、材料特征等的载体。非几何信息作为属性或约束附加在形状特征的组成要素上。

(2) 装配特征:用于表达零件的装配关系及在装配过程中所需的信息,包括位置关系、公差配合、功能关系、动力学关系等。

(3) 精度特征:用于描述几何形状和尺寸的许可变动量或误差,如尺寸公差、几何公差、表面粗糙度等。精度特征又可细分为形状公差特征、位置公差特征、表面粗糙度等。

(4) 材料特征:用于描述材料的类型、性能和热处理等信息,如强度和延性等力学特性、导热性和导电性等物理化学特性及材料热处理方式与条件等。

（5）分析特征：用于表达零件在性能分析时所使用的信息，如有限元网格划分、梁特征和板特征等，有时也称技术特征。

（6）补充特征：用于表达一些与上述特征无关的产品信息，如用于描述零件设计的 GT 码，标题栏等管理信息的特征，也可称之为管理特征。

一般把形状特征与装配特征称为造型特征，因为它们是实际构造出产品外形的特征。其他的特征称为面向过程的特征，因为它们并不实际参与产品几何形状的构造，而是属于那些与生产环境有关的特征。

3. 形状特征的分类

STEP 标准将形状特征分为体特征、过渡特征和分布特征三种类型。

体特征主要用于构造零件的主体形状的特征，如凸台、圆柱体、长方体等。

过渡特征是表达一个形体的各表面的分离或结合性质的特征，如倒角、圆角、键槽、中心孔、退刀槽、螺纹等。

分布特征是一组按一定规律在空间的不同位置上复制而成的形状特征，如周向均布孔、齿轮的轮廓等。

根据在构造零件中所起的作用不同，形状特征可分为基本特征和附加特征两类。

（1）基本特征　基本特征用来构造零件的基本几何形体，是最先构造的特征，也是后续特征的基础。它反映了零件的主要形状、体积（或质量）。根据其特征形状的复杂程度，又分为简单特征和宏特征两类。

① 简单特征主要指圆柱体、圆锥体、成形体、长方体、圆球、球缺等简单的基本几何形体。

② 宏特征指具有相对固定的结构形状和加工方法的形状特征，其几何形状比较复杂，而又不便于进一步细分为其他形状特征的组合。如盘类零件、轮类零件的轮辐和轮毂等，基本上都是由宏特征及附加在其上的附加特征（如孔、槽等）构成的。宏特征的定义可以简化建模过程，避免分别描述各个表面特征，并且能反映出零件的整体结构、设计功能和制造工艺。

（2）附加特征　附加特征是依附于基本特征之上的几何形状特征，是对基本特征的局部修饰，反映了零件几何形状的细微结构。附加特征依附于基本特征，也可依附于另一附加特征。像螺纹、花键、V 形槽、T 形槽、U 形槽等单一的附加特征，它们既可以附加在基本特征之上，也可以附加在附加特征之上，从而形成不同的几何形体。例如：将螺纹特征附加在外圆柱面上，则可形成外圆柱螺纹；将其附加在内圆柱面上，则可形成内圆柱螺纹。同理，花键也可形成外花键和内花键。因此，无须逐一描述内螺纹、外螺纹、内花键和外花键等形状特征，这样就避免了由特征的重复定义而造成特征库数据的冗余现象。

4.2.3 特征的表达方法

特征的表达主要有两方面的内容：一是表达几何形状的信息，二是表达属性或非几何信息。根据几何形状信息和属性在数据结构中的关系，特征的表达方法可分为集成模式与分离模式。前者是将属性信息与几何形状信息集成地表达在同一内部数据结构中，而后者是将属性信息表达在与几何形状模型分离的外部数据结构中。

集成模式的优点是：①可以避免分离模式中内部实体模型数据与外部数据不一致和冗余；②可以同时对几何模型与非几何模型进行多种操作，因而用户界面友好；③可以方便地对多种抽象层次的数据进行存取与通信，从而满足不同应用的需要。但对集成模式，现有的实体模型不能很好地满足特征模型表达的要求，需要从头开始设计和实施全新的基于特征的表达方案，工作量大。因此，有些研究者采用分离模式，即基于现有的几何建模技术，如 CSG 法、B-rep 法和扫描法等生成几何形状信息，然后在几何建模系统的上面加一层，以满足表达属性信息的需要。

几何形状信息的表达有隐式表达和显式表达之分。隐式表达是对特征生成过程的描述，显式表达是有确定的几何与拓扑信息的描述。例如，对于一个外圆柱体特征，其显式表达用圆柱面、两个底面及边界（上、下两个底面的圆边）细节来描述，其隐式表达则用中心线、高度、直径等来描述。

隐式表达的特点是：①用少量的信息定义几何形状，简单明了，并可为后续应用（如CAPP）提供丰富的信息；②便于将基于特征的产品模型与实体模型集成；③能够自动地表达在显式表达中不能或不便表达的信息。

显式表达的特点是：①能更准确地定义特征形状的几何和拓扑信息，更适合于表达特征的低级信息（如数控仿真与检验等）；②能表达几何形状复杂（如自由曲面）而又不便于隐式表达的几何形状与拓扑结构。

然而，无论是显式表达还是隐式表达，单一的表达方式都不能很好地适应 CAD/CAM 集成对产品特征从低级信息到高级信息的需求。从设计和加工要求出发，显式与隐式混合表达是一种能结合这两种表达方式各自优点的形状表达模式。显式与隐式混合表达的几何形状信息主要包括特征标志、特征名、位置与方向、几何尺寸、几何要素、轮廓线、主参数等内容。

4.2.4 基于特征的零件信息模型

图 4-33 所示为基于特征的零件信息模型。总体上，零件信息模型可分为三层：零件层、特征层和几何层。零件层主要反映零件的总体信息，是关于零件子模型的索引指针或地址。特征层包含特征各个模型的组成及各模型之间的相互关系，并形成特征图或树结构。几何层主要反映零件点、线、面的几何/拓扑信息。

通过分析这个模型结构可以知道：B-rep 结构表示的几何/拓扑信息是整个模型的基础，同时也是零件图绘制、有限元分析等应用系统关心的对象。而特征层则是零件信息模型的核心，特征层中各特征子模型间的联系反映出特征之间的语义关系，使特征成为构造零件的基本单元，并具备高层次的工程含义。这样把零件的高层次特征信息与低层次几何信息按层次分开，便于根据不同的要求来提取特征信息。

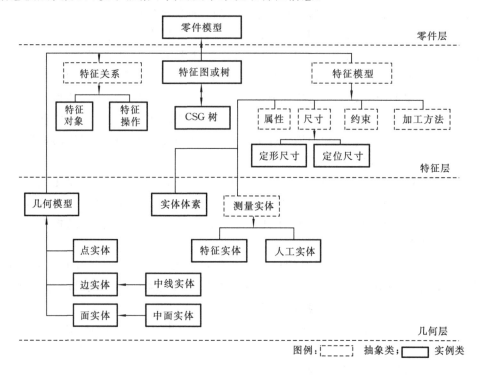

图 4-33　基于特征的零件信息模型

4.2.5　特征建模的方法及其实现

以特征来表示零件的方式即为零件的特征建模。在几何造型环境下建立特征模型主要有两种方法：一种方法是特征识别，即首先建立一个几何模型，然后用程序处理这个几何模型，自动地发现并提取特征；另一种方法是基于特征的设计，即直接用特征来定义零件的几何结构，几何模型可以由特征生成。图 4-34 为两种方法的示意图。近年来，又产生了一种混合特征建模方法，即特征设计与识别的集成建模方法。

1. 特征识别

许多应用程序，如工艺规划、数控编程、成组技术编码等所要求的输入信息包含几何构造和特征两方面信息。现已开发出各种技术方法，可以直接从几何模型数据库中获得

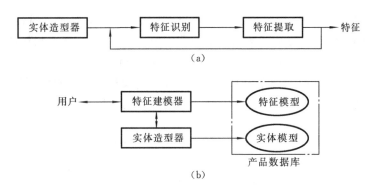

图 4-34　特征识别和基于特征的设计

(a) 特征识别；(b) 基于特征的设计

这些输入信息。这些方法常被看作特征识别,它将几何模型的某部分与预定义的特征模型相比较,进而识别出相匹配的特征实例。

特征识别常包含以下几个过程。

(1) 搜寻特征库,以匹配拓扑/几何模式。

(2) 从数据库中提取已识别的特征。

(3) 确定特征参数(如孔的直径、槽的深度等)。

(4) 完成特征的几何模型(进行如边/面延展、封闭等操作)。

(5) 将简单的特征组合,以获得高层特征。

采用特征识别建立零件的特征模型过程比较复杂,而且容易出错,对于复杂的零件有时甚至难以实现。特征识别方法主要有以下几种。

(1) 匹配法　首先按照几何/拓扑特点定义特征型,然后用搜寻算法确定哪一种特征型存在于几何模型(或其重构模型)中。由于实体模型的数据结构通常是图结构,因此图匹配是特征识别常见的方法。单纯的图匹配相当于拓扑匹配,其特点是依据构形元素的数目、拓扑类型、连通性和邻接性进行。如果进行这种匹配,语义很不相同的特征将被分成相同的特征,因此,使用几何关系进行细分类是必要的。Kypianou 基于邻接面相交的角度大小,将边分为凸边、凹边和平滑边,进而设计了一种分类系统。边分类的概念被广泛地用于增广图模型。

另一种用于匹配的方法是句法模式识别。在这样的系统中,几何模式由一系列的直线、圆弧或其他的曲线段描述。简单的模式可以组成复合模式。通过对描述形体的语法分析可以识别出特征。

(2) 形体构形元素生长法　在许多特征识别算法中,通过加/减一个相应于此特征的体积形状来移去已被识别出的特征。由于已被识别出的特征并不总是构成一个封闭体,因此,可能需要加入特征面以封闭此特征。这常常被看作形体构形元素生长。有些算法使用面扩展,有些算法使用边延伸。在这两类方法中,新的拓扑元素通过相交形成。在 Falcidieno的方法中,面的边被延伸而产生一定体积,这也将形成新边和新顶点。

（3）体积分解法　体积分解的目的是从毛坯中识别出将要被去除的材料体,然后将这个体积分解为与机械加工操作相对应的单元体。将要被移去的总体积是通过毛坯与成品体做布尔差运算得到的。随后这个总体积被分解成与实际的机械加工操作相对应的单元体。图 4-35 所示即为体积分解的一个例子。

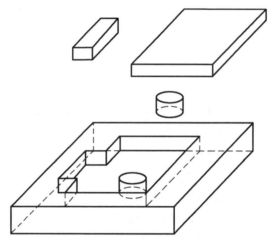

图 4-35　体积分解法

（4）自 CSG 树中识别法　由于 CSG 树表示形体的不唯一性,自 CSG 模型中提取特征并不太容易。一个零件模型可以用许多 CSG 树表示,这就需要许多形状语法或者模板来匹配这些树。为了解决这些问题,需要将任意 CSG 树重新构造,形成唯一的计算机可理解的树,然后重构树的节点,这样才可被识别器所识别。

2. 基于特征的设计

在基于特征的设计方法中,特征从一开始就加入产品模型中,特征模型的定义被放入一个库中,通过定义尺寸、位置参数和各种属性值建立特征实例。下面讨论两种主要的基于特征的设计方法。

（1）特征分割造型　这种方法是在一个基本毛坯模型上用特征去进行布尔减操作来建立零件模型。利用移去毛坯材料的操作,将毛坯模型转变为最终的零件模型,设计和加工规划可以同时生成。

（2）特征合成法　系统允许设计人员通过加或减特征进行设计。首先通过一定的规划和过程预定义一般特征,建立一般特征库,然后将一般特征实例化,并对特征实例进行修改、拷贝、删除、生成实体模型、导出特定的参数值等操作,建立产品模型。

3. 特征设计与识别的集成建模方法

使用基于特征的设计和特征识别创建零件的特征模型的问题是它们通常工作在一个顺序工程的环境中。利用基于特征的设计方法时,特征模型是在设计阶段创建的,这样设计人员所得到的信息就会立即包含在模型中。可是用户在面向一个特定的应用之前就需要对特征进行定义。将这种方式用于设计的特征集是有限的,而且生成的特征模型是严格地依赖于某一个应用场合的,它不能在不同的应用场合之间共享。在特征识别方法中,特征是从零件的几何模型中提取的,设计人员可以较自由地利用几何体素定义物体形状,但已知的功能信息就丢失了。几何描述可以适应不同的场合,然而仅可以识别出数据库中已存储的特征。

由此看来,基于特征的设计以及特征识别方法,如果单独使用,或者以严格的顺序方式使用,并不能完美地支持产品零件特征模型的构建。在并行工程环境中,有效的基于特征的建模方法应当是以上两种方法的结合。基于集成方法的系统应该提供以下功能:利用特征和几何体素生成产品的特征模型,创建特定的特征类别,在不同的应用场合之间对特征集进行映射。这样,用户可以直接使用特征来设计零件的一部分,同时还可以使用底层的实体造型器设计零件的其他部分。

4.2.6 特征建模的过程

零件的几何模型可以看成是由一系列的特征堆积而成的,改变特征的形状或位置,就可以改变零件的几何模型。因此,一个特征建模过程可以形象地比喻为一个由粗到精的泥塑过程,即在一个初始泥胚(基本特征)的基础上,通过不断增加胶泥材料(加上附加特征)或去除胶泥(减去附加特征),逐步获得一个精美的雕塑(几何模型)的过程。

特征建模是一个过程,分先后顺序把特征——加到形体上,后续特征依附于前面的特征,前面特征的变化将影响后续特征的变化。为了正确记录特征的建模过程,采用"特征树"的概念。特征建模的过程就好像一棵树的生长过程,从树根开始(基本特征)逐步长出树枝(附加特征)。零件结构复杂程度不同,特征树的复杂程度也不同。一个零件由许多特征构成,特征之间有复杂的依赖关系。现代 CAD/CAM 系统都提供了特征树管理的专门窗口,图 4-36 是某零件及特征树的示意图。

特征既可以集合到已存在的实体上,也可以从实体上把某特征删除掉。删除特征的同时会删除掉从属于该特征的后续特征。另外,还可以通过修改来构造好的特征,例如改变特征的形状、尺寸或位置,或改变特征的从属关系。

另外,在特征建模的实施过程中,特征建模系统的用户化是一项相当重要的工作。因为特征建模系统通常只能提供一些常见的形状特征(如凸台、键槽、圆孔等),用户必须根据本企业的产品特点和加工方法,归纳出本企业构成零件的常见特征,制定出特征谱,进行分类、编号和确定特征参数等,并借助于系统提供的开发工具,开发本企业产品中常见的特征库。

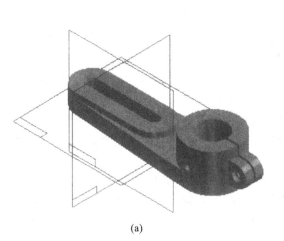
(a)

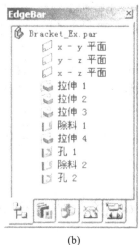
(b)

图 4-36　零件及特征树

（a）零件；　（b）特征树

4.3　变量化与参数化设计技术

早期的 CAD 绘图软件都用固定的尺寸值定义几何元素,输入的每一条线都有确定的位置,想要修改图面内容,只有删除原有的线条后重画。一个机械产品,从设计到定型,不可避免地要反复修改,进行零件形状和尺寸的综合协调、优化。定型之后,还要根据用户提出的不同规格要求形成系列产品。这都需要产品的设计图形可以随着某些结构尺寸的修改或规格系列的变化而自动生成。参数化设计和变量化设计正是为了适应这种需要而出现的。

4.3.1　基本概念

1. 参数化设计概述

应用 CAD 技术,可以通过人机交互方式完成图形绘制和尺寸标注。但是传统 CAD 系统用固定的尺寸值定义几何元素,输入的所有几何元素都有确定的位置。设计只存储了最后的结果,而将设计的过程信息丢掉了,这样就存在如下显著问题。

（1）无法支持初步设计过程。在实际设计初期,设计人员关心的往往是零部件的大小、形状以及标注要求,对精度和尺寸并不十分关心,设计过程往往是先定义一个结构草图作为原型,然后通过对原型的不断定义和调整,逐步细化以达到最佳设计结果。而传统的设计绘图系统始终是以精确形状和尺寸为基础的,这使设计人员过多地局限于某些设计细节。

（2）在实际设计过程中，大量的设计是通过修改已有图形而产生的。由于传统的设计绘图系统缺乏变参数设计功能，因而不能有效地自动处理因图形尺寸变化而引起的图形相关变化处理。

（3）产品只要稍有变化就必须重新设计和造型，从而无法较好地支持系列产品的设计工作。

为解决上述问题，加快新产品开发周期，提高设计效率，减少重复劳动，20 世纪 80 年代初诞生了参数化设计（parametric design）方法。

参数化设计用约束来表达产品几何模型，定义一组参数来控制设计结果，从而能够通过调整参数来修改设计模型。这样，设计人员在设计时，无须再为保持约束条件而操心，可以真正按照自己的意愿动态地、创造性地进行新产品设计。参数化设计方法与传统方法相比，最大的不同在于它存储了设计的整个过程，设计人员的任何修改都能快速地反映到几何模型上，并且能设计出一组形状相似而不单一的产品模型。

参数化设计能够使工程设计人员不用考虑细节而尽快地草拟零件图，并可以通过变动某些约束参数而不必对产品设计的全过程进行更新设计。它成为进行初始设计、产品模型的编辑修改、多种方案的设计和比较的有效手段，深受工程设计人员的欢迎。

参数化设计系统的功能特点主要有以下两个。

（1）可从参数化模型自动导出精确的几何模型。它不要求输入精确图形，只要输入一个草图，标注一些几何元素的约束，就可以通过改变约束条件来自动地导出精确的几何模型。

（2）可通过修改局部参数来达到自动修改几何模型的目的。对于大致形状相似的一系列零件，只需修改一下参数，即可生成新的零件，这在成组技术中将是非常有益的手段之一。

2. 约束种类

参数化设计中的约束分为尺寸约束和几何约束。

（1）尺寸约束，又称为显式约束，指规定线性尺寸和角度尺寸的约束。

（2）几何约束，又称为隐式约束，指规定几何对象之间的相互位置关系的约束，有水平、铅垂、垂直、相切、同心、共线、平行、中心、重合、对称、固定、全等、融合、穿透等约束形式。

3. 参数化模型

在参数化设计系统中，必须首先建立参数化模型。参数化模型有多种，如几何参数模型、力学参数模型等。这里主要介绍几何参数模型。

几何参数模型描述的是具有几何特性的实体，因而适合用图形来表示。根据几何关系和拓扑关系信息的模型构造的先后次序（即它们之间的依存关系），几何参数模型可分为两类。

（1）具有固定拓扑结构的几何参数模型。这种模型是几何约束值的变化不会导致几何模型改变的拓扑结构，而只会使几何模型的公称尺寸大小改变。这类参数化造型系统以 B-rep 为其内部表达的主模型，必须首先确定清楚几何形体的拓扑结构，才能说明几何关系的约束模式。

（2）具有变化拓扑结构的几何参数模型。建立这种模型时要先说明模型的几何构成要素及其之间的约束关系和拓扑关系，而模型的拓扑结构是由约束关系决定的。这类系统以 CSG 表达形式为其内部的主模型，可以方便地改变实体模型的拓扑结构，并且便于以过程化的形式记录构造的整个过程。

一般情况下，不同型号的产品往往只是尺寸不同而结构相同，映射到几何模型中，就是几何信息不同而拓扑信息相同。因此，参数化模型要体现零件的拓扑结构，以保证设计过程中拓扑关系的一致。实际上，用户输入的草图中就隐含了几何元素间的拓扑关系。

几何信息的修改需要根据用户输入的约束参数来确定，因此还需要在参数化模型中建立几何信息和参数的对应机制，该机制是通过尺寸标注线来实现的。尺寸标注线可以看成一个有向线段，上面标注的内容就是参数名，其方向反映了几何数据的变动趋势，长短反映了参数值，这样就建立了几何实体和参数间的联系。由用户输入的参数（或间接计算得到的参数）的参数名找到对应的实体，进而根据参数值对该实体进行修改，实现参数化设计。产品零部件的参数化模型是带有参数名的草图，由用户输入。

图 4-37(a)所示的图形的参数化模型中所定义的各部分尺寸为参数变量名。现要改变图中 H 的值，若 c 值不随之变动，两圆就会偏离对称中心线。H 值发生变化，c 值也必须随之变化，且要满足条件 $c=H/2$，这个条件关系就称为约束。约束就是对几何元素的大小、位置和方向的限制。

对于拓扑关系改变的产品零部件，也可以用它的尺寸参数变量来建立起参数化模型。如图 4-37(b)所示，假设 N 为小矩形单元数，T 为边厚，A,B 为单元尺寸，L,H 为总的长

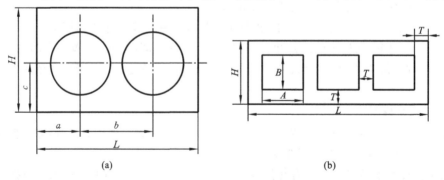

(a)   (b)

图 4-37　图形的参数化模型

和宽。单元数的变化,会引起尺寸的变化,但它们之间必须满足如下约束条件:

$$L = N \cdot A + (N+1) \cdot T$$
$$H = B + 2T$$

约束可以解释为若干个对象之间所希望的关系,也就是限制一个或多个对象满足一定约束条件的关系。对约束的求解就是要找出约束为真的对象的值。由于所有的几何元素都能根据几何特征和参数化定义相联系,从而所有的几何约束都能看成代数约束。因此,在通常情况下,所有的约束问题都可以从几何元素级(公理性)归纳到代数约束级(分析性)。实际上,参数化设计的过程可以认为是改变参数值后,对约束进行求解的过程。

参数化的本质是添加约束条件并满足一定的关系。在几何参数化模型中,除了有尺寸约束参数外,还应有几何约束参数。在参数变化过程中,约束条件的满足必须是尺寸和几何约束条件都同时满足,这样才能获得准确的几何形状。

4. 变量化设计概述

从上述可知,参数化技术的主要特点有以下几点。

(1) 基于特征 将某些具有代表性的平面几何形状定义为特征,并将其所有尺寸变为可调参数,进而形成实体,以此为基础来进行更为复杂的几何形体构造。

(2) 全尺寸约束 将形状和尺寸联系起来考虑,通过尺寸约束来实现对几何形体的控制。造型必须以完整的尺寸参数为出发点(全约束),不能漏注尺寸(欠约束),不能多注尺寸(过约束)。

(3) 尺寸驱动设计修改 通过编辑尺寸数值驱动几何形状改变。

(4) 全数据相关 尺寸参数的修改将引起其他相关模块中的相关尺寸的全盘更新。

参数化设计的成功应用,使它在 20 世纪 90 年代前后几乎成为 CAD 业内的标准。但在 20 世纪 90 年代初期,SDRC 公司开发人员在探索了几年的参数化技术后,发现参数化设计尚存在许多不足之处。首先,全尺寸约束这一硬性规定会极大地干扰和制约设计者的想象力和创造力,设计者在设计初期和设计的全过程中都必须将尺寸和形状联系起来考虑,并且通过尺寸约束来控制形状,通过尺寸的改变来驱动形状的改变,一切以尺寸(即参数)为依据。当零件形状比较复杂时,面对满屏的尺寸,如何改变这些尺寸以达到所需的形状就很不直观。其次是由于只有尺寸驱动这一种修改手段,因而究竟驱动哪一个尺寸会使图形一开始就朝着满意的方向改变尚不清楚。此外,如果给出一个极不合理的尺寸参数,致使形体的拓扑关系发生改变,失去了某些约束特征,会造成系统数据混乱。

SDRC 公司的开发人员以参数化技术为蓝本,提出了一种比参数化技术更为先进的实体造型技术——变量化技术,历经三年时间,投资一亿多美元将软件全部改写,于 1993 年推出了全新体系结构的 I-DEAS Master Series 软件。

变量化技术保留了参数化技术的基于特征、全数据相关、尺寸驱动设计修改的优点,但在约束的定义和管理方面做了根本性改变:变量化技术将形状约束和尺寸约束分开来处理,而不像参数化技术那样,只用尺寸来约束全部几何形状;变量化技术可适应各种约束状况,设计者可以先决定所感兴趣的形状,然后再给出必要的尺寸,尺寸是否注全并不影响后续操作,而不像参数化技术,在非全约束时造型系统不允许执行后续操作;变量化技术中的工程关系可以作为约束直接与几何方程耦合,然后再通过约束解算器统一解算,对方程求解顺序无要求,而参数化技术由于苛求全约束,每个方程式必须是显函数,即所使用的变量必须在前面的方程中已经定义过,并已赋予某尺寸参数,几何方程求解只能定顺序求解;参数化技术解决的是特定情况(全约束)下的几何图形问题,表现形式是尺寸驱动几何形状修改,变量化技术解决的是任意约束情况下的产品设计问题,不仅可以做到尺寸驱动(dimension-driven),也可实现约束驱动(constrain-driven),即以工程关系来驱动几何形状的改变,这对于产品结构优化是十分有意义的。

变量化技术既保持了参数化技术的原有优点,同时又克服了它的不足之处。它的成功应用,为 CAD 技术的发展提供了更大的空间和机遇。

4.3.2　变量化设计中的整体求解法

目前,变量化设计的主要方法有整体求解法、局部作图法、几何推理法和辅助线作图法。下面主要介绍整体求解法。

整体求解法又称为变量几何法,是一种基于约束的代数方法。它将几何模型定义成一系列特征点,并以特征点坐标为变量形成一个非线性约束方程组。当约束发生变化时,利用迭代方法求解方程组,就可以求出一系列新的特征点,从而输出新的几何模型。

在三维空间中,一个几何形体可以用一组特征点定义,每个特征点有 3 个自由度,即 (x, y, z) 坐标值。用 N 个特征点定义的几何形体共有 $3N$ 个自由度,相应地,需要建立 $3N$ 个独立的约束方程才能唯一地确定形体的形状和位置。

将所有特征点的未知分量写成向量为

$$\boldsymbol{X} = \begin{bmatrix} x_1 & y_1 & z_1 & x_2 & y_2 & z_2 & \cdots & x_N & y_N & z_N \end{bmatrix}^{\mathrm{T}}$$

式中:N 为特征点个数。或者表示为

$$\boldsymbol{X} = \begin{bmatrix} x_1 & x_2 & x_3 & x_4 & x_5 & x_6 & \cdots & x_{n-2} & x_{n-1} & x_n \end{bmatrix}^{\mathrm{T}}$$

式中:$n=3N$,表示形体的总自由度数目。

将已知的尺寸标注约束方程的值也写成向量,即

$$\boldsymbol{D} = \begin{bmatrix} d_1 & d_2 & d_3 & \cdots & d_n \end{bmatrix}^{\mathrm{T}}$$

于是,变量几何的一个实例就是求解以下一组非线性约束方程组的一个具体解。

$$\begin{cases} f_1(x_1, x_2, x_3, \cdots, x_n) = d_1 \\ f_2(x_1, x_2, x_3, \cdots, x_n) = d_2 \\ \qquad\qquad \vdots \\ f_n(x_1, x_2, x_3, \cdots, x_n) = d_n \end{cases}$$

或写成一般形式

$$f(x,d) = 0$$

约束方程中有六个约束用来阻止刚体的平移和旋转,剩下的 $n-6$ 个约束取决于具体的尺寸标注方法。只有当尺寸标注合理,既无重复标注又无漏注时,方程才有唯一解。求解非线性方程组的最基本方法是牛顿迭代法。

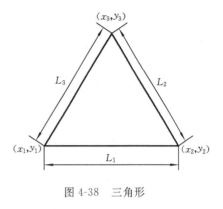

图 4-38　三角形

如图 4-38 所示是一个简单三角形,假定 L_1 是水平线,且图形原点取在 (x_1, y_1) 处。需要确定这个几何模型时,要求把这三个点 (x_1, y_1)、(x_2, y_2)、(x_3, y_3) 的实际坐标求出,从而得到精确的几何图形。其关键是如何求这三个点。这些点在变量几何法中称为特征点。

对于上述三角形,在变量几何法中,其做法是在整体上列出一个方程组,即

$$\begin{cases} (x_2 - x_1)^2 + (y_2 - y_1)^2 = L_1^2 \\ (x_3 - x_2)^2 + (y_3 - y_2) = L_2^2 \\ (x_1 - x_3)^2 + (y_1 - y_3) = L_3^2 \\ x_1 = 0 \\ y_1 = 0 \\ y_2 - y_1 = 0 \end{cases}$$

三个点共有六个未知数,需要六个方程联立求解。很明显,前三个方程为尺寸约束,后三个方程为定位、方向约束。通过解方程组求得精确的 $x_1, y_1, z_1, x_2, y_2, z_2, x_3, y_3, z_3$ 值。当需要修改时,比如将 L_1 拉长,系统自动地把 x_2, y_2 定到一个新的位置。由此可见,变量几何法是一种整体求解方法。

变量几何法是一种基于约束的方法。模型越复杂,约束条件就越多,非线性方程组的规模也就越大。当约束变化时,求解方程组就越困难,而且构造具有唯一解的约束也不容易,故该方法常用于较简单的平面模型。

变量几何法是一种比较成熟的方法,其主要优点是通用性好,因为对于任何几何图形,总可以将其转换成一个方程组,进而对其进行求解。基于变量几何法的系统具有扩展性,即可以考虑所有的约束,不仅是图形本身的约束,而且包括工程应用的有关约束,从而可以用于更广泛的工程实践场合。这种扩展后的系统即所谓的变量化设计系统。

变量化设计的原理如图 4-39 所示,图中几何元素指构成物体的直线、圆等几何因素;几何约束包括尺寸约束及拓扑约束;尺寸值指每次赋予的一组具体值;工程约束表达设计对象的原理、性能等;约束管理用来驱动约束状态,识别约束不足或过约束等问题;约束网络分解可以将约束划分为较小的方程组,通过联立求解得到每个几何元素特征点的坐标,

从而得到一个具体的几何模型。除了采用上述代数联立方程求解外，还可以采用几何推理法逐步求解。所谓几何推理法就是在专家系统的基础上，将手工绘图的过程分解为一系列最基本的规则，通过人工智能的符号处理、知识查询、几何推理等手段把作图步骤与规则相匹配，导出几何细节，求解未知数。该方法可以用于检查约束模型的有效性，并且有局部修改功能，但系统比较庞大、推理速度慢。

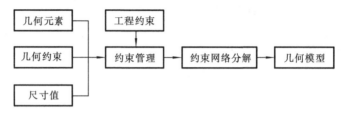

图 4-39　变量化设计的原理

4.3.3　参数化设计中的参数驱动法

参数驱动法又称为尺寸驱动法，是一种参数化图形的方法，它基于对图形数据的操作和对几何约束的处理，利用驱动树分析几何约束，实现对图形的编辑。

1. 参数驱动的定义

采用图形系统完成一个图形的绘制以后，图形中的各个实体（如点、线、圆、圆弧等）都以一定的数据结构存入图形数据库中。不同的实体类型具有不同的数据形式，其内容可分两类：一类是实体属性数据，包括实体的颜色、线型、类型名和所在图层名等；另一类是实体的几何特征数据，如圆的圆心、半径等，圆弧的圆心、半径及起始角、终止角等。

由于参数化图形在变化时不会删除和增加实体，也不会改变实体的属性数据，因此，完全可以通过修改图形数据库中的几何数据来达到图形参数化的目的。

对于二维图形，如前文所述，通过尺寸标注线可以建立几何数据与其参数的对应关系。将尺寸标注线视为一个有向线段，即向量。如图 4-40 所示：有向线段 $\overrightarrow{OP}$ 的方向反映了几何数据的变化趋势；它的长短反映了图形现有的约束值，即参数的现值；它的终点坐标就是要修改的几何数据。其终点称为该尺寸线的驱动点。驱动点的坐标可能存在于其他实体的几何数据中，通常称这些几何数据对应的点为被动点。

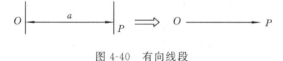

图 4-40　有向线段

当给一个参数赋新值时，就可以根据尺寸线向量计算出新的终点坐标，并以此来修改图形数据库中被动点的几何数据，使它们得到新的坐标和新的约束。

例如,图 4-41(a)中尺寸线 d 可以看作由(0,0)到(2,0)的向量,其长度为 2,是参数 a 的值,方向为 $0°$(与 x 轴正向夹角),说明 B 点将沿水平方向变化,终点 D(与 B 重合)就是驱动点,其坐标(2,0)就是要被修改的几何数据。通过 D 点可以标识直线段 l 的一个端点 B,B 就是被动点,给参数 a 赋值 3,可算出新的终点坐标(3,0),用它替换数据库中驱动点、被动点的坐标,则线段 l 就伸长了,变成了 l',尺寸线 d 也变成了 d',如图 4-41(b)所示。

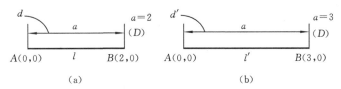

图 4-41　几何数据的修改

在上例中,如果仍赋予参数 a 的值为 2,则终点不变,驱动点、被动点的坐标就都不必修改。可见,参数值的变化是这一过程的原动力,因此称为参数驱动方式。

通常图形系统都提供了多种尺寸标注形式,一般有线性尺寸、直径尺寸、半径尺寸、角度尺寸等,每一种尺寸标注都应具有相应的参数驱动方式。

2. 约束联动

通过参数驱动方式可以对图中所有的几何数据进行参数化修改,但仅靠尺寸线终点来标识要修改的数据是不够的,还需要对约束之间的关联性进行驱动,即约束联动。

在二维情况下,一个点有两个自由度,需要两个约束条件来确定其位置。如果采用参数驱动机制就要标注两条尺寸线,如果该点的约束之间存在某种关系,或与其他点的约束有关系,则只需一个约束或可由其他点来确定。如一条线段可由两个点确定,也可由一个点、一个角度和一个距离来决定,共四个自由度,需要四个约束条件。如果能确定这些约束之间的相互关系,就可以任意控制这条线段的变化,如旋转、平移或者更复杂的复合变化。圆或圆弧亦可如此。把这种通过约束关系实现的驱动方法称为约束联动。

推而广之,对于一个图形,可能的约束关系十分复杂,而且数量极大。实际由用户控制的即能够独立变化的参数一般只有几个,通常称之为主参数或主约束;其他约束可由图形结构特征确定或与主约束有确定关系,称它们为次约束。主约束是不能简化的,对次约束的简化可以用图形特征联动和相关参数联动两种方式来实现。

1) 图形特征联动

所谓图形特征联动就是保证在图形拓扑关系(连续、相切、垂直、平行等)不变的情况下对次约束的驱动。反映到参数驱动过程中,就是要根据各种几何相关性准则,去判别与被动点有上述拓扑关系的实体及其几何数据,在保证原始关系不变的前提下,求出新的几何数据,通常称这些几何数据为从动点。这样,从动点的约束就与驱动参数建立了联系。

依靠这种联系，从动点将得到驱动点的驱动，驱动机制则扩大了其作用范围。

例如，图 4-42 中线段 AB 垂直于 BC，驱动点 B 与被动点 B 重合。若无约束联动，当 $s=3$ 时，图形变成图 4-42(b)所示的形状。因为驱动只作用到 B 点，C 点不动，原来 AB 与 BC 的垂直关系被破坏了。经过约束联动驱动后，C 点由于 $AB \perp BC$ 的约束关系成为从动点，它将被移动，以保证原有的垂直关系不变，如图 4-42(c)所示。

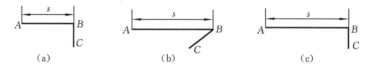

图 4-42　图形特征联动

(a) $s=2$；　(b) $s=3$；　(c) $s=5$

2）相关参数联动

所谓相关参数联动就是建立次约束与主约束在数值上和逻辑上的关系。

在图 4-43(a)中，主参数有 s,t 和 v。设 s 由 3 变为 5，在参数驱动及图形特征联动方式下，图形变成图 4-43(b)所示的状态。原来的拓扑关系没有改变，但形状已经不正确了。为了保证形状始终有意义，要求 $v>s$。假如能确定 v 与 s 满足关系 $v=s+2$，那么就要有一种办法能表示这样的关系，并保证实现这种关系。

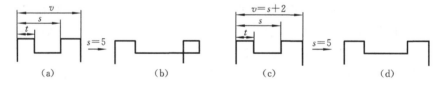

图 4-43　相关参数联动

具体实现是将这个关系式写在尺寸线上，替换原来的参数 v，如图 4-43(c)所示。这样该尺寸线所对应的约束就是次约束，v 就成了 s 的相关参数。在参数驱动过程中，除了完成主参数 s 的驱动外，还要判断与 s 有关的相关参数，并计算其值，再用参数驱动机制完成该参数的驱动任务，如图 4-43(d)所示。

相关参数的联动方法使某些不能用拓扑关系判断的从动点与驱动点建立了联系。把相关参数的尺寸终点称为次驱动点，对应的被动点和从动点称为次被动点和次从动点。于是可以得到一个驱动树，如图 4-44 所示。图中由驱动点（次驱动点）到被动点（次被动点）的粗箭头表示参数驱动机制；由驱动点到次驱动点的虚箭头表示相关参数联动，是多对多的关系（它们是通过参数相关性建立的关系，而不是由点建立的关系）；由被动点（次被动点）到从动点（次从动点）的细箭头表示图形特征联动。有时一个从动点（次从动点）可能通过图形特征联动找到其他与之有关的从动点，因此图形特征联动是递归的，驱动树

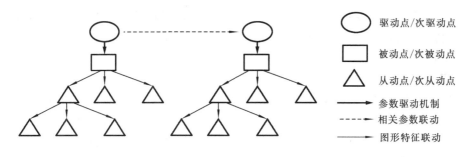

图 4-44　驱动树

也会有好几层。驱动树表示了一个主参数的驱动过程,它的作用域以及各个被动点、从动点、次被动点和次从动点与主参数的关系,同时也反映了这些点的约束情况。

从驱动点(次驱动点)到从动点(次从动点)是一个参数(不一定是主参数)的驱动路径,不同的主参数有不同的驱动树。不同的驱动树和驱动路径在节点上可能有重合的次驱动点(树间重合),表明相关参数与多个主参数有关系,重合的被动点、从动点表明该点受到多个约束的控制。这样就可判断各种约束的情况。从驱动树可以直观地判断图形的驱动与约束情况,所以驱动树是一种很好的分析手段。

参数驱动一般不能改变图形的拓扑结构,因此,要对一个初始设计进行方案上的重大改变是不可能的,但对于系列化、标准化零件的设计及对原有设计的继承性修改则十分方便。目前,所谓的参数化设计系统实际上是参数驱动系统。

4.4　装配建模技术

4.4.1　概述

CAD/CAM 几何建模和特征建模技术实质上是面向零件的建模技术,在它们的信息模型中并不存在产品完整结构的信息。而在产品开发中有一个把零件装配成部件,再把部件装配成机器(或产品)的过程,需要处理零部件间的相互连接和装配关系的信息,这就要求现代 CAD/CAM 系统十分重视在装配层次上的产品建模,而不只是在零件层次上建模。装配建模(assembly modeling)或装配设计是指在计算机上将各种零部件组合在一起以形成一个完整装配体的过程。装配建模中采用了两个关键技术:装配约束技术和装配树管理技术。

1. 装配约束技术

1) 装配约束

零件(刚体)在空间有六个自由度,即沿 X,Y,Z 三个坐标轴方向的移动自由度和绕

X，Y，Z 三个坐标轴旋转的转动自由度。装配建模的过程就是对零件自由度进行限制的过程，限制零件自由度的主要手段是对零件施加各种约束。通过约束来确定两个或多个零件之间的相对位置关系、相对几何关系以及它们之间的运动关系。

2）装配约束类型

在装配建模中常用的约束类型有贴合、对齐、平行、对中、相切和角度约束等。

约束用来限制零件的自由度，当在两个零件之间添加一个装配约束时，它们之间的一个或多个自由度就被限制了。为了完全约束构件，必须采取不同的约束组合。

3）约束状态

根据零件自由度被限制的状态，可以把对零件的约束分为以下四种。

（1）不完全约束：零件被限制的自由度少于六个时，称该零件的约束状态为不完全约束。

（2）完全约束（固定）：零件的六个自由度都被限制时，称该零件的约束状态为完全约束。

（3）过约束（过定义）：零件的一个或多个自由度同时被多次限制时，称该零件的约束状态为过约束。

（4）欠约束（欠定义）：零件的自由度应该被限制而没有被限制时，称该零件的约束状态为欠约束。

在施加约束时，要避免出现过约束和欠约束状态，但是否要达到完全约束状态则要视具体情况而定。零件有时无论施加何种约束都不能进行装配，称这种状态为无解。

4）装配约束规划

在某个零件上施加的约束类型和数量，决定了修改该零件或装配模型时，装配模型被刷新的充分性，即约束情况决定了装配模型刷新变化的表现和结果。由约束的自由度分析可知，任意的单个约束形式都无法完全确定零件之间的关系，称零件之间的自由度不为零时的装配关系为不完全约束装配。严格地说，如果零件之间不存在规定的运动，那么零件之间应尽量做到完全约束装配，这样的话，在对该装配模型进行修改后，整个装配的刷新将更加彻底，更能体现设计思想。

在进行装配建模时，注意以下约束约定。

（1）按零件在机器中的物理装配关系建立零件之间的装配顺序。

（2）对于运动机构，按照运动的传递顺序建立装配关系。

（3）对于没有相对运动的零件，最好实现完全约束，要防止出现几何到位而实际上欠约束的不确定装配现象。

（4）按照零件之间的实际装配关系建立约束模型。

2. 装配树

一台机器可以看作由多个部件组成，每个部件根据复杂程度的不同可以继续划分为下一级子部件,如此类推,直至零件。这就是对机器的一种层次的描述,采用这种描述可以为机器的设计、制造和装配带来很大的方便。

同样,机器的计算机装配模型也可以表示成这种层次关系(或称为父子关系、目录关系),它可以用装配树的概念清晰地加以表达,整个装配建模的过程可以看成是这棵装配树的生长过程,即从树根开始,生长出一个个部件或一个个零件。这样在一棵装配树中就记录了零部件之间的全部结构关系,以及零部件之间的装配约束关系,如图 4-45 所示。

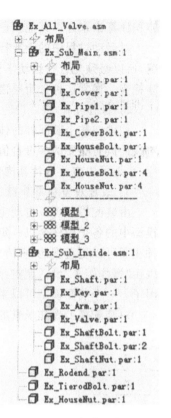

4.4.2　装配模型的管理、分析及使用

1. 装配模型的管理

1) 装配模型的编辑

可以方便地结合装配树浏览器和装配图形窗口对装配模型进行管理,主要包括:查看装配零件的层次关系、装配结构和状态,查看装配件中各零件的状态,选择、删除和编辑零部件,查看和删除零件的装配关系,编辑装配关系里的有关数据,显示零件自由度和构件物性等。

2) 装配约束的维护

图 4-45　组件装配树

在修改装配模型中的构件时,构件之间的约束关系并不会改变,因此,当构件的位置或尺寸发生变化时,整个模型会自动刷新,并保证严格的装配关系。CAD/CAM 系统的这种装配约束维护功能,实际上是由系统内部的约束求解器自动完成的,无须人工参与。

2. 装配模型的分析及使用

当完成机器的装配建模后,可以对该模型进行很多必要和有用的分析,以便了解设计质量,发现设计中的问题。

1) 装配干涉分析

装配干涉是指零部件在空间发生体积相互侵入的现象,这种现象将严重影响到产品的设计质量。因为相互干涉的零部件之间会互相碰撞,无法正确安装,所以在设计阶段就必须发现这种设计缺陷,并予以排除。对于运动机构的碰撞现象则更为复杂,因为装配模型中的构件在不断运动,构件的空间位置在不断发生变化,在变化的每一个位置都要保证构件之间不发生干涉现象。

CAD/CAM 系统的干涉分析功能是一种基本功能,只需要在装配模型中指定一对或一组构件,系统将自动计算构件的空间干涉情况。若发现干涉,系统会把干涉位置和干涉体积计算出来并以其他颜色高亮显示出来，这时就必须对设计进行修改。

对运动过程中的干涉检查就要复杂得多，因为必须检查运动中每一个位置的干涉情况，所以必须先进行运动学计算，生成每一个中间位置的装配模型，再进行各个位置的干涉检查。通常这种分析要借助专门的运动学分析软件（动态分析软件）才能完成。

2）物性分析

构件或整个装配件的体积、质量、质心和惯性矩等物理属性，简称为物性。这些属性对设计具有重要的参考价值，但是依靠人工计算这些属性将非常困难，有了计算机模拟装配，系统可以方便地计算构件（零、部件）的物性，供设计人员参考。

3）装配模型的爆炸图

由装配模型可以自动生成它的爆炸场景视图，如图 4-46 所示。在这种视图中，装配模型中的各个构件会以一定的距离分隔显示，这样整个模型就好像炸开了一样。通过这种视图可以更直观地、更清晰地表达装配造型中各个构件的相互位置关系。分隔距离可以由"爆炸因子"灵活调整，可以设置统一的爆炸因子，也可以单独对构件设置不同的爆炸因子。一个装配模型可以生成多幅场景视图，并分别保存备用。

对装配模型爆炸场景的主要操作包括建立、删除、编辑和管理等。

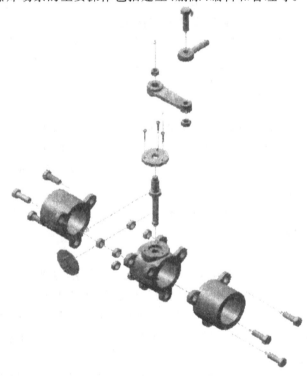

图 4-46　组件爆炸视图

爆炸视图可以在装配模型的任何装配层次上生成,也就是说,既可以为整个装配模型生成爆炸图,也可以为其中的某个部件生成单独的爆炸视图。要为整个装配生成爆炸视图时,必须"炸开"根构件。

4) 装配模型的二维工程图

由于现代 CAD/CAM 特征造型技术多采用数据库联动技术,因而同样可以在装配模型的基础上自动生成二维装配工程图。

除了可以生成图形,还可以生成材料清单(bill of material,BOM)。材料清单是产品的重要信息,特别是在生产加工和管理过程中,要经常用到产品的材料清单。因此,在 CIMS 系统中,材料清单是 CAD 系统和 MIS 系统集成的纽带。

4.4.3 装配建模的一般方法

装配建模主要有两种方法,即自下而上建模和自上而下建模。

1. 自下而上建模

自下而上建模是由最底层的零件开始展开装配,并逐级向上进行装配建模的方法。这是一种比较传统的方法。它是在整体方案确定后,设计人员利用 CAD/CAM 工具分别进行各个零件的详细结构设计,然后定义这些零件之间的装配关系,形成产品模型。

自下而上建模的一个优点是,因为零部件是独立设计的,它们的相互关系及重建行为更为简单,可以让设计人员专注于单个零件的设计工作。当不需要建立控制零件大小和尺寸的参考关系时(相对于其他零件),此方法较为适用。

2. 自上而下建模

自上而下建模是模仿产品的开发过程,即先从总体设计开始,首先建立产品的功能表达,并分析这种表达是否满足产品要求,然后设计者利用 CAD/CAM 系统不断细化零件的几何结构,以保证零件的结构满足产品的功能要求,建立产品模型。

自上而下建模是从装配体中开始设计工作,可以使用一个零件的几何体来帮助定义另一个零件,可将布局草图作为设计的开端,定义固定的零件位置、基准面等,然后参考这些定义来设计零件。

两种装配建模方法各有所长,并各有其应用场合。在开展系列产品设计或进行产品的改型设计时,机器的零部件结构相对稳定或已有现存的结构,零件设计基础较好,大部分的零件模型已经具备,只需补充部分设计或修改部分零件模型,这时采用自下向上的装配建模方法就比较合理。而在创新设计过程中,事先对零件结构细节设计得不可能非常具体,设计时总是要从比较抽象、笼统的装配模型开始,逐步细化,逐步修改,逐步求精,这时就必须采取自上向下的建模方法。当然,这两种建模方法不是截然分开的,完全可以根据实际情况,综合应用这两种装配建模方法来开展产品设计。另外,产品的装配模型是建立在高层语义信息基础上的,因此产品的装配模型也应采用特征来建模。

4.5 UG NX 软件的应用

UG(Unigraphics NX)是美国 EDS 公司推出的集 CAD/CAM/CAE 于一体的软件系统，其功能从概念设计、功能分析、工程分析、加工制造到产品发布，覆盖了产品开发生产的整个过程，并在航空航天、汽车、通用机械、工业设备、医疗器械，以及其他高科技应用领域的机械设计和模具加工自动化方面得到了广泛的应用。下面以 UG NX 8.5 软件来进行介绍。

4.5.1 UG NX 8.5 的功能模块

UG NX 软件被划分成具有同类功能的一系列应用模块，如图 4-47 所示，这些应用模块都是集成环境的一部分，既相互独立又相互联系。

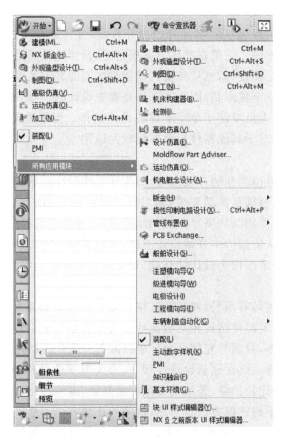

图 4-47 应用模块

下面对一些常用的 UG 模块进行介绍。

1. 集成环境入口

这是所有其他模块的基础平台模块。它用于打开已存在的部件文件、建立新的部件文件、保存部件文件、绘制工程图、读入和写出各种类型文件及实现其他通用功能。它也提供统一的视图显示操作功能、屏幕布局和层功能、工作坐标系操纵功能，并提供对象信息分析及存取在线帮助。当处于其他模块中时，可以通过"开始"→"基本环境"菜单返回集成环境入口（gateway）。

2. 建模

选择"开始"→"建模"菜单进入该模块。在该模块环境下可以进行产品零件的三维实体特征建模，该模块也是其他应用模块的工作基础。

3. 制图

选择"开始"→"制图"菜单进入该模块。在该模块中可以完成建立平面工程图所需的所有功能。利用该模块可以从已建立的三维模型自动生成平面工程图，也可以利用曲线功能绘制平面工程图。

4. 外观造型设计

选择"开始"→"外观造型设计"菜单进入该模块。该模块主要为工业设计师和汽车造型师提供概念设计阶段的创造和设计环境。

5. 加工

选择"开始"→"加工"菜单进入数控加工模块。该模块用于数控加工模拟及自动编程，可以进行一般的二轴、二轴半铣削，也可以进行三轴到五轴的加工；可以完成数控加工的全过程，支持线切割等加工操作；还可以依据加工机床控制器的不同来定制后处理程序，从而使生成的指令文件可直接应用于用户的特定数控机床，不需要修改指令即可加工。

6. 结构分析

该模块是一个集成化的有限元建模和解算工具，能够对零件进行前、后处理，用于工程学仿真和性能评估。

7. 运动分析

该模块是一个集成的、关联的运动分析模块，提供了机械运动系统的虚拟样机；能够对机械系统的大位移复杂运动进行建模、模拟和评估；还提供了对静态学、动力学、运动学模拟的支持；同时提供了包括图、动画、MPEG 影片、电子表格等输出的结果分析功能。

8. 钣金

该模块提供了基于参数、特征方式的钣金零件建模功能，并提供了对模型的编辑和零件的制造过程的模拟功能，还可以用于对钣金模型进行展开和重叠的模拟操作。

9. 管路

该模块中提供了对产品实体装配模型中各种管路和线路（包括水管、气管、油管、电气线路、各种气体/液体流道和滚道），以及连接各种管线和线路的标准连接件等的规划设计功能，还可以生成安装材料单。

10. 注塑模向导

该模块主要采用过程向导技术来优化模具设计流程，基于专家经验的工作流程、自动化的模具设计和标准模具库，指导设计注塑模具。

11. 用户界面设计

该模块用于用户的二次开发，可构造 UG 风格对话框 UIStyler 的用户设计界面，其中各工具的使用方法都可以在 UG 提供的帮助文件中找到。

4.5.2 UG NX 8.5 的工作界面

UG NX 8.5 的主工作界面窗口中主要包括以下几个部分：标题栏、菜单栏、工具栏、工作区、提示栏、状态栏、工作坐标系和资源栏等，如图 4-48 所示。

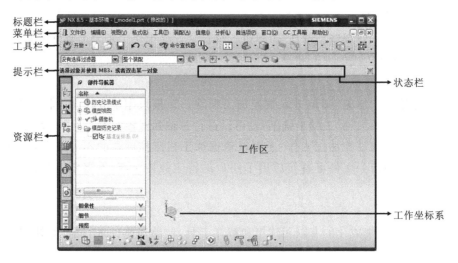

图 4-48 UG NX 8.5 的主工作界面

其中，对工具栏的定制介绍如下。

1. 工具栏的显示与隐藏

并不是所有的工具栏都要显示出来，需要显示或隐藏某些工具栏时，可在主窗口工具栏的空白区域任意位置单击鼠标右键，弹出如图 4-49 所示的快捷菜单，已经显示的工具栏前有"√"。单击（指用鼠标左键单击，后同）某个选项可以显示或隐藏某个工具栏。

2. 添加或移除工具栏按钮

对于任意一个工具栏，并不是所有按钮都要显示出来，用户可以根据需要增加和删除工具栏按钮。每一个工具栏右侧（或下端）都有一个箭头按钮，单击该按钮，在随后弹出的"添加或移除"按钮级联菜单中就可以添加或删除某个工具栏的按钮，如图4-50所示。

图 4-49　工具栏的快捷菜单　　　　　　　图 4-50　添加或移除工具栏按钮

3. 定制工具栏按钮

若是一些命令在"添加或移除"按钮级联菜单中没有显示，可以单击"添加或移除"按钮级联菜单中的"定制"，弹出"定制"对话框，如图4-51所示。切换到"命令"选项卡，选择要插入的命令类别，单击要插入的命令，将光标置于该命令上，按下鼠标左键并拖动它到工具栏上，即完成工具栏的定制。

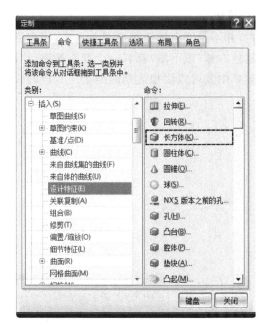

图 4-51　"定制"对话框

4.5.3　UG NX 8.5 的应用实例

现以带轮与轴的装配图为实例来讲解 UG NX 8.5 的应用，包括绘制草图、建模、装配及生成工程图，如图 4-52 所示。

图 4-52　带轮与轴的装配立体图

1. 利用 UG NX 8.5 绘制草图

草图由位于指定平面或基准平面的点或曲线组成,用来表示实体或片体的二维轮廓。用户可以给草图对象指定几何约束和尺寸约束,精确地定义实体或片体的轮廓形状和尺寸以准确表达设计意图。草图可以用于生成各种不同的模型,如通过拉伸或旋转草图生成实体或片体等。

1) 草图曲线绘制

在草图环境中可以绘制各种曲线。绘制草图曲线可以通过"插入"菜单或图 4-53 所示的"草图工具"工具条来实现。

图 4-53 "草图工具"工具条

"草图工具"工具条中相关命令的说明如下。

(1) 轮廓 ⌐:绘制直线和圆弧组成的连续轮廓曲线。

(2) 直线 ╱:使用 XC、YC 坐标,或长度和角度参数来创建直线。

(3) 圆弧 ⌐:通过定义三个点或定义中点和端点来创建圆弧。

(4) 圆 ○:通过圆心和直径,或通过三个点来绘制圆。

(5) 圆角 ⌐:在两条或三条曲线之间创建一个圆角。

(6) 倒斜角 ⌐:斜接两条草图曲线之间的尖角。

(7) 矩形 ▢:通过对角点,或通过三个点,或通过中心和两个点绘制矩形。

(8) 艺术样条 ⋏:根据极点或通过点来绘制样条曲线。

(9) 派生直线 ⋉:在两条平行直线中间创建一条与另一条直线平行的直线,或在两条不平行直线之间创建一条平分线。

(10) 快速裁剪 ⋈:以任一方向将曲线修剪至最近的交点或选定边界。

(11) 快速延伸 ⋎:将曲线延伸至另一邻近的曲线或选定的边界。

(12) 创建自动判断约束 ⋰:在曲线构造过程中自动判断约束。

(13) 连续自动标注尺寸 ⌐:在曲线构造过程中自动标注尺寸。

下面介绍几种命令的具体操作。

(1) 绘制直线 单击"直线"图标按钮 ╱,弹出"直线"对话框,如图 4-54(a)所示。直线的输入模式有两种,即坐标模式和参数模式。默认为坐标模式,输入 XC 和 YC 坐标值确定直线的起点,同时输入模式自动切换到参数模式,如图 4-54(b)所示,输入长度和角度值以确定直线的终点,完成直线的绘制。

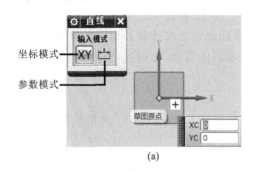
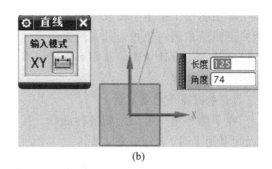

坐标模式

参数模式

(a)

(b)

图 4-54　绘制直线

（2）绘制圆　单击"圆"图标按钮 ⃝,弹出"圆"对话框,如图 4-55(a)所示。确定圆有圆心和直径定圆和三点定圆两种方式,输入模式与直线类似,有坐标模式和参数模式两种。默认在圆心和直径定圆方式和坐标模式下创建圆,输入起点的 XC 和 YC 坐标值,同时输入模式自动切换到参数模式,如图 4-55(b)所示,输入圆的直径,完成圆的创建。

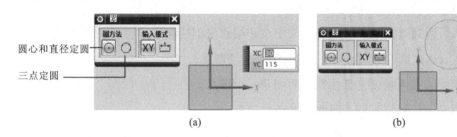

圆心和直径定圆

三点定圆

(a)

(b)

图 4-55　绘制圆弧

（3）绘制样条曲线　单击"艺术样条"图标按钮 ,弹出"艺术样条"对话框,如图4-56所示,创建艺术样条的方式有"通过点"和"根据极点"两种。先选择艺术样条的类型,再指定参数化的次数为 n,然后至少指定 $n+1$ 个点,创建开放的样条曲线。也可以钩选"参数化"选项组中的"封闭的"选项创建封闭样条曲线。如图 4-57 所示,创建的是一条三次样条曲线。

2）点的捕捉方式设置

在创建直线、圆等曲线需确定点时,也可以通过设置点的捕捉方式来取点。

在草图环境中执行绘制曲线的命令后,会自动打开如图 4-58 所示的"捕捉点"工具栏,利用该工具栏可以设置点的捕捉方式,单击某个图标可设定或取消捕捉方式。在绘制曲线时,移动光标过程中光标附近会自动显示被激活的捕捉方式,当显示某个捕捉方式时,单击鼠标左键可捕捉该点。

图 4-56　"艺术样条"对话框

图 4-57　三次样条曲线

设置"直线中点",此时"直线中点"的图标按钮 处于按下状态,将光标置于直线中点处,中点高亮显示,同时附近出现"直线中点"小图标,单击选中即可,如图 4-59 所示。

图 4-58　"捕捉点"工具栏

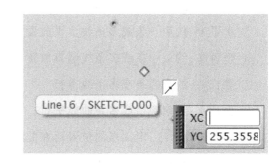

图 4-59　捕捉中点

3）创建约束

在绘制草图曲线后,需要对其创建几何约束和尺寸约束,以确定图形的形状和大小。草图约束的操作可通过"插入"→"尺寸"和"几何约束"菜单或如图 4-60 所示的"草图约束"工具条中的按钮创建和编辑草图约束。

（1）几何约束:将几何约束添加到草绘几何图形中,指定并保持草绘几何图形之间的

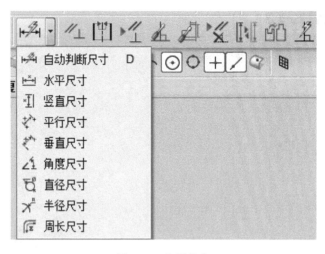

图 4-60　草图约束

关系。

常见的几何约束类型如下。

① 固定 ⅃：固定点、直线或圆弧的位置。

② 相切 ⊘：约束两条曲线相切。

③ 固定角度 ∠：约束曲线具有定角。

④ 固定长度 ↔：约束曲线具有定长。

⑤ 水平 ━：约束一条或多条线水平放置。

⑥ 竖直 ┃：约束一条或多条线竖直放置。

⑦ 等长 ＝：约束两条或多条线等长。

⑧ 平行 ∥：约束两条或多条曲线平行。

⑨ 点在曲线上 ╎：定义点的位置落在曲线上。

⑩ 中点 ┼：约束点与某条线的中点对齐。

⑪ 等半径 ≈：约束两个或多个圆弧具有相等的半径。

⑫ 垂直 ⊥：定义两条直线或两个椭圆彼此垂直。

⑬ 重合 ╱：定义两个或两个以上的点具有同一位置。

⑭ 同心 ◎：定义两个或两个以上的圆或圆弧具有同一中心。

⑮ 共线 ╲：定义两条或两条以上的直线落在同一直线上。

⑯ 非均匀比例 ⚭：约束一个样条，以沿样条长度按比例缩放定义点。

⑰ 均匀比例 ✥：约束一个样条，以在两个方向上缩放定义点，同时保持样条形状。

绘制草图时，一般启用"创建自动判断约束"图标按钮 ⚭，这样有利于提高绘制草图曲线的效率。

（2）尺寸约束：用于确定草图曲线的大小和相对位置。

常见的尺寸约束类型如下。

① 自动判断尺寸 ⊢⊿：通过基于选定的对象和光标的位置自动判断尺寸类型来创建尺寸约束。

② 水平尺寸 ⊢⊣：在两点之间创建水平距离约束。

③ 竖直尺寸 ⊓：在两点之间创建竖直距离约束。

④ 平行尺寸 ⚋：在两点之间创建平行距离约束（两点之间的最短距离）。

⑤ 垂直尺寸 ⚋：在直线和点之间创建垂直距离约束。

⑥ 角度尺寸 ⊿：在两条不平行的直线之间创建角度约束。

⑦ 直径尺寸 ⵙ：为圆弧或圆创建直径约束。

⑧ 半径尺寸 ⚋：为圆弧或圆创建半径约束。

⑨ 周长尺寸 ⚋：创建周长约束以控制选定直线和圆弧的集体长度。

下面以轴的草图（见图 4-61）为例介绍绘制草图的过程。

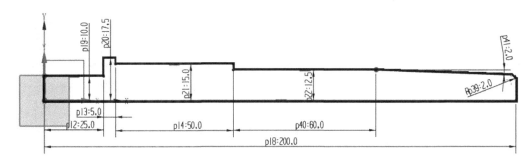

图 4-61　轴的草图

步骤 1　新建 NX 8.5 文件。

（1）启动 UG NX 8.5，进入如图 4-62 所示的界面。

（2）选择"文件"→"新建"命令或单击"标准"工具条中的"新建"图标按钮 ▯，打开"新建"对话框。如图 4-63 所示，在"模型"选项卡中，选择"模型"模板，确认单位为"毫米"。在"新文件名"的"文件夹"文本框中指定新建文件的保存路径，在"名称"文本框中输

图 4-62　UG NX 8.5 的开始界面

入文件名，设置完后单击"确定"按钮，进入 UG 的建模环境。

步骤 2　创建草图。

选择"插入"→"在任务环境中绘制草图"命令或单击"特征"工具条中的"在任务环境中绘制草图"图标按钮，弹出"创建草图"对话框，如图 4-64 所示。选择现有平面或创建新平面，单击"确定"按钮，进入草图环境。

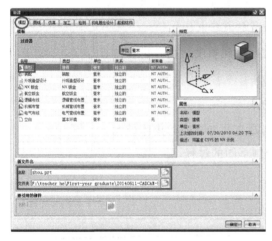

图 4-63　"新建"对话框

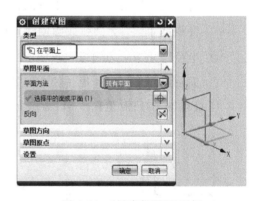

图 4-64　"创建草图"对话框

步骤 3　绘制草图曲线。

使用直线、圆弧等命令，绘制如图 4-65 所示的曲线。

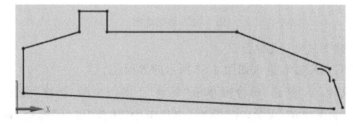

图 4-65　绘制草图曲线

步骤 4 添加草图约束。

用几何约束功能来约束图 4-65 绘制的草图曲线。单击"几何约束"图标按钮 ，弹出如图 4-66 所示的"几何约束"对话框。

（1）约束直线水平 选中"几何约束"对话框中的"水平"图标按钮 ，选中草图曲线中的一条斜线，则斜线自动水平，且直线上出现"水平"的标志，如图 4-67 所示。

图 4-66 "几何约束"
对话框

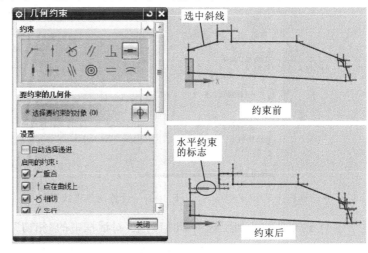

图 4-67 设置直线水平

（2）约束直线竖直 选中"几何约束"对话框中的"竖直"图标按钮 ，选中草图曲线中的一条斜线，则斜线自动竖直，且直线上出现"竖直"的标志，如图 4-68 所示。

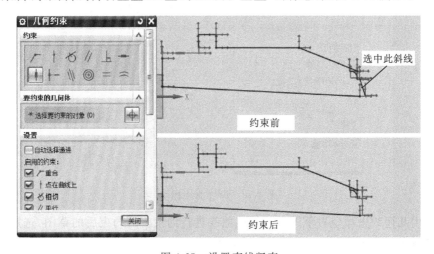

图 4-68 设置直线竖直

（3）约束两直线平行　选中"几何约束"对话框中的"平行"图标按钮 //，选择要约束的对象，再选择要约束到的对象，则两条直线自动平行，且两条直线上出现"平行"的标志，如图 4-69 所示。

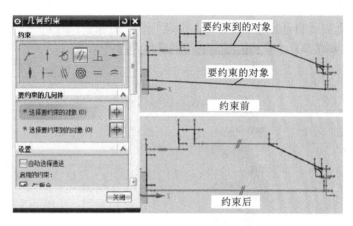

图 4-69　设置两条直线平行

（4）约束曲线相切　选中"几何约束"对话框中的"相切"图标按钮 ，选择要约束的对象，再选择要约束到的对象，则两条曲线自动相切，且两条直线上出现"相切"的标志，如图 4-70 所示。

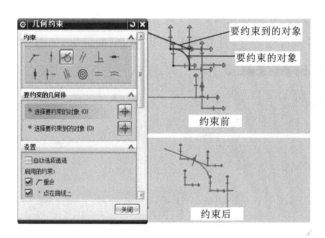

图 4-70　设置曲线相切

（5）用几何约束命令对草图中的其他曲线进行约束。对约束后的草图，选用"快速延伸"和"快速修剪"操作进行完善，如图 4-71 所示。

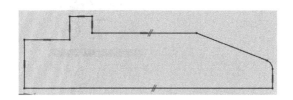

图 4-71　添加完几何约束并完善后的草图

启用"草图"工具条中的"延迟评估"图标按钮，将草图约束的评估延迟，如图 4-72 所示，单击"自动判断尺寸"图标按钮，给草图曲线添加尺寸约束。

图 4-72　"草图"工具条

（1）添加水平约束　在"自动判断尺寸"的级联菜单中选择"水平尺寸"，弹出"尺寸"工具条，选中一条线段，则系统自动标注线段的水平距离。在尺寸文本框中输入数值以确定线段的水平距离，如图 4-73 所示。

（2）添加竖直尺寸　在"自动判断尺寸"的级联菜单中选择"竖直尺寸"，弹出"尺寸"工具条，选中一条线段，则系统自动标注线段的竖直距离。在"尺寸"对话框中输入数值以确定线段的竖直距离，如图 4-74 所示。

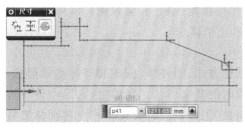

图 4-73　标注水平尺寸

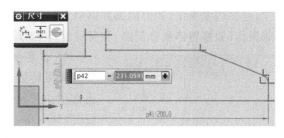

图 4-74　标注竖直尺寸

（3）添加半径尺寸　在"自动判断尺寸"的级联菜单中选择"半径尺寸"，弹出"尺寸"工具条，选中一段圆弧，则系统自动标注圆弧的半径。在"尺寸"对话框中输入数值以确定圆弧的半径，如图 4-75 所示。

（4）添加角度尺寸　在"自动判断尺寸"的级联菜单中选择"角度尺寸"，弹出"尺寸"工具条，选中两条直线，则系统自动标注两直线之间的夹角。在"尺寸"对话框中输入数值以确定两直线间的夹角，如图 4-76 所示。

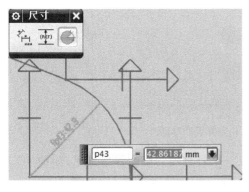

图 4-75　标注圆弧半径

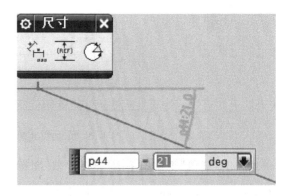

图 4-76　标注角度尺寸

将草图所需的尺寸全部添加到草图曲线中，如图 4-61 所示。再关闭"延迟评估"图标按钮 ，调整尺寸的位置。选择工具条中的"完成草图"命令返回建模应用模块。

步骤 5　保存文件。

选择"文件"→"保存"菜单或图标按钮 ，将草图文件命名为"zhou. prt"，保存文件。用户应经常保存所做的工作，以免发生异常时丢失文件数据。

2. 利用 UG NX 8. 5 建模

在建模时：可以通过创建长方体、圆柱、圆锥、球等基本几何体作为开始建模的基本形体；可以通过拉伸、旋转、沿轨迹线扫描和管道等扫描特征来创建实体；可以在实体上进行成形特征操作，包括孔、圆台、腔体、凸垫、键槽和沟槽等；也可以对实体模型进行局部修改，包括边缘操作（如边倒圆和倒斜角）、面操作（如拔模角、抽壳和偏置面）、实体特征、修剪操作（如修剪体和分割面）和特殊操作（如螺纹和比例体）等。

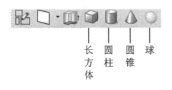

图 4-77　"特征"工具条

1）体素特征

体素特征包括长方体、圆柱体、圆锥和球等基本形状，通常用作开始建模时的基本形状。利用"插入"→"设计特征"级联菜单或"特征"工具条的有关选项建立各种体素特征。"特征"工具条如图 4-77 所示。

2）扫描特征

通过拉伸、旋转或沿引导线串扫描作为截面几何体的曲线、草图、实体边缘等对象来生成实体，以方便地建立具有统一截面且截面形状比较复杂的实体。可以利用生成的扫描特征作为开始建模的基本形体。

3）成形特征

成形特征包括孔、圆台、腔体、凸垫、键槽等。成形特征是参数化的，可通过修改成形特征的参数来修改模型。成形特征的特点是在实体上或者去除材料（如孔、腔体、键槽），或者添加材料(如圆台、凸垫)。成形特征必须在已经存在的实体上创建。

创建成形特征的一般步骤如下:

(1) 选择放置面;

(2) 选择水平参考方向(视情况操作本步骤);

(3) 输入特征参数的值;

(4) 定位特征。

绝大多数成形特征都需要一个平的放置面,在其上生成成形特征,并与之相关联。可以选择基准面或是目标实体上的平面作为放置面。

有些成形特征要求指定水平参考方向,它定义特征坐标系的 XC 方向,即成形特征的长度方向。可以选择边、面、基准轴或基准平面作为水平参考方向。

在创建成形特征需要定位特征时,系统会弹出如图 4-78 所示的"定位"对话框。其中各定位方式说明如下。

图 4-78　"定位"对话框

(1) 水平 ⤣:指定目标对象和工具对象沿水平参考方向上的距离。

(2) 竖直 ⤒:指定目标对象和工具对象沿垂直于水平参考方向上的距离。

(3) 平行 ⤲:指定工具对象和目标对象两点间的距离。

(4) 垂直 ⤱:指定工具对象和目标对象的垂直距离。

(5) 按一定距离平行 ⤳:指定工具对象和目标对象的平行距离。

(6) 角度 △:指定工具对象和目标对象之间的夹角。

(7) 点落在点上 ⤢:指定作为工具对象的点和作为目标对象的点重合。

(8) 点落在线上 ⟂:指定作为工具对象的点落在作为目标对象的线上。

(9) 线落在线上 ⊥:指定作为工具对象的线和作为目标对象的线重合。

4) 特征操作

特征操作是对实体模型的局部修改。常用的特征操作有边缘操作、面操作、实体特征、修剪操作等。

下面介绍利用 UG NX 8.5 来创建图 4-52 所示带轮和轴以及键连接所用键的过程。

步骤 1　新建文件。

选择"文件"→"新建"命令或单击"标准"工具条中的"新建"图标按钮 ▯,打开"新建"对话框。选择"模型"模板,确认单位为"毫米"。以"dailun. prt"命名,单击"确定"按钮,进入 UG 的建模环境。

步骤 2 创建圆柱。

（1）选择"插入"→"设计特征"→"圆柱"命令或"特征"工具条中"圆柱"的图标按钮 ，弹出"圆柱"对话框。创建圆柱的步骤如图 4-79 所示。创建圆柱有两种方式："轴、直径和高度"方式；"圆弧和高度"方式。选择"轴、直径和高度"方式。

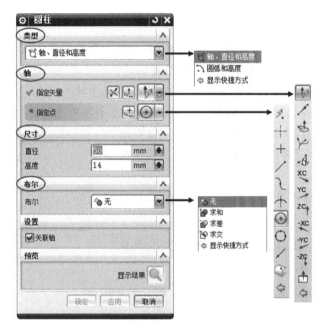

图 4-79　创建圆柱的步骤

（2）在"轴"选项组中，指定圆柱中心轴的矢量，可以在"矢量"的级联菜单中选择矢量的类型，也可以单击"矢量对话框"图标按钮 ，定义矢量；指定点作为圆柱底面的中心点，可以在"点"的级联菜单中选择点的类型再进行选择，也可以通过"点对话框"图标按钮 来构造点。这里，指定 Z 轴为圆柱中心轴矢量，绝对坐标原点为圆柱底面的中心点。

（3）在"尺寸"选项组中指定圆柱的直径为 150 mm，高度为 20 mm。

（4）指定布尔运算。布尔运算有四种方式：①求和，合并两个或多个实体；②求差，从一个目标体中减去一个或多个工具体；③求交，生成包含两个不同实体的共有部分的体；④无，即不进行布尔运算。初始建模，默认为"无"。

单击"确定"按钮，完成圆柱的创建，如图 4-80 所示。

步骤 3 创建圆柱凸台。

在步骤 2 中的圆柱顶面中心点位置沿 Z 轴方向，创建一个直径为 50 mm、高度为 14 mm 的圆柱凸台，与起初创建的圆柱求和，如图 4-81 所示。

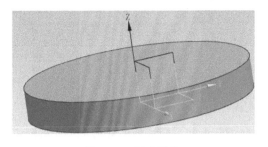

图 4-80　创建圆柱

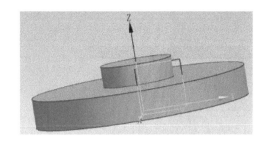

图 4-81　创建圆柱凸台

步骤 4 创建拉伸体。

（1）选择"插入"→"设计特征"→"拉伸"命令或单击特征工具条中的"拉伸"图标按钮 ，弹出"拉伸"对话框。创建拉伸体的步骤如图 4-82 所示。选择现有实体边缘、曲线和片体边缘等作为截面线串或直接绘制截面。单击"绘制截面"图标按钮 ，在圆柱凸台的顶面绘制如图 4-83 所示的截面曲线，完成草图，返回"拉伸"对话框。

（2）指定拉伸的方向，可以在"矢量"的级联菜单中选择矢量的类型，也可以单击"矢量对话框"图标按钮 ，定义矢量。选择$-Z$轴方向作为拉伸矢量方向。

（3）在"限制"选项组中，指定拉伸开始和结束的角度或位置。有以下五个选项。

① 值：由用户输入拉伸的起始和结束距离的值。

② 对称值：用于约束生成的几何体关于选取的对象对称。

③ 直至下一个：沿矢量方向拉伸至下一个对象。

④ 直至选定对象：拉伸至选定表面、基准面或实体。

⑤ 直至延伸部分：允许用户裁剪扫掠体至一选中表面。

⑥ 贯通：允许用户沿拉伸矢量完全通过所有可选实体生成拉伸体。

这里，选择开始值为 0 mm，结束选择"贯通"。

（4）指定布尔运算为"求差"，与原有模型求差。

（5）体的类型设置为"实体"。

单击"确定"按钮，完成拉伸体的创建，如图 4-84 所示。

步骤 5 创建回转体。

（1）选择"插入"→"设计特征"→"回转"命令或单击"特征"工具条中的"回转"图标按钮 ，弹出"回转"对话框。创建回转体的步骤如图 4-85 所示。选择现有实体边缘、曲线和片体边缘等作为截面线串或直接绘制截面。单击"绘制截面"图标按钮 ，在绝对坐标系的 OYZ 平面内绘制如图 4-86 所示的截面曲线。

（2）在"轴"选项组中，指定回转体的矢量，可以在"矢量"的级联菜单中选择矢量的类

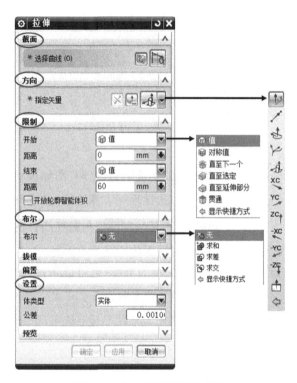

图 4-82 创建"拉伸体"的步骤

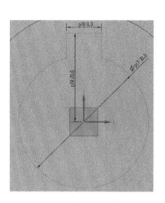

图 4-83 截面曲线

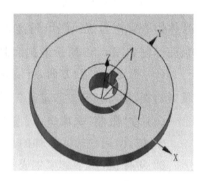

图 4-84 创建拉伸体

型,也可以单击"矢量对话框"图标按钮 ，定义矢量;指定点作为旋转的基点,可以在"点"的级联菜单中选择点的类型再进行选择,也可以通过单击"点对话框"的图标按钮 来构造点。这里,指定 Z 轴为回转矢量,圆柱底面圆中心为基点。

（3）在"限制"选项组中,指定旋转开始和结束的角度或位置。指定方式有"值"和"直至选定"两种方式。这里,设定开始值为 $0°$,结束值为 $360°$。

（4）指定布尔运算为求差。

（5）体的类型设置为"实体"。

单击"确定"按钮,完成回转体的创建,如图 4-87 所示。

步骤 6 保存"dailun.prt"文件。

步骤 7 创建轴。

打开 UG NX 8.5 草图中的"zhou.prt"文件,单击"特征"工具条中的"回转"图标按钮 ,弹出"回转"对话框。选择"zhou.prt"的草图曲线,指定绝对坐标系的 X 轴为旋转矢

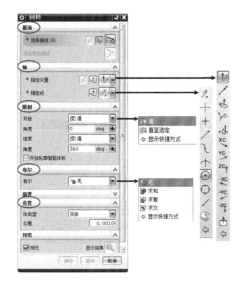

图 4-85　创建回转体

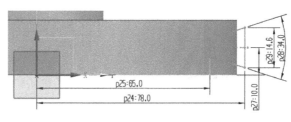

图 4-86　回转体的截面曲线

量,坐标原点为基点,设定开始值为 0°,结束值为 360°,布尔运算为"无",体的类型设置为实体,单击"确定"按钮,完成轴的创建,如图 4-88 所示。

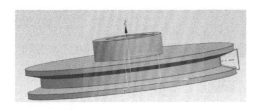

图 4-87　创建"回转体"

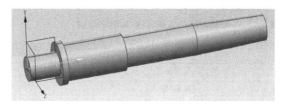

图 4-88　轴

步骤 8　创建基准平面。

选择"插入"→"基准/点"→"基准平面"命令或单击"特征"工具条中"基准平面"图标按钮□,弹出"基准平面"对话框。可以在"类型"的级联菜单中选择构建基准平面的方法。这里,选择"按某一距离",选择通过轴中心线的一个平面,偏置距离设为 15 mm,如图 4-89 所示。单击"确定"按钮,完成基准平面的创建。

步骤 9　创建键槽。

(1) 选择"插入"→"设计特征"→"键槽"命令或"特征"工具条中的"键槽"图标按钮,弹出"键槽"对话框,如图 4-90 所示。

(2) 选择"矩形槽",单击"确定"按钮,弹出如图 4-91 所示的"矩形键槽"对话框,同时提示栏提示"选择平面放置面",选择步骤(1)中创建的基准平面,弹出如图 4-92 所示的对

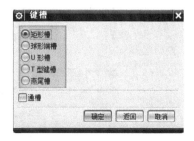

图 4-89　创建"基准平面"　　　　　　　　　图 4-90　"键槽"对话框

话框，同时图形界面上出现箭头，箭头方向代表在实体上创建键槽的方向。若是箭头方向不对，则单击"反向默认侧"。单击"确定"按钮，弹出如图 4-93 所示的"水平参考"对话框，选择平行于轴中心线的线或基准轴。

图 4-91　"矩形键槽"对话框　　　　　　　　图 4-92　选择键槽的方向

（3）在系统弹出的如图 4-94 所示的"矩形键槽"对话框，设置键槽长度为 30 mm、宽度为 8 mm、深度为 4 mm，单击"确定"按钮。在图像窗口中单击鼠标右键，设置"渲染样式"→"静态线框"，使模型以线框方式显示。

（4）在弹出的"定位"对话框中，单击"线落在线上"图标按钮 工，选择如图 4-95（a）所示的草图曲线为目标对象，选择键槽长度方向的对称中心线为工具对象。在"定位"对话框中单击"水平"图标按钮 ，选择如图 4-95（b）所示的圆台顶面边缘，在随即弹出的对话框中选择"圆弧中心"按钮，然后选择键槽宽度方向的对称中心线为工具对象，在随后打开的对话框中设置距离为 25 mm，单击"确定"按钮，创建键槽。

（5）设置"渲染样式"为"带边着色"，得到的模型如图 4-96 所示。

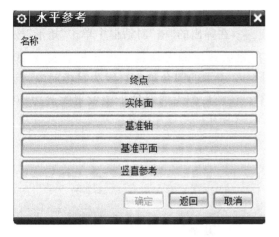

图 4-93 "水平参考"对话框

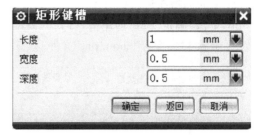

图 4-94 "矩形键槽"对话框

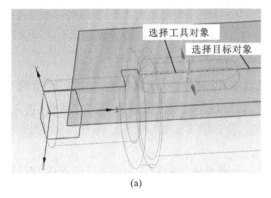

(a)

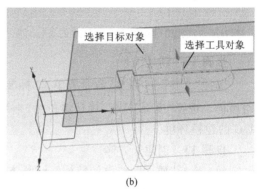

(b)

图 4-95 定位键槽

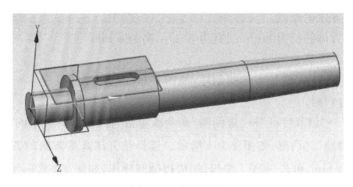

图 4-96 创建键槽

步骤 10 创建槽。

单击"成形特征"工具栏中的"槽"图标按钮 ，在弹出的"槽"对话框中单击"矩形"按钮，选择如图 4-97 所示的圆柱面为放置面。在随后弹出的对话框中设置槽直径为 20 mm、宽度为 4 mm，单击"确定"按钮，选择如图 4-97 所示的圆台顶面边缘为目标对象，选择预览的沟槽靠近目标对象的边缘为工具对象。在随后弹出的对话框中设置距离为 40 mm，单击"确定"按钮创建槽，得到的模型如图 4-98 所示。

步骤 11 保存"zhou.prt"文件。

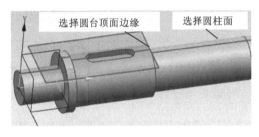

图 4-97　选择槽的放置面及定位时的目标对象

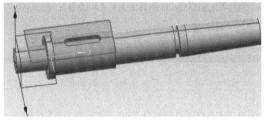

图 4-98　创建槽

步骤 12 新建文件。

选择"文件"→"新建"命令或单击"标准"工具条中的"新建"图标按钮 ，打开"新建"对话框。选择"模型"模板，确认单位为"毫米"。以"jian.prt"命名，单击"确定"按钮，进入 UG 的建模环境。

步骤 13 创建长方体。

（1）选择"插入"→"设计特征"→"长方体"命令或单击"特征"工具条中"长方体"图标按钮 ，弹出"长方体"对话框，如图 4-99 所示。创建长方体的方式有三种："原点和边长"方式；"两点和高度"方式；"两个对角点"方式。选择"原点和边长"方式。

（2）指定长方体的原点。

（3）指定长方体的长为 30 mm、宽为 8 mm、高为 8 mm。

（4）设定布尔运算为"无"。

单击"确定"按钮，完成长方体的创建，如图 4-100 所示。

步骤 14 边倒圆。

选择"插入"→"细节特征"→"边倒圆"命令或单击"特征"工具条中的"边倒圆"图标按钮 ，弹出"边倒圆"对话框，如图 4-101 所示。选择长方体高度方向的四条边，"圆形"形状，半径设置为 4 mm，单击"确定"按钮，完成边倒圆操作，如图 4-102 所示。

步骤 15 保存"jian.prt"文件。

图 4-99 "长方体"对话框

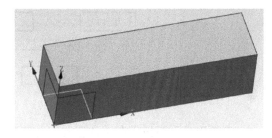

图 4-100 创建长方体

图 4-101 "边倒圆"对话框

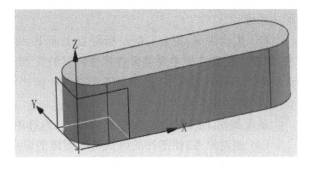

图 4-102 边倒圆操作

3. 利用 UG NX 8.5 装配

建立零件实体模型后,下一步需要将它们装配成装配体。UG NX 8.5 的装配模块是集成环境中的一个应用模块,用其可以将基本零件或子装配体组装成更高一级的装配体或产品总装配体。也可以首先设计产品总装配体,然后将其拆成子装配体和单个可以直接用于加工的零件。

下面介绍装配结构和装配建模方法，并通过实例了解建立装配体的方法和步骤。

1）装配结构

装配结构表现为一种倒立树状层次关系。最顶层是装配体，其余层次由装配体和组件组成（一个部件装入装配体后称为组件），如图 4-103 所示。

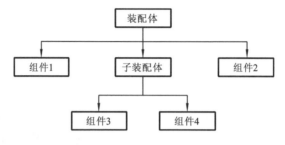

图 4-103　装配层次结构图

正像用户不要把所有文件存放在计算机磁盘的根目录下一样，应尽量把功能相对独立、联系相对密切的部件组成一个子装配体，再将子装配体作为一个部件装配到装配体中。一个子装配体可以包含其他子装配体，使装配体有清晰的层次结构。

2）装配建模方法

在 UG 中，装配建模一般有以下三种方法。

（1）自下而上装配：先创建好部件的几何模型，从装配树的最底层开始，将已有的部件加入子装配体，最后到装配体。

（2）自上而下装配：先创建装配体，然而依次向下建立子装配体和部件，部件根据装配关系设计。

（3）混合装配：混合装配是指将自上而下装配和自下而上装配结合在一起的装配方法，即首先创建几个主要零部件模型将其装配在一起，然后在装配体中设计其他零部件。在实际产品设计过程中，可根据需要在两种模式间相互切换。

3）定位方式

系统提供了四种定位方式：绝对原点、选择原点、通过约束和移动。

（1）绝对原点：使部件的原点与装配体的原点重合。

（2）选择原点：可以指定部件的原点放置。

（3）通过约束：将使部件与装配体上已有部件通过指定约束的方式定位。

（4）移动：让部件在装配体中位置不固定。

装配时，添加第一个零件或部件可以采用"绝对原点"、"选择原点"定位方式。以图 4-52 所示带轮为例，由于带轮是第一个零件，因此，添加带轮的定位方式可以采用"绝对原点"或"选择原点"方式。

4) 装配约束

"装配约束"对话框中,在"类型"下拉列表中选择约束类型。UG NX 8.5 提供了十种约束方式,如图 4-104 所示。

图 4-104　"装配约束"对话框

常用的约束有以下几个。

(1) 接触对齐：可以使两组件上的几何元素接触或对齐。对象可以是平面、回转面、中心轴线、轮廓边等。

(2) 同心：可以使两组件上的两个圆对象同心放置且处于同一平面上。对象都是圆形轮廓边界。

(3) 距离：可以使两组件上的指定对象以一定距离放置。对象可以是平面或圆柱面。若被选择的两个对象均为平面,则它们将处于平行位置并以指定距离放置;若被选择对象中有回转面,将以回转面的轴线来测定距离。

(4) 固定：可以使某个零件固定,一般用于第一个零件。

(5) 平行：可以使两组件上的指定对象的方向矢量平行放置。对象为平面居多。若被选择对象中有回转面,将以回转面的轴线作为平行对象。

(6) 垂直：可以使两组件上的指定对象的方向矢量垂直放置。对象以平面居多。若被选择对象中有回转面,同样将以回转面的轴线作为垂直对象。

(7) 中心：可以使两组件上的多个指定对象中心对中心进行放置。方式有一对二、二对一、二对二。

(8) 角度：可以使两组件上的两个指定对象的方向或方向矢量以一定的角度放置。

下面采用自下而上的方法建立图 4-52 所示的装配体。

步骤 1 新建 NX 8.5 文件。

选择"文件"→"新建"命令或单击图标按钮 ▯ ，打开"新建"对话框，选择"装配"类型，确认单位为"毫米"，在"文件夹"文本框中确定文件的存放路径，在"名称"文本框中输入"zhuangpei.prt"作为文件名，单击"确定"按钮。

步骤 2 进入建模应用模块。

选择"开始"→"建模"菜单，进入建模应用模块，UG 程序的标题栏上应显示"建模"，如图 4-105 所示。

图 4-105 "建模"环境

步骤 3 启动装配功能。

在工具栏空白处右击，勾选"装配"菜单，启动装配功能，出现装配工具条，如图 4-106 所示。若工具栏上的命令图标未显示完全，则用 4.5.2 节所介绍的方法使相关的命令图标在工具栏上显示出来，方便后续操作。将装配工具条锁定在窗口下端。

图 4-106 "装配"工具条

步骤 4 载入第一个装配零件——带轮。

（1）选择"装配"→"组件"→"添加现有的组件"命令或图标按钮 ▥ ，打开"添加组件"对话框，如图 4-107 所示。

若 dailun.prt 文件已打开，则它位于"已加载的部件"列表框中，直接选择即可。若 dailun.prt 文件没有打开，单击"打开"图标按钮 ▥ ，找到零件存放路径，选择 dailun.prt。

（2）在"放置"标签页中，定位方式选择"绝对原点"，如图 4-107 所示，单击"确定"或者"应用"按钮，完成第一个零件的载入。

（3）单击"取消"按钮，可以放弃本次操作。

步骤 5 继续载入第二个装配零件——轴。

（1）选择"装配"→"组件"→"添加现有的组件"命令或单击图标按钮 ▥ ，打开"添加组件"对话框，如图 4-107 所示，选择要加载的文件。

若 zhou.prt 文件已打开，那么它位于"已加载的部件"列表框中，直接选择即可。若 zhou.prt 文件没有打开，单击"打开"图标按钮 ▥ ，找到零件存放路径，选择 zhou.prt。

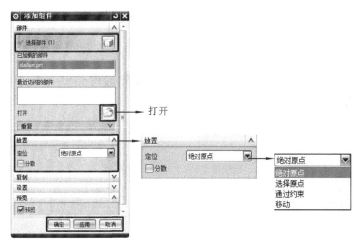

图 4-107 "添加组件"对话框

（2）从添加的第二个零部件开始，后面的零部件添加都可以采用"选择原点"或"通过约束"定位方式。一般选用"通过约束"定位方式，更快捷方便。由于轴是第二个零件，因此，添加轴的定位方式可以采用"选择原点"或"通过约束"方式。在此选用"选择原点"定位方式。

在"放置"标签页中，定位方式选择"选择原点"，单击"确定"或者"应用"按钮，弹出"点"对话框，原点的指定可以通过"指定光标位置"或输入坐标值来确定。在此，采用输入坐标值的方式确定原点，坐标为（0，0，60），如图 4-108 所示。单击"确定"按钮，载入第二个零件，如图 4-109 所示。

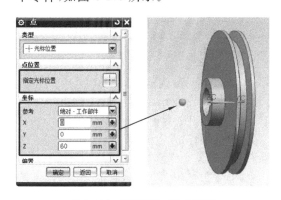
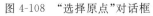

图 4-108 "选择原点"对话框

图 4-109 添加组件——轴

（3）单击"取消"按钮，可以放弃本次操作。

步骤 6 按相应的装配关系，将轴与带轮进行装配，添加约束。

（1）选择"装配"→"组件位置"→"装配约束"菜单或单击图标按钮，打开"装配约束"对话框，如图 4-104 所示。

（2）在"装配约束"对话框中，选择"接触对齐"约束方式。约束对象 1 选择"组件预览"窗口中的轴的中心线，约束对象 2 选择已加载带轮的内孔中心线，如图 4-110 所示。选择顺序可以调换。单击"应用"按钮，完成约束。

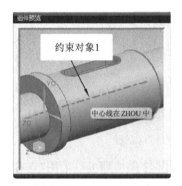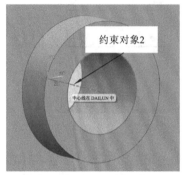

图 4-110　中心线"接触对齐"约束

选取中心线的时候，将鼠标在中心线大概位置处晃动，略微停顿，出现绿色的中心线即可选择；或者单击鼠标右键，选择"从列表中选择"，在列表中选择相应的中心线即可。

（3）再次选择"接触对齐"约束方式，约束对象 1 选择"组件预览"窗口中的轴开有键槽轴颈段的定位轴肩端面，约束对象 2 选择已加载带轮的内孔端面，如图 4-111 所示。选择顺序可以调换。单击"应用"按钮，完成约束。

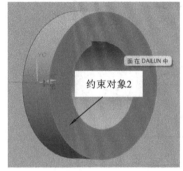

图 4-111　定位端面"接触对齐"约束

（4）选择"平行"约束方式，约束对象 1 选择"组件预览"窗口中的键槽底面，约束对象 2 选择已加载带轮的键槽顶面，如图 4-112 所示。选择顺序可以调换。单击"确定"按钮，完成约束,如图 4-113 所示。

图 4-112　键槽底面和端面"平行"约束

(5)在装配导航器中,可查看已加载的零部件、添加的约束及约束对象,如图 4-114 所示。

图 4-113　带轮与轴的装配

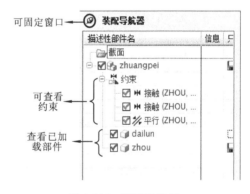

图 4-114　装配导航器

步骤 7　继续载入第三个装配零件——键。

(1)选择"装配"→"组件"→"添加现有的组件"命令或单击图标按钮 ，打开"添加组件"对话框,如图 4-107 所示,选择要加载的文件。

如果 jian.prt 文件已经打开,那么它位于"已加载的部件"列表框中,直接选择即可。如果 jian.prt 文件没有打开,单击"打开"图标按钮 ,找到零件存放路径,选择 jian.prt。

(2)由前述可知,添加第三个零件可以采用"选择原点"或"通过约束"定位方式。由于键是第三个零件,添加键的定位方式可以采用"选择原点"或"通过约束"方式。在此选用"通过约束"定位方式。

在"放置"标签页中,定位方式选择"通过约束",单击"确定"或者"应用"按钮,载入 jian.prt 文件。

(3)单击"取消"按钮,可以放弃本次操作。

步骤8 按相应的装配关系,将键与轴、带轮进行装配,添加约束。

(1)当采用"通过约束"定位方式时,单击"确定"按钮后,系统会自动打开"装配约束"对话框,如图 4-104 所示,进行下一步的添加约束。

(2)在"装配导航器"列表中,取消勾选 dailun.prt,使带轮隐藏,方便选取键与轴的约束对象,如图 4-115 所示。

图 4-115 "装配导航器"取消勾选

(3)在"装配约束"对话框中,选择"接触对齐"约束方式,约束对象 1 选择"组件预览"窗口中的键的底面,约束对象 2 选择已加载轴的键槽底面,如图 4-116 所示。选择顺序可以调换。单击"应用"按钮,完成约束。

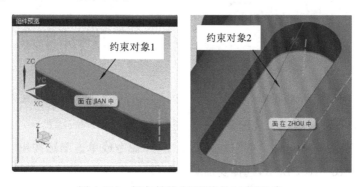

图 4-116 键与键槽底面"接触对齐"约束

(4)再次选择"接触对齐"约束方式,约束对象 1 选择"组件预览"窗口中的键的侧面,约束对象 2 选择已加载轴的键槽侧面,如图 4-117 所示。选择顺序可以调换。单击"应用"按钮,完成约束。

(5)仍选择"接触对齐"约束方式,约束对象 1 选择"组件预览"窗口中键的圆柱侧面,约束对象 2 选择已加载轴的键槽的圆柱侧面,如图 4-118 所示。选择顺序可以调换。单击"应用"按钮,完成约束,如图 4-119 所示。

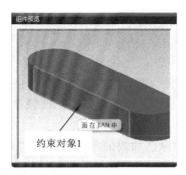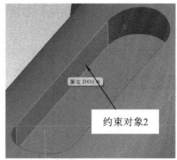

图 4-117　键与键槽侧面"接触对齐"约束

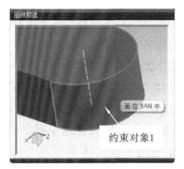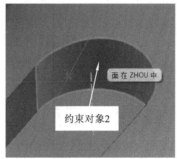

图 4-118　键与键槽圆柱侧面"接触对齐"约束

（6）在装配导航器中，钩选 dailun. prt，使带轮显示。可在装配导航器中查看已加载的零件，添加的约束及约束对象，如图 4-120 所示。

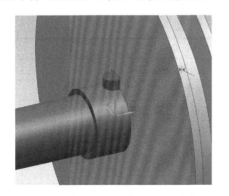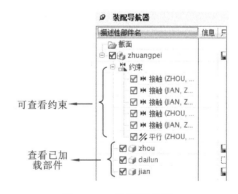

图 4-119　键与轴、带轮的装配　　　　　　图 4-120　装配导航器

步骤 9　编辑零件和删除零件。

（1）如需要修改已装配的零件，在"装配导航器"中右击零件名称，选择"设为工作部

件";或者双击(指双击鼠标左键,后同)对应的零件名称,使其成为工作部件,进入"建模"
环境中,即可进行修改。

双击装配文件名,又可以返回"装配"环境中。

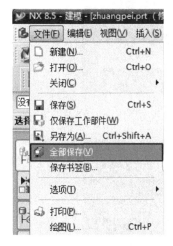

图 4-121　全部保存

修改零件之后,需要选择"文件"→"全部保存"命令,如图 4-121 所示,如此才能将最新修改保存到对应的零件文件中。

(2) 如需删除已加载的零件,只需在"装配导航器"中选中相应零件后单击鼠标右键,选择"删除",即可删除零件。

步骤 10　保存文件。

装配文件的保存,优先选择"全部保存",可以将在装配过程中所做的零件修改全部保存下来。

4. 利用 UG NX 8.5 绘制工程图

在建立了零部件并成功进行装配后,下一步就要绘制相应的平面工程图,以方便用户的交流和应用。UG NX 8.5 的制图模块提供了创建和管理工程图纸的完整过程和工具。UG 制图不是传统意义的二维绘图,而是利用三维实体模型在工程图上的投影来得到工程图。

创建平面工程图的流程如表 4-4 所示。

UG 的工程图可以认为是含有一个部件的装配图。下面以装配文件 zhuangpei. prt 为例,简单介绍其工程图建立过程。

表 4-4　平面工程图的创建流程

步骤	操　作	功　能　介　绍
1	设定图纸	设置图纸的尺寸、绘图比例、单位和投影方式等参数
2	添加基本视图	施加主视图、俯视图、侧视图等基本视图
3	添加其他视图	添加投影视图、局部放大视图和剖视图等辅助视图
4	视图布局	视图移动、复制、对齐、删除,以及定义视图边界
5	视图编辑	添加曲线、擦除曲线、修改剖视符号和自定义剖面曲线等
6	插入制图符号	插入各种中心线、偏置点等
7	图样标注	标注尺寸、公差、表面粗糙度、文字注释、建立明细表和标题栏等
8	输出工程图	输出设置,输出工程图

几种常用的视图命令如下。

(1) 局部放大图 ：创建局部放大图。

(2) 剖视图 ⊙ :创建全剖视图和折叠剖视图。

(3) 半剖视图 ⊕ :创建半剖视图。

(4) 旋转剖视图 ⊘ :创建旋转剖视图。

(5) 局部剖视图 ▥ :创建局部剖视图。

(6) 断开视图 ◫ :创建断开视图。

下面以图 4-52 所示的装配立体图为例,介绍利用 UG NX 8.5 绘制工程图的方法。

步骤1　新建文件。

(1) 打开 zhou. prt 文件,选择"开始"→"制图"命令,进入"制图"环境。

(2) 选择"插入"→"图纸页"命令或"图纸"工具栏上的图标按钮 ▤ ,如图 4-122 所示,打开"图纸页"对话框。

图 4-122　"图纸"工具栏

若工具栏上的命令图标未显示完全,则采用 4.5.2 节所介绍的方法使相关的命令图标在工具栏上显示出来,以方便后续操作。

在"大小"标签页下,选择"使用模板"类型,可以使用 UG NX 8.5 软件自带的工程图模板;若选择"标准尺寸"类型,则后期需要导入工程图模板。

此处采用"标准尺寸"类型,大小采用"A3-297×420",比例采用"1:1"。

"设置"标签页下,单位有"毫米"和"英寸"可选;第一角投影符合我国制图国家标准的规定,第三角投影采用英美等国家的标准。

此处选择单位为"毫米",选择第一角投影放置方式(▱⊙),如图 4-123 所示,单击"确定"按钮,窗口出现 A3 图纸的虚线框。

步骤2　添加基本视图。

(1) 选择"插入"→"视图"→"基本"命令或单击"图纸"工具栏上的图标按钮 ▦ ,打开"基本视图"对话框。在"模型视图"一栏中,选择"后视图"作为主视图,根据图纸幅面和视图大小,默认视图比例为"1:1"不更改,如图 4-124 所示。

(2) 单击"基本视图"对话框的"定向视图工具"图标按钮 ⟳ ,打开"定向视图工具"对话框,如图 4-125 所示。选择"X 向",在随之打开的"定向视图"窗口中选择水平矢量,如图 4-126 所示。完成选择后,单击"确定"按钮,主视图方向变化如图 4-127 所示。

(3) 在图纸页上合适的位置单击鼠标右键,完成主视图放置,如图 4-128 所示。

同时,系统会自动打开"投影视图"对话框。如需添加左视图,只需向右水平拖动鼠

图 4-123　添加"图纸页"

图 4-124　"基本视图"对话框

图 4-125　"定向视图工具"对话框

图 4-126　"定向视图"窗口

图 4-127　主视图方向变化

标,指定一点,即可完成;如需添加俯视图,只需向下竖直拖动鼠标,指定一点,即可完成;如不需添加其余视图,关闭对话框即可。在此,不需要添加其他视图。

步骤 3　添加移出断面图。

(1) 选择"插入"→"视图"→"截面"→"简单/阶梯剖"命令或单击"图纸"工具栏上的图标按钮 ⊙,打开"剖视图"快捷工具栏,如图 4-129(a)所示,选择主视图,快捷工具栏随

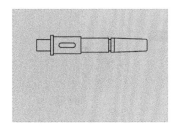

图 4-128　添加"主视图"

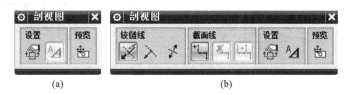

(a)　　　　　　　　　　　　　(b)

图 4-129　"剖视图"快捷工具栏

之自动变成图 4-129(b)所示。

（2）放置铰链线。选择键槽直线边框的中点，如图 4-130 所示，拖动光标向右，指定一点，添加断面图，如图 4-131 所示。双击文字"SECTION　A－A"，打开"视图标签样式"对话框，将前缀"SECTION"删除，单击"确定"按钮，如图 4-132 所示。

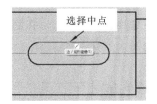

图 4-130　放置铰链线

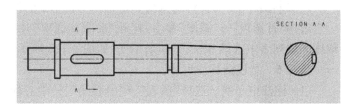

图 4-131　添加"断面图"

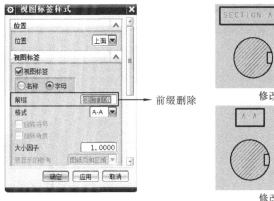

图 4-132　删除前缀

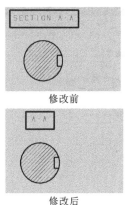

修改前

修改后

（3）选中断面图，拖动至截面线正下方合适位置，如图 4-133 所示。

（4）删除断面图上多余线段。选择"编辑"→"视图"→"视图相关编辑"命令，打开"视图相关编辑"对话框。选择断面图，单击"擦除对象"图标按钮，选择断面图上要擦除的线段，如图 4-134 所示，单击"确定"按钮。

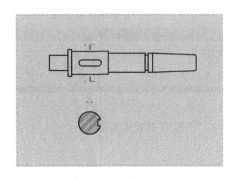

图 4-133　移动断面图位置

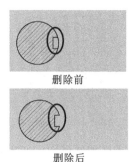

图 4-134　删除多余线段

步骤 4　显示隐藏线。

按照制图标准，需要将隐藏线显示出来，并且用虚线表示。

选择"首选项"→"视图"命令，打开"视图首选项"对话框，选择"隐藏线"选项卡，在隐藏线线型列表中选择"虚线"，其余不变，如图 4-135 所示。在此，视图无变化。

步骤 5　主视图标注尺寸。

（1）标注中心线。选择"插入"→"中心线"→"中心标记"命令或单击"注释"工具栏上的图标按钮 ⊕·，打开"中心标记"对话框，对象选择断面图的外圆轮廓线，单击"确定"按钮，结果如图 4-136 所示。

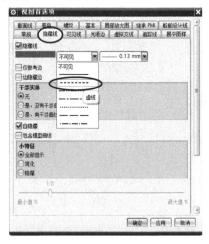

图 4-135　"视图首选项"对话框

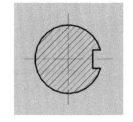

图 4-136　添加中心线

（2）标注线性尺寸。单击"尺寸"工具条上的"水平尺寸"图标按钮，如图 4-137 所示。若工具条上的命令图标未显示完全，则采用 4.5.2 节所介绍的方法使相关的命令在工具条上显示出来,方便后续操作。

图 4-137　"尺寸"工具条

　　依次选择如图 4-138 所示的两条边,向上移动光标到合适的位置,然后单击鼠标左键放置尺寸,标注的水平尺寸如图 4-138 所示。

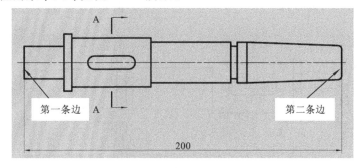

图 4-138　"水平尺寸"标注(一)

　　利用同样的方法,标注如图 4-139 所示的其他水平尺寸。

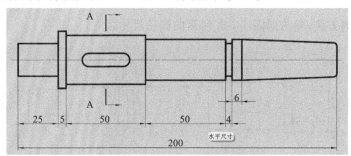

图 4-139　"水平尺寸"标注(二)

　　(3) 标注圆角尺寸。单击"尺寸"工具栏上的"半径尺寸"图标按钮，选择轴右端的倒圆角,然后移动光标到合适的位置,单击鼠标左键放置尺寸,如图 4-140 所示。

　　(4) 标注角度尺寸。单击"尺寸"工具栏上的"角度尺寸"图标按钮，依次选择如图 4-141 所示的两条边,向左移动光标到合适的位置,然后单击鼠标左键放置尺寸,如图 4-141所示。

　　(5) 标注圆柱尺寸。单击"尺寸"工具栏的"圆柱尺寸"图标按钮，依次选择如图 4-142所示的两条边,向左移动光标到合适的位置,然后单击鼠标左键放置尺寸,标注的圆柱尺寸如图4-142所示。

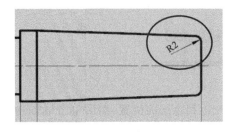

图 4-140   圆角标注

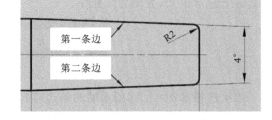

图 4-141   "角度尺寸"标注

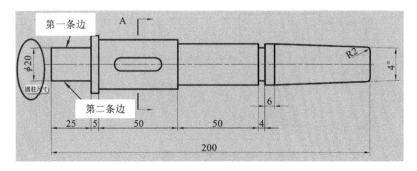

图 4-142   "圆柱尺寸"标注

利用同样的方法，标注如图 4-143 所示的圆柱尺寸。

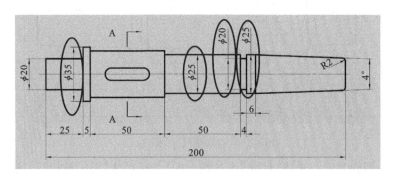

图 4-143   "圆柱尺寸"标注

（6）标注尺寸公差。

双击尺寸 $\phi20$ mm，打开"编辑尺寸"快捷工具栏，单击图标按钮，弹出尺寸的多种表达格式，如图 4-144 所示，可以按照需要自行选择。

单击"双向公差"按钮，尺寸 $\phi20$ mm 就更改为带有双向公差的格式，双击公差，弹出编辑对话框，更改公差"上限"为 ＋0.15，"下限"为 －0.03，如图 4-144 所示，按"Enter"键完成修改，关闭快捷工具栏即可。

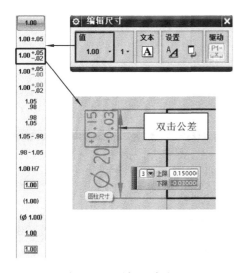

图 4-144 添加尺寸公差

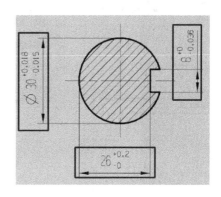

图 4-145 断面图尺寸标注

步骤 6 移出断面图标注尺寸。

利用与上述类似的方法,标注断面图的水平尺寸、数值尺寸和圆柱尺寸,并标注相应的公差,标注结果如图 4-145 所示。

图 4-146 "注释"工具栏

步骤 7 标注表面粗糙度、基准符号及几何公差。

(1)标注表面粗糙度。

选择"插入"→"注释"→"表面粗糙度符号"命令或单击"注释"工具栏上的图标按钮 ,如图 4-146 所示,打开"表面粗糙度"对话框(见图 4-147)。若工具栏上的命令图标未显示完全,则采用 4.5.2 节所介绍的方法使相关的命令图标在工具栏上显示出来,方便后续操作。

在"属性"标签页,根据需要选择"移除材料"方式。在此,选择"需要移除材料"方式,设置"a_2"值为 3.2,如图 4-147 所示。单击"设置"一栏中的样式图标按钮,进入"样式"对话框,如图 4-148 所示,在"文字"标签页可更改字符大小。在此,将字符大小改为 3.5。单击"确定"按钮关闭对话框。

单击"点选择器"上的"点在曲线上"图标按钮,使其高亮,在轴的轮廓线上合适位置指定表面粗糙度符号的位置,如图 4-149 所示。

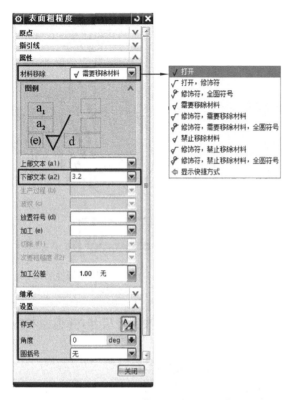

图 4-147　"表面粗糙度"对话框

图 4-148　"样式"对话框

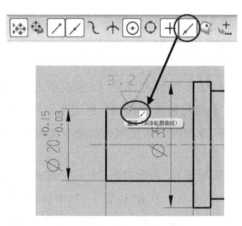

图 4-149　表面粗糙度标注

利用相同的方法，标注其余表面粗糙度，如图 4-150 所示。标注结束后，关闭对话框。

（2）标注基准符号。选择"插入"→"注释"→"基准特征符号"命令或单击"注释"工具

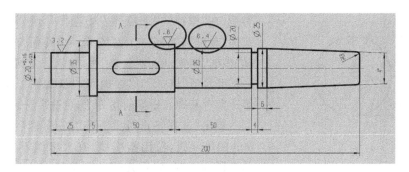

图 4-150　"表面粗糙度"对话框

栏上的图标按钮，弹出"基准特征符号"对话框，将"基准标识符"改为"B"，如图 4-151 所示。

　　点击"样式"图标按钮，进入"样式"对话框，更改"H"值为 2.0，如图 4-152 所示；用前述方法更改字符大小为 3.5，单击"确定"按钮退出样式编辑。

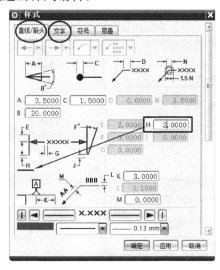

图 4-151　"基准特征符号"对话框　　　　　图 4-152　"样式"对话框

　　在"基准特征符号"对话框中单击"选择终止对象"，使其高亮，选择尺寸 $\phi30$ mm 的尺寸线，然后在尺寸线下方单击鼠标左键，放置基准符号，关闭"基准特征符号"对话框，显示结果如图 4-153 所示。

　　（3）标注几何公差。选择"插入"→"注释"→"特征控制框"命令或"注释"工具栏上的图标按钮，弹出"特征控制框"对话框，如图 4-154 所示。

　　在"指引线"标签页内，"类型"选择普通样式，单击"样式"栏，设置"短划线长度"为 5.0；在"框"标签页，在"特性"下拉列表中根据需要选择几何公差类型，在此选择"对称度"

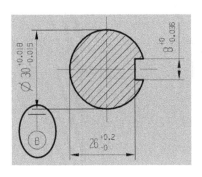

图 4-153 基准符号标注

类型，在"框样式"下拉列表中选择几何公差框格的样式为"单框"，当同一个对象有多个几何公差时可以选择"多框"样式；单击"公差"栏，输入公差值"0.05"，"第一基准参考"填"B"，必要时可以添加第二参考基准和第三参考基准。根据前述方法，更改字符大小为3.5。

单击"选择终止对象"使其高亮，然后选择尺寸 8 mm 的尺寸线，拉出指引线，在尺寸线下方合适位置单击鼠标左键，放置几何公差框格，单击"确定"按钮退出样式编辑，关闭"基准特征符号"对话框，显示结果如图 4-155 所示。

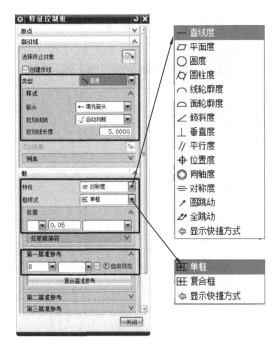

图 4-154 "特征控制框"对话框

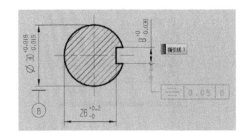

图 4-155 显示结果

完成全部标注后的轴的工程图如图 4-156 所示。

步骤 8 导入工程图模板。

（1）使用系统自带的工程图模板。打开 zhou.prt 文件后，选择"文件"→"新建"命令或单击"新建"工具图标按钮 ，如图 4-157 所示。选择需要的图纸大小即可使用 UG NX 8.5 软件自带的由西门子公司定制的工程图模板，如图 4-158 所示。

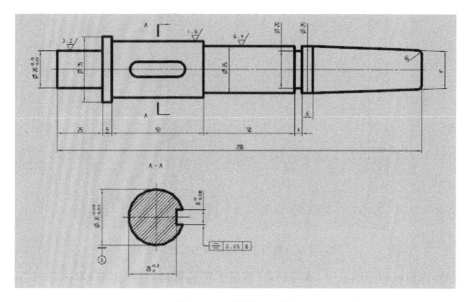

图 4-156 轴的工程图

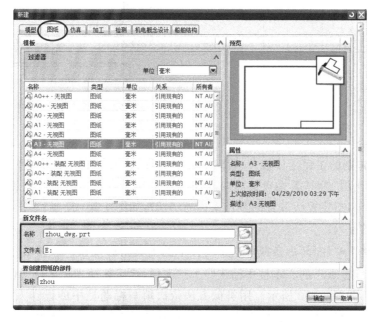

图 4-157 新建图纸

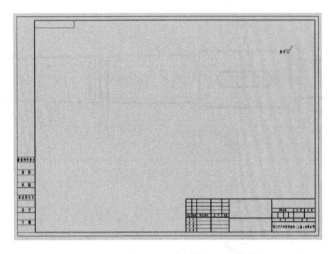

图 4-158　西门子公司定制的工程图模板

　　但是,该模板的标题栏中,填写的是"西门子产品管理软件(上海)有限公司",不能更改,如图 4-159 所示。因此,不建议使用系统自带模板。

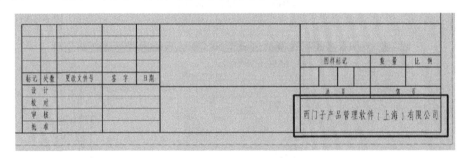

图 4-159　标题栏

　　(2)使用定制的工程图模板。选择"文件"→"导入"→"部件"命令,弹出"导入部件"对话框,设置"比例"为 1,其余设置不变,如图 4-160 所示。单击"确定"按钮,在自动跳出的"点"对话框中,指定模板放置的基点坐标为(0,0),如图 4-161 所示,再次单击"确定"按钮,完成模板的导入。

　　选择"文件"→"注释"命令或单击工具栏上的工具图标按钮 A ,弹出"注释"对话框,在"文本输入"标签页下的文本框中输入"1：1"字样,然后移动光标至合适位置,单击鼠标左键放置文本,如图 4-162 所示。用类似方法依次填写标题栏中的设计人姓名、日期、单位、材料等其余信息,并写好技术要求,最后得到的图纸如图 4-163 所示。

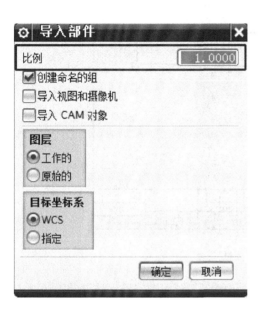

图 4-160　"导入部件"对话框

图 4-161　指定模板基点

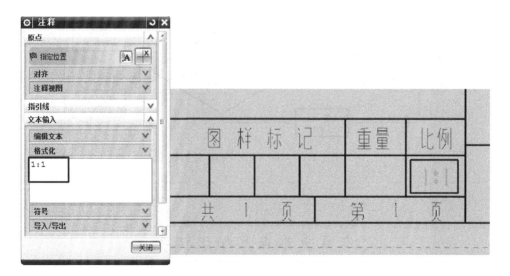

图 4-162　添加"注释"

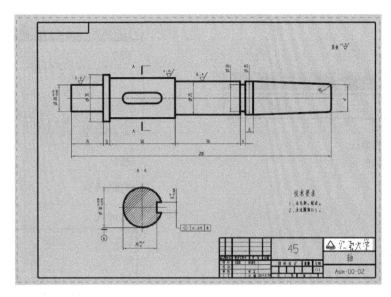

图 4-163　零件图纸

4.5.4　UG NX 8.5 的设计流程

通过 4.5.3 节的实例分析，可以总结 UG NX 8.5 的设计流程，如图 4-164 所示。

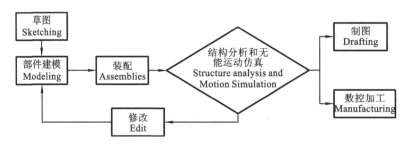

图 4-164　UG NX 8.5 的设计流程

本章重难点及知识拓展

建模就是以计算机能够理解的方式，对实体进行确切的定义，赋予一定的数学描述，再以一定的数据结构形式对所定义的几何实体加以描述，从而在计算机内部构造一个实体模型的过程。

在 CAD/CAM 中,产品或零部件的设计思想和工程信息是以具有一定结构的数字化模型形式存储在计算机内部的,并经过适当转换提供给生产过程各个环节,从而构成统一的产品数据模型。模型一般由数据、数据结构、算法三部分组成。

建模技术是系统的核心,建模的过程依赖于计算机的软、硬件环境,面向产品的创造性过程。建模技术应满足以下要求。

(1) 建模系统应具备信息描述的完整性。

(2) 建模技术应贯穿产品生命周期的整个过程。

(3) 建模技术应为企业信息集成创造条件。

CAD/CAM 建模技术是逐步发展起来的,大致可分为几何建模、产品建模和产品结构建模等三个阶段。

几何建模包括线框建模、曲面建模和实体建模等,是把真实世界中三维物体的几何形状用合适的数据结构来描述,供计算机识别和处理的信息数据模型。这个信息数据模型中包含了三维物体的几何和拓扑信息,供后续的计算机辅助技术所共享,是 CAD/CAPP/CAM 的集成资源。

产品建模主要有特征建模和变量化与参数化建模。

产品结构建模主要为装配建模技术。

思考与练习

1. 举例说明 CAD/CAM 中建模的概念及其过程。

2. 什么是几何建模技术? 几何建模技术为什么必须同时给出几何信息和拓扑信息?

3. 试分析三维几何建模的类型及其应用范围。

4. 实体建模的方法有哪些?

5. 在实体建模中是如何表示实体的?

6. 什么是体素? 体素的交、并、差运算分别有何含义?

7. 简述边界表示法的基本原理和建模过程。

8. 简述 CSG 表示法的基本原理和建模过程。

9. 分析比较 B-Rep 法与 CSG 法的特点。

10. 举例说明空间单元法是如何利用四叉树、八叉树来描述复杂形状物体的。

11. 何谓特征? 与实体建模相比,特征建模有何突出优点?

12. 什么是参数化设计? 什么是变量化设计? 两种方法有何区别?

第5章 计算机辅助工程分析

计算机辅助工程(computer aided engineering,CAE)分析是一种通过建立工程和科学问题的计算模型来进行的仿真分析,主要包括有限元分析、优化设计和计算机仿真。本章将结合外啮合齿轮泵齿轮的有限元分析、齿轮几何参数的优化设计和困油现象的计算机仿真,着重讲解有限元分析、优化设计和计算机仿真的理论基础、基本步骤和具体应用。

随着机械产品正日益向着高速、高效、精密和轻量化方向发展,产品结构日趋复杂,性能要求越来越高。长期以来一直沿用的计算与分析方法,因存在过多的简化条件,精度上已经越发不能满足现代产品开发的需要。伴随着计算机技术的发展,出现了计算机辅助工程分析这一新兴的学科。CAE 是产品开发和创新的重要手段,通过优化设计、有限元和计算机仿真等技术,保证设计人员在产品制造之前,就能够把握产品的工作性能,并由此对设计进行验证、改进和完善。

5.1 有限元法

有限元法(finite element method,FEM)是用有限数量的单元将作为分析对象的结构连续体进行网格离散化,并通过对这些单元的位移、应变和应力的近似求解,分析出结构连续体的整体位移、应变和应力的一种数值方法。

5.1.1 有限元法简介

有限元法属于力学中的数值分析方法,起源于航空工程中的矩阵分析。近年来,随着计算机技术的普及和计算速度的不断提高,有限元法在工程设计和分析中得到越来越广泛的重视,已经成为解决复杂工程问题的分析及计算的有效途径,使原有的设计水平发生了质的飞跃。其性能主要表现在以下五个方面:可增强产品和工程的可靠性;有助于在产品的设计阶段发现潜在的问题;经过分析计算,采用优化的设计方案,可降低原材料成本;可缩短产品投向市场的时间;采用模拟试验的方案,可减少试验次数,从而减少试验经费。

有限元分析基于固体流动的变分原理,以数学上平衡微分方程、几何上变形协调方程和物理上的本构方程作为基本的理论方程,结合圣维南原理和虚位移原理作为解决问题的手段,通过求解离散单元在给定边界条件、载荷和材料特性下所形成的线性或非线性微分方程组,从而可得到结构连续体的位移、应力、应变和内力等计算结果。其描述的准确性主要依赖于单元细分的程度、载荷的真实性、材料力学参数的可信度、边界条件处理的正确程度等。

简而言之,有限元法是一个基于连续性、均匀性、同向性、线弹性和小变形假设上的"化整为零"和"积零为整"的分析方法。

5.1.2　有限元法的理论基础

有限元法是依照弹性力学的基本解法进行求解的,不论采用的单元类型为哪一种,其求解的过程和步骤都是一样的,只不过在求解的具体方法和细节处理上有所不同而已。下面就以三角形等参单元的求解过程为例,来介绍有限元分析计算方法,至于其他的杆、梁、四边形、曲边四边形、四面体、六面体以及曲面六面体等空间的单元类型,可以用继承的方式加以实现。

1. 选择位移函数

图 5-1 所示为由结构连续体离散化后的任一三角形单元,设单元三结点和单元内任一点 A 的坐标分别为(x_1,y_1),(x_2,y_2),(x_3,y_3),(x,y),它们各自的小位移分别为(r_1,s_1),(r_2,s_2),(r_3,s_3),(r,s)。

现在三角形单元内选定一个线性函数,保证点 A 的坐标和小位移存在下列关系:

$$r = \alpha_1 + \alpha_2 x + \alpha_3 y, \quad s = \alpha_4 + \alpha_5 x + \alpha_6 y$$

或者表示为以下的矩阵形式:

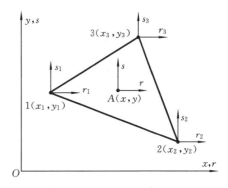

图 5-1　三角形单元的位移描述

$$\boldsymbol{\psi} = \begin{bmatrix} r \\ s \end{bmatrix} = \begin{bmatrix} 1 & x & y & 0 & 0 & 0 \\ 0 & 0 & 0 & 1 & x & y \end{bmatrix} \begin{bmatrix} \alpha_1 \\ \alpha_2 \\ \alpha_3 \\ \alpha_4 \\ \alpha_5 \\ \alpha_6 \end{bmatrix} = \boldsymbol{M\alpha} \tag{5-1}$$

根据 FEM 的基本假设,单元三结点处的坐标和小位移之间,同样也存在着下列的线性关系:

$$r_1 = \alpha_1 + \alpha_2 x_1 + \alpha_3 y_1, \quad s_1 = \alpha_4 + \alpha_5 x_1 + \alpha_6 y_1$$
$$r_2 = \alpha_1 + \alpha_2 x_2 + \alpha_3 y_2, \quad s_2 = \alpha_4 + \alpha_5 x_2 + \alpha_6 y_2$$
$$r_3 = \alpha_1 + \alpha_2 x_3 + \alpha_3 y_3, \quad s_3 = \alpha_4 + \alpha_5 x_3 + \alpha_6 y_3$$

也可表示为以下的矩阵形式:

$$d = \begin{bmatrix} r_1 \\ s_1 \\ r_2 \\ s_2 \\ r_3 \\ s_3 \end{bmatrix} = \begin{bmatrix} 1 & x_1 & y_1 & 0 & 0 & 0 \\ 0 & 0 & 0 & 1 & x_1 & y_1 \\ 1 & x_2 & y_2 & 0 & 0 & 0 \\ 0 & 0 & 0 & 1 & x_2 & y_2 \\ 1 & x_3 & y_3 & 0 & 0 & 0 \\ 0 & 0 & 0 & 1 & x_3 & y_3 \end{bmatrix} \begin{bmatrix} \alpha_1 \\ \alpha_2 \\ \alpha_3 \\ \alpha_4 \\ \alpha_5 \\ \alpha_6 \end{bmatrix} = \boldsymbol{X\alpha} \qquad (5\text{-}2)$$

对于一个给定的三角形单元,三结点的坐标和位移是已知的,则由式(5-2)可以反求出

$$\boldsymbol{\alpha} = \boldsymbol{X}^{-1}\boldsymbol{d}$$

将 $\boldsymbol{\alpha}$ 代入式(5-1),并设 $\boldsymbol{N} = \boldsymbol{MX}^{-1}$ 为形函数矩阵,得

$$\boldsymbol{\psi} = \boldsymbol{MX}^{-1}\boldsymbol{d} = \boldsymbol{Nd}$$

2. 应变与位移间的关系

根据变形协调方程,有

$$\boldsymbol{\varepsilon} = \begin{bmatrix} \varepsilon_x \\ \varepsilon_y \\ \varepsilon_{xy} \end{bmatrix} = \begin{bmatrix} \dfrac{\partial r}{\partial x} \\ \dfrac{\partial s}{\partial y} \\ \dfrac{\partial r}{\partial y} + \dfrac{\partial s}{\partial x} \end{bmatrix} = \begin{bmatrix} 0 & 1 & 0 & 0 & 0 & 0 \\ 0 & 0 & 0 & 0 & 0 & 1 \\ 0 & 0 & 1 & 0 & 1 & 0 \end{bmatrix} \begin{bmatrix} \alpha_1 \\ \alpha_2 \\ \alpha_3 \\ \alpha_4 \\ \alpha_5 \\ \alpha_6 \end{bmatrix} = \boldsymbol{M'\alpha} \qquad (5\text{-}3)$$

将 $\boldsymbol{\alpha}$ 代入式(5-3),并设 $\boldsymbol{B} = \boldsymbol{M'X}^{-1}$,则

$$\boldsymbol{\varepsilon} = \boldsymbol{M'X}^{-1}\boldsymbol{d} = \boldsymbol{Bd}$$

3. 应力与应变间的关系

应力由下面的公式给出

$$\boldsymbol{\sigma} = \begin{bmatrix} \sigma_x \\ \sigma_y \\ \sigma_{xy} \end{bmatrix} = \boldsymbol{D\varepsilon} = \boldsymbol{DBd}$$

式中:$\boldsymbol{D}$ 是弹性矩阵,它是由弹性模量 E 和泊松比 μ 确定的,有以下两种形式。

（1）对平面应力而言,有

$$\boldsymbol{D} = \frac{E}{1-\mu^2} \begin{bmatrix} 1 & \mu & 0 \\ \mu & 1 & 0 \\ 0 & 0 & (1-\mu)/2 \end{bmatrix}$$

（2）对平面应变而言,有

$$\boldsymbol{D} = \frac{E}{(1+\mu)(1-2\mu)} \begin{bmatrix} 1-\mu & \mu & 0 \\ \mu & 1-\mu & 0 \\ 0 & 0 & (1-2\mu)/2 \end{bmatrix}$$

4. 单元刚度矩阵的求解

利用最小势能原理,可以得出典型常应变三角形单元的单元刚度矩阵。单元总势能自然是三角形三结点位移(r_1,s_1),(r_2,s_2),(r_3,s_3)的函数,形式为

$$\pi_P = \pi_P(r_1,s_1,r_2,s_2,r_3,s_3) = U - \boldsymbol{d}^{\mathrm{T}}\boldsymbol{f} = U + \varphi_b + \varphi_P + \varphi_S$$

式中:U为应变能,可表示为

$$U = \frac{1}{2}\iiint\limits_V \boldsymbol{\varepsilon}^{\mathrm{T}}\boldsymbol{\sigma}\mathrm{d}V$$

φ_b为体力势能,可表示为

$$\varphi_b = -\iiint\limits_V \boldsymbol{\psi}^{\mathrm{T}}\boldsymbol{X}\mathrm{d}V$$

φ_P为集中力$\boldsymbol{P}$的势能,可表示为

$$\varphi_P = -\boldsymbol{d}^{\mathrm{T}}\boldsymbol{P}$$

φ_S为分布载荷$\boldsymbol{T}_S$沿表面位移场$\boldsymbol{\psi}_S$的势能,可表示为

$$\varphi_S = -\iint\limits_S \boldsymbol{\psi}_S^{\mathrm{T}}\boldsymbol{T}_S\mathrm{d}S$$

$\boldsymbol{f}$为作用于单元上的总的载荷,可表示为

$$\boldsymbol{f} = \iiint\limits_V \boldsymbol{N}^{\mathrm{T}}\boldsymbol{X}\mathrm{d}V + \boldsymbol{P} + \iint\limits_S \boldsymbol{\psi}_S^{\mathrm{T}}\boldsymbol{T}_S\mathrm{d}S$$

则

$$\pi_P = \frac{1}{2}\iiint\limits_V \boldsymbol{\varepsilon}^{\mathrm{T}}\boldsymbol{\sigma}\mathrm{d}V - \iiint\limits_V \boldsymbol{\psi}^{\mathrm{T}}\boldsymbol{X}\mathrm{d}V - \boldsymbol{d}^{\mathrm{T}}\boldsymbol{P} - \iint\limits_S \boldsymbol{\psi}_S^{\mathrm{T}}\boldsymbol{T}_S\mathrm{d}S$$

对π_P取一次微分,整理后得

$$\frac{\partial \pi_P}{\partial \boldsymbol{d}} = \left(\iiint\limits_V \boldsymbol{B}^{\mathrm{T}}\boldsymbol{D}\boldsymbol{B}\right)\boldsymbol{d} - \boldsymbol{f}$$

或者表示为

$$\boldsymbol{f} = \left(\iiint\limits_V \boldsymbol{B}^{\mathrm{T}}\boldsymbol{D}\boldsymbol{B}\right)\boldsymbol{d} = \boldsymbol{k}\boldsymbol{d}$$

式中:$\boldsymbol{k}$表示单元的刚度矩阵,对于厚度t不变的常应力单元,$\boldsymbol{k}$又可表示为

$$\boldsymbol{k} = t\left(\iint\limits_A \boldsymbol{B}^{\mathrm{T}}\boldsymbol{D}\boldsymbol{B}\right)\mathrm{d}x\mathrm{d}y = tA\boldsymbol{B}^{\mathrm{T}}\boldsymbol{D}\boldsymbol{B} \tag{5-4}$$

从式(5-4)可以看出,$\boldsymbol{B}$和单元面积A是单元结点坐标x_1,y_1,x_2,y_2,x_3,y_3的函数,故$\boldsymbol{k}$又可扩展为

$$\boldsymbol{k} = \begin{bmatrix} \boldsymbol{k}_{11} & \boldsymbol{k}_{12} & \boldsymbol{k}_{13} \\ \boldsymbol{k}_{21} & \boldsymbol{k}_{22} & \boldsymbol{k}_{23} \\ \boldsymbol{k}_{31} & \boldsymbol{k}_{32} & \boldsymbol{k}_{33} \end{bmatrix}$$

5. 整体刚度矩阵的组装

设离散单元的数目为 N，则由所有的单元刚度矩阵 $k^{(e)}$ 组装而成的整体刚度矩阵 K 为

$$K = \sum_{e=1}^{N} K^{(e)}$$

整体刚度矩阵是个稀疏矩阵，即是零元素占绝大多数的带状对称矩阵和奇异矩阵。

6. 通过边界条件的求解

对满足胡克定律的线弹性物体来说，有

$$F_{3N\times1} = \sum_{e=1}^{N} f^{(e)} = K_{3N\times3N}\delta_{3N\times1} = \sum_{e=1}^{N} K^{(e)}\delta_{3N\times1}$$

式中：F 代表整体载荷的系统向量，为所有结点在各个方向上的载荷结合，是完全已知的；δ 代表整体位移向量，为所有结点在各个方向的位移，它是部分已知、部分未知的，要求解的就是那些未知量，而已知的部分就是所谓的约束。

7. 单元应力与应变的计算

通过以上的步骤已经求得了每个结点的位移，并代入应变与位移的关系公式和通过数值高斯积分就可以得出应变，再由应变与应力的关系算出应力。

5.1.3　有限元法的基本步骤

对于各类具体问题的有限元分析，虽然在形状上、物理性质上和数学模型上可能会有所不同，但有限元法求解的基本步骤是相同的，主要包括以下六个步骤。

1. 问题及求解域定义

根据实际问题近似地确定求解域的物理性质和几何区域。

2. 求解域离散化

将求解域近似为具有不同大小和形状且彼此相连的有限个单元组成的离散域，习惯上称为有限元网络划分。单元越小即网络越细，离散域的近似程度就越好，计算结果也越精确，但计算量将增大。因此，求解域的离散化是有限元法的核心技术之一。

3. 确定状态变量及控制方法

一个具体的物理问题，通常可以用一组包含问题状态变量的边界条件的微分方程式来表示，为适合有限元求解，通常需要将这些微分方程化为等价的泛函形式。

4. 单元推导

要对单元构造出一个适合的近似解和保证单元矩阵求解的收敛性，单元的推导有许多原则要遵循。对工程应用而言，重要的是应注意每一种单元的解题性能与约束。例如，单元形状应以规则为好，畸形时不仅精度低，而且有缺秩的危险，将导致无法求解。

5. 总装求解

在将单元进行总装而形成离散域的总矩阵方程(即联合方程组)时,单元函数要满足一定的连续条件,状态变量及其导数连续性必须尽可能建立在结点处。

6. 联立方程组求解和结果解释

在有限元分析过程中,不可避免地需要求解联立的方程组,求解的方法可使用直接法、迭代法和随机法等。求解得出的结果是单元结点处状态变量的一个近似值,其质量好坏将由设计准则来判断,并由此判断所得的结果来确定是否需要重复计算。

简言之,有限元分析可分成前期、中期和后期的三个处理阶段,前期处理主要是建立有限元的模型和完成单元网格的划分;后期处理是采集处理后的分析结果,保证用户能简便地提取出所需要的信息和了解计算结果。

5.1.4　有限元法的发展趋势

有限元法经过几十年的迅猛发展,现已日趋成熟并基本上满足了用户的各种需求,其对科学技术的发展和工程应用的贡献不可磨灭。目前流行的有限元分析软件主要有NASTRAN、ADINA、ANSYS、ABAQUS、MARC、COSMOS 等。纵观当今国际的发展情况,可以看出 FEM 如下的一些发展趋势。

1. 集成 CAD/CAM/CAE 技术

CAD/CAM/CAE 软件的无缝集成,要求 CAD 软件在完成部件和零件的结构设计后,能直接将模型传送到 CAE 软件中进行有限元网格划分并进行分析计算,如果分析的结果不满足设计要求则自动重新进行设计和分析,直到满意为止,从而极大地提高了设计水平和效率。目前,许多商业化的软件如 Pro/ENGINEER、UG 等都提供了有限元的分析模块,能够实现 CAD/CAM/CAE 的双向无缝连接。

2. 具有更为强大的网格处理能力

有限元法求解问题的基本过程就是"结构离散→单元分析→整体求解"的过程,由于结构离散后的网格质量直接影响到求解时间及求解结果的正确与否,尤其对许多工程实际问题,在整个求解的过程中,模型的某些区域将会产生很大的应变,引起单元畸变,从而导致求解的难以为继或结果的不正确,所以网格的自动重划分是必需的。鉴于此,自适应性的网格划分技术就应运而生,它是在现有的网格划分技术的基础上,根据有限元计算结果的误差估计,重新划分网格和再计算的一个循环过程。

3. 解决非线性问题

目前,线性理论已经远远不能满足设计的要求,许多工程问题如材料的破坏与失效、裂纹扩展等仅依靠线性理论根本不能解决,必须进行非线性的分析求解。众所周知,非线性问题的求解是很复杂的,它不仅涉及很多的数学问题,还要求工程技术人员必须掌握一定的理论知识和求解技巧,学习起来也较为困难。为此,国外一些公司已开发出一些致力于非线性求解的分析软件,如 ADINA、ABAQUS 等,它们的共同特点是具有高效的非线性求解器和丰富而实用的非线性材料库等。

4. 解决耦合场

现在用于求解结构线性问题的有限元方法和软件已经比较成熟,而对于像摩擦接触、金属成形等产生的热问题,需要由结构场和温度场的有限元分析结果进行交叉的迭代求解,即"热力耦合"的问题。由于有限元法的应用越来越深入,人们关注的问题也越来越复杂,耦合场的求解必定成为有限元法的发展方向。

5. 程序面向用户开放

基于商业化的要求,各软件开发商在增强有限元软件的易用性等方面已经做出了巨大的努力,但由于用户的要求千差万别,不管他们怎样努力也不可能满足所有用户的要求。因此,必须给用户一个开放的环境,允许用户根据自己的实际情况对软件进行扩充,主要包括单元特性、材料本构、结构本构、热本构、流体本构、边界条件、结构断裂判据等的用户自定义。

5.1.5 案例——外啮合齿轮泵齿轮的有限元分析

外啮合齿轮泵设计的关键和基础是一对啮合齿轮的设计,不同的应用环境对齿轮设计的要求是不同的。如果设计所要求的输出压力、输出流量和转速为已知,如何结合优化法、有限元法和计算机仿真技术,设计出一台具有流量均匀性好、体积小和寿命长的齿轮设计参数是本章案例的主要内容。下面基于 UG 软件所提供的有限元模块,就该泵齿轮的有限元分析过程做详细的描述。

(1) 在 UG 的建模模块中,以模数 $m=2.5$、齿数 $z=12$、变位系数 $x=0.354$、齿宽 $B=29.8$ mm 的齿形参数,建立如图 5-2 所示的齿轮三维模型。由于最大应力一般是发生在齿轮的齿根部分,因此,对于 12 这样小齿数齿轮的三维建模,过渡曲线的描述非常关键,它直接决定了最终分析结果的可靠与否,UG 下齿轮的精确建模可参考相关的文献。

(2) UG 提供了两个有限元分析模块,一个是"分析"菜单下的"强度向导",另一个是"应用"菜单下的"结构分析"。两者的基本功能相同,只是前者用于比较简单的结构,后者用于比较复杂的结构。由于 UG 的系统材料库中没有这里所使用的齿轮材料 20CrMnTi,所以在进行有限元分析之前,应先在材料库中新增 20CrMnTi 材料。

(3) 从 UG 的"工具"菜单下的"材料属性",进入如图

图 5-2 UG 下的齿轮三维模型

5-3 所示的材料属性定义界面。指定齿轮所用材料的特性值,设齿轮材料名为 20CrMnTi,查相关手册知其抗拉强度 $\sigma_b \geq 1\,080$ MPa,屈服强度 $\sigma_s \geq 835$ MPa,密度 = 7.85×10^{-6} kg/mm^3,并输入到图 5-3 所示"材料"对话框中的相应栏中。

图 5-3　UG 的材料定义界面

　　(4) 从 UG 的"分析"菜单下进入"强度向导"的有限元分析模块,将出现如图5-4(a) 所示的"强度向导"使用界面,在选择需要分析的齿轮模型后,将出现如图 5-4(b)所示的 "材料属性"的选择界面。

　　(5) 在图 5-4(b)所示的界面中,选择刚创建的材料 20CrMnTi 后,将出现如图5-4(c) 所示的材料选择成功的界面。

　　(6) 在图 5-4(c)所示的界面中,选择"下一步"后,将出现如图 5-4(d)所示的载荷选择 界面。

　　(7) 在图 5-4(d)所示的界面中,选择"面载荷"后,将出现如图 5-4(e)所示的载荷面的 选择界面。

　　(8) 在图 5-4(e)所示的界面中,选择如图 5-4(h)所示的 A 面作为出口高压面后,将 出现如图 5-4(f)所示的载荷类型定义界面。

　　(9) 在图 5-4(f)所示的界面中,选择"均布面载荷"后,将出现如图 5-4(g)所示的载荷

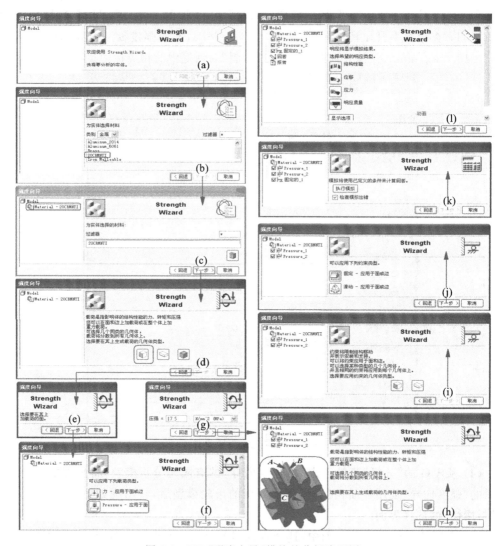

图 5-4　UG"强度向导"模块的分析流程图

值定义界面。在其中输入 17.5（即大约 175 个大气压）后，又出现如图 5-4(d)所示载荷再选择的界面。

（10）重复执行步骤(7)～(9)，完成如图 5-4(h)所示的作为进口低压面的 B 面的载荷定义。其值为 0.1，即大约 1 个大气压。至此，在结束了载荷的定义后，将出现如图5-4(i)所示的几何约束定义界面。

（11）在图 5-4(i)所示界面中，选择"面约束"和指定如图 5-4(h)所示的 C 面作为约束的几何面后，将出现如图 5-4(j)所示的约束类型的定义界面。

（12）在图 5-4(j)所示界面中，选择"固定"的类型，然后单击"下一步"按钮，将出现如图 5-4(k)所示的有限元分析的执行模拟的界面。

注：在"强度向导"模块中，有限元网格的划分和类型选择是由系统根据产品的几何模型自动选择的，但是在"结构分析"模块中，该部分可以根据实际情况来选择。

（13）在图 5-4(k)所示的界面中，选择"执行模拟"按钮，进入有限元分析阶段。分析完毕后，将出现如图 5-4(l)所示的模拟结果输出界面。

（14）在图 5-4(l)所示的界面中，选择"应力"和"位移"按钮，系统将输出如图 5-5(a)、(b)所示的"应力""位移"的报告图。

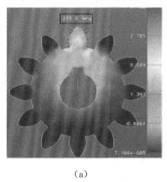 

　　　　　（a）　　　　　　　　　　　　　　　（b）

图 5-5　外啮合齿轮泵齿轮的有限元分析报告

（a）UG-Strength Wizard 应力报告图；　（b）UG-Strength Wizard 位移报告图

5.2　优化设计

20 世纪 50 年代以后，随着计算机技术的发展和数值计算方法的日趋完善，传统的设计方法逐渐被淘汰，工程设计人员也因此走上了一条被称之为优化设计的现代设计之路。优化设计是在计算机广泛应用基础上发展起来的一项新技术。

5.2.1　优化设计概述

事实上，同一产品的设计要求是多种多样的，而且经常也是相互矛盾的，经验丰富的设计人员也常常徘徊不定；即使产品设计出来了，也不能保证这样的设计就是最好的。传统设计遵循的"原始方案→计算和校核→调整方案→重复计算和校核"的设计流程，是以牺牲设计效率和质量为代价的相对烦琐和耗时的设计方法，随着设计越来越系统化，设计规模越来越大型化，传统方法已经越来越不能满足设计的时效和精度要求。新兴的优化设计方法则采用计算机的"自动探索"来代替传统设计所遵循的设计流程。经过几十年的发展，优化设计方法已陆续在建筑、化工、冶金、铁路、航空航天、造船、汽车等领域取得了广泛的应用和显著的效果。

1. 数学模型

一般来说,大多数现实设计问题并不具备 $1:1$ 实物试验的可操作性,这就要求我们必须按照实际问题建立相应的模型并对此进行研究。常见的模型包括物理模型和数学模型两类。物理模型具有成本高、效率低的致命弱点,且不便于模型参数和结构参数的修改。而数学模型则不然,由于采用数学方法来描述实际问题,具有物理模型无法比拟的优势,很适合于计算机的数值运算和参数修改,目前是优化设计普遍采用的一种描述方法。

优化设计的数学模型主要由设计变量向量 $\boldsymbol{X}$、目标函数 $f(\boldsymbol{X})$ 和约束函数三部分组成,其简称为优化模型的三要素,其中的约束函数包括等式约束 $h_v(\boldsymbol{X})=0$ 和不等式约束 $g_u(\boldsymbol{X})>0$ 或者 $g_u(\boldsymbol{X})\leqslant 0$。

1) 设计变量

在设计过程中进行选择和调整并最终必须确定的独立参数称为设计变量,设计变量可以是连续变量也可以是离散变量。其数目称为优化问题的维数,如有 n 个设计变量,就称该问题为 n 维优化设计问题。由这 n 个设计变量的坐标轴所形成的 n 维实空间称为设计空间,用 E^n 表示。在这些空间中,n 个设计变量的坐标值组成了一个设计点并代表一个设计方案,可用向量 $\boldsymbol{X}=[x_1 \quad x_2 \quad \cdots \quad x_n]^T$ 来表示。

在 5.1 节的案例中,齿轮泵齿轮最基本的设计参数为一对啮合齿轮的模数 m、齿数 z 和变位系数 x,则其设计变量可表示为 $\boldsymbol{X}=[m \quad z \quad x]^T$。

2) 目标函数

目标函数又称为评价函数,是用来评价设计方案(如重量、体积、刚度、成本等)优劣的标准,即目标函数是用设计变量来表达设计中预期目标的函数表达式。一个 n 维设计变量优化问题的目标函数记为 $f(\boldsymbol{X})$。依据目标函数所代表的设计目标的数量,目标函数可分为单目标函数和多目标函数两类。

同一产品的优化设计,虽然目标函数可以有不同的取法,但是它们总可以转化为追求最小值的统一形式,即使对于那些追求最大值的目标函数,也可通过其倒数形式来转化。对应于 5.1 节的案例所要求的流量均匀性好、体积小和寿命长的目标追求,可用以下的三个分目标函数来表示。

(1) 表征流量均匀性好即脉动最小的目标函数

$$f_1(\boldsymbol{X}) = \frac{t_j^2}{4(r_a^2 - r^2 - t_j^2/12)}$$

式中:r_a 为齿顶圆半径,$r_a=0.5mz+m(h+k-\sigma)$,其中 σ 为中心距变动系数,$\sigma=z[\cos(\alpha_n/\alpha)-1]$,$\alpha_n$ 为刀具压力角,α 为节圆的啮合角,$\text{inv}\alpha=2kz^{-1}\tan\alpha_n+\text{inv}\alpha_n$;$r$ 为节圆半径,$r=0.5m(z+\sigma)$;t_j 为基节,$t_j=\pi m\cos\alpha$。

（2）表征体积小的目标函数

$$f_2(\boldsymbol{X}) = \frac{(2\pi - \theta)r_\text{a}^2 + 2rr_\text{a}\sin(0.5\theta)}{2\pi(r_\text{a}^2 - r^2 - t_\text{j}^2/3)}$$

式中：$\theta = 2a\cos(r/r_\text{a})$。

（3）表征寿命长即侧向力小的目标函数

$$f_3(\boldsymbol{X}) = \frac{170pqr_\text{a}}{2\pi(r_\text{a}^2 - r^2 - t_\text{j}^2/3)}$$

式中：p 为额定压力；q 为额定流量。

3）约束条件

目标函数值取决于设计变量的变化，但这种变化并不是任意的自由变化，绝大部分实际问题的设计或多或少总要满足一定的设计条件，而这些条件就构成对设计变量取值的限制函数，称之为约束函数或（设计）约束。具体可以采用"$h_v(\boldsymbol{X}) = 0 \& g_u(\boldsymbol{X}) \leqslant 0$"等数学等式和不等式来表示，由这些约束函数组成的空间称为可行域 Θ。虽然不等式有"$\geqslant$"和"$\leqslant$"之分，但是"$\geqslant$"总可以通过两边同取负而化为"$\leqslant$"的形式，故这里不等式约束条件统一采用"$\leqslant$"的形式。位于可行域内的设计点称为可行（设计）点，位于可行域边界上的设计点称为边界（设计）点，否则称为非可行（设计）点。根据约束函数对设计变量取值的限制形式，可分为直接的显式约束和间接的隐式约束，也可分为边界约束和性态约束。

在案例齿轮泵齿轮的设计中，需考虑以下这些约束条件。

（1）模数边界约束

$$g_1(\boldsymbol{X}): m - m_\text{min} \geqslant 0; \quad g_2(\boldsymbol{X}): m_\text{max} - m \geqslant 0$$

（2）齿数边界约束

$$g_3(\boldsymbol{X}): z - z_\text{min} \geqslant 0; \quad g_4(\boldsymbol{X}): z_\text{max} - z \geqslant 0$$

（3）变位系数约束

$$g_5(\boldsymbol{X}): k \geqslant k_\text{min} = (14 - z)/17（允许少量根切）$$

（4）齿宽系数约束

$$g_6(\boldsymbol{X}): b/m - \psi_\text{min} \geqslant 0; \quad g_7(\boldsymbol{X}): \psi_\text{max} - b/m \geqslant 0$$

（5）齿顶厚度约束

$$g_8(\boldsymbol{X}): S_\text{a} \geqslant S_\text{amin} = 0.15m$$

（6）弯曲应力约束

$$g_9(\boldsymbol{X}): \sigma_\text{F} \leqslant [\sigma_\text{F}]$$

（7）接触应力约束

$$g_{10}(\boldsymbol{X}): \sigma_\text{H} \leqslant [\sigma_\text{H}]$$

（8）重合度约束

$$g_{11}(\boldsymbol{X}): \varepsilon = z(\tan\alpha_\text{a} - \tan\alpha)/\pi \geqslant \varepsilon_\text{min} = 1.05$$

（9）径向间隙约束

$$g_{12}(\boldsymbol{X}): \mid a - r_a - 0.5m(z - 2.5 + 2k) - 0.15m \mid \leqslant 0.1m$$

以上各式中：α_a 表示齿顶圆的啮合角；σ_F 和 $[\sigma_F]$ 分别表示齿根应力和齿根许用应力；σ_H 和 $[\sigma_H]$ 分别表示齿根弯曲应力和齿根许用弯曲应力，它们关于设计变量的具体计算公式可参阅相关零件设计手册。

因此，优化模型的一般形式和齿轮优化模型可表示如下。

优化模型的一般形式为

$$\begin{cases} \min f(\boldsymbol{X}) \quad \boldsymbol{X} \in E^n \\ \quad \boldsymbol{X} = \begin{bmatrix} x_1 & x_2 & \cdots & x_n \end{bmatrix}^T \\ \text{s. t.} \quad h_v(\boldsymbol{X}) = 0 \quad (v = 1, 2, \cdots, p) \\ \quad g_u(\boldsymbol{X}) \leqslant 0 \quad (u = 1, 2, \cdots, m) \end{cases}$$

案例的优化模型为

$$\begin{cases} \min f_1(\boldsymbol{X}), f_2(\boldsymbol{X}), f_3(\boldsymbol{X}) \quad \boldsymbol{X} \in E^n \\ \quad \boldsymbol{X} = \begin{bmatrix} m & z & x \end{bmatrix}^T \\ \text{s. t.} \quad g_u(\boldsymbol{X}) \leqslant 0 \quad (u = 1, 2, \cdots, 12) \end{cases}$$

2. 迭代解法

工程设计问题一般多归结为多变量、多约束的非线性优化问题，这样的问题已经超出了经典的解析方法（也称为间接方法）所能解决的范畴。随着计算机的快速发展，数值迭代法（也称为直接方法）可以很好地解决这些问题，对于极小化问题，这种方法就是下降迭代算法。

优化设计迭代解法的基本思想，是根据目标函数 $f(\boldsymbol{X})$ 的收敛变化规律，由第 k 轮迭代设计点 $\boldsymbol{X}^{(k)}$ $(k = 0, 1, 2, \cdots)$ 开始，采用适当的步长 $\alpha^{(k)}$，在可行域内沿着使目标函数值下降的方向 $s^{(k)}$，通过迭代公式 $\boldsymbol{X}^{(k+1)} = \boldsymbol{X}^{(k)} + \alpha^{(k)} s^{(k)}$ 来改变 $\boldsymbol{X}^{(k)}$ 到第 $k+1$ 轮迭代的新设计点 $\boldsymbol{X}^{(k+1)}$，然后再在点 $\boldsymbol{X}^{(k+1)}$ 处，采用新的步长 $\alpha^{(k+1)}$ 和新的方向 $s^{(k+1)}$，重复上一步的迭代过程，直至逼近问题的最优点 $\boldsymbol{X}^*$ 为止。因此，优化问题的最优解 $\boldsymbol{X}^*$ 不是问题的精确解，而是满足一定计算精度条件下的近似解。

初始的设计点 $\boldsymbol{X}^{(0)}$ 和计算精度 ε 必须由设计人员预先给定。根据优化模型中目标函数和约束函数的收敛特性，终止迭代的判据可以是以下四种的任何组合。

$$\| \boldsymbol{X}^{(k+1)} - \boldsymbol{X}^{(k)} \| \leqslant \varepsilon_1, \quad \| f(\boldsymbol{X}^{(k+1)}) - f(\boldsymbol{X}^{(k)}) \| \leqslant \varepsilon_2$$

$$\frac{\| f(\boldsymbol{X}^{(k+1)}) - f(\boldsymbol{X}^{(k)}) \|}{\| f(\boldsymbol{X}^{(k)}) \|} \leqslant \varepsilon_3, \quad \| \nabla f(\boldsymbol{X}^{(k+1)}) \| \leqslant \varepsilon_4$$

综上所述，如何选择 $s^{(k)}$ 和 $\alpha^{(k)}$ 是优化设计迭代解法的关键，为此，对优化迭代算法要注意以下三点：

（1）迭代算法必须具有收敛性，没有收敛性的算法在理论上是不能成立的。

（2）在收敛性前提下，应选择比较好的初始点 $X^{(0)}$ 和适宜的终止判据及收敛精度 ε。

（3）能选取具有下降迭代的搜索方向 $s^{(k)}$ 和其上的迭代步长 $\alpha^{(k)}$，确保较快的收敛速度。

3. 优化软件简介

1) LINGO 软件

LINGO（包括 LINDO）是美国 LINDO 系统公司开发的一套专门用来求解最优化问题的软件包。LINDO 是 Linear Interactive and Discrete Optimizer（交互式的线性和离散优化求解器）的缩写，可以用来求解线性规划（LP）和二次规划（QP）问题；LINGO 除了拥有 LINDO 的全部功能（求解线性和二次规划问题）外，还可以用来求解非线性规划（NLP）问题，是一种建立最优化问题的语言。图 5-6 显示了 LINGO 和 LINDO 软件能求解的优化模型。

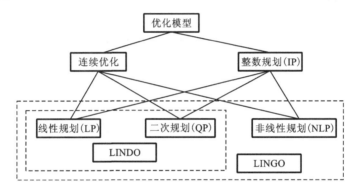

图 5-6　LINGO 软件的求解范围

LINGO 软件主要具有以下特点：

（1）模型表示简单；

（2）求解工具强大，在建立模型、求解模型、结果显示、数据查询、档案处理和敏感度分析上都有对应的指令和功能；

（3）数据输入和输出选择方便；

（4）求解引擎和求解工具强大；

（5）具备模型交互或创建交互式应用功能；

（6）具备广泛的文档和帮助功能。

2) MATLAB 软件

MATLAB 软件是由美国 Mathworks 公司发布的主要面对科学计算、可视化以及交互式程序设计的高科技计算软件，主要包括 MATLAB 和 Simulink 两大部分。它将数值分析、矩阵计算、科学数据可视化，以及非线性动态系统的建模和仿真等诸多强大功能集成在一个易于使用的视窗环境中，为科学研究、工程设计及必须进行有效数值计算的众多科学领域提供了一种全面的解决方案，并在很大程度上摆脱了传统非交互式程序设计语言（如 C、Fortran 语言）的编辑模式，代表了当今国际科学计算软件的先进水平。

MATLAB 和 Mathematica、Maple 并称为三大数学软件，在数学类科技应用软件中，MATLAB 软件在数值计算方面首屈一指。MATLAB 软件具备矩阵运算、绘制函数和数据、实现算法、创建用户界面、连接其他编程语言的程序等功能，主要应用于工程计算、控制设计、信号处理与通信、图像处理、信号检测、金融建模设计与分析等领域。

优化设计问题 MATLAB 程序是 MATLAB 软件中设计的集各种优化设计方法于一体的 MATLAB 程序，适用于求解各种无约束、有约束的优化问题，通用性较好，其主界面如图 5-7 所示。其包括二次型函数的正定性、函数区间的确定、有约束条件极值问题和无约束条件极值问题等模块。

图 5-7　优化设计问题 MATLAB 程序主界面

5.2.2　优化设计的数学基础

优化设计的本质就是求解问题的极值，由于实际问题所涉及的设计指标往往很多，优化模型中的目标函数比较复杂，高等数学中原有的基础极值理论，处理起这类问题来往往显得力不从心。

下面将对多变量约束优化问题的求解方法中所涉及的数学知识进行补充和扩展。

1. 多元函数的泰勒展开

依据高等数学中一元函数的泰勒展开式，如果多元函数 $f(\boldsymbol{X})$ 在点 $\boldsymbol{X}^{(k)}$ 的某个开区间

内 $n+1$ 阶可导,那么只要开区间足够小,就可用以下的向量和矩阵形式近似替代原来的 $f(\boldsymbol{X})$。

$$f(\boldsymbol{X}) \approx f(\boldsymbol{X}^{(k)}) + \boldsymbol{\nabla} f(\boldsymbol{X}^{(k)})^{\mathrm{T}} [\boldsymbol{X} - \boldsymbol{X}^{(k)}] + \frac{1}{2} [\boldsymbol{X} - \boldsymbol{X}^{(k)}]^{\mathrm{T}} \boldsymbol{\nabla} f^2(\boldsymbol{X}^{(k)}) [\boldsymbol{X} - \boldsymbol{X}^{(k)}]$$

其中

$$\boldsymbol{X} = \begin{bmatrix} x_1 \\ x_2 \\ \vdots \\ x_n \end{bmatrix}, \boldsymbol{X}^{(k)} = \begin{bmatrix} x_1^{(k)} \\ x_2^{(k)} \\ \vdots \\ x_n^{(k)} \end{bmatrix}, \boldsymbol{\nabla} f(\boldsymbol{X}^{(k)}) = \begin{bmatrix} \dfrac{\partial f}{\partial x_1} \\[2mm] \dfrac{\partial f}{\partial x_2} \\[2mm] \vdots \\[2mm] \dfrac{\partial f}{\partial x_n} \end{bmatrix}_{\boldsymbol{X} = \boldsymbol{X}^{(k)}}$$

$$\boldsymbol{\nabla} f^2(\boldsymbol{X}^{(k)}) = \begin{bmatrix} \dfrac{\partial^2 f}{\partial x_1^2} & \dfrac{\partial^2 f}{\partial x_1 \partial x_2} & \cdots & \dfrac{\partial^2 f}{\partial x_1 \partial x_n} \\[3mm] \dfrac{\partial^2 f}{\partial x_2 \partial x_1} & \dfrac{\partial^2 f}{\partial x_2^2} & \cdots & \dfrac{\partial^2 f}{\partial x_2 \partial x_n} \\[3mm] \vdots & \vdots & & \vdots \\[3mm] \dfrac{\partial^2 f}{\partial x_n \partial x_1} & \dfrac{\partial^2 f}{\partial x_n \partial x_2} & \cdots & \dfrac{\partial^2 f}{\partial x_n \partial x_n} \end{bmatrix}_{\boldsymbol{X} = \boldsymbol{X}^{(k)}}$$

$\boldsymbol{\nabla} f(\boldsymbol{X}^{(k)})$ 是由 $f(\boldsymbol{X})$ 在点 $\boldsymbol{X}^{(k)}$ 的所有一阶偏导数组成的矩阵向量,或称之为 $f(\boldsymbol{X})$ 在点 $\boldsymbol{X}^{(k)}$ 处的梯度。$\boldsymbol{\nabla} f^2(\boldsymbol{X}^{(k)})$ 是由 $f(\boldsymbol{X})$ 在点 $\boldsymbol{X}^{(k)}$ 的二阶偏导数组成的矩阵,或称之为 $f(\boldsymbol{X})$ 在点 $\boldsymbol{X}^{(k)}$ 处的黑塞(Hessian)矩阵,简记作 $H(\boldsymbol{X})$。

2. 目标函数极值的存在性

优化设计固然是求解问题的极值,那么,首先要知道极值是否存在,如不存在,设计的优化将无从谈起。对于无约束极值的存在性,可以目标函数的 $H(\boldsymbol{X})$ 做出判断。

由高等数学中的极值概念已知,任一单值、连续、可微的不受任何约束的一元函数 $Y = f(\boldsymbol{X})$,在 $\boldsymbol{X}^{(k)}$ 点处有极值的充分必要条件是:取极小值时的 $f'(\boldsymbol{X}^{(k)}) = 0, f''(\boldsymbol{X}^{(k)}) > 0$;取极大值时的 $f'(\boldsymbol{X}^{(k)}) = 0, f''(\boldsymbol{X}^{(k)}) < 0$。

多元函数 $f(\boldsymbol{X})$ 在点 $\boldsymbol{X}^{(k)}$ 处能取极小值时的充要条件是:$\boldsymbol{\nabla} f(\boldsymbol{X}^{(k)}) = 0, H(\boldsymbol{X}^{(k)})$ 存在。

目标函数值相等的所有设计点的集合,称为目标函数的等值线(二维时),或等值面(三维时),或等超越面(三维以上时)。给定不同的目标函数值,就可得到一系列的这样的等值线、等值面、等超越面,由它们构成相应的等值线族、等值面族、等超越面族。

很显然,当目标函数 $f(\boldsymbol{X})$ 为二次函数时,$H(\boldsymbol{X})$ 为一常数矩阵,如果它是正定的,则称 $f(\boldsymbol{X})$ 为正定的。正定二次函数的等值线或等值面是一簇同心的椭圆或椭球。非正定二次函数在极小值点附近的等值线或等值面,也可近似地用椭圆或椭球来代替。后面章节将会讲到,许多优化理论和优化方法都是根据正定二次函数加以拓展的,正定二次函数所具有的非常有效的优化算法,对一般非线性函数也是适用和有效的。因此,正定二次函数在优化理论中具有非常重要的意义。

有约束问题的极值会受到约束条件影响,其极值是否存在的问题相当复杂,现有研究还没有形成一个统一的有效判别方法,目前仍是根据多初始点下的极值点是否逼近同一点的来近似判别。不过下面要讲的目标函数为凸函数、可行域为凸集的凸规划问题除外。

3. 目标函数的凸性

在已知目标函数存在极值的基础上,还要知道极值的数目及性质,是否在全局极值点外还存在一个或者多个局部的极值点,这将由目标函数的凸性来辅助判定,对于有约束的目标函数,其极值还要结合约束条件来共同确定。

假设在 n 维欧氏空间中的一个集合 Θ 内,任意两点 $X^{(k)}$,$X^{(k+1)}$ 之间的连接直线都属于集合 Θ,则称集合 Θ 为 n 维欧氏空间的一个凸集,反之则为一个非凸集。

如果目标函数 $f(X)$ 在凸集 Θ 上具有一阶连续导数,则对任意两点 $X^{(k)}$,$X^{(k+1)} \in \Theta$,且

$$f(X^{(k+1)}) \geqslant f(X^{(k)}) + (X^{(k+1)} - X^{(k)}) \nabla f(X^{(k)})$$

则目标函数是凸函数的充分必要条件是恒成立的。

如果 $f(X)$ 在凸集 Θ 上具有二阶连续导数,则 $f(X)$ 为凸函数的充分必要条件是其 Hessian 矩阵 $H(X)$ 处处半正定。

对于具有凸性的目标函数,其极值点只有一个,当然也就是全局的最优点。为此,如果事先能通过 $H(X)$ 的正定性判断出目标函数是个凸函数,则该函数的极值点就是全域最优点。

4. 函数的方向导数和梯度

接下来的问题是如何才能使设计点快速地变化到最优点 X^*。对于从同一个设计点 X 采用不同的方向逼近 X^*,是否存在一个最佳的方向 s^*,使逼近 X^* 的效率最高？答案是肯定的,很显然这个 s^* 就是目标函数值变化最大的梯度方向。

梯度方向 $\nabla f(X)$ 为一向量,定义为

$$\nabla f(X) = \begin{bmatrix} \dfrac{\partial f}{\partial x_1} & \dfrac{\partial f}{\partial x_2} & \cdots & \dfrac{\partial f}{\partial x_n} \end{bmatrix}^{\mathrm{T}}$$

将 $f(X)$ 在设计点 X 处沿任意方向 s 的函数值变化率,定义为 $f(X)$ 在 X 处 s 方向上的方向导数,方向导数为一标量,定义为

$$\frac{\partial f(X)}{\partial s} = \frac{\partial f(X)}{\partial x_1} \cos\alpha_1 + \frac{\partial f(X)}{\partial x_2} \cos\alpha_2 + \cdots + \frac{\partial f(X)}{\partial x_n} \cos\alpha_n$$

式中：$\alpha_1,\alpha_2,\cdots,\alpha_n$ 表示方向 s 与设计空间各坐标轴的夹角。由此可见,方向导数等于梯度在 s 方向上的投影。

5.2.3　一维搜索优化方法

只有一个设计变量的优化问题,在存在或容易求其一、二阶导数时,可以采用解析的间接方法,直接计算出它的优化值和优化设计点。但常见的目标函数相对比较复杂,其一、二阶导数不易求解,甚至根本不存在,此时只能采用迭代的直接方法求解。

对于这种只有一个设计变量的直接探索,通常称为一维搜索法。虽然在实际的优化问题中,一维的情况很少见,但所有的优化问题总可以通过化为一维的问题来解决。甚至在多变量的优化迭代算法中,在出发点 $X^{(k)}$ 和探索方向 $s^{(k)}$(例如为设计空间坐标轴方向)确定的情况下,一个多维优化问题实际上会变成以步长 $\alpha^{(k)}$ 为唯一变量的一维优化问题,例如:

$$\begin{cases} f(X^{(k+1)}) = \min f(X^{(k)} + \alpha^{(k)} s^{(k)}) \\ X^{(k+1)} = X^{(k)} + \alpha^{(k)} s^{(k)} \end{cases}$$

由此可见,一维搜索法是优化中最基本的方法,也是多维问题的基础。

谈到优化问题,人们不免会想到,能否采用网格划分的方法,将优化问题的可行区域划分出许多个小格子,并得到许多的设计点,然后在比较这些设计点对应的目标函数值后找出最优的设计点。的确,只要网格划分得够细密,总能够找到优化问题的最优解,美中不足的是这种所谓的"格点法"的搜索效率太低。

假如目标函数具有较好的一、二阶导数,还可以采用计算量少、可靠性好、应用更为方便的平分法和切线法。平分法是取具有极小值点的单峰函数的探索区间 $[\alpha_s, \alpha_e]$ 的坐标中点 α_m 作为计算点,并利用函数在该中点处的一阶导数 $\nabla f(\alpha_m) = 0$,来判断该消去 α_m 左右的哪一半探索区间,从而达到收缩探索区间的目的。而当目标函数具有大于 0 的一、二阶导数时,还可以采用切线法,求解最优步长 α^*:

$$\alpha^{(k+1)} = \alpha^{(k)} - \frac{\nabla f(X^{(k)} + \alpha^{(k)} s^{(k)})}{\nabla f^2(X^{(k)} + \alpha^{(k)} s^{(k)})}$$

当目标函数相当复杂时,可以采用一个容易求解极小值的较低次函数 $p(X)$,在满足一定的条件下来近似代替 $f(X)$。这种方法称为插值法。当 $p(X)$ 为二次函数时,称之为二次插值法;当 $p(X)$ 为三次函数时,称之为三次插值法。

不管目标函数一、二阶导数如何,序列消去法是比较理想的探索区间收缩法。现假设探索单峰区间 $[\alpha_s, \alpha_e]$ 内第 k 次迭代的两点 $\alpha_1^{(k)}, \alpha_2^{(k)}$ 的函数值为 $f(\alpha_1^{(k)}), f(\alpha_2^{(k)})$。如果 $f(\alpha_1^{(k)}) < f(\alpha_2^{(k)})$,则探索区间收缩为 $[\alpha_s^{(k)}, \alpha_2^{(k)}]$,虽然在这一步我们计算了两点的目标函数值,但是真正使用到的只有 $f(\alpha_2^{(k)})$,除用于比较外,$f(\alpha_1^{(k)})$ 的计算工作很可惜地被浪费了。所以,我们自然会想到,能否将这里没有用到的设计点 $\alpha_1^{(k)}$,作为下一步即第 k+1 步迭代中的一个点。这样,每一步迭代只需要计算一个新点和新点的函数值,而另一

个点和点的函数值将由上一步继承下来，这样的处理方法称为序列消去法，该法会使计算量减少而使效率提高。

图 5-8　程序中的一维搜索模块

假如第 k 次迭代时，存在 $f(a_1^{(k)}) < f(a_2^{(k)})$，则探索区间缩短为 $[a_s^{(k)}, a_2^{(k)}]$，它与原始探索区间 $[a_s, a_e]$ 的比值记为缩短率 $\lambda^{(k)}$。不同的优化迭代方法，缩短率 $\lambda^{(k)}$ 取值规律也不同。目前主要采用变缩短率的 Fibonacci 法和固定缩短率的黄金分割法（0.618 法）两种。

针对优化问题设计的程序的一维搜索模块如图 5-8 所示，其中包含了试探法中的黄金分割法与插值法中的二次插值法、牛顿插值法（切线法）。

5.2.4　无约束多维问题的优化方法

根据目标函数和约束条件的性质，多维优化问题同样包括解析法和迭代法，由于多维优化问题普遍比较复杂，故多维搜索法也是处理多变量优化问题的主要方法。

多维搜索是利用已有的信息，通过计算点一步一步地直接移动，逐步逼近并最后达到最优点。因此，每移动一步的计算都应该达到两个目的：①获得目标的改进值；②为下一步计算提出有用的信息。

相对一维搜索法只需要确定搜索步长而言，多维搜索法要复杂得很多，它不仅要确定搜索方向 $s^{(k)}$ 和其上对应的最优搜索步长向量 $\boldsymbol{\alpha}^{(k)}$，而且对于有约束的优化问题，还要保证每次迭代的设计点 $X^{(k)}$ 必须在可行区域内。一旦搜索方向 $s^{(k)}$ 确定了，就可以使用前面的一维搜索法，探索出最优的搜索步长向量 $\boldsymbol{\alpha}^{(k)}$。因此，对多维搜索法来说，搜索方向 $s^{(k)}$ 的确定是重点也是难点。

坐标轮换法又称为变量轮换法，是无约束多维问题最基本的优化方法之一，其基本原理是按照图 5-9(a) 所示沿着多维优化设计空间的每一个坐标轴做一维搜索，求得最小值。坐标轮换法是一种简单易行的多维算法，对于特定性质的目标函数，有时收敛速度会很快（见图 5-9(b)），但这种情况很少见，绝大多数情况下是收敛速度慢、效率低（见图 5-9(c)），尤其是当目标函数的等值线与坐标轴出现"脊线"相交的情况（见图 5-9(d)）时，这种方法将完全失去求优的功能。

梯度方向是目标函数值变化最快的方向，选择它作为探索方向，将会很可观地改进坐标轮换法的不足。采用负梯度方向作为探索方向的优化迭代算法，称为一阶梯度法或最速下降法。由于要计算目标函数的梯度，故该方法是一种间接的求优方法。确切地讲，负梯度方向应该是在计算点附近的微小邻域内的目标函数值变化的最快方向，这样的微小

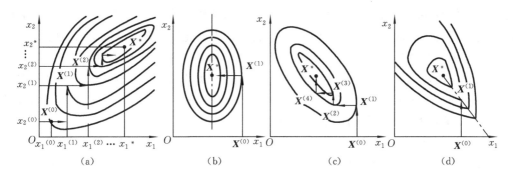

图 5-9　坐标轮换法的基本原理和不同性质的目标函数求优效能

邻域,并不能代表目标函数的整体变化规律。所以,用一阶梯度法求目标函数的最小值时,在最初几步迭代中函数值下降很快,随着迭代次数的增加,当计算点越来越逼近最小值时,函数值下降会很慢,遇到图 5-9(d)所示的"脊线"时,优化方法则无效。

二阶梯度法又称为牛顿法,是一种收敛速度很快的方法,尤其当计算点越来越逼近最小值时,其收敛的快速度也不改变,这正好弥补了一阶梯度法的缺点。其基本思想是采用一个容易求解极小值点的二次函数 $\varphi(\boldsymbol{X})$,在满足一定的条件下来近似代替原目标函数 $f(\boldsymbol{X})$,以二次函数 $\varphi(\boldsymbol{X})$ 的极小值点近似原目标函数 $f(\boldsymbol{X})$ 的极小值点并逐渐逼近该点。二阶梯度法的最大缺点是要计算二阶偏导数矩阵和它的逆矩阵 $[\boldsymbol{V}^2 f(\boldsymbol{X}^{(k)})]^{-1}$,如果它能用一个构造的正定矩阵 $\boldsymbol{A}^{(k)}$ 来代替,并在迭代过程中,设法让 $\boldsymbol{A}^{(k)}$ 逐渐逼近它,就可以简化二阶梯度法的计算,这种方法称为变尺度法,目前主要有 DFP(Davidon-Fletcher-Powell)法和 DFGS(Broyden-Fletcher-Gddfarb-Shanno)法。

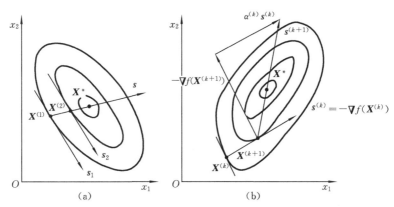

图 5-10　同心椭圆簇属性和共轭梯度法的探索路线

为克服一阶梯度法在极值点处收敛速度慢和二阶梯度法计算繁杂的缺点,加快极值点附近的收敛速度,就成为改善优化方法的关键。我们知道任何函数极小值点附近的等值线或等值面,可以近似地用同心椭圆簇或同心椭球簇来代替。从图 5-10(a)可以看出,同心椭圆簇上的任意两平行切线 s_1 和 s_2 与椭圆切点的连线 s 必定经过函数的极小值点。一旦确定了 s,只要通过该方向进行一维探索,极小值点还是很容易求得的。这里 s 称为 s_1 的共轭方向,这种寻求共轭方向作为探索方向的优化方法,称为共轭方向法。如图 5-10(b)所示共轭梯度法综合了一阶梯度法和二阶梯度法各自的优势,可以更好地加快收敛速度,经常被用于多变量的优化设计问题。

前述的各种方法,除了坐标轮换法外,无一例外都要计算导数,这与大多数实际问题中导数难求的现实相矛盾。单纯形法因此应运而生。它是通过只计算目标的函数值,来求解问题最优解的一种直接解法。所谓单纯形,是指在 n 维空间中由 $n+1$ 个线性独立的点,所构成的简单图形或凸多面体。例如,二维空间中不共线的三点所构成的为二维单纯形,三维空间中不共面的四点所构成的为三维单纯形等。单纯形法的具体操作方法是:在 n 维优化问题中,先选取合适的单纯形,通过不断比较 $n+1$ 个顶点的目标函数值,并得出其中的最大值顶点,来判断目标函数值的下降方向,然后再设法找到一个较好的新点,代替这个单纯形中的最大值顶点,最后形成下一轮迭代的单纯形。通过这些单纯形不断地向最小值点收缩逼近,经过若干次迭代后,总能找到一个满足收敛准则的近似最优解。其寻找的过程主要包括反射、扩张和压缩。

针对无约束优化问题设计的程序界面如图 5-11 所示,其中包含了一维搜索模块、直接解法模块和导数求解模块。直接解法中包含坐标轮换法和鲍威尔法;导数解法中包含最速下降法、牛顿法、阻尼牛顿法、共轭梯度法和变尺度法。图 5-11 中实线框中的部分为直接解法和导数解法模块。

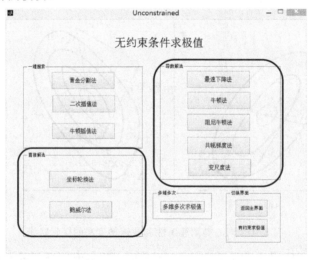

图 5-11　无约束优化方法程序界面

5.2.5　约束问题的优化方法

设计变量的取值范围受到某种限制时的优化方法,称为约束问题的优化方法,它是处理实际工程中绝大部分问题的基本方法。约束问题的优化方法也包括直接法和间接法,直接法主要用于求解不等式约束条件的优化问题,而间接法对不等式约束和等式约束均有效。与无约束问题一样,约束问题的优化方法重点也是要解决探索方向和步长的问题。

1. 约束优化问题的直接法

在可行域内按照一定的原则,直接探索出问题的最优点,而无须将约束问题转换成无约束问题去求优的方法,称为约束优化问题的直接法,包括随机试验法、随机方向探索法、复合形法和可行方向法等等。由于约束条件常常使得可行域为非凸集而出现众多的局部极值点,不同的初始点往往也会导致探索点逼近于不同的局部极值点,为此,多次变更初始点进行多路线探索非常必要。

随机试验法,又称为统计模拟试验法,其基本思想是利用计算机产生的伪随机数,从设计方案集合中分批抽样。每批抽样均包含若干方案,对每个方案都做约束检验,不满足则重抽,满足则按照它们的函数值的大小进行排列,取出前几个或者几十个最好者,然后再做下批试验。当每批抽样试验的前几个函数值不再明显变动时,则可认为它已经概略收敛于某一最优方案。随机试验法具有方法简单、便于编制程序等特点,同时也具有计算量大和效率低的缺点,比较适用于小型的优化问题。

探索方向 $s^{(k)}$ 采用随机方向的探索法,称为随机方向探索法。该方法一般包括初始点随机选择、探索方向随机选择和探索步长随机选择三部分。随机方向探索法具有程序、结构简单,使用比较方便,对目标函数无特殊的形态要求等优点,但同样由于需要对初始点、探索方向和探索步长分别做随机选择,故也多用于小型的优化问题。

约束优化问题复合形法的基本原理,类似于无约束优化问题的单纯形法。复合形法只利用到目标函数值,而无须计算导数,也无须进行一维探索,对目标函数和约束函数的形态也无特殊要求,程序编制简单,但当设计变量和约束函数增多时,计算效率将显著降低,故也多用于中小型的优化问题。

可行方向法是采用梯度法求解非线性优化问题的一种最具代表性的解析法。其基本思想是从初始点出发,沿着目标函数的负梯度方向,前进到约束条件的边界上,然后继续寻找既能满足约束条件,又能使目标函数值有所改善的新方向即可行下降方向,直至找到最优点为止。图 5-12 表示优化迭代点处于 $X^{(k)}$ 时,第 $k+1$ 步迭代方向的可能区域。可行方向法收敛速度快,效果较好,适用于大中型约束优化问题,但程序比较复杂。

2. 约束优化问题的间接法

等式约束的优化问题可表示为如下形式:

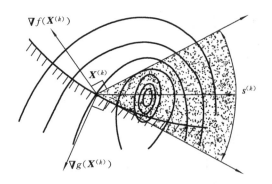

图 5-12　可行下降方向所在的区域

$$\begin{cases} \min f(\boldsymbol{X}) \quad \boldsymbol{X} \in E^n \\ \text{s. t.} \quad h_v(\boldsymbol{X}) = 0 \quad (v = 1, 2, \cdots, p < n) \end{cases}$$

显然，当 $p = n$ 时，优化问题将具有唯一解，也就无所谓优化解了。等式约束优化问题间接的解法，主要包括消元法、拉格朗日乘子法、惩罚函数法和增广拉格朗日乘子法等。

　　消元法主要是通过将 p 个等式约束，变换为 p 个设计变量的等式，并代入目标函数，从而达到降低目标函数自由度的目的，从而便于直接采用无约束一维或多维优化方法求解。

　　对于简单的线性约束函数，消元法尚能对付，但当约束条件为多维高次非线性方程时，消元法将无能为力。这时，通过构建拉格朗日函数

$$L(\boldsymbol{X}, \lambda) = f(\boldsymbol{X}) - \sum_{v=1}^{p} \lambda_v h_v(\boldsymbol{X})$$

并求解方程组

$$\begin{cases} \partial L(\boldsymbol{X}, \lambda)/\partial x_i = 0 \quad (i = 1, 2, \cdots, n) \\ \partial L(\boldsymbol{X}, \lambda)/\partial \lambda_v = 0 \quad (v = 1, 2, \cdots, p) \end{cases}$$

来求得原问题的优化解，该方法称为拉格朗日乘子法，其中 λ_v 称为拉格朗日乘子。

　　惩罚函数法是一种用惩罚函数

$$\varphi(\boldsymbol{X}, m) = f(\boldsymbol{X}) + \sum_{v=1}^{p} m_v [h_v(\boldsymbol{X})]^2$$

来代替原目标函数 $f(\boldsymbol{X})$，将约束优化问题转换成无约束优化问题的一种间接解法。当迭代点越出可行域时，只要 m_v 足够大，总能给 $f(\boldsymbol{X})$ 带来一个很大的惩罚，让 $f(\boldsymbol{X})$ 难以得到最小解；相反，当迭代点在可行域内时，由于 $h_v(\boldsymbol{X}) = 0$，无论 m_v 多大，此时 $f(\boldsymbol{X})$ 都将不受任何惩罚。

　　采用如下这种形式的增广拉格朗日函数 $A(X, \lambda, m)$，将拉格朗日乘子引入惩罚函数法的"惩罚项"中：

$$A(\boldsymbol{X},\lambda,m)=f(\boldsymbol{X})-\sum_{v=1}^{p}\lambda_v h_v(\boldsymbol{X})+m\sum_{v=1}^{p}\left[h_v(\boldsymbol{X})\right]^2=L(\boldsymbol{X},\lambda)+m\sum_{v=1}^{p}\left[h_v(\boldsymbol{X})\right]^2$$

该方法称为增广拉格朗日乘子法。该方法能够很好地避免惩罚函数法在迭代次数 $k\to\infty$ 时,在数值计算上的困难。很显然,当 $\lambda_v=0$ 时该方法即为惩罚函数法,当 $m=0$ 时该方法即为拉格朗日乘子法。

不等式约束的优化问题,既包括只有不等式约束的情况,也包括不等式约束和等式约束兼有的情况。该优化问题的间接解法是,将不等式约束 $g_i(\boldsymbol{X})\leqslant 0$ 变换成等式约束 $g_i(\boldsymbol{X})+\omega_i^2=0$,其余则与等式约束的优化问题一致。

针对约束优化问题设计的程序界面如图 5-13 所示,其中的优化方法包含直接解法和间接解法。在直接解法中包含随机方向法、复合形法和可行方向法。间接解法为惩罚函数法。

图 5-13 约束优化方法程序界面

5.2.6 多目标函数的优化方法

前述的各种优化方法,均是只有一个目标函数的单目标函数的优化方法,它们是不能满足实际工程设计问题的多指标优化需求的,这种涵盖多指标的优化问题,就是所谓的"多目标函数的优化问题"。较之单目标函数通过比较函数值大小的优化方法,多目标函数的优化问题要复杂得多,求解难度也较大,目前仍没有最好的普适的多目标函数优化方法,实际运用中应根据具体的优化问题,有选择地采用统一目标法、主要目标法和其他一些方法。

统一目标法的基本思想是,在一定的组合方式下,将各个分目标函数 $f_k(\boldsymbol{X})(k=1,2,\cdots,q)$ 统一组合到一个总的统一目标函数 $f(\boldsymbol{X})$ 中,即 $f(\boldsymbol{X})=\{f_1(\boldsymbol{X}),f_2(\boldsymbol{X}),\cdots,f_k(\boldsymbol{X})\}$。那么原来的优化问题就可以转化为一个统一的单目标函数的优化问题,这样就可以直接采用前述单目标函数的相关优化方法了。所以,运用统一目标法的关键问题就是使用什么样的组合方式,才能保证在极小化统一目标函数的过程中,各个分目标函数能均匀一致地尽可能趋向各自的最优值。这里常采用的组合方式有加权组合法、目标规划法、功效系数法和乘除法等。

在每个实际的具体优化问题中,各分目标函数的重要程度肯定是不一样的,也就是说各个分目标函数是有主次之分的。现按它们的重要程度排列,将最重要的排在最前面,依次类推,最不重要的则排在最后面。优化过程中首先考虑排在前面的若干个比较重要的目标,在情况允许的条件下兼顾次要目标。对需要考虑的比较重要的目标,依次求出各自的单目标约束最优值,而在每一个单目标优化过程中没有考虑到的目标,则以最优估计值转化成约束条件来处理,优化完毕后,该最优估计值则以实际的优化值来替换。对于第 t 个分目标函数的约束优化模型,可归纳为

$$
\begin{cases}
\min\limits_{\boldsymbol{X}\in E^n} f_t(\boldsymbol{X})=\{f_1(\boldsymbol{X}),f_2(\boldsymbol{X}),\cdots,f_t(\boldsymbol{X})\} & (1\leqslant t\leqslant q)\\
\text{s. t. } g_u(\boldsymbol{X})\leqslant 0 & (u=1,2,\cdots,m)\\
f_{m+k}(\boldsymbol{X})=f_k(\boldsymbol{X})-f_k(\boldsymbol{X}^*)\leqslant 0 & (k=1,2,\cdots,t-1,t+1,\cdots,q)
\end{cases}
$$

除了上述统一目标法和主要目标法外,协调曲线法和设计分析法也可用于求解多目标函数的优化问题。协调曲线法主要是根据各个分目标函数的等值线、约束面在设计空间上的协调关系,来寻求多目标函数优化问题的优化方案。而设计分析法则是在先求出每个分目标函数的约束最优解的基础上,通过它们之间的相互制约,对设计进行分析、协调、修改,把各个分目标函数调整到要求值上,并得到最理想的协调关系。随着设计空间的自由度增加,等值面和约束面就会成为超曲面,无法在平面上直观表现,并且相互间的协调关系属于定性分析,因此,协调曲线法和设计分析法只适用于低维的定性辅助分析,不宜用于高维分析和定量分析。

5.2.7 案例——外啮合齿轮泵齿轮集合参数的优化设计

利用外啮合齿轮泵的流量均匀性函数 $f_1(\boldsymbol{X})$、体积函数 $f_2(\boldsymbol{X})$ 和寿命函数 $f_3(\boldsymbol{X})$ 这三个目标函数(其中 $\boldsymbol{X}$ 为齿轮几何参数向量),采用统一目标法,构建出如下优化的统一目标函数:

$$f(\boldsymbol{X}) = \mu_1 f_1(\boldsymbol{X}) + \mu_2 f_2(\boldsymbol{X}) + \mu_3 f_3(\boldsymbol{X})$$

$$= \frac{\mu_1 t_j^2}{4(r_a^2 - r^2 - t_j^2/12)} + \frac{\mu_2 [(2\pi - \theta)r_a^2 + 2rr_a \sin(0.5\theta)]}{2\pi(r_a^2 - r^2 - t_j^2/3)} + \frac{\mu_3 170 pq r_a}{2\pi(r_a^2 - r^2 - t_j^2/3)}$$

式中:$\mu_1,\mu_2,1-\mu_1-\mu_2$ 分别为各自对应的分目标函数在总目标函数中的加权因子。

为此,外啮合齿轮泵齿轮设计的最终优化模型为

$$\begin{cases} \min f(\boldsymbol{X}) = \mu_1 f_1(\boldsymbol{X}) + \mu_2 f_2(\boldsymbol{X}) + \mu_3 f_3(\boldsymbol{X}) \\ \boldsymbol{X} = \begin{bmatrix} x_1 & x_2 & x_3 \end{bmatrix}^T = \begin{bmatrix} m & z & x \end{bmatrix}^T \\ \text{s. t.} \quad g_u(\boldsymbol{X}) \geqslant 0 \quad (u = 1,2,3,\cdots,13) \end{cases}$$

采用现有引进的 16 型系列齿轮泵,作为优化设计的原型,该泵的主要技术参数为 p =17.5 MPa;q=16 L/rad,n=2 000 rad,$[\sigma_F]$=666.67 MPa,$[\sigma_H]$=1176 MPa,并给定初始值

$$\boldsymbol{X}^{(0)} = \begin{bmatrix} X_1^{(0)} & X_2^{(0)} & X_3^{(0)} \end{bmatrix}^T = \begin{bmatrix} 4 & 10 & 0.4 \end{bmatrix}^T$$

在总目标函数中,假如三个分目标函数同等重要,那么可设

$$\mu_1 = 1/f_1(\boldsymbol{X}^{(0)}), \quad \mu_2 = 1/f_2(\boldsymbol{X}^{(0)}), \quad \mu_3 = 1/f_3(\boldsymbol{X}^{(0)})$$

UG 软件提供了一个适用于中、小模型的优化模块,并且优化算法也是由系统根据模型的类型和规模自动选择的,下面就针对外啮合齿轮泵采用 UG 优化模块的优化过程做详细描述。

(1) 优化模型的再修改。上面的优化模型适用于连续型的齿数 z 和模数 m,而实际上 z 和 m 是离散变量。为此,这里再设两个连续型设计变量 z_r 和 m_r,以对应于两个离散型设计变量 z 和 m,m 和 m_r、z 和 z_r 存在如下的关系:

$$m = \text{if}((4m_r - \text{floor}(4m_r) \leqslant 0.5)(0.25\text{floor}(4m_r)))\text{else}(0.25\text{floor}(4m_r) + 0.25)$$

$$z = \text{if}((z_r - \text{floor}(z_r) \leqslant 0.5)(\text{floor}(z_r))\text{)else}(\text{floor}(z_r) + 1))$$

其中:"floor(Δ)"是 UG 的一个取与 Δ 最为接近的下整数的取整函数,如 floor(10.7)= 10。"A=if(B)(C)else(D)"是由 UG 提供的一个逻辑判断语句,它表示:如果条件 B 成立,则 A=C;否则 A=D。经过这样的处理,就解决了 UG 优化模型只能处理连续型变量与实际问题的离散型变量之间的矛盾。

用 z_r 和 m_r 置换 z 和 m 后的优化模型为

$$\begin{cases} \min f(\boldsymbol{X}) = \mu_1 f_1(\boldsymbol{X}) + \mu_2 f_2(\boldsymbol{X}) + \mu_3 f_3(\boldsymbol{X}) \\ \boldsymbol{X} = \begin{bmatrix} x_1 & x_2 & x_3 \end{bmatrix}^T = \begin{bmatrix} m_r & z_r & x \end{bmatrix}^T \\ \text{s. t.} \quad g_u(\boldsymbol{X}) \geqslant 0 \quad (u = 1,2,3,\cdots,13) \end{cases}$$

(2) 将上述目标函数、约束函数和设计变量、中间变量等所有函数与变量,输入如图 5-14 所示的由 UG 提供的"工具"菜单下的表达式录入界面内。

(3) 从 UG 系统界面的"分析"菜单下启动"优化向导"功能后,就进入如图 5-15(a)所示优化模块的目标函数定义界面。

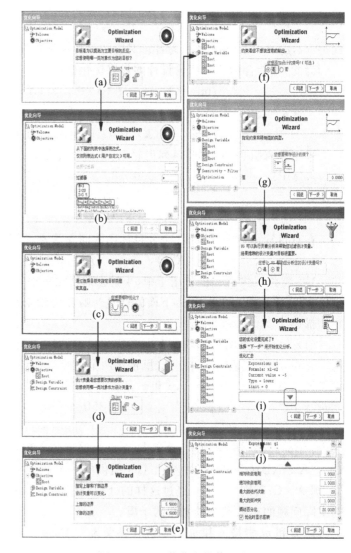

图 5-14　UG 表达式录入界面　　　图 5-15　UG 优化向导使用流程

（4）在图 5-15（a）所示的界面中，选择从"表达式定义"的目标类型后，就进入图 5-15（b）所示的目标函数选择界面，该界面有表达式定义、最小值和定值三种选择，并进入图 5-15（c）所示的表达式选择界面，该界面将显示出所有在表达式界面中定义的变量和函数。

（5）在图 5-15（b）所示的界面中，选择目标函数 $f(\boldsymbol{X})=\mu_1 f_1+\mu_2 f_2+\mu_3 f_3$ 后，就进入

图 5-15(c)所示的优化类型的选择界面,该界面有求最大值、最小值和定值三种选择。

(6) 在图 5-15(c)所示的界面中,选择求最小值的优化类型后,就进入图 5-15(d)所示的设计变量的选择界面。

(7) 在图 5-15(d)所示的界面中,选择从"表达式定义"后,就又进入图 5-15(b)所示的表达式的选择界面。

(8) 在图 5-15(b)所示的界面中,选择齿数 z 后,就进入图 5-15(e)所示的设计变量上、下限的定义界面。

(9) 在图 5-15(e)所示的界面中,分别设定 z 的上、下限为 16 和 9 后,系统就进入下一个设计变量的选择和上、下限设定的循环中。这一过程(7)~(9)须再重复两次,以用于模数 m 和变位系数 x 的定义。

(10) 在以上定义好设计变量后,系统就在进入图 5-10(f)所示的约束函数的选择界面。

(11) 在图 5-15(f)界面中,选择"是"后,就又进入图 5-15(b)所示的表达式的选择界面。

(12) 在图 5-15(b)所示的界面中,选择 $g_5(\boldsymbol{X})=0.5z\sin^2\alpha_n+x-h$ 作为约束函数后,系统就又进入图 5-15(g)所示的约束函数类型的选择界面。

(13) 在图 5-15(g)所示的界面中,选择下限类型并输入下限值 0 后,系统就进入下一个约束函数的选择和类型设定的循环中,这一过程(10)~(13)须再重复八次,用于 $g_5(\boldsymbol{X})=0.5z\sin^2\alpha_n+x-h$ 的定义。

(14) 在定义好约束函数后,系统就在进入图 5-15(h)所示的设计变量灵敏度分析的选择界面。

(15) 在图 5-15(h)所示的界面中,选择"否"后,表示所有优化设置结束,开始进入优化分析阶段,系统就进入图 5-15(i)所示的优化分析界面中。

(16) 在图 5-15(i)所示的界面中,点击向下的绿色三角按钮,系统就进入到图 5-15(j)所示的优化分析收敛准则的设定界面中。

(17) 在图 5-15(j)所示的界面中,系统提供了五种选项,前三项"相对收敛准则"、"绝对收敛准则"和"最大迭代次数"是用于迭代结束的设定项,这三项可全部设定也可不全部设定,系统会自动判断,只要满足其中一项就结束迭代运算。后两项的"最大约束冲突"是表示当优化难以执行时,允许优化过程中违背约束函数的个数;"摄动百分比"表示设计变量的变动范围,例如当 $z=10$ 时,设定"摄动百分比"为 20%,那么 z 的可行范围是 8~12。由此可见,设计变量上、下限的定义可由两部分来定义,一是通过图 5-15(e)所示方式来定义,二是通过"摄动百分比"来定义,系统会自动选择两者中最为严格的来执行。

(18) 在图 5-15(j)所示的界面中,"相对收敛准则"填写"0.1"(系统会默认为千分之一),"绝对收敛准则"填写"1"(即为 1%),"最大迭代次数"填写"500","最大约束冲突"填写"0"，"摄动百分比"填写"100"（即为 100%），点击"下一步"，系统就进入优化分析运行中。

（19）运行一段时间后，系统会出现如图 5-16 所示的优化结果显示界面。假如优化一次成功，则单击"精加工"按钮，否则单击"回退"按钮，回到图 5-15(j)所示的优化分析收敛准则设定界面中，适当修改收敛准则后，再运行优化分析，直到获得优化结果为止。最后，所有的优化结果均返回到表达式界面中，也可以从 Excel 表中查看目标函数值迭代的变化过程。

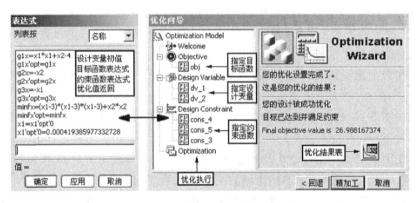

图 5-16　UG 下使用优化模块的流程图

对表 5-1 中的优化结果值与产品实际值进行比较可知，优化的模型和结果是可靠的。

表 5-1　优化结果值与产品实际值

	m	z	k	B	f_1	f_2	f_3
优化结果	2.5	12	0.354	29.8	13.24	3.78	0.83
实际结果	3.0	12	0.347	28.0	16.78	4.12	0.86

5.2.8　案例——基于 MATLAB 的数控硅芯切割机床切割导轮轴的优化设计

需要优化的切割导轮轴是一根阶梯轴，图 5-17 所示为切割导轮轴的结构简图。支承一端采用角接触球轴承，一端嵌入切割导轮并用特制的螺钉进行连接，已知的相关条件有：切割导轮轴的转速为 $n=1200$ r/min，切割导轮轴的材料采用 45 钢，密度 $\rho=7.85\times10^{-3}$ g/mm³，弯曲许用应力 $[\sigma_{-1}]=55$ MPa，许用挠度 $[y_0]=0.04$ mm，许用单位扭转角 $[\varphi]=2.5\times10^{-4}$ (°)/mm，切割导轮轴的输入功率是 $P=2$ kW，切割导轮重 $G=650$ N。如图 5-17 所示，切割导轮轴主要由 $d_1\sim d_5$，$l_1\sim l_5$ 共十个参数来确定，根据实际设计要求,确定相关的支承间跨距及轴径的主要相关约束。已确定的轴段长度有 $l_2 = 5$ mm,$l_4 = 56$ mm,已确定的轴径间的关系为 $d_2 \geqslant 1.16d_1$,$d_3 \geqslant 1.16d_4$,$d_4 \geqslant 1.16d_5$,其中轴段 4 上要安装轴承,故其轴径值为 5 的倍数。轴径的约束有 5 mm$\leqslant d_1 \leqslant$ 32 mm,10 mm$\leqslant d_5 \leqslant$ 54 mm,支承跨距 $L(L = l_4 + l_5)$ 的约束为 80 mm$\leqslant L \leqslant$110 mm,悬臂端的约束为 30 mm$\leqslant l_1 + l_2 + l_3 \leqslant$55 mm,悬臂端 l_3 的约束为 10 mm$\leqslant l_3 \leqslant$20 mm。

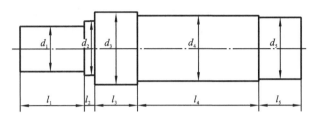

图 5-17　切割导轮轴结构简图

1. 确定设计变量与目标函数

由上述分析,取设计变量为

$$\boldsymbol{X} = \begin{bmatrix} d_1 & d_5 & l_1 & l_3 & l_5 \end{bmatrix}^{\mathrm{T}} = \begin{bmatrix} x_1 & x_2 & x_3 & x_4 & x_5 \end{bmatrix}^{\mathrm{T}} \tag{5-1}$$

主轴的质量为

$$m = \frac{\rho\pi}{4}(d_1^2 l_1 + d_2^2 l_2 + d_3^2 l_3 + d_4^2 l_4 + d_5^2 l_5) \tag{5-2}$$

令

$$f(x) = m = \frac{\rho\pi}{4}(x_1^2 x_3 + 6.73 x_1^2 + 1.81 x_2^2 x_4 + 75.4 x_2^2 + x_2^2 x_5) \tag{5-3}$$

则目标函数为

$$F(x) = \min f(x) \tag{5-4}$$

2. 确定约束条件

(1)切割导轮轴强度的约束条件。

在加工过程中,切割导轮轴的最大工作应力不得超过材料的弯曲许用应力$[\sigma_{-1}]$,则有

$$\sigma_{\max} = \frac{\sqrt{M^2 + T^2}}{W} = \frac{\sqrt{[650 \times (l_4 + l_5)]^2 + (9550 \times \dfrac{P}{n} \times 1000)^2}}{\dfrac{\pi d_4^3}{32}} \leqslant [\sigma_{-1}] \tag{5-5}$$

式中:T 为切割导轮轴所受的最大扭矩,N·mm;M 为切割导轮轴所受的最大弯矩,N·mm;W 为抗弯截面系数,mm³。

整理得到切割导轮轴强度的约束条件:

$$g_1(x) = \frac{10.2 \times \sqrt{[325 \times (56 + x_5)]^2 + 2.53 \times 10^8}}{x_2^2} - [\sigma_{-1}] \leqslant 0 \tag{5-6}$$

式中：$[\sigma_{-1}] = 55$ MPa。

（2）切割导轮轴弯曲刚度的约束条件。

切割导轮轴的刚度对硅芯的切割质量有着很大的影响。当切割导轮重力 G 作用在切割导轮轴的前端时，切割导轮轴前端会产生位移 y。该切割轴是阶梯轴，在求挠度时，可以将阶梯轴看成是当量直径为 d_v 的光轴，然后再按照材料力学中的公式计算。切割导轮轴的当量直径 d_v（单位为 mm）为

$$d_v = \sqrt[4]{\frac{l_4 + l_5}{\dfrac{l_4}{d_4^4} + \dfrac{l_5}{d_5^4}}} = 1.16 x_2 \sqrt[4]{\frac{56 + x_5}{56 + 1.8106 x_5}} \tag{5-7}$$

因此，要求 y 不得超过许用挠度 $[y_0]$，则有

$$y = \frac{G(l_4 + l_5)^3}{3EI} \leqslant [y_0] \tag{5-8}$$

式中：$G = 650$ N；E 为切割导轮轴材料的弹性模量，$E = 2.09 \times 10^5$（N/mm²）；I 为切割导轮轴悬伸段截面惯性矩，$I = \dfrac{\pi d_v^4}{64}$，mm。

整理得到切割导轮轴弯曲刚度的约束条件：

$$g_2(x) = \frac{0.0106 \times (56 + x_5)^3}{d_v^4} - [y_0] \leqslant 0 \tag{5-9}$$

式中：$[y_0] = 0.04$ mm。

由实际设计要求，整理得到其他边界约束条件如下。

（3）轴段 1 直径的取值范围为 15 mm$\leqslant d_1 \leqslant$ 32 mm，得

$$g_3(x) = 15 - x_1 \leqslant 0 \tag{5-10}$$

$$g_4(x) = x_1 - 32 \leqslant 0 \tag{5-11}$$

（4）轴段 2 直径的取值范围为 10 mm$\leqslant d_5 \leqslant$ 54 mm，得

$$g_5(x) = 10 - x_2 \leqslant 0 \tag{5-12}$$

$$g_6(x) = x_2 - 54 \leqslant 0 \tag{5-13}$$

（5）悬臂端的约束为 30 mm$\leqslant l_1 + l_2 + l_3 \leqslant$ 55 mm，根据约束条件 $l_2 = 5$ mm，15 mm $\leqslant l_3 \leqslant$ 30 mm，得 15 mm$\leqslant l_1 \leqslant$ 30 mm，故有

$$g_7(x) = 15 - x_3 \leqslant 0 \tag{5-14}$$

$$g_8(x) = x_3 - 30 \leqslant 0 \tag{5-15}$$

（6）根据约束条件 10 mm$\leqslant l_3 \leqslant$ 20 mm，得

$$g_9(x) = 10 - x_4 \leqslant 0 \tag{5-16}$$

$$g_{10}(x) = x_4 - 20 \leqslant 0 \tag{5-17}$$

（7）根据约束条件 $l_4 = 56$ mm，80 mm $\leqslant L \leqslant 110$ mm，$L = l_4 + l_5$，得

$$g_{11}(x) = 24 - x_5 \leqslant 0 \tag{5-18}$$

$$g_{12}(x) = x_5 - 54 \leqslant 0 \tag{5-19}$$

综合以上分析，可以得到优化数学模型为

$$\begin{cases} \boldsymbol{X} = \begin{bmatrix} x_1 & x_2 & x_3 & x_4 & x_5 \end{bmatrix}^{\mathrm{T}} \\ \min f(x) \\ \text{s. t. } g_i(x) \leqslant 0 \end{cases}$$

该数学模型是一个具有 5 个约束变量、12 个约束条件的非线性的单目标优化问题，属于小型优化设计问题，故采用惩罚函数内点法来求解。

3. 切割导轮轴数学模型的求解

（1）选择优化函数。首先在 MATLAB 程序中运行 main_gui.m 文件，会弹出程序的主界面，接着在主界面中单击"有约束条件极值问题"按钮，进入"有约束条件求极值"界面（见图 5-18(a)）。然后在新弹出的界面中单击"惩罚函数法"按钮（见图 5-18(b)），进入"惩罚函数法"界面。最后在新弹出的界面中，单击"内点法"按钮（见图 5-18(c)）。

(a) 选择有约束条件极值问题　　(b) 选择惩罚函数法　　(c) 选择内点法

图 5-18　MATLAB 使用步骤

（2）输入相关数据。单击"内点法"按钮后，可以看到在 MATLAB 的"Command Window"窗口中弹出了相关信息，如图 5-19 所示。案例中所求的优化问题中具有 5 个约束变量，所以输入"5"。接着软件提示输入所求问题的函数，需要注意的是，输入目标函数时，需要转换成 MATLAB 中表达式的格式输入；接着提示输入不等式约束矩阵，将约束函数转化 MATLAB 中的表达式格式输入，并以"；"隔开；初始值取 $[20,28,25,15,30]$；惩罚函数初始因子 r0 取 -45；缩小系数 c 取 0.8；精度取 0.00001。

（3）计算结果。数据输入完成后，按回车键开始运算。最后经过 78 次迭代，运行结

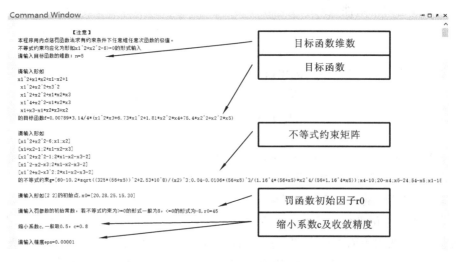

图 5-19　MATLAB 软件中的 Command Window

果如下：

x＝15.0006 15.9998 15.0009 10.0007 24.0009

fval＝252.4

将其圆整后得 $x^* = [15,17,15,10,24]^T$，fval＝240.6。显然结果满足要求。

表 5-2　优化前后数值比较

约束变量	d_1	d_5	l_1	l_3	l_5
初始值	20	28	25	25	30
优化值	15	17	15	10	24

惩罚函数部分程序如下：

```
function[x,minf]＝minINF(f,x0,g,r0,c,var,eps)
format long;
k＝0；
if nargin＝＝6
esp＝1e－4
end
FE＝0；
for i＝1:length(g)；
FE＝FE＋1/g(i)；
end
```

```
x1=transpose(x0);
x2=inf;
while 1
    FF=r0 * FE;
    SumF=f+FF;
    r1=c * r0
    [x2,minf]=minNT(SumF,transpose(x1),var);
    Bx=subs(FE,var,x2);
     if norm(x1 * r0－x2 * r1)<=eps;
            x=x2;
            break;
        else
            r0=r1;
            x1=x2;
    end
    k=k+1;
    end
minf=subs(f,var,x);
disp(k);
format short
function[x,minf]=minNT(f,x0,var,eps)
format long;
if nargin==3
    eps=1. 0e－6;
end
tol=1;
x0=transpose(x0);
while tol>eps
    gradf=jacobian(f,var);
    jacf=jacobian(gradf,var);
    v   =subs(gradf,var,x0);
    tol=norm(v);
    pv=subs(jacf,var,x0);
    p=－inv(pv) * transpose(v);
```

```
        p＝double(p);
        x1＝x0＋p;
        x0＝x1;
    end
    x＝x1;
    minf＝subs(f,var,x);
    format short;
```

5.3 计算机仿真

计算机仿真是利用计算机建立、校验、运行实际系统的模型，得到模型的行为特性，从而达到分析、研究该实际系统目的的一种现代技术。由上面的定义不难看出，系统、模型、仿真是计算机仿真所涉及的主要内容。

5.3.1 系统概述

系统是由一组相互联系的为实现特定功能的若干要素所组成的，一个可辨别的、复杂的具有固定特性/行为的动态有机整体。自然界中存在着各种各样的这类系统，例如海洋系统、生态系统等。随着人类社会的进步，除了这些既有的自然系统外，系统更多地表现为大量的人造系统，例如企业系统、银行系统、工程系统、医院系统、CAD/CAM/CAE 系统等。

尽管系统可以按照系统的起源、存在的虚实状况、是否存在活动性、是否存在物质/能量/信息的交换和随时间变化的连续性与否，分成自然系统/人造系统、实体系统/概念系统、静态系统/动态系统、封闭系统/开放系统和连续系统/离散系统，但是不管哪一类系统，整体性、相关性、层次性、目的性以及适应性都是它们必备的基本特性。

整体性体现了系统的不可分割性。如果硬要把一个系统分割开来，那么它将失去原来的性质。

相关性体现了系统要素的结构性。广义地讲，要素之间的一切联系方式的总和构成了系统的结构，要素的不同联系方式决定了不同的结构，而不同的结构又决定了系统不同的性质。因此，系统是要素和结构的统一，缺一不可，处理好要素、结构、系统的关系，对保证系统的功能和性质至关重要。

层次性体现了系统的分解性。在物质世界中，一个系统的任何部分都可以看成一个子系统，而每一个系统又可以看成另一个更大系统的子系统，即系统中存在着一定的层次结构。

目的性体现了系统的特定功能性。系统的价值体现在特定功能的实现上，是区别一个系统异于另一个系统的标志。

适应性体现了系统的环境关联性。每一个具体的系统都是在时空上有限的存在,系统的层次性也说明了这一点。因此,每一个具体存在的系统,都有其存在的外界或者环境,系统和环境之间总存在着一定的相互作用和相互联系。环境总是处于不断变化之中,适应这种环境变化的系统才是有生命力的理想系统。动态的开放系统是绝对的,而静态的封闭系统则是相对暂时的。

在庞大复杂的大系统下进行特定目标的子系统研究,面面俱到地研究大系统的所有层次是不可能的。为此,有必要根据研究的对象和目的,通过识别出包含研究对象的系统包络边界,划分出属于子系统的内部要素和外部环境要素。显然,要从动态的整体大系统中,找出相对"孤立"、"静态"的作为分析对象的子系统,一些假设和简化是必要的。

综上所述,可用图 5-20 来概括系统一般描述的主要特点,图中所用符号具有下列意义。

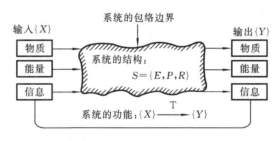

图 5-20　系统的一般描述

1) 结 构

结构实质上是系统的内部描述,亦即可根据系统的元素和它们的相互关系来了解系统的特性。系统的结构可定义为:

(1) 结构的元素集(E);

(2) 元素的有关性能(P);

(3) 各元素的结合,表示为元素之间的关系(R)。

2) 输入/输出

每个需要研究的系统都用系统包络边界从大系统中隔开,其内、外部之间的联系可以分为输入$\{X\}$和输出$\{Y\}$两部分,输入/输出的内容大致可分为材料、能量和信息三类。

3) 功 能

系统功能即是采用某种技术 T 将输入$\{X\}$变换成输出$\{Y\}$。它主要针对系统的外部描述,通过系统的输入和输出之间的关系,以及这种关系同周围环境介质的相互作用来说明系统特性。由此可见,系统结构与系统功能之间是有根本差别的。

5.3.2　系统模型

由前面对系统的一般描述，可以知道研究一个系统的目的，不仅仅在于了解系统的各组成部分以及它们之间的相互关系，更为重要的是想知道系统在各种工作状况下的执行情况。1∶1地采用研究系统的真实试验，不仅效率低而且成本高，对于三峡系统和作战系统等这些特殊的系统，1∶1的真实试验也是根本不可能的。

其实，通常所面对的系统大多数并不具备真实试验的可行性，这时就需要按照实际系统建立出系统相关抽象的模拟模型（即系统模型）并对其进行研究，然后依据这个系统模型的分析结果来推断实际系统的各种可能的工作状况。这里为了保证一定的系统模拟精度，实际系统和相应的系统模型就必须具有一定的相似性和同形性，具体表现在以下几个方面。

（1）系统模型是实际系统的抽象和模拟。

（2）系统模型能够显示出系统构成的各个要素。

（3）系统模型能够表明系统内各个要素之间的相互关系和相互作用。

当然，对于一个具有复杂的内在和外在联系的真实系统，要求系统模型能够完全真实地描述实际系统是很困难的，因此系统模型对实际系统的描述往往是近似的，是在考虑主要因素和忽略次要因素基础上的抽象模拟。

系统模型可以是采用物理实体或视图描述的物理模型，可以是采用框图或特殊规定图描述的概念模型，也可以是数学模型之类的分析模型，或者是其他的知识模型和信息模型等。最常见的模型分类方法，是按照表示方式的不同将模型分为物理模型和数学模型。实际问题往往很复杂，为了便于着手分析与研究，分析中常常采用"简化"的方法，对实际问题进行科学抽象的处理，用一种能反映原物本质特性的理想物质（过程）或假设结构，去描述实际的事物（过程），这种理想物质（过程）和假设结构就是物理模型。其中物理实体模型是实际系统的放大和缩小尺寸的相似体，多用于土木建筑、水利工程、船舶、飞机、作战系统等。而数学模型则是一种用数学方程来描述实际系统的结构和性能的模型，如果模型中不包含时间因素则称为静态模型，否则称为动态模型。

数学模型主要表现为时域、频域、方框图和信号流图、状态空间等模型。近年来广泛使用的计算机仿真技术所依据的数学模型就是现代控制理论所使用的状态方程，用状态方程研究系统的动态特性的方法称为状态空间法或状态变量法。状态空间法的主要数学基础是线性代数，在状态空间法中，广泛用向量来表示系统的各种变量组，其中包括状态向量、输入向量和输出向量，变量的个数规定为相应向量的维数。如用 $X, \dot{X}$ 表示系统的状态向量及其导数，用 U 和 Y 分别表示系统的输入向量和输出向量，则系统的状态方程可表示为如下的一般形式：

$$\begin{cases} \dot{X} = AX + BU \\ Y = CX + DU \end{cases}$$

式中:A 为系统矩阵;B 为输入矩阵;C 为输出矩阵;D 为直接传递矩阵。它们是由系统的结构和参数所定出的常数矩阵。

数学模型相对物理模型而言,不仅具有效率高、成本低的优势,而且最为重要的是模型参数和结构的修改极为简单和方便,因此,数学模型是当今使用最为广泛的系统描述方法。下面就数学模型的构造,给出其仅供参考的一般步骤。

(1) 理解系统的功能原理并提出所建模型的目的和要求。

(2) 分清系统的主、次要素及各种因果关系。

(3) 用数学符号表示要素及各种因果关系(结构)的定义。

(4) 其他可以定量描述的相关内容的补充及数学描述。

(5) 联立以上各种结构的数学关系,构成系统的数学模型。

(6) 实验研究并就其结果判断模型符合真实系统的程度。

(7) 根据模型符合真实系统的程度对模型做必要的修改。

当然,数学模型的一般构造步骤也可以认为仅包括上述的第(1)~(5)步,而第(6)、(7)步将是下面要介绍的计算机仿真的有关内容。

5.3.3　计算机仿真

用于描述实际系统的模型一旦建立,接下来就可以用模型对实际系统进行仿真分析了。这里的仿真是指使用系统模型和计算机技术来模拟和分析真实系统行为的一种方法,其中的模型解决了系统是什么的问题,而仿真则解决了系统在做什么的问题。

对于实际系统尚不存在的情况,仿真的主要目的是预估系统的性能,以指导系统的设计。而对于实际系统存在的情况,仿真的主要目的是再现系统的活动原理,或进行实际系统上难以进行的实验研究,使其表现得更为直观。仿真技术多用于工程设计系统、军事作战系统、社会经济系统、教育培训系统等。

对应于系统模型的物理模型和数学模型的特性分类,仿真也可分为物理仿真和数学仿真。物理仿真是用物理模型来仿真实际系统,对于某些具有特定目的的仿真,为了克服物理实体模型的高成本和低效率,采用拟物理模型和虚拟物理实体模型是很好的解决办法。拟物理模型是利用简单易实现的物理系统(如电系统)去研究复杂物理系统(如机械系统)的建模和仿真方法,它是随着机电一体化技术的发展而发展的。而虚拟物理实体模型则是随着计算机动画技术的快速发展而发展起来的。虚拟物理实体模型技术使得物理模型的虚拟可视化成为现实,部分的特性分析也成为可能,例如目前 PRO/E、UG 等三维设计软件所提供的运动仿真就是典型的虚拟物理仿真,ANSYS 和 MATLAB 等软件也实现了部分物理模型的虚拟特性分析。但目前计算机的虚拟技术还不能满足物理模型的大多数特性分析需求，尚不能大规模应用。随着计算机求解复杂系统的数学模型功能越来越强大，这种采用数学模型的所谓"数学仿真"受到了人们的关注和应用。由于数学仿真采用的主要工具是计算机，所以它也常被称为计算机仿真。

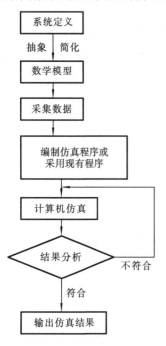

图 5-21　仿真的一般步骤

计算机仿真的过程，实际上就是凭借系统的数学模型，并通过该模型在计算机上的运行，来执行对模型的模拟、检验和修正，并使模型不断趋于完善的过程。其基本步骤如图 5-21 所示。

在求解系统问题之前，对实际系统的定义最为关键，尤其是对系统的包络边界的识别。对一个系统的定义主要包括系统的目标、目标达成的衡量标准、自由变量、约束条件、研究范围、研究环境，等等，这些内容必须具有明确的定义准则并易于定量化处理。

一旦有了这些明确的系统定义，结合一定的假设和简化，在确定了系统变量和参数以及它们之间的关系后，即可方便地建立出描述所研究系统的数学模型。

建立了数学模型之后，随后着手准备的工作就是收集系统有关的各项输入、输出数据，以及用于描述系统各部分之间关系的一些数据。

接下来要做的工作是实现数学模型向计算机执行的转换。计算机执行主要是通过程序设计语言编写的程序来完成的，为此，研究人员必须在高级语言和专用仿真语言之间做出选择。专用仿真语言目前主要包括基于过程（例如 GPSS，SIMULA 和 SIMAN 等）、基于活动（例如 ECSL，HOCUS，OPTIK 和 GENETIK 等）和基于事件（例如 SEE-EHY，GASP，SIMSCRIPT 等）的三类仿真语言和软件，它们的共同优点是易学易用，具有面向进程的仿真程序结构，仿真功能强，有良好的诊断措施等，然而对有经验的程序设计人员来说，则可能缺乏灵活性。

计算机仿真的目的，主要是为了研究或再现实际系统的特征，因此模型的仿真运行是一个反复的动态过程，并且有必要对仿真结果做全面的分析和论证。否则，不管仿真模型建立得多么精确，不管仿真运行次数多么多，都不能达到正确地辅助分析者进行系统决策的最终目的。

5.3.4　案例——外啮合齿轮泵困油压力的计算机仿真

1. 外啮合齿轮泵的困油现象

为了保证外啮合齿轮泵泵均匀而连续地供油，要求齿轮传动的重合度必须满足条件

ε＞1。这样在齿轮传动的双齿啮合区内,就形成了图 5-22 所示的与进、出油腔均不相通的闭死容积(即困油容积)。随着齿轮的连续旋转,其空间会发生时而压缩、时而膨胀的周期性变化。由于液体的可压缩性很小,这样势必会造成该困油容积内的困油压力时而急剧升高、时而急剧降低,进而造成振动、噪声和空蚀,给泵的平稳性、寿命、强度都带来很大的危害。因此,在设计外啮合齿轮泵时,平缓困油压力变化的卸荷措施是必需的。

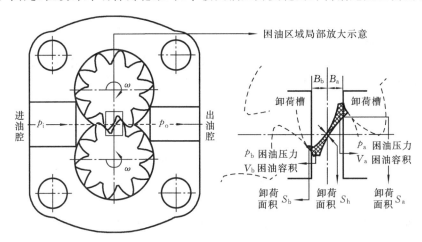

图 5-22　外啮合齿轮泵的困油区示意图

双矩形卸荷槽作为卸荷措施的主要形式之一,其关键参数是图 5-22 中用 B_a 和 B_b 所表示的密封长度,其取值减小时,通过卸荷面积 S_a 和 S_b 的流量将增加,从而大幅度降低困油压力 p_a 和 p_b 对泵造成的危害,但这样同时也会导致泵容积效率的下降。取值增大时,情况正好相反。

因此,通过困油压力的仿真数据,根据其峰值大小和变化趋势,设计人员能够判断和确定出最合适的卸荷槽密封尺寸,以及修正齿轮基本设计参数。这里主要研究的是困油压力的仿真技术,不妨假设 $B_a=B_b$,对困油区可能存在的瞬时真空现象,这里将不做考虑。

2. 建立数学模型

为了方便推导困油压力的仿真数学模型,首先将如图 5-22 所示的困油过程示意变成图 5-23 所示的仿真等效模型。

图中:p_i——进油腔压力;p_o——出油腔压力;p_a——邻近出油腔侧的困油压力;p_b——邻近进油腔侧的困油压力;q_b——由困油腔 b 流向进油腔的卸荷流量;q_a——由困油腔 a 流向出油腔的卸荷流量;q_h——由困油腔 a 流向困油腔 b 的流量;V_b——邻近进油腔侧的困油容积;V_a——邻近出油腔侧的困油容积;S_b——相应于 q_b 的卸荷面积;S_a——相应于 q_a 的卸荷面积;S_h——相应于 q_h 的卸荷面积;C——流量系数,取 $0.60\sim0.65$;

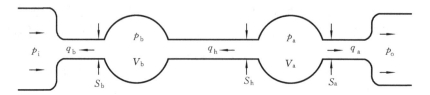

图 5-23　仿真等效模型

h——齿侧间隙，取 $0.01\sim0.08$ mm。

以上各变量值如为负，表示与图示箭头方向相反。取 β 代表工作油液的体积弹性模量，由流体力学和动力学得出下列代数及微分方程组（即数学模型）：

$$\begin{cases} q_a = CS_a \sqrt{2(p_a - p_o)/\rho} \\ q_b = CS_b \sqrt{2(p_b - p_i)/\rho} \\ q_h = CS_h \sqrt{2(p_a - p_b)/\rho} \\ q_h + q_a = -dV_a/dt - \beta^{-1}V_a dp_a/dt \\ q_b - q_h = -dV_b/dt - \beta^{-1}V_b dp_b/dt \end{cases}$$

上式所求的是 dp_a/dt 和 dp_b/dt。因此，在求解之前，需要确定 S_a，S_b，S_h，V_a，V_b，dV_a/dt 和 dV_b/dt 关于齿轮转角 θ 的解析式 $S_a(\theta)$，$S_b(\theta)$，$S_h(\theta)$，$V_a(\theta)$，$V_b(\theta)$，$dV_a(\theta)/dt$ 和 $dV_b(\theta)/dt$。

3. 相关解析式的确定

以下是由文献[4]给出的 $V_a(\theta)$，$V_b(\theta)$ 及 $dV_a(\theta)/dt$，$dV_b(\theta)/dt$ 的表达式，其中的 V_{a0}，V_{b0} 分别代表 a 腔和 b 腔的最小困油容积。

$$\begin{cases} V_a(\theta) = \dfrac{V_{a0} + zBt^2(\theta - \pi/2z)^2}{4\pi} \Rightarrow \dfrac{dV_a(\theta)}{dt} = \dfrac{\omega zBt^2(\theta - \pi/2z)}{2\pi} & \left(\dfrac{(1-\varepsilon)\pi}{z} \leqslant \theta \leqslant \dfrac{\varepsilon\pi}{z}\right) \\ V_b(\theta) = \dfrac{V_{b0} + zBt^2(\theta - 3\pi/2z)^2}{4\pi} \Rightarrow \dfrac{dV_b(\theta)}{dt} = \dfrac{\omega zBt^2(\theta - 3\pi/2z)}{2\pi} & \left(\dfrac{(2-\varepsilon)\pi}{z} \leqslant \theta \leqslant \dfrac{(1+\varepsilon)\pi}{z}\right) \end{cases}$$

图 5-24 中线段 PN 的长度 L 与转角 θ 之间存在如下关系：

$$L = 0.5t - \left(\theta - \dfrac{\pi}{2}\right)mz\cos\alpha \quad \left(\dfrac{(2-\varepsilon)\pi}{z} \leqslant \theta \leqslant \dfrac{\varepsilon\pi}{z}\right)$$

卸荷面积 S_a 就是困油部分的截面位于出油腔侧卸荷槽中的那部分面积，图 5-24 中剖面线表示的是卸荷面积 S_a。对于具体的转角 θ，可以利用啮合齿轮间的几何关系计算出，也可以通过由 UG 软件建立的困油区间三维模型测出，限于篇幅，具体请参阅相关的文献。

对于卸荷面积 S_b，只需在卸荷面积 S_a 的计算式中，将 $f(\theta)$ 换成 $t-f(\theta)$，即可完全按照卸荷面积 S_a 的计算步骤来计算；而齿侧间隙处的卸荷面积 $S_h = hB$。

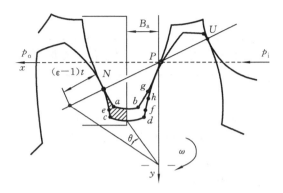

图 5-24 卸荷面积的计算示意图

4. 仿真运算及结果输出

采用现有的专用仿真语言软件包,并代入以下参数:$\alpha=20°$,$h^*=1$,$m=4.75$,$z=10$,$x=0.164\,2$,$c^*=0.25$,$B=20$ mm,$n=1\,000$ r/min,$p_i=0$,$p_o=1$ MPa 和 2 MPa,积分步长 $\Delta t=0.001\,5$。

图 5-25(a)表示在相同的卸荷槽间距和不同的齿侧间隙下,困油压力 p_a 和 p_b 在一个困油周期内的变化情况;图 5-25(b)表示在相同的齿侧间隙和不同的卸荷槽间距下,困油压力 p_a 和 p_b 在一个困油周期内的变化情况。从中可以看出:对于同样的齿侧间隙 $h=0.03$ mm,$B_a=3.2$ mm 比 $B_a=4.8$ mm 为好;对于同样的卸荷槽间距 $B_a=6.4$ mm,$h=0.2$ mm 要比 $h=0.03$ mm 为好。

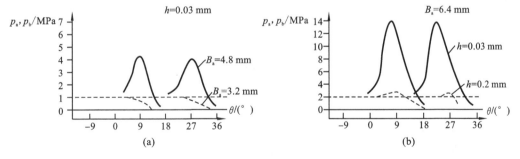

图 5-25 困油压力仿真结果图

齿轮设计的基本参数一旦给出,齿侧间隙 h 就已知。由已知的 h 就可以根据困油压力曲线,判断和修正卸荷槽间距 B_a。反过来,当根据有容积效率确定了卸荷槽间距 B_a 时,就可以根据困油压力曲线,判断和修正 h 及齿形参数。

在困油压力升高到一定数值时,壳体内表面、轴套端面与啮合齿轮间会出现渗漏,尤其在油压较高时,泄漏更为明显。故实际压力峰值没有图 5-25 所示的那么高,但在没有出现泄漏前,计算值与实测峰值是相当接近的。

本章重难点及知识拓展

计算机辅助工程分析借助计算机强大的计算功能，弥补了传统方法中通过实验图表、经验公式、简化公式等进行产品分析计算所造成的低效率和低精度。特别是随着计算机技术的发展和数值计算方法的完善，出现了大量的计算机辅助工程分析软件，尤其像 Pro/E engineer 和 UG 等这类高端的三维集成开发软件已日渐成熟和普及，其应用已是必然趋势，它们本身就镶嵌有有限元法模块、优化模块和仿真模块以及与相关专业软件的开发接口，这些开发平台已陆续在各个领域取得了广泛的应用和显著的成效。

随着高等教育日渐趋向宽口径专业设置的方向发展，要求学生从底层学好本章所涉及的有限元法、优化设计方法、计算机仿真并具备相关的计算机编程能力是没有必要的，在普遍削减课时这样的大趋势下也是不可能的，这也是本章没有给出相关程序流程的缘故。学会使用一些计算机辅助工程分析软件，对学生从事产品的现代化设计是非常必要的。学生更应对软件应用方法多做一些了解和练习。

当然，对有限元法、优化设计方法和计算机仿真没有好的理解，期望运用计算机辅助工程分析从事更高端、更好的产品开发将是很困难的，所以计算机辅助工程分析的基本原理和适用场合是运用相关软件的基础，只有这样，学生运用计算机辅助工程分析软件的能力才能有所提高。

思考与练习

1. 何谓有限元？
2. 如何理解有限元法中的"离散"概念？
3. 列出有限元法的五种优点。
4. 列举和简要说明有限元法的一般步骤。
5. 简要说明有限元法的发展趋势。
6. 如何理解优化设计方法与传统设计方法的异同点？优化设计方法相对于传统设计方法有何优势？
7. 如何理解优化设计三要素在数学模型中的地位和作用？
8. 如何理解优化设计迭代解法的基本思想？

9. 如何理解目标函数的凸性和正定性的关系？

10. 如何理解函数的方向导数和梯度的关系以及它们的异同点？

11. 对于正定的二次函数，为什么切线法和插值法能够一步就得到其精确最优解？如何理解即使对于非二次的函数，插值法也是非常有效的？

12. 如何理解无约束多维问题的优化方法与无约束一维问题的优化方法的关系？

13. 如何理解约束多维问题的优化方法与无约束一（多）维问题的优化方法的关系？

14. 等式约束和不等式约束多维优化的间接处理方法有何不同？

15. 多目标优化处理方法主要有哪些？

16. 如何理解系统的组成和特点？

17. 建立系统模型的意义何在？模型建立的一般步骤是什么？

18. 何谓计算机仿真？列举和简要说明计算机仿真的基本步骤。

第6章　计算机辅助工艺过程设计

本章在总结传统工艺设计内容和步骤及存在的问题的基础上,阐述了计算机辅助工艺过程设计(CAPP)的发展概况及 CAPP 系统结构组成、CAPP 中零件信息的描述与输入方法、各类 CAPP 系统的基本构成及其工作原理和设计方法,介绍了 CAPP 专家系统的基本组成与结构、CAPP 专家系统的设计方法及其开发工具、工艺数据和知识的类型与特点及其获取与表达等内容。

6.1　CAPP 的发展概况及系统结构组成

6.1.1　CAPP 技术及其发展概况

1. 工艺设计概述

工艺设计的任务是为被加工零件选择合理的加工方法和加工顺序,以便按设计要求生产出合格产品。工艺设计是生产中最活跃的因素,且具有动态性和经验性。工艺设计过程中分析和处理信息必须全面而周密,既要考虑产品图样上零件的结构形状、尺寸公差、生产批量、材料及其热处理方法等信息,又要掌握各种加工方法、加工设备、生产条件、加工成本及工时定额等信息,特别要求工艺师熟知企业内部情况,包括各种设备的使用情况、各种现行工艺及生产规范、生产管理规章制度等。

工艺设计的内容和步骤包括:根据产品装配图和零件图,了解产品用途、性能和工作条件,熟悉零件在产品中的地位和作用,明确结构特点及技术要求,审查零件结构工艺性;了解产品的生产纲领及生产类型;确定毛坯;确定加工方法,拟定工艺路线,合理安排加工顺序;选择定位基准;按企业实际情况,具体确定各工序所用机床和工艺装备(刀、夹、量具等);确定各工序加工余量、计算工序尺寸和公差;确定各工序的切削用量;编制数控加工程序;确定重要工序的质量检测项目和检测方法;计算工时定额和加工成本、评价工艺方案;按规定格式编制工艺文件等。

各企业工艺文件格式差别较大,主要取决于生产类型。单件小批生产一般只编制综合工艺过程卡;成批生产多采用机械加工工艺卡片;大批大量生产则编制完整而详细的工艺文件,包括工艺过程卡、工序卡,分得更细的话还有操作卡、调整卡和检验卡等。

传统的工艺设计方法为手工方式,存在如下问题:设计工作量大、重复多、效率低、周期长、易出错、成本高;工艺文件不统一、不标准,不便于计算机管理和维护;设计质量取决于工艺人员的水平和经验,对工艺人员要求高,且工艺人员培养成本高、周期长;不便于将工艺人员的经验和知识集中起来,以继承和共享;企业制造资源、工艺资源不能充分利用;CAD 图形数据不能继承和共享;不适用于采用高效多品种小批量生产模式的柔性制造系统。

2. CAPP 系统概述

CAPP 系统利用计算机的信息处理与管理优势,采用先进的计算机应用技术和智能技术,帮助工艺人员完成工艺设计任务。CAPP 的基本过程与手工工艺设计过程相似:首先向计算机输入被加工零件的几何信息(形状、尺寸等)和加工工艺信息(材料、批量、精度等);然后由工艺人员与计算机交互,完成毛坯选择、加工方法选择等工艺设计内容;最后由计算机自动生成各种工艺文件、数控加工指令以及生产计划制订和作业计划制订所需的相关数据信息。

随着计算机集成制造系统(computer integrated manufacturing system,CIMS)和智能制造系统(intelligent manufacturing system,IMS)的发展,CAPP 系统向上与 CAD 系统相接,向下与 CAM 系统相连,设计信息通过 CAPP 系统生成制造信息,CAD 系统通过 CAPP 系统与 CAM 系统实现信息和功能的集成,CAPP 系统从 CAD 系统中获取零件的几何信息、工艺信息,并从工程数据库中获取企业的生产条件、资源情况等信息,进行工艺设计,形成工艺文件。可见,CAPP 系统将产品设计数据转换成制造与管理数据,起承上启下、连接 CAD 系统与 CAM 系统及 MRP-Ⅱ系统等应用系统的桥梁作用,是发展 CIMS 和生产自动化不可缺少的关键技术。

应用 CAPP 系统可以克服传统工艺设计的不足,推进工艺设计标准化、最优化和智能化,提高工艺设计水平和质量;CAPP 系统中的数据库和知识库,使产品设计数据得以继承和共享,工艺人员的工艺知识与经验得以充分利用和继承;应用 CAPP 系统可使企业制造资源配置最佳化;可提高工艺设计效率,缩短工艺设计周期;可使工艺人员摆脱烦琐重复的手工劳动,而集中精力提高产品质量和工艺水平;CAPP 系统的应用为实现 CIMS 系统集成创造了必要的技术基础。

3. CAPP 技术发展概况

对 CAPP 的研究始于 20 世纪 60 年代后期,其早期意图是建立包括工艺卡片生成、工艺内容存储及工艺规程检索的计算机辅助系统,只是将计算机作为存储、整理、计算和提取信息的工具,系统没有工艺决策能力和排序功能,所以没有通用性。1969 年挪威推出了世界上第一个 CAPP 系统 AUTOPROS;1976 年国际先进制造联盟(Consortium for Advanced Manufacturing-International,CAM-I)推出了具有里程碑意义的 CAPP(CAM-I'S Automated Process Planning)系统;1985 年 1 月和 1987 年 6 月国际生产工程研究会(Cooperative Institutional Research Program,CIRP)先后两次举行了 CAPP 专题学术研讨会,使 CAPP 系统研究进入一个崭新的时代。90 年代中后期,国外推出了一些商品化 CAPP 系统,如美国 CIMX 公司的 CS/CAPP、HMS 软件公司的 HMS-CAPP、美国先进制造科学研究所（The Institute of Advanced Manufacturing Sciences，Inc.）的 MetCAPP、莫斯科工业大学的 TexhoTIPO、IntelliCAPP 等。它们的共同特点是以交互式设计和数据化、模型化、集成化为基础，并集成了数据库技术、网络技术。

我国对 CAPP 的理论研究和系统开发始于 20 世纪 80 年代初，率先研制成功的 CAPP 系统有同济大学的修订式 TOJICAP 系统和西北工业大学的创成式 CAOS 系统，北京航空航天大学、南京航空航天大学等单位也成功研制了适用于特定类型零件的 CAPP 系统；在 863/CIMS 主题计划中设立了多项与 CAPP 相关的关键技术攻关项目或子项目、软件重大专项，同时大力推广应用示范工程；1988 年 5 月，在南京航空航天大学召开了国内第一次 CAPP 专题研讨会；1989 年，国家 863/CIMS 工艺设计自动化工程实验室在上海交通大学正式建立，主要从事异地分布式 CAPP 系统体系结构及实现技术等方面的研究与开发。

4. CAPP 技术的发展趋势

CAD/CAM 向集成化、智能化和实用化方向的发展及并行模式的出现对 CAPP 技术提出了新要求，产生了广义 CAPP，即在原有基础上向两端发展，向上扩展为生产规划及作业计划最优化，作为 MRP-Ⅱ 的一个重要组成部分，为 MRP-Ⅱ 系统提供生产管理信息；向下扩展为自动生成数控加工指令，为 CAM 系统提供制造信息。为了实现通用 CAPP 系统开发，应在零件信息描述、工艺决策逻辑归纳等方面进行努力，通过零件信息描述的标准化和统一化、工艺决策逻辑的统一性和开放性、软件设计的模块化、工程数据库的统一化等来实现 CAPP 系统的柔性化，发展以产品工艺数据为核心的集工艺设计与信息管理为一体的交互式计算机应用框架系统，逐步和部分实现工艺设计与管理的自动化，逐步满足产品制造全球化、网络化和虚拟企业分布式协同工作的需求。具体体现在以下五个方面。

1) 工艺数据的格式化

工艺数据多种多样，包括产品属性、工艺装备、工艺路线等，是生产中真正需要的，各种数据之间存在一定联系；工艺卡片只是工艺数据的格式化表现形式之一，是工艺数据的一种"视图"；工艺格式是工艺数据及其相互关系的组织结构，使工艺数据得以通过固定的数据结构来描述，并通过不同形式表现出来。

现代 CAPP 系统应不仅是工艺卡片的生成工具，更重要的是能对所有工艺数据进行格式化处理，因为格式化的工艺数据是 CAPP 系统的中心，对"视图"中数据的修改，实际上是对数据库中工艺数据的修改，两者双向关联，数据、格式、"视图"构成三层结构，与软件编程中的三层结构相似。与之相应，CAPP 系统的数据库结构中至少有三类基础数据表：工艺数据类、工艺格式类和工艺"视图"类数据表。这种 CAPP 系统的优点如下。

（1）可为信息集成提供完备统一的工艺数据库接口，保证不同专业的工艺设计结果能存放在相同结构的数据库中，保证整个企业中的工艺数据能被其他信息系统（PDM、

MRP-Ⅱ等系统)方便而准确地查询。

(2) 工艺"视图"中填写的工艺数据都能明确地表达具体含义,为 CAPP 专家系统提供数据结构基础。因此,CAPP 系统能为工艺人员智能化地在线提供工艺资源数据及标准化的单元工艺复用、典型工艺的生成和利用功能。

(3) 工艺数据和"视图"从根本上得到分离。保证了工艺数据在企业的工艺标准更新后仍能有效利用,从软件本身保证了工艺设计工作的连续性和继承性。

2) 工具化和工程化

基于平台技术、具有二次开发功能、可重构将是 CAPP 系统的重要发展方向。工具式工艺设计平台应用面广、适应性强,具有较好的通用性、柔性和开放性;在 CAPP 平台上二次开发专用 CAPP 系统,可以适应企业的工艺个性化需求;具有按需定制功能,借助于平台技术可自定义界面,以持续适应企业内部的工艺技术条件、工艺资源数据和工艺需求的发展变化。

采用一种通用的标准对象模型来抽象 CAPP 系统的数据结构,以提供一种简单方法用于软件模块之间的相互操作,以便于软件功能扩充、修改和二次开发。此类模型标准有 OMG 提供的 CORBA、Apple 支持的 OpenDoc、IBM 支持的 SOM(system object model)、Microsoft 提供的 COM(component object model)。因此,CAPP 系统各模块可以根据需要选择最合适的语言进行开发,也可选用丰富的第三方软件,并通过 COM 组件无缝集成,且可独立升级。

3) 集成化

集成化 CAPP 系统开发既是 CIMS 信息集成的要求,也是 CAPP 发展趋势之一。CAD/CAM 集成实质上是 CAD/CAPP/CAM 集成,如图 6-1 所示。CAPP 系统从 CAD 系统中获取零件的几何信息和工艺信息,从工程数据库中获取企业生产条件等资源信息,并将这些信息转变为加工信息和管理信息,与 CAD 系统、CAM 系统、MIS(管理信息系统)等系统进行双向信息交换:向 CAD 系统反馈产品的结构工艺性评价信息,以满足产品并行设计要求;向 CAM 系统提供零件加工所需的设备、工装、切削参数以及反映零件切削过程的刀具轨迹文件等信息,并接收 CAM 系统反馈的工艺修改意见;向 MIS 提供各种工艺文件和工时及材料定额等信息,并接收 MIS 反馈的技术准备计划、原材料库存、设备状况及变更等信息;向 CAQ(计算机辅助质量管理)系统提供工序、设备、工装、检测等工艺数据,以生成质量控制计划和质量检测规程,并接收 CAQ 系统反馈的控制数据,用于修改工艺过程;向 MAS(制造自动化系统)提供工艺规程文件和刀夹具等信息,并接收由 MAS 反馈的刀具使用报告和工艺修改意见。因此,CAPP 系统不仅成为 CAD 系统与 CAM 系统有效集成的纽带,而且能保证 CIMS 中信息流畅通,从而实现 CAD/CAM 与 PDM/PLM/ERP 等系统的有效集成,以支持产品全生命周期管理。

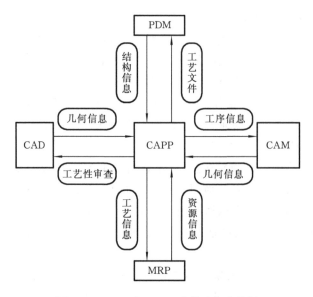

图 6-1　CAPP 在 CIMS 中的地位和作用

4）网络化

工艺设计工作的实际需求是协同工作、知识积累、快速复用，适时提供最新的工艺设计结果；企业信息化建设要求 CAPP 系统能进行集中、安全的数据维护，方便、紧密地与 PDM 系统集成。只有借助于网络技术，才能实现企业级乃至更大范围内的信息化。

网络化 CAPP 系统较容易被定位成标准客户机/服务器（C/S）网络应用系统，其共享的网络数据库能提供数据共享功能，可减少数据复制和维护工作量，简化完整数据汇总工作，但存在以下缺点：为保证数据完整性，所有客户端程序必须同时升级，维护较困难；客户端数量受网络数据库许可连接的限制，系统伸缩性较差；C/S 通信量较大，网络性能较低；与 PDM、MRP-Ⅱ系统集成工作量较大。现代 CAPP 系统应是一个完整的分布式网络应用系统，因其不仅继承了标准 C/S 应用系统的优点，而且克服了以上缺点，成为现代网络应用的主流。基于 COM 的分布式网络 CAPP 系统自然地为 PDM/MRP-Ⅱ/ERP 系统提供了集成接口。PDM 等系统可以从不同层次访问 CAPP 数据库，可以与 CAPP 系统在较高层次上交换信息。

5）知识化和智能化

现有 CAPP 系统虽然能够较好地解决工艺设计效率和标准化问题，但如何充分利用工艺专家的经验及工艺知识积累的问题尚未解决。基于知识的智能化 CAPP 系统必将在各类知识的获取、表达和处理中展现其灵活性和有效性，从而显著提高 CAPP 系统的智能化水平。

当前,在 CAPP 系统研发中的热点问题有:产品信息模型的生成与获取;CAPP 体系结构研究及 CAPP 工具系统开发;并行工程模式下的 CAPP 系统;基于人工智能技术的分布型 CAPP 专家系统;人工神经网络技术与专家系统在 CAPP 中的综合应用;面向企业的实用化 CAPP 系统;CAPP 与自动生产调度系统的集成等。

6.1.2 CAPP 系统的结构组成

1. CAPP 系统基本功能

企业对 CAPP 系统提出了以下要求:工艺设计应基于产品结构进行,基于装配的物料清单(BOM)清楚地描述了产品结构,围绕产品结构展开工艺设计,可以直观、方便、快捷地查找和管理工艺文件;工艺设计效率高、质量高,应能实现设计、审核、批准等流程作业,各种工艺文件相关数据更改应保持一致;提供的各种资源及其使用方式应广泛而灵活;工艺管理应包括产品级工艺路线设计、材料定额汇总等,以指导工艺设计和成本核算;对定型产品工艺文件应进行分类归档,归档后工艺文件应能有效利用,典型工艺应存储为标准工艺。

2. CAPP 系统的基本组成与结构

CAPP 系统基本组成与其工作原理、产品对象及其规模大小等有关,主要由零件信息获取、工艺决策、工艺数据库/知识库、人机交互界面、工艺文件管理/输出等五大模块组成,如图 6-2 所示。

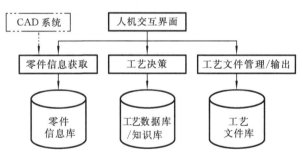

图 6-2　CAPP 系统基本组成

3. CAPP 系统的工作过程与步骤

CAPP 系统的工作过程与步骤如图 6-3 所示,应用的基础技术有成组技术、零件信息的描述与获取方法、工艺设计决策机制、工艺知识的获取与表示方法、工序图等文档的自动生成技术、数控加工指令的自动生成与加工过程动态仿真技术、工艺数据库的建立技术等。

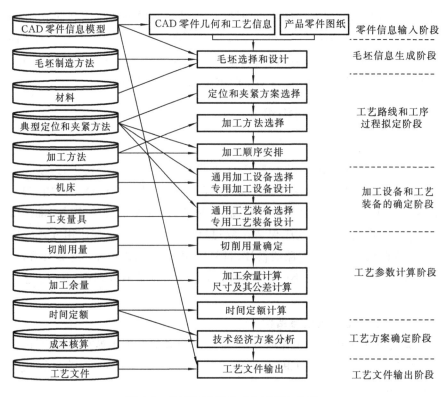

图 6-3　CAPP 系统的工作过程与步骤

6.2　零件信息的描述与输入

6.2.1　零件信息描述的要求和内容

1. 零件信息描述的基本要求

零件信息描述与输入是 CAPP 系统工作的基础，且零件信息描述的准确性、科学性和完整性将直接影响工艺设计的质量、可靠性和效率。零件信息描述的关键是零件特征信息标识，即以数代形（代码化）；零件信息输入的关键是设计友好的人机界面和数据存储结构，最好从 CAD 系统中直接提取零件信息，这也是 CAD/CAPP 集成的关键。因此，对零件信息描述提出以下基本要求：零件信息描述应准确、简明、完整，满足 CAPP 的需要，并与生产实际要求一致；易被工程技术人员理解和掌握，便于输入操作；易被计算机系统识别、接收和处理；尽可能充分利用零件的相似性，减少信息输入量，冗余最小化；零件信息的数据结构要合理，易于工程技术人员编程，利于提高计算机处理效率，便于信息集成；

零件信息要足以使 CAPP 系统生成合理的工艺规程；应与信息处理系统的工作方式相适应，满足后续处理要求，能方便地与其他系统如 CAD、CAM 系统链接；数据一致性好，满足 CAD/CAM/CAT 等信息共享需要，遵守统一的数据交换标准(STEP)和 PDM 系统等的规定，使数据格式和数据管理统一起来。

2. 零件信息描述的内容

进行计算机辅助工艺过程设计时，零件必须同时具备几何信息、工艺信息和管理信息，在理想的 CIMS 中，CAD 系统会提供这三类信息，CAPP 可直接进行。但目前 CAD 系统会只提供零件的几何信息，因此，工艺信息和管理信息必须通过其他途径输入。几何信息是零件信息中最基本的信息，包括几何形状及其各组成元素类别与拓扑关系、几何定形尺寸和定位尺寸。工艺信息属非几何信息，包括尺寸精度、形状精度、位置精度、表面粗糙度、零件材料、热处理方法及技术要求、毛坯特征、配合或啮合关系等。管理信息又称表头信息，包括零件名称、图号、所属产品和部件、毛坯特征、生产批量、生产条件和设计者等。

6.2.2　零件信息描述的基本方法

零件信息描述与输入方法较多，可分为两大类：一类是采用人机交互式图形描述与输入；另一类是从 CAD 系统内部数据库中直接获得零件信息的数据库法。前者是现有 CAPP 系统运行的基础和依据，工艺人员根据零件图，按零件结构特征逐项详细地描述，将其转换为计算机能识别的数据信息并输入 CAPP 系统，但人工描述零件信息技术难度大、工作量大，实用性有限；后者直接利用 CAD 系统输出结果，是 CAPP 的发展方向。常用描述方法如下。

1. 零件分类编码描述法

基于成组技术，制定一套分类编码系统，对零件进行编码，以固定或可变长度的一组代码表示零件的种类、主要结构和各种特征，粗略地描述零件的形状、尺寸、精度等信息，将零件编码和一些补充信息输入 CAPP 系统，这种方法即零件分类编码描述法。该方法适用于检索式、派生式和半创成式 CAPP 系统。

世界上最早的分类编码系统是捷克斯洛伐克金属切削机床研究所的 SUOSO，在此基础上演变出了 70 多种零件分类编码系统，如：原西德阿享大学的 Opitz，是应用最广的分类编码系统；英国的 Brisch；日本的 KK-3；美国 MDSI(Manufacturing Data System INC)公司的 CODE；我国原机械工业部于 1985 年颁发的机械零件编码系统 JLBM-I(JB/Z251-85)。

零件分类编码描述法简易可行，但单靠 GT 码难以全面地准确表达零件的全部特征，尤其是非回转体零件，难以表达零件特征间的关系；对于尺寸公差、几何公差、表面粗糙度、热处理等工艺信息的描述，使 GT 码码位大大增多；零件 GT 编码，要靠人对零件图样分析识别才能获得,不利于系统自动获取零件信息,不利于 CAD/CAM 信息集成的实现。

2. 零件型面要素描述法

采用零件型面要素描述法时,将零件视为由若干个基本型面要素如平面、柱面等,按一定规律组合而成,每种型面都用一组特征参数描述,对型面种类、型面特征参数及各型面之间的位置关系则用代码表示。如外圆柱面可用直径和长度确定,描述为 CYLE/D,L1。另外,每种型面对应一组加工方法,可根据其精度和表面质量要求确定。将基本型面要素分为主要型面、次要型面、辅助型面和复合型面。主要型面指构造零件主体形状的外表面(平面、外圆面等外形特征)和内表面(圆孔、锥孔等内部特征),描述过程按它们在零件上出现的位置依次进行;次要型面如退刀槽、台阶面等;辅助型面如倒角等,一般都依附于某个主要型面,以实现某种特定功能或改善零件的加工工艺性能;复合型面如内、外螺纹,内、外花键,齿形面等。这种描述方法虽然比较费时,但可以完善、准确地输入零件图形信息,适用于半创成式 CAPP 系统。

3. 零件特征要素描述法

采用零件特征要素描述法时,将零件视为由若干形状特征按一定位置关系经布尔运算组合而成的,首先分析零件由哪些形状特征组成,对每个形状特征分别进行描述,并描述它们之间的位置关系,然后将这些信息输入 CAPP 系统。形状特征是指对零件设计或制造有意义的几何形体,既是设计的基本单元,又是制造的基本单元,如 CATIA 和 UG 中形状特征包括基于草图的特征、基于曲面的特征、变换特征和修饰特征等。由于形状特征可以通过特定的加工方法生成,以形状特征来描述零件,则可为随后的工艺设计提供完整的零件信息,便于 CAPP 系统直接从 CAD 系统提取特征信息,进行创成式工艺设计,更符合工艺人员的习惯。

4. 基于特征的零件信息描述方法

这里的特征不是单纯的几何实体,有别于前述形状特征,它是设计时的体素特征与加工制造时的型面要素的综合体现,它有几何、属性和制造三方面的信息,可用巴科斯-诺尔范式(Backus-Naur Form, BNF)将特征定义为

〈特征〉::=〈几何形状〉〈属性〉〈制造知识〉

〈几何形状〉::=〈形状名〉〈型面结构〉〈基本尺寸〉〈坐标信息〉

〈属性〉::=〈材料信息〉〈尺寸精度〉〈形状精度〉〈位置精度〉〈表面粗糙度〉

〈制造知识〉::=〈成形方法〉〈加工工艺〉

所以,基于特征的零件信息描述,其模型集成了多方面信息,使设计和制造之间易于实现信息交换与共享。在设计或制造产品时,用户面对特征工作,与特征参数打交道,而不是面向几何体素工作。这提供了一个符合人类思维方式的高层次用户界面,只要给出特征参数和工艺信息,即可满足设计和制造要求,大大提高了信息处理效率。

5. 产品特征建模法

产品模型包括应用层、逻辑层和物理层三个层次结构。应用层是产品生命周期内各应用领域按各自的经验、术语、技术和方法建立的产品参考模型,为相应的应用领域提供便于应用的、完备的和最小冗余的信息模型;逻辑层提供通用的、语义一致的实体集和关系集,用以描述应用领域信息,将应用层上的各种参考模型集成到单一的产品集成模型中;物理层是将集成模型转换成用于交换的物理文件格式或用于计算机内部存储的存储模型。产品特征建模使 CAPP 系统能够自动理解产品模型,为有效进行自动工艺设计奠定了基础。

6. 数据库法

CAPP 系统利用中间接口或其他传输手段,直接从 CAD 内部数据库中读取零件,自动对其进行分析,按一定算法识别、转换,进而抽取工艺信息。这种方法避免了工艺设计前两次描述和手工输入零件信息的现象,且获取的零件信息完整而准确,是实现 CAD/CAPP/CAM 集成的理想途径,但现有 CAD 系统没有加工精度等高层次的工艺信息输入功能。

为了实现 CAPP 与 CAD 数据自动交换,在 CIMS 实践的基础上,对产品信息模型建模提出了以下基本要求。

(1) 完整性 零件信息不仅应包括模型的参数化几何与拓扑信息,还应包括诸如工艺决策、装夹方法选择、数控编程等所需的工艺设计信息,以便为产品生命周期各阶段的计算机辅助系统自动理解。

(2) 统一性 零件信息描述方法应能灵活地适应结构多变的对象,不仅能描述零件的局部信息,而且还能描述零件各组成部分间相互关系等整体信息。

(3) 一致性 同一零件信息描述结果应能适应不同应用领域、不同工作经验的应用人员的需要,并能按各自应用特点去理解描述信息。

(4) 简易性 零件信息建模方式应尽量符合人的思维,易被一般工程技术人员理解和掌握,并能体现高效率、高准确率,提供友好的用户操作环境。

零件信息描述方法还有专用语言描述法、知识表示描述法、图论描述法、矩阵描述法、拓扑描述法、框架描述法、工程图样的自动识别等。

6.3 CAPP 系统的基本原理和方法

自 1965 年 Niebel 首次提出 CAPP 思想以来,CAPP 系统经历了检索式(searches)CAPP 系统、派生式(variant)CAPP 系统、创成式(generative)CAPP 系统、综合式(hybird)CAPP 系统、CAPP 专家系统、CAPP 工具系统等发展阶段。尽管世界各国推出了许多面向不同对象、面向不同应用、采用不同方式、基于不同制造环境的 CAPP 系统,但是综合比较与分析结果表明，其基本原理与构成相同，如图 6-4 所示，其功能涉及零件信息的描述与输入、工艺数据、工艺知识、工艺决策等。将零件的特征信息以代码或数据形式输入计算机，建立零件信息库；把工艺人员的工艺经验、工艺知识和逻辑思想以系统能识别的形式输入计算机，建立工艺知识库；把制造资源、工艺参数输入计算机，建立工艺数据库；通过工艺决策的程序设计，利用计算机的计算、逻辑分析判断、存储以及编辑查询等功能生成工艺规程；最后输出结果。

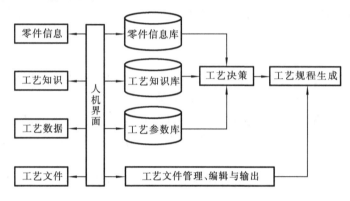

图 6-4　CAPP 基本原理与构成

　　其中检索式 CAPP 系统最简单，在建立时将各类零件的现行工艺文件按产品或零件图号存入工艺文件库，新零件工艺设计时，只需根据图号在数据库中检索出相似零件的工艺文件，并按要求进行修改后输出即可，相当于类比设计。检索式 CAPP 系统常用于少品种、大批量的生产模式以及零件变化不大且相似程度很高的场合。

6.3.1　派生式 CAPP

　　派生式 CAPP 系统又称变异式或修订式 CAPP 系统，以成组技术为基础，其基本原理是相似零件有相似的加工工艺。将零件按几何形状及其工艺相似性进行分类归族，对于每一零件族，选择一个能包含该族中所有零件特征的零件为标准样件，或者构造一个并不存在但包含该族中所有零件特征的零件为标准样件，对标准样件编制成熟的、经过考验的标准工艺文件，存入工艺文件库中。进行新零件工艺设计时，首先输入该零件的成组编码，或输入零件信息，由系统自动生成该零件的成组编码；根据零件的成组编码，系统自动判断零件所属零件族，并检索出该零件族的标准工艺文件；再根据零件的结构特点和工艺要求，对标准工艺文件进行修改，最后得到所需工艺文件。因此，派生式 CAPP 需要解决两个问题：首先，要实现零件图样信息代码化，以便让计算机了解被加工零件的技术要求；其次，要把工艺人员的经验、工艺知识和技能系统化、理论化、代码化，并存储到计算机中，以便计算机检索、识别和调用。

1. 派生式 CAPP 系统特点

派生式 CAPP 系统程序简单,易于实现,便于维护和使用,系统性能可靠,所以应用较广,但需人工参与决策,自动化程度不高,目前多用于回转体类零件 CAPP 系统。派生式 CAPP 系统工作分两个阶段:准备阶段和使用阶段,如图 6-5 所示。

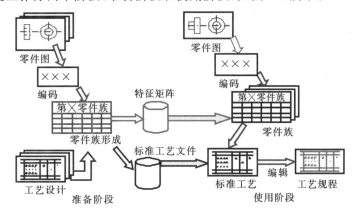

图 6-5　派生式 CAPP 系统工作的两个阶段

2. 派生式 CAAP 系统的基本构成和工作过程

根据派生式 CAPP 系统的特殊性,将整个系统划分为以下功能模块:零件信息分类检索、零件信息输入、工艺编制、标准工艺检索、工艺设计过程管理、工艺文件输出、用户管理、工艺数据查询、工艺尺寸链等。每个模块还可以根据情况进行细分。派生式 CAPP 系统工作时,按新零件代码确定其所属族别,并检索该族的标准工艺,再根据当前零件技术要求,对检索到的标准工艺进行编辑,从而形成新的加工工艺,并按规定格式输出,同时经工艺设计人员确认,还可以作为另一标准工艺存入标准工艺库中。以下是一个实用的派生式 CAPP 系统的基本构成,其主要功能模块及其工作流程如图 6-6 所示。

1) 零件成组编码

根据用户输入的零件号检索数据库的成组编码。若检索出来了,则进入检索零件族模块;若检索不到,则按照系统选定的零件分类编码系统,对新零件进行成组编码。编码方法分手工编码和计算机编码两种。手工编码由工艺人员根据编码规则,对照零件图手工编出各码位的代码。这种方式效率低,工作量大,容易出错;计算机辅助编码采用人机交互方式,由计算机提问,操作人员回答,对编码系统的理解和判断由计算机软件自动完成。

2) 检索零件族

比较新零件成组编码与数据库中零件族编码,确定该零件所属零件族,即零件特征识别。若新零件属于某一零件族,则进入零件族标准工艺检索模块;若没有完全匹配的零件族,则进入零件信息输入模块,由用户手工输入零件信息。

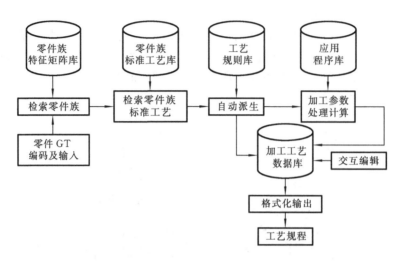

图 6-6　派生式 CAPP 系统工作原理与流程框图

3）零件信息输入

工艺人员根据零件的具体情况，输入诸如零件图号、零件名称、工艺路线号、产品编号、材料编号、毛坯编号和毛坯尺寸等基本信息。

4）检索零件族标准工艺

系统根据输入的或检索到的零件族代码，搜索标准工艺文件库，调出该零件族的标准工艺。如果没有完全匹配的标准工艺，系统则给出一个模糊匹配窗口，由用户来决定如何匹配标准工艺，然后由系统按一定的筛选逻辑，找出最接近的标准工艺。

5）工艺文件编辑

对检索到的零件族标准工艺，用户按当前零件的具体技术要求进行必要的编辑就得到当前零件的工艺文件。为此，系统必须提供集成的工艺文件编辑功能，包括添加、删除、插入、工序对调、修改等。同时，系统应有一个大型数据库存放各种数据。

6）工艺设计过程管理

工艺设计完成后，需要经过审核、标准化、会签和批准四个过程，才能得到正式工艺文件，用于实际生产。为进行工艺设计过程管理，首先需要对身份进行确认，从而确定用户的操作类型。对于不合格的工艺，将退回由工艺设计者重新修改。

7）工艺文件输出

工艺文件，如工艺卡、工序卡、数控代码等，经设计过程管理批准后，就可以按规定格式输出并用于实际生产。输出模块提供数据查询、零件统计分析和工艺尺寸链计算等工具，用来查询各种工艺数据、统计零件成组编码及分类归族情况等，工艺尺寸链计算包括组成环尺寸解算和封闭环公差解算等。

3. 派生式 CAPP 系统的设计要点

1) 零件分类编码系统的合理选择

在系统设计的准备阶段,首先要选定或制定适合本企业的零件分类编码系统,企业可按实用原则根据本企业零件的结构特点和要求选用,最好选用已有的比较成熟的编码系统,如果选择不到合适的,则可先任选一个作为基础,然后做局部修改。为了提高编码的准确性和速度,可通过二次开发软件辅助编码。

2) 零件的分类归族

确定编码系统后,对本企业生产的零件选择若干个具有代表性的进行分类归族并编码,目的是为了得到合理的零件族及其主样件。首先确定零件相似性准则作为分族依据,根据零件的几何形状特征及工艺要求,按相似性将零件编入不同的零件族。分族方法通常有视检法、生产流程法和编码分组法。其中编码分组法应用较为广泛,又可分为特征数据法和特征矩阵法。特征数据法是从零件代码中选择几位特征性强、对划分零件族影响较大的码位作为零件分族的主要依据,而忽略那些影响不大的码位;特征矩阵法是根据零件特征信息的统计分析结果,同时考虑实际加工水平、加工设备及其他条件,给每个码位定一个范围作为分族依据。每个零件代码均可以用矩阵表示,同样,用一个矩阵也可以表示一个零件族,零件族矩阵称为码域,表示含有一定范围的零件特征矩阵,根据分族要求,可以确定若干个特征矩阵。排序、统计、分族均由系统自动完成。

零件族划分的多少,决定标准工艺修改工作量的大小。族数越多,族内零件相似程度越高,而相似零件数越少,标准工艺的修改工作量就越小。零件族划分准则难以确定,若通过概率统计分析方法则可以动态地进行调整,即在零件信息输入后对成组编码进行统计分析,形成一个分类归族分布图,根据分布情况可以动态确定零件族及其主样件。

3) 主样件设计

对按相似性分族的每个零件族都定义一个主样件。主样件应包含该族零件的全部特征,可以是一个最复杂的实际零件,也可以是一个虚拟零件,即零件族中所有零件各种特征的并集。

4) 标准工艺的制定

主样件的制造方法,即它所属零件族的公共制造方法,称为标准工艺。标准工艺必须满足零件族中所有零件的加工要求,并符合企业资源的实际情况及加工水平,才可能合理可行。其设计者应该是经验丰富的工艺人员或专家,在设计时应对零件族内的零件加工工艺进行认真分析和概括,通常采用复合工艺路线法,选择一个工序最多、加工过程安排合理的零件的加工工艺作为基础,考虑主样件的几何及工艺特征,对尚未包含在基本工艺之内的工序,按合理的顺序依次加入其中。

5) 工艺规程编辑器设计

工艺规程编辑器提供集成的工艺文件编辑功能,利用该编辑器能方便地添加、删除、修改标准工艺,如修改加工方法、加工路线、工序和工步内容(包括机床、刀具、夹具、量具、切削用量、加工尺寸和公差等参数)以及加工时间和加工费用的重新计算等。

6) 工艺数据库的建立与维护

为了生成工艺文件,系统必须有完善的工艺数据库支持,工艺数据库包括机床设备库、工装库、刀具库、切削用量库、材料库、毛坯库等。由于各企业加工设备、加工习惯以及操作人员技术水平不相同,所以每个企业都应有自己的工艺数据库,因而系统应提供用户自定义工艺数据库的环境,以满足各企业不同的需求,同时,系统应提供一套建立和维护工艺数据库的工具,用户通过这个特定工具,建立自己的数据库,使系统具有更好的适应性和灵活性。在 CAD/CAM/PDM 集成环境下,可以采用工程数据库管理系统,以保证数据的一致性、安全性、独立性和共享性,实现有组织地、动态地存储数据,加强管理机制。

7) CAPP 系统总程序设计

CAPP 系统总体控制模块用于输入、输出数据,控制各功能模块的调用,以及系统文件的调用等。

6.3.2 创成式 CAPP

1. 创成式 CAPP 系统工作原理及其特点

创成式 CAPP 系统的工作原理与工艺专家的逻辑思维方式比较相似。首先将各种加工方法及其加工能力和适用对象、各种设备工装及其加工能力和适用范围等数据、各种工艺决策逻辑与一系列工艺规则等知识存入相对独立的工艺数据库和工艺知识库,供主程序调用;然后向创成式 CAPP 系统输入待加工零件的完整信息,创成式 CAPP 系统便以人机交互方式或自动地运用程序所规定的各种工艺决策逻辑、规则与算法,对加工工艺进行一系列决策和计算,自动提取制造工艺数据,完成机床,刀、夹、量具,切削用量选择和加工过程的推理与优化,在没有人工干预的条件下,从无到有地自动创建该零件的各种工艺文件,用户不需或略加修改即可。

与派生式 CAPP 系统不同:创成式 CAPP 系统不需要标准工艺文件,工艺决策不需要人工干预,易于保证工艺文件的一致性;有一个信息完整的工艺数据库和一个工艺知识库;对于复杂多变的制造环境,结构复杂多样的零件,实现创成式 CAPP 系统比较困难。

创成式 CAPP 系统按其决策知识的应用形式分为常规程序和采用人工智能技术的程序两种类型。前者对工艺决策知识利用决策表、决策树或公理模型等技术来实现;后者是 CAPP 专家系统,利用人工智能技术,综合运用工艺专家的知识和经验,进行自动推理和决策。

真正的创成式 CAPP 系统要求很高,必须具有以下功能:能精确描述待加工零件信息,以便计算机识别;能识别和获取工艺设计逻辑决策知识;能把获取的工艺决策逻辑和零件描述信息进行综合,并存入统一的数据库中;能根据企业现有加工能力及专业知识和经验来消解工艺设计过程中出现的各种矛盾；在工艺决策过程中一般不需要人工进行技术性干预。因此，对用户的工艺水平要求较低，且所完成的工艺设计具有专家级水平。

但创成式 CAPP 系统理论尚未完善，而且由于零件结构的多样性、工艺决策随环境变化的多变性及复杂性等诸多因素，目前还未出现一个纯粹的可用于生产实际的创成式 CAPP 系统。创成式 CAPP 系统的核心是工艺决策逻辑，而现有的创成式 CAPP 系统中只包含部分工艺决策逻辑，这是人工智能、专家系统发挥作用的大好领域。所以，应用专家系统原理的创成式 CAPP 系统将是今后研究的重点。

2. 创成式 CAPP 系统的基本构成和工作过程

图 6-7 所示为创成式 CAPP 系统功能框图。创成式 CAPP 系统由如下八个基本功能模块构成。

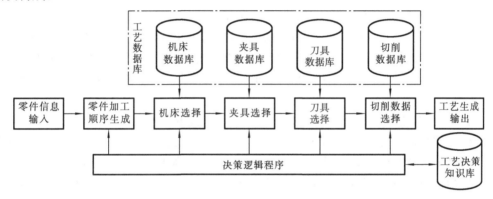

图 6-7　创成式 CAPP 系统功能框图

（1）控制模块　用于协调其他各模块的运行。它是人机交互窗口，可实现人机之间的信息交流，控制零件信息获取方式。

（2）零件信息输入模块　零件信息输入方式有两种，既可通过与 CAD 系统的集成由接口程序直接将 CAD 信息转换为 CAPP 系统所需信息，也可通过人机交互输入。

（3）工艺过程设计模块　系统首先对输入的零件信息做预处理，整理出各个表面要素，然后根据零件各表面要素的加工要求（加工精度、表面粗糙度等）、热处理情况、批量大小及毛坯形式，依靠决策逻辑，自动选择加工方法，进行加工工艺流程决策，安排加工路线，自动生成其加工链，对加工链进行拆分与再组合重构，创成出零件的加工工艺。该模块涉及表面要素图库、加工余量库、机床数据库、刀具数据库等。

（4）工序决策模块　用于设计工序（包括定位决策、夹紧决策、工序排序决策、热处理安排等），计算工序间尺寸并生成工序图，通过决策逻辑搜索工艺数据库，选择机床及刀、夹、量具等工艺装备，计算切削参数、加工时间、加工成本，生成工序卡。

（5）工步决策模块　用于设计工步内容，确定切削用量，提供形成数控加工控制指令所需的刀位文件。

（6）数控加工指令生成模块　其功能是依据工步决策模块提供的刀位文件，调用数控代码库中适应于具体机床的数控指令系统代码，产生数控加工控制指令。

（7）输出模块　可输出工艺流程卡、工艺卡、工步卡、工序图及其他文档，也可从现有工艺文件库中调出各类工艺文件，利用编辑工具对现有工艺文件进行修改得到所需的工艺文件。

（8）加工过程动态仿真模块　用于对所产生的加工过程进行模拟，检查工艺的正确性。

3. 工艺决策逻辑

在创成式 CAPP 系统中，决策逻辑是软件的核心，它引导或控制程序的走向。决策逻辑可以用来确定加工方法、所用设备、加工顺序等，包括选择性决策逻辑（如毛坯类型选择、加工方法选择等）、规划性决策逻辑（如工序确定、工步确定等）和工艺裕度决策（如工艺能力确定、加工限度确定等）等。决策逻辑可以通过决策表或决策树实现。决策表和决策树是用来描述或规定条件与结果相关联的工具，可表示为"如果〈条件〉那么〈动作〉"的决策关系。

决策表由四部分组成，依次为条件项、条件状态、决策项和决策结果，其中条件位于表的上部，动作放在表的下部，决策表结构如表 6-1 所示。例如，某类零件半精加工的规则如下：如果加工精度低于 E 级，则不精车；如果加工精度高于 E 级，且 $L/D>45$，留余量 5 mm；如果加工精度高于 E 级，且 $L/D\leqslant45$，留余量 4 mm。其中 L 表示零件总长度，D 表示零件最大直径。用决策表表示以上加工规则，如表 6-2 所示，其中 T 表示"真"，F 表示"假"，空格表示决策不受此条件影响，"√"表示动作，只有当表的一列中所有条件都满足时，该列的动作才会发生。

表 6-1　决策表结构

条件	条件项	条件状态
动作	决策项	决策结果

表 6-2　半精加工决策表

条件	低于 E 级	T	F	F
	$L/D>45$		T	F
动作	不精车	√		
	留余量 5 mm		√	
	留余量 4 mm			√

决策树是一个树状图形，由树根、分支和树叶组成，树根表示决策项，分支表示条件，树叶表示决策结果，如图 6-8 所示。能用决策表表示的决策逻辑也能用决策树表示，反之亦然。用决策表可表示复杂的工程数据，对于满足多个条件而导致多个动作的场合更为适合。

决策表或决策树是辅助形成决策的有效手段。由于决策规则必须包括所有可能性，

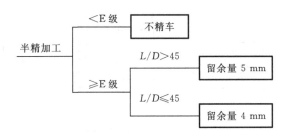

图 6-8　半精加工决策树

所以在把它们用于工艺过程设计之前必须经过周密的研究。在设计一个决策表时必须考虑其完整性、精确性、冗余度和一致性等因素。完整性是指条件与动作要完全;精确性是指规定的规则明确而不含糊;规则的冗余和动作的不一致将导致决策的多义性与矛盾,在设计决策表或决策树时,要认真分析所收集的原始材料,对企业生产和技术能力进行综合考察,消除决策逻辑中的冗余和不一致性等问题。

在制定好决策表或决策树后,就可将其转换为程序流程图,流程图中用棱形框表示决策条件,方框表示对应其条件的动作。根据流程图,可以用"IF…THEN…"语句写出决策程序,每个条件语句之后,可以是一个动作,也可以是另一条件语句。

在利用决策表和决策树的 CAPP 系统中,工艺知识和决策逻辑都用程序设计语言编制在程序的相应模块中,程序一旦编制、调试完毕,其功能就确定了,很不容易修改,缺乏足够的柔性以适应生产环境的变化。另外,现有的创成式 CAPP 系统缺乏经验总结和发现问题的自学能力。为此,人们将人工智能、专家系统原理应用于 CAPP 系统,开发出了柔性高、具有自学功能、能够真正模拟人类专家进行工艺设计的 CAPP 专家系统。

4. 创成式 CAPP 系统的设计要点

由于工艺设计经验性很强、条件多变、设计结果非唯一性,导致决策过程复杂,故创成式 CAPP 系统的性能依赖于其中制造知识的状况,有效收集、提取和表达工艺知识是实现创成式 CAPP 系统的关键。开发创成式 CAPP 系统时,应:确定零件的建模方式,并考虑适应 CAD/CAM 集成的需要;确定 CAPP 系统获取零件信息的方式;分析工艺并总结工艺知识;建立工艺数据库;建立工艺决策模型;设计系统主控模块、人机接口、文件管理及输出模块。

5. 加工链自动生成实例

首先,建立根据各种表面要素确定加工方法的规则,若表面要素是外圆,且精度不大于 IT7 级或表面粗糙度 $Ra \leqslant 1.6\ \mu m$,则其最终加工方法为磨削,加工链为粗车→精车→磨削。磨削后的尺寸和表面粗糙度就是零件图样上的尺寸和表面粗糙度。通过加工余量数据库调出磨削余量,可以计算出磨削以前的尺寸,即精车的完工尺寸。用同样方法可以分析计算出粗车的加工尺寸和表面粗糙度,再由粗车余量计算出毛坯尺寸。对于图 6-9

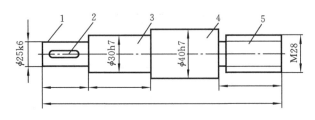

图 6-9　零件结构示意图

所示的零件,系统经过判断,分析出各个表面要素,生成其加工链。该零件各个表面要素的加工链如图 6-10 所示。其中 C_1 为粗车,C_2 为精车,M_1 为磨削外圆,X_2 为铣键槽。

表面要素序号	加工链
1	C_1—C_2—·—M_1
2	X_2
3	C_1—C_2—·—M_1
4	C_1—C_2—·—M_1
5	C_1　C_2

分解　⇓　重构

图 6-10　各个表面要素加工链

可以看出,表面要素 1(外圆)的加工链为:粗车→精车→磨削。系统对各个表面要素的加工链进行分解和整理,结果工艺链重构为 C_1—C_2—X_2—M_1。处理时,相同的加工工步放在同一工序中,例如:表面要素 1,3,4,5 都有粗车加工,因此在粗车工序中,将组合粗车 1,3,4,5 的各个工步。对于双向台阶的回转体零件,先装夹一端,进行加工,然后调头装夹,再加工另一端。系统通过事先分析零件的外表面直径大小,确定最大直径是第几要素,在最大直径以左和以右的表面,其工步顺序将自然分开。对于各个工序的先后顺序,除了生成的工艺链顺序外(同一表面要素),系统(对不同要素)可以进行逻辑判断自动确定,例如表面要素 2 为键槽,铣键槽工序安排在精车以后、磨削以前,就是通过"先粗后精、基面先行、先主后次、先面后孔"的工艺原则确定的。对于热处理的安排,系统分析零件的技术要求是预备热处理还是中间热处理或最终热处理,由热处理安排原则自动插在工艺的适当位置。至于工序集中与分散,通过零件的生产批量、加工精度和复杂程度等确定。

最后,生成整个零件的加工工序(不考虑热处理)为:粗车→精车→铣键槽→磨削外圆。

6.3.3　综合式 CAPP

综合式 CAPP 又称半创成式 CAPP,它将检索式、派生式和创成式 CAPP 的优点集为一体,并一定程度地运用了人工智能技术。其工作原理是采取派生与创成有机结合的工作方式,将工艺设计过程中一些成熟的、变化少的内容用派生式原理进行设计,而将经验性强、变化大的内容用创成式原理进行决策。对一个新零件进行工艺设计时,先提供成组编码,检索它所属零件族的标准工艺,然后根据零件的具体情况,修改标准工艺,而工序设计则采用自动决策方式产生。其特点是避免了派生式系统的局限性和创成式系统的高难度,提高了集成化和自动化程度,功能更强大,通用性和实用性好。我国研发的 CAPP 系统多属综合式系统。

目前,派生式和创成式 CAPP 系统使用较多,而派生式系统对于历史较长的企业较为适用,其主要原因是多年来企业在生产中积累了大量成熟的产品工艺方案,通过整理与完善,可制定出派生式系统所需要的标准工艺,可确定工艺规则知识。但派生式系统只能针对某些具有相似性的零件,依赖于标准工艺生成工艺文件,在一个企业里这种零件只是一小部分,对于复杂零件要建立覆盖面大的标准工艺很困难,使用时人工修改工作量大,因此适用零件种类有限;派生式系统利用成组技术和典型工艺依赖于人工进行工艺决策,经验性太强,自动化程度低,难以与 CAD 和数控编程系统集成。

创成式 CAPP 系统利用工艺决策算法(如决策表等)和逻辑推理方法进行工艺决策,能自动生成工艺文件,但存在着算法死板、结果唯一、系统不透明等弱点,且程序编制工作量大,修改困难;创成式系统在工作前必须输入零件的全面信息,由于零件的多样性、复杂性及工艺设计的经验性,一方面使工艺设计知识规则化表达和推理很难实现,另一方面对单个特征而言正确的工艺决策,对整个零件来说不一定是合适的。因此,目前该系统实用性较差。

CAPP 专家系统则可以较好地解决上述不足,它基于人工智能技术构建,以推理机加知识库为其特征,可以自动生成工艺文件,属于智能型 CAPP 系统。但目前对于工艺知识的表达和推理还无法很好地实现工艺设计的特殊性及其个性化要求,自优化和自完善功能差,CAPP 专家系统方法仍停留在理论研究和简单应用阶段。

6.4　CAPP 专家系统

专家系统(expert system,ES)是一种在特定专业领域以专家水平求解问题的计算机智能软件系统,它将人类专家的知识和经验以计算机能够接收和处理的形式表示出来,并存入知识库,模拟和运用人类专家解决问题的推理方式、思维过程及控制策略,处理和解决该领域内只有专家才能解决的问题。自从 1965 年第一个专家系统 DENDRAL 在美国斯坦福大学问世以来,经过 20 年研发,到 20 世纪 80 年代中期,各种专家系统已遍布各个领域,取得了很大成功。

专家系统与一般应用程序有较大区别。一般应用程序把问题求解的知识隐含地编入程序,把知识组织成数据级和程序级两级,CAPP 系统把工艺设计各阶段所用到的工艺知识归纳成工艺决策逻辑形式,并编制在系统程序中。而专家系统则把领域问题求解的知识组织成数据、知识库和控制程序三级:数据级是已经解决了的特定问题的说明性知识以及需要求解问题的有关事件的当前状态;知识库级是专家系统的专门知识与经验;控制程序级根据既定的控制策略和所求解问题的性质来决定应用知识库中的哪些知识。在CAPP 专家系统中,要分别建立工艺数据库和工艺知识库。

在设计专家系统时,知识工程师的任务是使系统尽可能模仿人类专家在解决问题时运用知识和经验进行决策和工作的方法、技巧、步骤、过程。因此,所建系统应具备以下特点。

(1) 启发性　专家系统能运用专家的知识与经验进行推理、判断和决策。世界上大部分工作和知识都是非数学性的,物理和化学的大部分内容要靠推理进行思考,生物学、大部分医学和全部法律也是这样,企业管理的思考几乎全靠符号推理,而不是数值计算。

(2) 透明性　专家系统能够解释本身的推理过程和回答用户提出的问题,以便让用户能够了解推理过程,提高对专家系统的信任感。

(3) 灵活性　专家系统能把新知识不断加入已有的知识库中,能不断修改更新原有的知识,使其逐步地完善和精练,提高知识的使用效率。

6.4.1　专家系统的基本组成

1. 专家系统的理想结构与简化结构

专家系统结构指专家系统各组成部分的构造方法和组织形式。理想的专家系统结构如图 6-11 所示。由于各专家系统的应用环境和所需完成的任务不同,其结构也不尽相同,一般仅需图中部分模块,恰当选取模块的原则是在满足适用性和有效性要求前提下使结构尽可能简单。例如,CAPP 专家系统的任务是工艺设计与解释,其特点是需要的可能空间较小、数据和知识要求可靠,因此,可采用穷尽检索解空间和单向推理等较简单的控制方法和系统结构。简化结构的 CAPP 专家系统如图 6-12 所示。

1) 接口

接口是人与系统进行信息交流的媒介,一方面识别和解释用户向系统输入的命令、问题和数据等信息,并把这些信息转换为系统可接收的内部表示形式;另一方面系统通过接口以人类易于理解的形式向用户提出问题、解释推理结果和推理过程。

2) 黑板

黑板又称中间数据库,由计划、议程和中间解三部分数据库组成,用来记录系统推理过程中用到的控制信息、中间假设和中间结果。计划数据库记录当前问题总的处理计划、

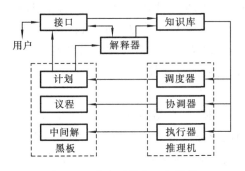

图 6-11　专家系统的理想结构

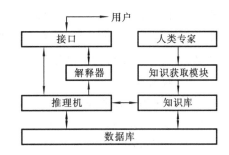

图 6-12　专家系统的简化结构

目标、问题的当前状态和问题背景；议程数据库记录一些待执行的动作，这些动作大多是由黑板中已有结果与知识库中的规则作用而得到的；中间解区域中存放当前系统已产生的结果和候选假设。

3）知识库

知识库用于存储领域专门知识，包括事实、可行操作与规则等。事实指与当前问题有关的已知数据信息；规则指在进行推理时要用到的常识性知识、领域性知识和启发性知识。在 CAPP 专家系统中，知识库用来存储各种工艺知识，这些知识通常有三种类型：第一种是事实知识，如手册、资料等共有知识；第二种是过程知识，如以产生式规则表示的工艺决策知识等；第三种是控制知识，主要指系统本身的控制策略。知识库中所收集工艺知识的可用性、确切性和完善性是决定一个 CAPP 专家系统性能优越与否的主要因素。知识库的建立是一个复杂的过程，一般来说，总是先建立一个子集，然后再利用知识获取模块来逐步完善和补充。

4）解释器

解释器负责向用户解释专家系统推理结果，使用户了解专家系统推理过程，接受推理结果。解释包括推理结论的正确性及系统输出其他候选解的原因。为完成这一功能，通常需要利用黑板中记录的中间结果、中间假设和知识库中的知识。

5）推理机

推理机是一种具有推理能力的软件程序，用来控制和协调整个系统运行，通过知识库的相关知识与数据库的信息相匹配进行推理，并导出结论，而不是简单地搜索现成答案；记忆所采用的规则、推理方式和控制策略，使推理过程与领域专家逻辑思维过程相类似，使专家系统能够以逻辑方式协调地进行工作。推理策略有前向推理、后向推理、双向混合推理和模糊推理等。专家系统的推理机和知识库完全分离，两者相互独立，便于系统扩展与维护。在 CAPP 专家系统中，推理机即工艺决策模块，以知识库为基础，通过推理决策得出工艺设计结果。

推理机由调度器、执行器与协调器组成。调度器按照系统建造者所给的控制知识（通常使用优先权办法），从议程中选择一个项作为系统下一步要执行的动作；执行器应用知识库及黑板中记录的信息，执行调度器所选定的动作；协调器的主要作用是当得到新数据或新假设时，对已得到的结果进行修正，以保持结果前后的一致性。

6）数据库

数据库用于存储原始数据和推理过程中的动态数据，这些数据按专家系统处理所需要的形式来组织，包括机床，刀、夹、量具，材料等制造资源数据及加工余量、切削用量等工艺数据，也包括由用户（或 CAD 接口）输入的零件信息和由推理得到的事实（中间结果和最终结果）。

7）知识获取模块

知识获取模块提取专家知识，并将其整理转化为计算机内部数据结构形式，为建立、修改和扩充知识库提供工具和手段，它应包括对领域专家知识进行整理、组织和验证的功能，以及根据系统运行结果归纳新知识的功能等。

2. CAPP 专家系统结构与功能

CAPP 专家系统实质上是一个具有大量工艺设计专门知识和经验、模拟人类专家解决工艺问题的计算机应用程序。它利用人工智能技术和计算机技术，根据工艺专家提供的知识和经验，进行推理和判断，模拟人类工艺专家的决策过程，解决人类工艺专家才能处理的复杂的工艺设计问题。由于工艺设计的信息量大，对具体的生产条件、环境等依赖性强，根据专家系统的方法、原理和特点，CAPP 专家系统主要由工艺知识库和工艺数据库及其管理、推理决策、工艺知识自动获取等功能模块组成。

CAPP 专家系统应具有以下功能：零件信息输入功能，可从产品设计数据中提取工艺设计所需信息，如零件的几何信息和工艺信息等；数据存储功能，存储工艺师的工艺知识与经验及企业的生产条件和行业规范等；数据库管理功能，控制对工艺知识库和工艺数据库的访问，以实现存储、检索、增删改等操作；推理决策功能，实现由零件工艺信息到加工工艺或装配工艺设计的推理机制；自学功能，能够不断自动获取新工艺知识，并更新零件知识库和工艺知识库中的已有知识，实现自我完善；工艺文件输出功能，将具有内部格式的工艺设计结果，组织成本企业可用的工艺文件格式并存档，供不同用户查阅或打印。

6.4.2　知识表示及其推理

知识的质与量直接影响专家系统求解问题的能力，知识越多、越精，则系统求解问题的能力越强，效率越高。建立知识库的关键是解决知识表示和知识获取的问题，知识表示涉及如何用计算机能够理解的形式表达和存储知识；知识获取涉及知识工程师如何从人类专家那里获得专门知识，并对这些知识进行加工处理，以便系统决策推理。

1. 知识表示

专家系统常用的知识表示方法主要有：状态空间表示法，即把求解的问题表示成问题状态、操作、约束、初始状态和目标状态；谓词逻辑表示法，即采用一阶谓词逻辑表示知识；语义网络表示法，即采用节点与节点之间的弧表示对象、概念及其相互之间的关系；框架表示法，即将关于一个对象或概念的所有知识存储在一起形成一种模块化结构；产生式规则表示法，即将知识表示为模式动作对。除此以外，还有很多知识表示方法，如过程表示法、面向对象表示法、特征表示法、单元表示法、问题规约法等。

其中，产生式规则表示法在 CAPP 系统中得到了广泛应用，常用来表达工艺决策知识和决策过程控制知识。产生式规则的一般表达形式为

IF〈条件 1〉AND/OR〈条件 2〉AND/OR……AND/OR〈条件 n〉

THEN〈结论 1，可信度 a_1%〉或〈操作 1〉……〈结论 n，可信度 a_n%〉或〈操作 n〉

［ELSE〈结论 m，可信度 a_m%〉或〈操作 m〉］

例如：IF〈表面为外圆柱面〉AND〈精度等级为 IT8～IT10〉AND〈表面粗糙度为 $Ra \leqslant 0.8\ \mu m$〉THEN〈选用加工过程为：粗车→半精车→精车〉

产生式规则表示法的优点有：结构较符合工艺设计中人类专家的思维方式；简单直观、易于理解和使用；各条规则相互独立，易于查询、修改和扩充，比较容易使系统从一种环境移植到另一种环境；易于添加解释功能，便于观察系统如何得出结论，便于程序调试；结论的可信度使专家系统具有非确定性推理能力。

产生式规则表示法的缺点是格式较死板，在某些情况下需重复搜索而影响效率。

2. 推理

推理是指依据一定原则，从已知的事实和知识推出结论的过程；推理机是专家系统的控制结构；控制策略又称推理方法，与知识表示方法密切相关。CAPP 专家系统的推理机制属于基于规则的推理，常用的推理方法有三种：正向推理、反向推理和双向混合推理。

1）正向推理

从已知事实出发，利用产生式规则，不断地修改、扩充数据库，最终推断出结论。在CAPP 专家系统中，正向推理的推理过程是由毛坯开始经过一步步加工，使之最终成为零件，由此获得零件加工工艺过程。

正向推理机应能够获取已知的事实，知道运用知识库中哪些知识，能将推理得到的结论存入数据库以供解释之用，能够判断何时结束推理，必要时应能向用户提问，要求补充输入所需的推理条件。

2）反向推理

反向推理又称目标驱动，基本思想是先确定一个目标或提出假设，然后在知识库中找出能够导出该目标的规则集或支持这个假设的证据。若某条规则的前提条件与数据库事实相匹配，就执行该规则；将该规则的前提条件作为新的子目标，再去寻找导出该子目标

的规则。依此继续搜索，直至初始状态。若搜索中有多条规则可匹配，则可采用规则优先级方法，执行优先级高的规则。若执行某条规则导出的子目标无法达到初始状态，则返回执行第二条规则，以此类推。在 CAPP 专家系统中，反向推理的推理过程是由最终的成品零件开始，逐步给该零件各个表面及中间表面加上加工余量，使之最终成为毛坯。

反向推理机的功能有：提出假设并运用知识库知识判断假设的真假，若为真则记录使用了哪些知识以备解释之用，若为假则系统应重新提出新假设再进行判断；判断何时结束推理；必要时向用户提出补充条件要求。

3）双向混合推理

正向推理的缺点在于盲目推理，会求解许多与目标解无关的子目标；反向推理的缺点在于盲目选择目标，会求解许多假设的子目标；双向混合推理克服了两者的不足，结合了两者的优点。

6.4.3　CAPP 专家系统开发工具

1. 对 CAPP 专家系统开发工具的要求

CAPP 专家系统是一个复杂的设计型专家系统，它不仅要具有一般专家系统所具备的知识表示与获取、推理及解释功能，而且还要能够描述和获取工艺设计及决策中的特殊知识（如零件的几何信息与工艺信息、制造资源信息等）、生成图形与数控加工指令、动态模拟加工过程等。不借助专用开发工具，要建立一个实用的 CAPP 专家系统工作量太大。为缩短专家系统开发周期，国内外研制了多种专家系统开发工具，使开发者把主要精力集中于知识的选取与整理及相应知识库的建立。CAPP 专家系统开发工具功能应该包括以下几个方面。

1）知识库开发与管理

辅助用户选取知识、建立知识库、检验知识的静态一致性和冗余度、管理知识库。提供功能模块和表达方式，以用于开发和描述工艺决策知识、制造资源信息、零件信息、工艺设计规范数据/表格及工艺参数优化运算等，形成不同类型和不同层次的知识集或知识库。

2）零件信息获取与描述

能作为独立模块，对零件信息进行描述，供工艺设计时使用。在 CIMS 环境下，能从 CAD 数据库中直接获取产品模型信息。能采用面向对象技术，按特征对零件进行分类，如旋转体类、箱体类、板类及杆类等；按类别提供相应源框架，描述零件时生成目标框架，以适用于各类 CAPP 系统。

3）设备及工、夹、量具库管理

提供各类设备和工、夹、量具数据库及其管理系统，能按需要对库内容进行操作，包括增删改和检索，以便企业建立自己的设备库和工、夹、量具库，供工艺决策和生产调度使用。

4) 推理机

工艺设计是经验性很强、非精确性的决策过程,其中包括毛坯类型及其尺寸选择、形面加工链确定、工序和工步决策及工艺路线生成等。为有效进行决策,推理机应以灵活的控制策略与多种推理方式相结合的形式进行推理。

5) 解释器

解释器能对工艺设计各阶段的决策结果和推理过程做出明确解释,并能帮助用户查找系统产生错误结论的原因,帮助用户建立和调试系统,还可对缺乏领域知识的用户起传授知识的作用。

6) 工艺文件生成

经过推理机求解后产生的工艺设计信息,作为中间结果存于系统中,以便用户按特定格式生成工艺文件。该工具应满足工艺文件编辑与输出的需要:识别推理机产生的中间结果信息;自动或交互式生成标准或非标准格式工艺文件,并将推理结果填入表格,生成适用于本企业的工艺卡;按不同类型零件,用相应方式表示和生成工序图;输出工艺文件。

7) 数控加工指令生成

数控加工指令的自动生成功能有:根据工步决策自动生成数控加工代码;对于某些机床的特殊要求,必须提供较方便的维护手段,使生成的数控加工代码适应其需要;对已有数控加工代码进行语义、语法检查,并对其加工过程进行动态模拟,以检验该加工指令的正确性。

8) 加工过程仿真

用以检查可能出现的干涉和碰撞现象,并用图形方式结合工艺参数显示出来。

这些工具可用来构建专家系统,都可以独立地完成其逻辑功能,作为一个整体它们之间又相互关联,但在统一和协调后才能成为一个整体的开发平台或开发环境,因而统一的信息模型极为重要。

2. 通用专家系统开发工具的类型

由于专家系统的应用领域十分广泛,而每个系统一般只具有某个领域专家的知识。如果在建造每个具体的专家系统时,一切都从头开始,则工作效率极低。人们已经研制出一些通用工具,作为设计和开发专家系统的辅助手段或环境,以求提高专家系统的开发效率、质量和自动化水平。这些开发工具或环境,统称为专家系统开发工具,20世纪70年代中期开始发展,它比一般的计算机高级语言(如FORTRAN,C,PROLOG等)功能更强,是一种更高级的计算机程序设计语言。现有的专家系统开发工具按功能分类,主要有骨架型(或外壳型)开发工具、语言型(或通用型)开发工具、辅助型工具和工具支撑环境等。

1) 骨架型开发工具

专家系统一般都有推理机和知识库两部分,而规则集存于知识库内。在一个理想的专家系统中,推理机完全独立于具体领域,系统功能的完善或改变,只依赖于规则集的完善和改变。由此,从被实践证明具有实用价值的专家系统中,将描述领域知识的规则删除,但保留原系统的推理机结构而形成骨架型工具,如 MYCIN、EXPERT 和 KAS 等。

骨架型开发工具由于知识描述方式以及推理机制和控制策略均是预先给定的,使用较方便,用户只需将具体领域的知识明确地表示为一些规则,就可以把主要精力放在具体概念和规则的整理上,而不必像使用传统的程序设计语言建立专家系统那样,将大部分时间花费在开发系统的过程结构上,从而大大提高专家系统的开发效率。但由于这类工具针对性太强、适应性差,故推广应用局限性较大,只能用来解决与原系统相类似的问题。

2) 语言型开发工具

语言型开发工具是根据专家系统的不同应用领域和人工智能活动的特征研制出来的,适用于多种类型专家系统的开发,如 M.1,LS.1,PCEST,PROLOG,OPS5,ROSIE 等属于这一类开发工具,实际上可以认为它是语言环境,其结构变化范围广,表示灵活,适应范围广。

这类工具的缺点是领域专家不易使用,也不易掌握其程序设计技巧。使用这类开发工具研制实用性、商品化的专家系统时,特别是针对某个具体应用领域时,需要知识工程师和领域专家密切配合做大量的二次开发工作。

3) 辅助型工具

辅助型工具由一些程序模块组成,介于前述两类工具之间,它是根据专家系统基本结构中的知识获取、推理机和人机界面三部分的逻辑功能设计的,如 ADVISE,AGE,RULEMASTER,TEIRESIAS 等。有些模块能帮助获取和表达领域专家知识,有些模块能帮助设计正在构造的专家系统结构。与之相对应,辅助工具可分两种:知识获取辅助工具和设计辅助工具。

知识获取是专家系统设计和开发中的难题,研制和采用自动化或半自动化的知识获取辅助工具,可极大地提高建立知识库的速度。TEIRESIAS 工具系统能帮助知识工程师把一个领域专家的知识植入知识库,是一个典型的知识获取工具,它利用元知识进行知识获取和管理。TEIRESIAS 工具系统具有下列功能:知识获取,能理解专家以特定的非口语化的自然语言表达的领域知识;知识库调试,能帮助用户发现知识库的缺陷并提出修改建议,用户不必了解知识库的细节就可方便地调试知识库;推理指导,能利用元知识指导系统进行推理;系统维护,可帮助专家诊断系统查找出错原因,并在专家指导下进行修正或学习;运行监控,能监控系统的运行状态和诊断推理过程。

4) 工具支撑环境

工具支撑环境指辅助程序设计工具,仅是一个附带的软件包,常作为知识工程语言的一部分,包括四个典型组件。

(1) 调试辅助工具　大多数程序设计语言和知识工程语言都具有跟踪工具和断点程

序包,跟踪工具使用户能跟踪或显示系统的操作,常列出已激活规则,或显示已调用的子程序;断点程序包使用户能预先告知程序在何处中断程序,以便检查、修改和调试。

(2) 输入/输出设施　不同工具用不同方法处理输入/输出,有些工具提供运行时实现知识获取功能,使用户能够与正在运行的系统对话。例如:EMYCIN 能在运行时向用户索取它所需要的而知识库中没有的信息;EXPERT 不仅能询问这类信息,而且在请求输入信息时能提供菜单供用户选择。另外,在系统运行过程中,它们也允许用户主动输入一些信息。

(3) 解释设施　虽然所有专家系统都具有向用户解释结论和推理过程的能力,但它们并非都能提供同一水平的解释软件支持。一些专家系统工具,如 EMYCIN 内部具有一个完整的解释机制,因而用 EMYCIN 编写的专家系统能自动地使用这个机制。而一些没有提供内部解释机制的工具,知识工程师在使用它们构造专家系统时不得不另外编写解释程序。解释机制常采用回溯推理,应具有以下能力:解释系统是如何到达一个特定状态的;能处理假设推理,解释如果某一事实或规则略有不同将会推出什么结论;能处理反事实推理,解释为什么未得到一个期望的结论。

(4) 知识库编辑器　专家系统工具通常都具有编辑知识库功能,在最简模式下,系统提供标准文本编辑器,用户可以手工修改规则和数据。有些知识库编辑器还具有如下一些功能:语法检查,使用语法结构知识帮助用户以正确的拼写和格式输入规则;一致性检查,即检查输入的规则和数据是否与系统中已存在的知识相矛盾;自动簿记,记录用户对规则修改的相关信息;知识提取,帮助用户提取新知识并输入知识库。

5) 第二代专家系统开发工具

专家系统的迅速发展,使知识工程技术渗透到了很多领域,单一的推理机制和知识表示方法已不能胜任众多应用领域,对专家系统开发工具提出了更高要求。因此,近几年推出了具有多种推理机制和多种知识表示的第二代工具系统,如 ART 等。

ART 应用深化的集成手段,将符号数据的多种表示、基于规则的程序设计、面向对象的程序设计、逻辑程序设计及其黑板模型等,有机地结合在一起,提供给用户,使得它的应用范围更广。由于它不是对各种技术的简单罗列,所以,即使对于专门的单一应用问题,ART 也比其他任一方法单独使用或未经充分集成化的各种技术的联合使用都有效得多。其功能有:提供的一种知识表示语言可直接表达各种事实、规则和概念,其知识库编译程序可将多种事实、规则和概念自动生成为过程码,从而极大提高系统运行速度;提供的推理机可控制推理过程中或协调运行时的知识调用,并且具有对许多不同的可供选择的假设或时间上不同的状态同时进行推理的能力;允许多种推理机制在规则上交错使用,使系统使用各种资源时是合作而不是竞争;提供一个真值保持器,通过其逻辑上的相关性处理,使得用 ART 构造的系统可自动保持自身一致性;提供一个综合接口工具,通过它用户可以进行交互式图形编辑,建立分层菜单等。

3. 专家系统的设计与开发过程

成功地建立专家系统的关键在于尽早地建立系统原型，从一个比较小的试验系统开始，逐步扩充和完善为一个具有相当规模的系统。因为专家的推理规则往往规定得不够完善，人们总是希望有可能看见或可以接触到一些具体内容，使专家尽早地看到系统在实际工作。尽管一个初始实验系统还很粗糙，不令人满意，但至少可以提供一个出发点，让专家可以提出建议，使系统得到改进。建立专家系统的一般步骤如下。

1）设计初始知识库

知识库设计是建立专家系统最艰巨、最重要的任务。初始知识库设计过程如图 6-13 所示。

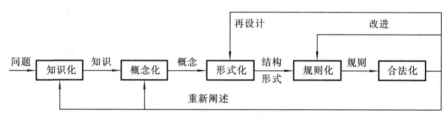

图 6-13　初始知识库设计过程

（1）问题知识化　辨别所研究问题的实质，如要解决的任务是什么，如何定义，可否把它分解为子问题或子任务，它包含哪些典型数据等。

（2）知识概念化　概括知识表示所需要的关键概念及其关系，如数据类型、已知条件（状态）和目标（状态）、提出的假设以及控制策略等。

（3）概念形式化　确定用来组织知识的数据结构形式，应用人工智能中各种知识表示方法把与概念化过程有关的关键概念、子问题及信息流特性等变换为比较正式的表达，包括假设空间、过程模型和数据特性等。

（4）形式规则化　编制规则、把形式化了的知识变换为由编程语言表示的可供计算机执行的语句和程序。

（5）规则合法化　确认规则化之后知识的合理性，检验规则的有效性。

2）原型机的开发与试验

在选定知识表达方法之后，即可着手建立整个系统所需要的实验子集，包括整个模型的典型知识，但只涉及与试验有关的足够简单的任务和推理过程。

3）知识库的改进与归纳

反复对知识库及推理规则进行改进试验，归纳出更完善的结果。经过相当长时间（例如数月至两三年）的努力，使系统在一定范围内达到人类专家的水平。

4. CAPP 专家系统开发工具的形成与发展

CAPP 专家系统研究经历 30 余年，取得了一些成就，但在企业中实际应用的系统还很少,其主要原因是 CAPP 专家系统开发周期长、适应性差、开放性差,且开发处在低水平重复状态等,研制 CAPP 专家系统开发工具是解决上述问题的有效途径。不同企业、不同产品的 CAPP 专家系统虽然有各自的特殊性,但也有其共性,因此可以利用其共性,将通用专家系统开发工具应用和推广到工艺设计领域。目前形成的 CAPP 专家系统开发工具有以下几种。

1) 骨架型工具系统

用户按规定格式输入工艺知识和数据,即可构成面向特定加工对象、制造环境和工艺习惯的 CAPP 专家系统。在骨架型工具系统中,知识表达方式、工艺推理过程和策略都已基本固定,因而具有很强的针对性,但同时也有其局限性,实际上没有脱离传统 CAPP 系统模式。

2) 模块组合型工具系统

该系统可根据机械加工工艺设计的特点和领域专家的要求,提供工艺设计的通用功能构件库,用于生成实用的专家系统,开发者可根据本企业的生产条件和资源,选择相应的功能模块,方便而有效地进行组合,以实现专用 CAPP 系统。这种开发工具的设计难度和开发规模较大。

使用该工具建立和开发 CAPP 专家系统时,用户只需整理出工艺知识和零件信息等,并建立相应的知识库,而无须考虑知识求解、工艺结果和数控加工指令的生成等问题,可大幅度地提高开发效率。主要步骤有:根据加工对象,应用成组技术对现行工艺进行总结、提炼,形成专家系统的知识文本,然后使用建库模块生成规则和知识库;针对具体的零件,使用专用零件信息生成器建立其信息库;借助推理和解释模块对已有知识进行调试,进一步完善和精炼工艺知识库;生成专家系统产品。

3) 语言型工具系统

利用语言型开发工具,开发者可根据需要设计具体的推理过程和知识表示模式。这种工具相当于更专门、更高级的程序设计语言。其优点是开发者具有较大的自由度;缺点是开发工作量和难度较大,要求系统开发者既是经验丰富的工艺师,又是训练有素的软件工程师。

理想的 CAPP 专家系统开发工具应综合上述三种工具的优点。首先,应具有基本的推理机、控制策略和知识表示框架三部分,以此构成通用外壳;在通用外壳的功能支持下,通过知识库构造工具中的知识发生器动态地获取工艺知识,以支持开发 CAPP 专家系统;其次,工具系统应提供足够多的推理机功能构件,以通用外壳为基础,配置和组装功能构件,以弥补通用外壳不能满足的设计要求;最后,工具系统应提供设计推理机功能构件的简易可行方法,以满足某些特殊需要。

实际上,机械零件工艺设计领域中问题复杂,单一的实现模式难以满足实际需要。具体 CAPP 专家系统的实现,与零件类型、制造环境和工艺习惯等主要因素有关,当一个因素变更时，就可能需要重新设计 CAPP 专家系统的推理框架和知识表示方式。例如，若只有零件类型发生变化，从使用简单、方便的角度考虑，骨架型工具构造模式比较适合。但当制造环境和工艺习惯有较大变动时，则要求开发者重新设计推理机或重组功能模块，此时工具系统就必须具有语言型或模块组合型的功能特性。

6.5　工艺数据库和知识库

工艺数据库与知识库是 CAPP 系统的重要支撑系统，不仅能存储工艺设计所需要的全部工艺数据和知识规则，而且能够合理地组织这些信息，并便于管理和维护，丰富的工艺知识库还可极大地提高 CAPP 专家系统的智能化程度；CAPP 系统利用库中已有工艺数据和知识进行工艺设计时，既可进行工艺决策，又可生成各类工艺文件。

6.5.1　工艺数据和知识的类型及特点

1. 工艺数据和知识的分类

在 CAPP 系统中，工艺数据指在工艺设计过程中所使用或产生的数据，包括静态工艺数据和动态工艺数据两大类。静态工艺数据指已经标准化和规范化了的工艺数据，如工艺设计手册、工艺标准、作业指导书、材料性能参数、切削参数、机床及工装性能参数、标准工艺规程及零件的几何信息等，常用表格、公式、图形及格式化文本等形式表示；动态工艺数据指在工艺设计过程中产生的相关信息及通过实践积累形成的经验数据和经验规则，包括中间过程数据、零件工序图形、中间工艺规程、数控代码、工艺经验、典型工艺等。这两类数据中，有结构化数据，也有描述性文件。静态工艺数据技术上比较成熟，通过数据库查询系统即可完成对其的管理；动态工艺数据具备复杂性与不确定性，管理比较困难。

工艺知识涉及范围很广泛，而且具有多学科交叉的特点，有很多工艺知识是动态变化的，需要不断更新；有很多工艺知识不是显性的，而是隐性的。若直接采用传统方法进行分类，会产生分类不确切、分类表具有一定的凝固性、不便于多角度检索等问题。广义的工艺知识包括与工艺相关的全部数据，可分为手册数据、制造资源数据、制造对象（产品、零件、毛坯等）数据、制造工艺知识、工艺决策知识等；狭义的工艺知识指工艺设计人员在工艺设计过程中所运用的各种工艺数据、工艺规则、现场经验和工艺实例等。CAPP 系统中的工艺知识仅指工艺决策所需的规则，分为选择性规则与决策性规则两大类。选择性规则包括加工方法选择、设备与工装选择、切削用量选择、毛坯选择等规则；决策性规则包括加工排序、实例或样件筛选、工艺规程修正、工序图生成、工序尺寸标注等规则。

手册数据指工艺设计手册及各类工程标准中已标准化的或相对固定的与工艺设计有关的工艺数据与知识；制造资源数据指与特定加工环境密切相关的工艺数据，如机床，工装、刀、夹、量具和材料等信息；制造工艺知识属于过程性知识，包括选择决策逻辑（如加工方法选择、毛坯选择、装夹方式选择、工艺装备选择、加工余量选择、切削用量选择、刀具选择等）、排序决策逻辑（如工艺路线确定、工序工步确定等）、典型工艺及相关的各类工艺标准规范等；工艺决策知识包括工艺决策方法与过程等方面的知识，由经验性规则（如加工方法选择规则，机床和刀、夹、量具选择规则等）、过程性算法及对工艺决策过程进行控制的知识等组成；工艺实例指已完成工艺设计的零件（实例零件）及其对应的工艺规程（实例工艺）。

2. 工艺数据与知识的特点

工艺数据与知识作为工程数据，具有以下三个特点。

（1）数据类型复杂。从数据形式化表达的一般格式看，任何数据都能表示为三元组（实体、属性和属性值）及其关联集。对于传统数据，采用基本数据类型（如字符型、整型等）及其组合就能构造出三元组中的数据类型。与传统数据不同，工艺数据与知识既含有一般关系型数据库所能表达的数据类型，又涉及变长数据、非结构化数据、具有复杂关联关系的数据、过程类数据及图形数据等，因此，用一般关系型数据库较难实现这种类型复杂数据的管理。

（2）数据模式动态。动态工艺数据是在工艺设计过程中由各个问题求解行为所产生的中间结果及最终设计结果。虽然中间结果数据在问题求解完成后被删除，但在问题求解过程中，必须通过一些临时的表、视图、结果集等动态数据模式来支持对其的处理。这完全不同于传统数据的处理模式。

（3）数据结构复杂。由于工艺数据的数据类型复杂、数据模式动态，导致其数据结构复杂，实现起来很困难。局部工艺数据和知识的表达可采用线性表、数组、链表及二叉树等结构来实现，而全局工艺数据和知识的表达一般采用串、表、栈、树、图、框架、树状及网状结构来实现。

3. 工艺数据结构

在 CAPP 软件开发中，常用各种工艺数据结构来支持工艺设计操作。工艺数据结构指工艺数据之间的组织形式，由逻辑结构和物理结构两方面构成。工艺数据的逻辑结构仅考虑工艺数据元素之间的关系，独立于存储介质；工艺数据的物理结构指工艺数据在计算机存储设备中的表示及配置，即工艺数据的存储结构。通常所指的工艺数据结构一般是指工艺数据的逻辑结构。工艺数据的逻辑结构是在用户面前呈现的形式，是用户对数据的表示和存取方式。系统通过特定的软件把数据元素写入存储器，构成数据的物理结构，这一过程称为映像。一般而言，同一逻辑结构可映像出多个物理结构。数据逻辑结构的物理实现通常采用顺序法和链接表法两种模式。采用顺序法时，必须首先预定义一块连续的存储空间，然后在该空间范围内执行相关特定数据结构的操作；采用链接表法时，可动态地设置可分隔的存储空间，通过指针构成相应的数据结构模式。因此，顺序法意味着存储空间是静态的,链接表法意味着动态存储是动态的。

4. CAPP 系统的知识库

CAPP 系统工艺决策中的各种决策逻辑以规则的形式存入相对独立的工艺知识库,供主控程序调用,因此,工艺知识库的管理非常重要,其管理内容包括知识库的修改与扩充、测试与精炼。修改与扩充指知识库中存放的规则可以根据用户需要进行增删,使之适应新的应用环境,从而大大增强系统解决问题的能力;测试指通过运行实例发现知识库的缺陷,其中,实例选择既要顾及典型情况也要考虑边缘情况。根据测试结果,对知识库进行修改,包括重新实现。测试与修改过程反复交替进行,直到系统达到满意的性能为止,该过程即为精炼。另外,知识库管理还包括简化知识库的输入、句法检查、一致性与完整性维护等。

5. CAPP 系统的数据库

工艺数据与知识的数量庞大、种类繁多、数据间关系复杂,因此,正确选择数据模型是设计工艺数据库和知识库的关键。一般地,工艺数据库和知识库的基本数据模型包括关系模型和面向对象的数据模型两类。在关系模型中,数据的逻辑结构是一个二维表。由于关系模型建立在数学概念基础上,因此,具有严格的数学定义及关系规范化技术支持。同时其数据结构简单、直观,可以直接表示多对多关系,数据独立性强,修改方便;面向对象的数据模型是在面向对象核心概念(对象/对象标识、封装/消息、类/继承、属性/方法等)的基础上定义有关语义联系和语义约束而构成的。该模型弥补了关系型数据模型缺乏丰富的语义描述能力的缺陷,能够支持复杂数据类型,如声音、图像、文本、过程等,适应数据信息的发展趋势。

另外,CAPP 系统还应提供用户自定义工艺数据库接口,用户可根据本企业实际资源情况及工艺设计要求建立自己的工艺数据库,使系统具有较好的适应性和可扩展性。其内容一般应包括工艺术语库、机床库、刀具库、量具库、工装库、工时定额库和切削参数库等。

6.5.2　工艺数据和知识的获取与表示

1. 工艺数据和知识的获取

工艺数据和知识的获取涉及知识工程师如何从人类工艺专家那里获得专门知识,并要求做到规范化和合理化,一般分两步完成:第一步,通过在企业现场考察、调查研究、分析工艺实例、采访工艺专家、阅读工艺书籍/手册及有关文献资料收集信息,然后通过整理、归纳、分类和总结,选择合适有效的表达形式,按系统提供的标准文本格式记录,这一步应注意信息的完备性、全面性与正确性;第二步,在系统提供的知识获取与管理环境下,完成数据与知识的输入、维护和管理,这一步应考虑维护与管理的便利性。

工艺数据和知识的获取方法分为人工式和自动式两大类。人工式通常由知识工程师来完成,也可由知识工程师与工艺领域专家密切沟通后,利用知识库编辑器来完成;自动式利用人工智能的机器学习程序自动生成新知识,主要是通过知识获取模块向用户提问或通过系统的不断应用,动态地逐步扩充和完善知识库。采用交互式动态知识获取技术,工艺人员可在工艺设计过程中,随时将产品工艺中所定义的工序、工步、设备、工装等事实性知识不经任何修改或经过一定的编辑修改直接放入知识库,从而实现知识库的动态扩充。工艺知识自动获取是智能化 CAPP 专家系统必须具备的功能,国内外在应用 ANN 等人工智能技术进行工艺知识自动获取方面做了许多研究工作,但受训练样本等的限制,有其局限性。随着 CAPP 的广泛应用,企业将逐步积累并形成产品工艺数据库,为充分利用这些宝贵财富,提高 CAPP 系统智能化程度。同时,数据挖掘与知识发现技术将大有作为,因为利用该技术可从数据库的大量数据中筛选抽取信息,从而发现新知识。

2. 工艺数据和知识的表示

工艺数据和知识的表示即知识的符号化过程,为表达和存储知识而约定采用特定的数据结构。知识的表示与知识的获取、管理、处理、解释等直接相关,对问题能否求解以及问题求解的效率有重大影响。恰当地表示知识可以使复杂问题迎刃而解。一般对知识的表示要考虑如下要求:表达能力、可理解性、可扩充性与可访问性。从表示形式上看,工艺知识可以分为内部表示形式和外部表示形式。外部表示形式是面向系统管理员、工艺师、领域专家和用户的,应注意知识的简明性和输入的方便性。内部表示形式则是面向系统内部的,应注意数据结构的优化和保证存储查询的快捷性,同时要注意工艺知识库内部的冗余和干涉。对同一知识的表示可以用多种方法,但各自的效果却不相同,经常需要把几种表示模式并用,以便取长补短,例如一阶谓词、产生式规则、框架、语义网络和面向对象技术等已经应用于 CAPP 系统。

另外,随着面向对象技术的深入,目前常用面向对象的知识表示,即系统的知识库由统一的基本元素组成,对象既是知识的基本元素,又是基本问题求解的独立单元,各类求解机制分布于各个对象,通过对象之间的消息传递完成整个问题的求解过程。

本章重难点及知识拓展

本章要求了解 CAPP 在 CAD/CAM 中的地位和作用,重点掌握各类 CAPP 系统的基本构成及其工作原理和工作过程,学习和理解 CAPP 中零件信息的描述与输入方法,能够设计和应用简单的 CAPP 系统,难点是熟悉 CAPP 专家系统中知识的表示与推理方法,了解专家系统的常用开发工具及工艺数据库和知识库,进一步掌握语言型开发工具的应用和支撑环境。

思考与练习

1. 传统工艺设计的主要内容和步骤有哪些？以手工方式进行工艺设计存在哪些问题？

2. 对比传统工艺设计和计算机辅助工艺设计的过程，理解计算机辅助工艺设计的功能和意义。

3. 试述 CAPP 在 CIMS 中的地位和作用。

4. CAPP 系统应具备哪些基本功能和组成模块？

5. CAPP 系统对零件信息描述提出了哪些基本要求？进行计算机辅助工艺设计时，零件必须具备哪些信息？

6. 现有 CAPP 系统常用哪些零件信息描述方法？

7. 现有的 CAPP 系统有哪些类型？试述 CAPP 系统的基本工作原理。

8. 试述派生式 CAPP 系统的工作原理。

9. 派生式 CAPP 系统有哪些功能模块？派生式 CAPP 系统有什么特点？

10. 派生式 CAPP 系统的工作分哪几个阶段？试述派生式 CAPP 系统的工作过程。

11. 试述创成式 CAPP 系统工作原理。

12. 创成式 CAPP 系统有什么特点？与派生式 CAPP 系统相比有什么不同？

13. 纯粹的创成式 CAPP 系统必须具备哪些功能？

14. 试述创成式 CAPP 系统的基本构成和工作过程。

15. 试述综合式 CAPP 系统的工作原理及特点。

16. 专家系统由哪些基本模块组成？何谓 CAPP 专家系统？CAPP 专家系统与一般应用程序有何区别？

17. 试述基于框架的专家系统与基于规则的专家系统的异同点。

18. CAPP 专家系统包括哪些特殊的功能模块？

19. 专家系统中常用的知识表示方法有哪些？

20. CAPP 专家系统常用哪些推理策略？

21. CAPP 专家系统开发工具应具有哪些功能？现有专家系统开发工具有哪些类型？试比较其优缺点。

22. 工艺数据有哪些类型和内容？工艺知识有哪些类型和内容？

23. 工艺数据与知识具有哪些特点？如何获取工艺数据和知识？如何表达？

第 7 章 计算机辅助数控加工编程

7.1 数控编程基础

7.1.1 数控编程的基本概念

数控加工工作过程如图 7-1 所示。在数控机床上加工零件时,要预先根据零件加工图样的要求确定零件加工的工艺过程、工艺参数和刀具运动数据,然后编制加工程序,传输给数控系统,在事先存入数控装置内部的控制软件支持下,经处理与计算,发出相应的进给运动指令信号,通过伺服系统使机床按预定的轨迹运动,进行零件的加工。因此,在数控机床上加工零件时,首先要编制零件加工程序清单,通常称为数控加工程序。该程序用数字代码来描述被加工零件的工艺过程、零件尺寸和工艺参数(如主轴转速、进给速度等),将该程序输入数控机床的数控系统,控制机床的运动与辅助动作,完成零件的加工。

根据被加工零件的图样和技术要求、工艺要求等切削加工的必要信息,按数控系统所规定的指令和格式编制成数控加工程序文件,这个过程称为零件数控加工程序编制,简称数控编程(NC programming)。

图 7-1　数控加工工作过程

7.1.2 数控编程的内容与步骤

在编程之前,编程人员应该了解数控机床的性能和数控系统所能认知的程序格式。对所加工的零件而言,编程人员应该分析零件的工艺要求、几何形状、尺寸精度等。然后,确定加工方法、工艺参数和辅助功能(如换刀、正转、反转、冷却液开启等),通过数值计算可以得到加工刀具的路径位置坐标值。将所编写的零件加工程序输入数控装置,数控系统就可以控制机床进行自动加工。

一般来讲,编程的主要步骤是:分析零件的加工图形、确定加工工艺处理过程、数值计算、编程、模拟加工过程和将加工程序输入数控机床。其数控编程步骤如图 7-2 所示。

1. 确定加工方案

首先分析零件图样,明确加工的内容,根据零件的材料、形状、尺寸、精度、毛坯、热处

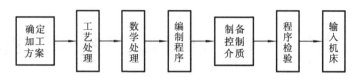

图 7-2　数控编程步骤

理状态,选择能够实现该方案的合适的数控机床、刀具、夹具和装夹方法。

2. 工、夹具的设计和选择

应特别注意要迅速完成工件的定位和夹紧过程,以减少辅助时间。使用组合夹具生产准备周期短,夹具零件可以反复使用,经济效益好。此外,所用夹具应便于安装,便于协调工件和机床坐标系之间的尺寸关系。

3. 选择合理的走刀路线

合理地选择走刀路线对于数控加工是很重要的。应从以下几个方面考虑。

(1)尽量缩短走刀路线,减少空走刀行程,提高生产效率。

(2)合理选取起刀点、切入点和切入方式,保证切入过程平稳,没有冲击。

(3)保证加工零件精度和表面粗糙度的要求。

(4)保证加工过程的安全性,避免刀具与非加工面的干涉。

(5)有利于简化数值计算,减少程序段数目和编制程序工作量。

4. 选择合理的刀具

根据工件材料的性能、机床的加工能力、加工工序的类型、切削用量以及其他与加工有关的因素来选择刀具,包括刀具的结构类型、材料牌号、几何参数。

5. 确定合理的切削用量

在工艺处理中必须正确确定切削用量。

6. 刀位轨迹计算

在编写数控程序时,根据零件形状尺寸、加工工艺路线的要求和定义的刀具路径,在适当的工件坐标系上计算零件与刀具相对运动的轨迹的坐标值,以获得刀位数据,诸如几何元素的起点、终点、圆弧的圆心、几何元素的交点或切点等坐标值,有时还需要根据这些数据计算刀具中心轨迹的坐标值,并按数控系统最小设定单位(如 0.001 mm)将上述坐标值转换成相应的数字量,作为编程的参数。

在计算刀具加工轨迹前,正确选择编程原点和工件坐标系是极其重要的。工件坐标系是指在数控编程时,在工件上确定的基准坐标系,其原点也是数控加工的对刀点。工件坐标系的选择原则如下。

(1)所选的工件坐标系应使程序编制简单。

(2)工件坐标系原点应选在容易找到,并且在加工过程中便于检查的位置。

（3）引起的加工误差小。

7. 编制或生成加工程序清单

根据制定的加工路线、刀具运动轨迹、切削用量、刀具号码、刀具补偿要求及辅助动作，按照机床数控系统使用的指令代码及程序格式要求，编写或生成零件加工程序清单，并需要进行初步的人工检查，并进行反复修改。

8. 程序输入

早期的数控机床上都配备光电读带机，作为加工程序输入设备，因此，对于大型的加工程序，可以制作加工程序纸带，作为控制信息介质。近年来，许多数控机床都采用磁盘、通信接口等各种与计算机通用的程序输入设备，实现加工程序的输入，只需要在普通计算机上输入编辑好加工程序，直接传送到数控机床的数控系统中即可。当程序较简单时，也可以通过键盘人工直接将其输入数控系统。

9. 数控加工程序正确性校验

编写好的加工程序在正式用于加工之前，一定要进行检验，包括刀具路径是否有错误，能否加工出合格的产品，刀具是否会碰撞零件、夹具或机床。检验的方法可以用走空刀的方法，也可以使用模拟软件进行模拟，还可以用石蜡、木材等易切削材料试切。如果发现不符合要求，应对程序进行适当的修改。在这里推荐使用模拟软件进行模拟的方法。

以上所介绍的编程步骤是对手工编程而言的。另外，一个合格的编程人员不仅要掌握数控机床和所使用数控系统的操作，而且应该熟悉加工工艺，掌握夹具、刀具和切削参数的设定等。

7.1.3　数控编程方法

常用的编程方法有手工编程、数控语言编程和交互式图形编程三种。

1. 手工编程

人工完成程序编制的全部工作，包括使用计算机进行数值计算，称为手工编程。在实际生产中，大多数零件并不复杂，其形状只是由直线和圆弧构成，数值计算比较简单，程序段也比较短，且检验程序较容易。这些零件用手工编程是完全能够完成的，所以手工编程仍在普遍使用。

但对于一些复杂的零件，其形状由复杂的曲线和曲面构成，用手工编程是无法完成的，必须采用自动编程的方法进行编程。

2. 数控语言编程

APT 是一种自动编程工具（automatically programmed tool）的简称，APT 语言是对工件、刀具的几何形状及刀具相对于工件的运动等进行定义时所用的一种接近于英语的符号语言。在编程时编程人员依据零件图样，以 APT 语言的形式表达出加工的全部内容，再把用 APT 语言书写的零件加工程序输入计算机，经 APT 语言编程系统编译产生刀位文件（cldata file），通过后置处理后，生成数控系统能接收的零件数控加工程序的过程，称为 APT 语言自动编程。

采用 APT 语言自动编程时，计算机（或编程机）可代替程序编制人员完成烦琐的数值计算工作，并省去编写程序的工作量，因而可将编程效率提高数倍到数十倍。同时，APT 语言自动编程还解决了手工编程中无法解决的许多复杂零件的编程难题。但 APT 语言也有它的不足之处，如采用该数控语言定义零件几何形状不易描述复杂的几何图形，缺乏直观性，缺乏对零件形状、刀具运动轨迹的直观显示等。

3. 交互式图形编程

交互式图形编程是建立在 CAD 和 CAM 的基础上，通过人机对话，利用菜单采取图形交互方式进行编程的自动编程方法。这种编程方法的图形元素的输入、加工路线的显示和工艺参数的设定等工作完全用图形方式，以人机对话的方法进行，具有速度快、直观性好、使用方便和便于检查等优点。因此，图形交互式自动编程是复杂零件普遍采用的数控编程方法，也是现在普遍使用的自动编程方法。

7.1.4　计算机辅助数控加工编程的一般原理

计算机辅助数控加工编程的一般过程如图 7-3 所示。编程人员首先将被加工零件的几何图形及有关工艺过程用计算机能够识别的形式输入计算机，利用计算机内的数控系统程序对输入信息进行翻译，形成机内零件拓扑数据；然后进行工艺处理（如刀具选择、走刀分配、工艺参数选择等）与刀具运动轨迹的计算，生成一系列的刀具位置数据（包括每次刀具运动的坐标数据和工艺参数），这一过程称为主信息处理（或前置处理）；最后按照数控代码规范和指定数控机床驱动控制系统的要求，将主信息处理后得到的刀位文件转换为数控代码，这一过程称为后置处理。经过后置处理便能输出适应某一具体数控机床要

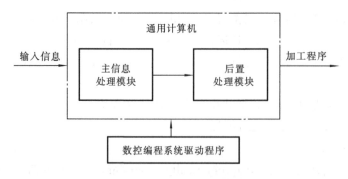

图 7-3　计算机辅助数控加工编程的一般过程

求的零件数控加工程序。该加工程序可以通过控制介质(如磁带、磁盘等)或通信接口送入机床的控制系统。

整个处理过程是在数控系统程序(又称系统软件或编译程序)的控制下进行的。数控系统程序包括前置处理程序和后置处理程序两大模块。每个模块又由多个子模块及子处理程序组成。计算机有了这套处理程序,才能识别、转换和处理全过程,它是系统的核心部分。

7.1.5 数控编程术语与标准

1. 字符编码标准与加工程序指令标准化

以前广泛采用数控穿孔纸带作为加工程序信息输入介质,常用的标准纸带有五单位和八单位两种,数控机床多用八单位纸带。纸带上表示代码的字符及其穿孔编码标准有 EIA(美国电子工业协会)制定的 EIA RS-244 和 ISO(国际标准化协会)制定的 ISO-RS-841 两种标准。国际上大都采用 ISO 代码,由于 EIA 代码发展较早,已有的数控机床中,有一些是应用 EIA 代码的,现在我国规定新产品一律采用 ISO 代码。也有一些机床具有两套译码系统,既可采用 ISO 代码也可采用 EIA 代码。目前,绝大多数数控系统采用通用计算机编码,并提供与通用微型计算机完全相同的文件格式保存、传送数控加工程序,因此,纸带已逐步被现代化的信息介质所取代。

除了字符编码标准外,更重要的是加工程序指令的标准化。加工程序指令主要包括准备功能 G 指令、辅助功能 M 指令及其他指令。

2. 数控机床的坐标系定义

数控机床通过各个移动件的运动产生刀具与工件之间的相对运动来实现切削加工。为了表示各移动件的移动方位和方向(机床坐标轴),在 ISO 标准中统一规定采用右手直角笛卡儿坐标系对机床的坐标系进行命名。在该坐标系中,有三个互相垂直的坐标轴,分别为 X,Y,Z 坐标轴,三个坐标轴的交点为坐标系的零点。X,Y,Z 轴为移动坐标轴;A,B,C 轴分别为绕 X,Y,Z 轴的旋转坐标轴;U,V,W 轴为附加坐标轴,分别平行于 X,Y,Z 轴且与其方向相同。机床坐标的命名方法如图 7-4 所示。

通常在坐标轴命名或编程时,在加工中不论是刀具移动,还是被加工工件移动,都一律假定工件相对静止不动而刀具移动,并同时规定刀具远离工件的方向为坐标轴的正方向。

确定机床坐标轴,一般是先确定 Z 轴,再确定 X 轴和 Y 轴。

(1)确定 Z 轴。规定与机床主轴轴线平行的坐标轴为 Z 轴,刀具远离工件的方向为 Z 轴的正向。

(2)确定 X 轴。对于大部分铣床,X 轴为最长的运动轴,它垂直于 Z 轴,平行于工件装夹表面。操作者观看工作台时 $+X$ 的方向位于操作者的右方,如图 7-5 所示。

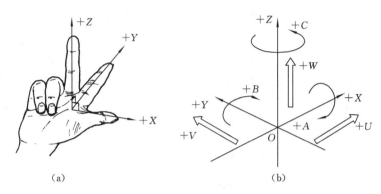

图 7-4　机床坐标系

(a)用于直线坐标轴的右手定则；　(b)直线坐标轴和回转坐标轴

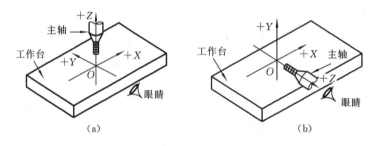

图 7-5　数控铣床坐标系

(a)立式铣床坐标系；　(b)卧式铣床坐标系

　　对于数控车床、外圆磨床等工件旋转的机床，X 轴在工件的径向上且平行于横向滑座，刀具远离工件的方向为 $+X$ 的方向，如图 7-6 所示。

　　(3)确定 Y 轴。Y 轴方向可以根据已选定的 Z，X 轴方向，按右手直角坐标系来确定。

　　(4)确定回转轴。绕 X 轴回转的坐标轴为 A 轴；绕 Y 轴回转的坐标轴为 B 轴；绕 Z 轴回转的坐标轴为 C 轴；方向的确定采用右手螺旋定则，如图 7-7 所示，大拇指所指的方向是 $+X$，$+Y$ 或 $+Z$ 的方向。

　　(5)确定附加坐标轴。平行于 X 轴的坐标轴为 U 轴；平行于 Y 轴的坐标轴为 V 轴；平行于 Z 轴的坐标轴为 W 轴。U，V，W 轴方向和 X，Y，Z 轴的方向一致，如图 7-4(b)所示。

3. 数控加工程序的程序段格式

1) 字地址格式

　　一个零件的加工程序是由许多按规定格式书写的程序段组成的。每个程序段包含着各种指令和数据，它对应着零件的一段加工过程。常见的程序段格式有固定顺序格式、分

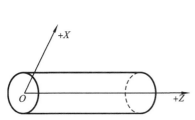

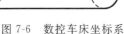

图 7-6　数控车床坐标系

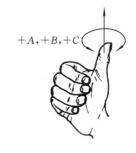

图 7-7　确定回转轴方向的右手螺旋定则

隔符顺序格式及字地址格式三种，目前常用的是字地址格式。典型的字地址格式如图7-8所示。

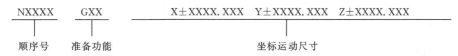

图 7-8　数控加工程序的程序段格式

　　每个程序段的开头是程序段的序号，以地址 N 加若干数字组成；接着一般是准备功能指令，由字母 G 和两位数字组成，这是基本的数控指令；而后是机床运动的目标坐标值，如用 X，Y，Z 等指定的运动坐标值；在工艺性指令中，F 为进给速度指令，S 为主轴转速指令，T 为刀具号指令，M 为辅助功能指令。LF 为 ISO 标准中的程序段结束符号（在 EIA 标准中为 CR，在某些数控系统中，程序段结束符用符号" * "或"；"表示）。下面是一个比较简单的数控铣床的加工程序实例。

　　%

　　O0008

　　N10 G92 X0 Y0 Z35；

　　N20 G90 G00 X50 Y80；

　　N30 G01 Z－7 M03 F500；

　　N40 G01 G42 H101 X0 Y50 F200；

　　N50 G03 X0 Y－50 I0 J－50；

　　N60 G03 X18.85 Y－36.66 R20；

N70 G01 X28.28 Y－10；
N80 G03 X28.284 Y10 R30；
N90 G01 X18.85 Y36.66；
N100 G03 X0 Y50 R20；
N110 G01 X－10；
N120 G01 Z35 F500；
N130 G40 X0 Y0 M05；
N140 M30；
％

从上面的程序中可以看出，程序以％开始，以％结束，％是程序的开始和结束标记。％下面是 O0008，在数控编程中将 O0008 称为程序号。程序中的每一行（以“；”作为分行标记）称为程序段。程序开始标记、程序号、程序段、程序结束标记是任何加工程序都必须具备的四个要素。

2）程序字

程序段由若干个部分组成，各部分称为程序字。每一个程序字均由一个英文字母和后面的数字串组成。英文字母称为地址码，其后的数字串称为数据，这种格式称为字地址格式。

3）字地址格式的特点

字地址格式用地址码来指明指令数据的意义，程序段中的程序字数目是可变的，因此程序段的长度也就是可变的，因而字地址格式也称为可变程序段格式。字地址格式的优点是程序段中所包含的信息可读性高，便于人工编辑修改，是目前使用最广泛的一种格式。字地址格式为数控系统解释执行数控加工程序提供了一种便捷的方式。

4. 主程序与子程序结构

数控加工程序可以分为主程序和子程序两种。主程序是零件加工的主体部分，它是一个完整的零件加工程序。主程序和被加工零件及加工要求一一对应，不同的零件或不同的加工要求都有唯一的主程序。

为了简化编程，有时可以将若干个相同的顺序排列的程序段（为了完成相同的加工）编写为一个单独的程序，并通过程序调用的形式来执行这些程序，这样的程序称为子程序。通过 M98 调用子程序并结合 P 指令，P 指令后是要调用的子程序号，如同普通程序号一样。就程序结构而言，子程序和主程序并无本质差别，但在使用上有所不同。

1）主程序

程序段一般用 O 来设置程序号；设定工件坐标系程序段应用 G92 指令建立工作坐标系；加工前准备程序段将实现刀具快速定位到切入点附近、冷却液泵启动、主轴转速设定与启动等工作；切削程序段是加工程序的核心，一般包括刀具半径补偿设置、插补、进给速度设置等指令；系统复位包括加工程序中所有设置的状态复位、机械系统复位等工作；程序结束一般由 M02 或 M30 指令来实现。一般加工程序典型结构如图 7-9 所示。

2）子程序

在程序中，某一固定的程序部分反复出现时，则可以把它们作为子程序，事先储存在存储器中，这样可以简化加工程序。图 7-10 反映了子程序调用的执行过程。

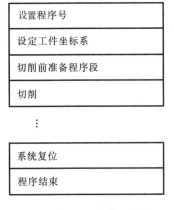

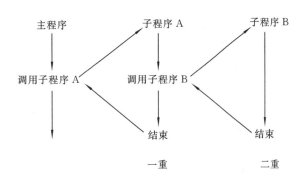

图 7-9　加工程序典型结构　　　　　　图 7-10　子程序调用的执行过程

首先，子程序可以由主程序调用，也可由其他子程序调用。子程序结构与一般加工程序非常相似，只是程序结束指令用 M99 代替，例如

O（或:）××××＊

　　⋮

M99 ＊

利用 M98 指令调用子程序，其程序段一般格式为 M98 P□□□□ ＊，其中□□□□是子程序号。常用的子程序调用指令有以下三种格式。

（1）N10 M98 P0100；

作用：调用子程序 O0100 一次。

（2）N10 M98 P0100 L3；

作用：调用子程序 O0100 三次。

（3）N10 M98 P60100

作用：调用子程序 O0100 六次。地址 P 后缀的数字中，前一位代表调用的次数，后四位代表子程序号。如 N10 M98 P30300 为调用子程序 O0300 三次，但 N10 M98 P3300 则表示调用子程序 O3300 一次。

子程序最常用于一系列孔的加工，如钻中心孔、钻孔、倒角、攻螺纹等。如果子程序仅由孔的位置坐标（X，Y）组成，主程序可以定义一个固定循环去调用它，所以孔的位置坐标（X，Y）可以使用多次，不必对每把刀都重复，下面是一个具体的例子。

```
%
O0100
G54 G90 G80 G17;
G00 X0. Y0.;
M06 T01;                              (中心钻)
S1000 M03;
G81 R2. Z−2. F50.;                    (定义一个钻中心孔的固定循环)
M98 P0200;                            (调用子程序,钻每个孔的中心)
M06 T02;                              (换钻头)
S800 M03;
G83 R3. Z−20. Q5. F30.;               (定义一个钻孔的固定循环)
M98 P0200;                            (调用子程序,钻每个孔)
M06 T03;                              (换倒角刀)
S800 M03;
G81 R2. Z−1. F50.;                    (定义一个倒角的固定循环)
M98 P0200;                            (调用子程序,给每个孔倒角)
M06 T04;                              (换丝锥)
S200 M03;
G84 R2. Z−24. F20.;                   (定义一个攻螺纹的规定循环)
M98 P0200;                            (调用子程序,给每个孔攻螺纹)
M30;                                  (主程序结束)
O0200                                 (孔位置子程序)
X0. Y0.;
X10. Y0.;
X20. Y0.;
X30. Y0.;
X30. Y10.;
X20. Y10.;
X10. Y10.;
X0. Y10.;
M99;(子程序结束)
%
```

　　以上子程序的调用只是大多数数控系统的常用格式,对于不同的数控系统,还有不同的调用格式和规定,使用时必须参照有关数控系统的编程说明。

7.2　数控程序指令

数控程序指令包括准备功能 G 指令、辅助功能 M 指令和工艺指令(F、S、T)。准备功能 G 指令用来规定刀具和工件的相对运动轨迹(即指令插补功能)、机床坐标系、坐标平面、刀具补偿等多种加工操作;辅助功能 M 指令的作用是实现机床各种辅助动作的控制,包括主轴启停、润滑油泵启停、冷却液泵启停以及加工程序结束等。对这些指令国际上已形成了一系列的标准,我国也参照相关国际标准制定了相应的国家标准。但是,即便是同一厂家的数控系统,其在不同时期开发的数控系统的指令、功能和格式也有差别。尽管如此,对于绝大多数数控系统,准备功能指令 G 和辅助功能指令 M 仍有相当一部分符合 ISO 标准或类似 ISO 标准,程序段中 F、S、T 等其他指令内容明确简单。

由于不同厂家数控系统的指令有差异,编程时还应按照具体机床数控系统的编程规定来进行,这样所编写的加工程序才能为机床的数控系统所接受。

7.2.1　准备功能 G 指令

1. G 指令

准备功能 G 指令由字母"G"后缀 2 位或 3 位数字组成。从 G00 到 G150,有 100 多种。该指令的作用是指定数控机床的运动方式,包括坐标系的设定、平面选择、坐标尺寸表示方法、插补、固定循环等。ISO 标准及我国有关技术标准中规定的 G 指令如表 7-1 所示。

表 7-1　准备功能 G 指令

指令	模态	功　能	指令	模态	功　能
G00	01	快速定位运动	G54	07	选择工件坐标系 1
G01	01	直线插补运动	G55	07	选择工件坐标系 2
G02	01	顺时针圆弧插补	G56	07	选择工件坐标系 3
G03	01	逆时针圆弧插补	G57	07	选择工件坐标系 4
G04	♯	暂停	G58	07	选择工件坐标系 5
G17	02	OXY 平面选择	G59	07	选择工件坐标系 6
G18	02	OXZ 平面选择	G80	08	取消固定循环
G19	02	OYZ 平面选择	G81	08	钻孔循环
G20	03	英制编程选择	G83	08	钻深孔循环
G21	03	公制编程选择	G84	08	攻螺纹循环

续表

指令	模态	功　　能	指令	模态	功　　能
G28	♯	返回参考点	G85	08	镗孔循环
G40	04	取消刀具半径补偿	G90	09	绝对坐标编程
G41	04	左偏刀具半径补偿	G91	09	相对坐标编程
G42	04	右偏刀具半径补偿	G92	♯	设定工件坐标系
G43	05	刀具长度正向补偿	G98	10	返回初始点
G44	05	刀具长度负向补偿	G99	10	返回参考面
G49	05	取消刀具长度	G100	11	取消镜像
G50	06	取消 G51	G101	11	选择镜像
G51	06	缩放	G110～G129	07	选择工件坐标系

注：① 表中凡有 01,02,…,11 指示的 G 指令为同一组指令。这种指令为模态指令。

② "♯"指示的指令为非模态指令。

③ 在程序中,模态指令一旦出现,其功能在后续的程序段中一直起作用,直到同一组的其他指令出现才终止。

④ 非模态指令的功能只在它出现的程序段中起作用。

2. G 指令的功能介绍

1) 和坐标系相关的 G 指令

(1) 绝对坐标编程指令 G90 和相对坐标编程指令 G91　数控机床上,有两种方法可用于指定各坐标轴的运动:绝对坐标法和相对坐标法。G90 指令使各轴的运动均以用户坐标系为参照系进行定位;G91 指令使各轴的运动以它们的前一位置为参照点进行定位。绝对坐标编程指令 G90 和相对坐标编程指令 G91 可用图 7-11 来说明。假设加工图 7-11 所示直线,需要刀具从当前位置 A 加工到位置 B 点,用以上两种方式编程分别如下。

　　绝对坐标编程　　　　　　　G90 G01 X40. Y50. F100. ;

　　相对坐标编程　　　　　　　G91 G01 X20. Y30. F100. ;

　　G90 指令和 G91 指令属于同一组的模态指令。

(2) 设定工件坐标系指令 G92、G50　在数控机床上加工工件时,必须知道工件坐标系在机床坐标系中的位置,即确定工件坐标系原点的位置。在数控铣床或加工中心中使用 G92 指令来设定工件坐标系;在数控车床系统中使用 G50 指令来设定工件坐标系。图7-12(a)描述了数控车床刀具在工件坐标系中的位置。另外,当一个程序需要不同的坐标系或需要多个坐标系时,可以用 G92 指令来设定,G92 指令是用来设定工件原点的。当工件装夹在旋转工作台上时,特别是在卧式加工中心上,一次装夹后加工多个面时,就需要用 G92 指令来设定每个加工面的零点。图 7-12(b)描述了一次装夹加工三个零件的多

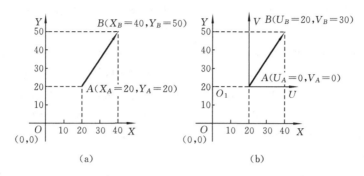

图 7-11　绝对坐标和相对坐标

(a) 绝对坐标；　(b) 相对坐标

程序原点与编程开始选择的程序零点或机床上一个固定点（如机床零点或机床参考点）的关系及计算方法。

采用 G92 指令实现原点偏移的有关程序段如下。

N10 G90；　　　　　　　　　　（绝对坐标编程,程序零点位于机床参考点）

N15 G92 X10. Y10.；　　　　　　（将程序零点定义在第一个零件的工件原点 $W1$ 上
　⋮　　　　　　　　　　　　　　　加工第一个零件）

N45 G00 Z260.；　　　　　　　　（为了安全,将刀具提高到一个安全高度）

N50 G92 X30. Y20.；　　　　　　（将程序零点定义在第二个零件的工件原点 $W2$ 上
　⋮　　　　　　　　　　　　　　　加工第二个零件）

N75 G00 Z260.；　　　　　　　　（为了安全,将刀具提高到一个安全高度）

N80 G92 X20. Y35.；　　　　　　（将程序零点定义在第三个零件的工件原点 $W3$ 上
　⋮　　　　　　　　　　　　　　　加工第三个零件）

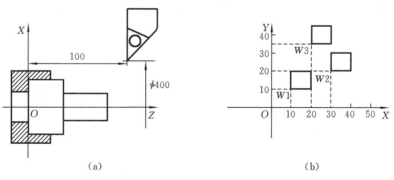

图 7-12　设定工件坐标系

(a) 数控车床刀具的位置；　(b) 加工中心位置

（3）选择工件坐标系指令 G54～G59（07 组，模态）　在其后出现的所有坐标值均为当前坐标系中的坐标。当工件在机床上固定以后，程序零点与机床参考点的偏移量必须通过测量来确定。可以使用接触式测头，在手动操作下能准确地测量该偏移量，通过操作面板将偏移量存入 G54，G55，…，G59 零点偏置寄存器中，从而预先在机床坐标系中建立工件坐标系。在没有接触式测头的情况下，程序零点位置的测量要靠碰刀的方式进行。图 7-13 所示为选择工件坐标系指令 G54 和 G55 的应用。在加工之前，首先通过测量得到的 G54 和 G55 零点偏移量来设置 G54 和 G55 的零点偏置寄存器（假设偏置寄存器小数点保留 2 位）。

对于 G54，可输入"X－66.79　Y35.84"；对于 G55，可输入"X36.09　Y54.25"。G54～G59 属于同一组的模态指令。

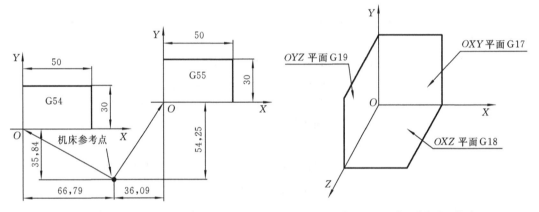

图 7-13　选择工件坐标系指令　　　　图 7-14　选择不同平面指令

2）选择平面指令 G17、G18 和 G19（02 组，模态）

笛卡儿直角坐标系有三个互相垂直的坐标平面 OXY、OXZ 和 OYZ，分别用 G17、G18 和 G19 指令来指定。该指令可用于选择插补平面、刀具补偿平面和钻削平面，如图 7-14 所示。G17、G18 和 G19 指令属于同一组的模态指令。

3）和刀具运动相关的指令

（1）快速移动定位指令 G00（01 组，模态）　数控机床的快速定位动作用 G00 指令指定。执行 G00 指令时，刀具按照机床的快进速度从当前位置移动到目标位置，实现快速定位。现代数控系统的快速运动的速度已超过 24 m/min，有的会更高。G00 指令没有运动轨迹要求，其运动轨迹由数控系统的设计方法决定。其指令格式为

N30 G90 G00 X20. Y40. ;

指定终点坐标为（20，40）。

辅助轴 A、B、C、U、V、W 也可用 G00 指令指定快速移动。快速移动的速度由各轴的最高速度与快速倍率决定。

（2）直线插补指令 G01（01 组，模态）　指令 G01 用于产生直线运动，刀具按照规定的进给速度移动到终点，移动过程中可以进行切削加工。其指令格式为

N30 G90 G01 X20. Y24. Z15. F100. ；

指定终点坐标为（20，24，15）；进给运动速度为 100 mm/min，由 F 指令指定。

以上程序段采用的是绝对坐标编程方式。如果在相对坐标编程方式下进行，坐标值 20，24，15 分别表示终点和前一点在 X、Y、Z 轴方向上的距离。

执行 G01 指令，刀具的移动轨迹是连接起点和终点的直线，运动速度由 F 指令控制。对于直线插补运动，则是机床各坐标轴的合成速度。F 指令也是模态指令，它在新的指令 F 出现之前，一直起作用。

（3）圆弧插补指令 G02 和 G03（01 组，模态）指令 G02 和 G03 是用于圆弧插补加工的指令。G02 指令指定顺时针圆弧插补，G03 指令指定逆时针圆弧插补，同时要用 G17、G18 或 G19 指令来指定圆弧插补平面。执行 G02、G03 指令，可以使刀具按照规定的进给速度沿圆弧移动到终点，移动过程中可以进行切削加工，其运动速度由 F 指令控制。

判定一个圆弧的插补是顺时针插补还是逆时针插补时，应从第三轴的正向往负向观察，以该轴为基准看圆弧的转向即可。所谓第三轴就是没有包含在插补平面内的那个轴，如图 7-15 所示。

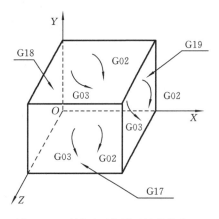

图 7-15　不同平面的圆弧插补指令

常用的圆弧插补编程的格式有两种：一种是指定圆心的编程格式，另一种是指定半径的编程格式。以顺时针圆弧插补为例，其指令格式如下。

格式一：G17 G02 X10. Y20. I13. J5. F100. ；　（OXY 平面圆弧插补）

　　　　G18 G02 X10. Z20. I13. K5. F100. ；　（OXZ 平面圆弧插补）

　　　　G19 G02 Y10. Z20. J13. K5. F100. ；　（OYZ 平面圆弧插补）

同样：在绝对坐标编程方式下，格式一中 X，Y，Z 的值表示指定刀具圆弧插补的终点坐标；在相对坐标编程方式下，格式一中 X，Y，Z 的值分别表示在 X，Y，Z 轴方向上终点和起点之间的距离。

格式一中的 I，J，K 分别表示在 X，Y，Z 方向上起点和圆心之间的相对距离。根据起点和圆心的相对位置，它可能是正值，也可能是负值。从起点向圆心画一箭头，如果箭头所指的方向为所在轴的正方向，那么它的值为正值，反之为负值。

另外一种判定方法是用圆心的坐标值减去起点的坐标值，如果得到的值是正值，那么它的值为正值，反之为负值，如图 7-16 所示。

格式二：G17 G02 X10. Y20. R40. F100. ；　（OXY 平面圆弧插补）

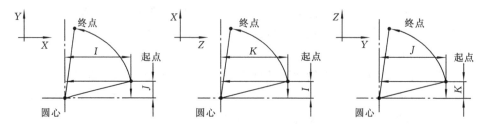

图 7-16　I, J, K 分量及方向的确定

G18 G02 X10. Z20. R40. F100.；　（OXZ 平面圆弧插补）

G19 G02 Y10. Z20. R40. F100.；　（OYZ 平面圆弧插补）

格式二中,X,Y,Z 表示圆弧插补的终点坐标,R 是插补圆弧的半径。插补的圆弧小于 180°时,R 为正值;插补的圆弧大于 180°时,R 为负值。对于 360°的整圆,不能用格式二编程,只能用格式一编程,因为起点坐标和终点坐标一样。图 7-17 表示用以上两种方法进行编程。

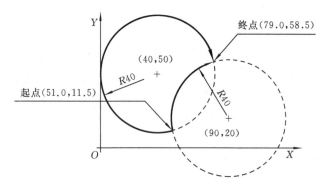

图 7-17　圆弧插补编程

使用格式一进行编程。

圆弧小于 180°时,程序段为

　　　　G17 G90 G02 X79.0 Y58.5 I39.0 J8.5 F100.；

圆弧大于 180°时,程序段为

　　　　G17 G90 G02 X79.0 Y58.5 I−11.0 J38.5 F100.；

使用格式二进行编程：

圆弧小于 180°时,程序段为

　　　　G17 G90 G02 X79.0 Y58.5 R40. F100.；

圆弧大于 180°时,程序段为

　　　　G17 G90 G02 X79.0 Y58.5 R−40. F100.；

以上所讨论的 G00,G01,G02 和 G03 属于同一组的模态指令。

4) 刀具补偿相关的指令

刀具补偿功能是数控系统的重要功能,包括刀具半径补偿(G40,G41,G42),刀具长度补偿(G43,G44,G49)。刀具补偿功能为程序编制提供了方便。一般来说,数控车床需要对刀尖的 X,Z 轴方向的位置和刀尖半径进行补偿,数控铣床或加工中心需要对刀具长度和半径进行补偿。

(1) 刀具长度补偿指令(G43,G44,G49)(05 组,模态) 在数控铣床或加工中心上,刀具长度补偿是用来补偿实际刀具长度的功能。当实际刀具长度和编程长度不一致时,通过该功能可以自动补偿长度差额,确保 Z 轴方向的刀尖位置和补偿位置相一致。

实际刀具长度和编程时设置的刀具长度之差称为刀具长度偏置值。刀具长度偏置值可以通过操作面板事先输入数控系统的“刀具偏置值”寄存器中。执行刀具长度补偿指令时,系统可以自动将“刀具偏置值”寄存器中的值与程序中要求的 Z 轴方向的移动距离进行相加或相减处理,以保证 Z 轴方向的刀尖位置和编程位置相一致。

G43,G44 和 G49 分别为刀具长度正向补偿、负向补偿和取消刀具长度补偿指令。在使用刀具长度指令时,必须用指令 H 指定刀具偏置号,也就是指定刀具号,因为刀具在刀库中是按刀具号进行排列的。另外,对于不同的刀具,其偏置值不一定完全相等。

通常刀具长度补偿指令的格式为

G43 Z100. H02;

或 G44 Z100. H02;

其中,G43 指令是指定 Z 轴方向移动指令值 100 与刀具长度偏置值相加,即机床实际 Z 轴方向的移动距离等于编程指令值加上刀具长度偏置值;G44 指令是指定移动指令值 100 与刀具长度偏置值相减,即机床实际 Z 轴方向的移动距离等于编程移动指令值减去刀具长度偏置值。移动指令值和刀具长度偏置值寄存器中的值可以是正值也可以是负值。当刀具长度偏置值为负值时,G43,G44 指令使刀具向上面对应的反方向移动一个刀具长度偏置值。图 7-18 所示为刀具长度补偿示例。在图 7-18 中,E 为刀具长度偏置值。如果是在 G17 指令指定的平面加工,那么刀具长度的偏移沿 Z 轴方向;如果在 G19 指令指定的平面加工,刀具的长度偏移沿 X 轴方向;如果在 G18 指令指定的平面加工,刀具的长度偏移沿 Y 轴方向。

在更换新刀具或加工过程中刀具长度发生了变化时,可以不变更程序,将新的刀具长度偏置值输入“刀具偏置值”寄存器中即可。或者用塞尺的办法直接测得更换的新刀刀尖碰到编程 Z 向零点时刀尖的坐标(在 G17 指令指定的平面加工),这样就可以得到实际的刀具长度,并且将刀具长度偏置值置为零。

刀具长度偏置指令 G43,G44 和 G49 属于同一组的模态指令。

(2) 刀具半径补偿指令(G40,G41,G42)(04 组,模态) 刀具半径补偿功能用于铣刀

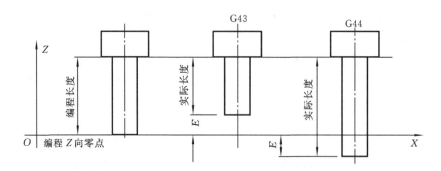

图 7-18　刀具长度补偿

半径或车刀刀尖半径的自动补偿。刀具运动轨迹是由刀具中心确定的。在实际加工时，由于刀具半径的存在，机床必须根据不同的进给方向，使刀具中心沿编程的轮廓偏置一个值，才能使实际加工轮廓和编程的轨迹相一致。这种根据刀具半径和编程轮廓，由数控系统自动计算刀具中心点移动轨迹的功能，称为刀具半径补偿功能。

刀具补偿指令 G40，G41，G42 分别用于取消刀具半径补偿、设定左偏刀具半径补偿（左刀补）、设定右偏刀具半径补偿（右刀补）。刀具偏置值可以通过操作面板事先输入数控系统的"刀具偏置值"寄存器中，编程时指定刀具补偿号进行选择。指定刀具补偿号的方法有两种：一是通过指定补偿号（D 代码）选择"刀具偏置值"寄存器，该方法适合于数控铣床和加工中心；二是通过换刀 T 指令进行选择。在刀具半径补偿时，无须再选择"刀具偏置值"寄存器，该方法适合于数控车床。通过执行刀具半径补偿指令，系统可以自动对"刀具偏置值"寄存器中的半径值和编程轮廓进行运算、处理，并生成刀具中心点移动轨迹，使实际加工轮廓和编程轨迹相一致。

刀具半径补偿指令的格式为

　　　　　　　　　　　G01 G41 X40. Y50. D04；

或　　　　　　　　　　G01 G42 X40. Y50. D04；

以上是进行直线插补时的刀具补偿程序段，其中 D04 表示用的刀具是 4 号刀。刀具向前走时，在刀具的后面观察，如果刀具在工件的左边，就用 G41 指令进行刀补，即左刀补，如果刀具在工件的右边，就用 G42 指令进行刀补，即右刀补，如图 7-19 所示。

使用刀具半径补偿功能有两种方法。

一种是用工件的实际轮廓作为编程路径。用这种方法时，输入的刀具半径值应为刀具的实际半径。如使用 $\phi20$ 的立铣刀加工工件，输入的刀具半径值应为 10 mm，如图 7-20（a）所示。

另外一种方法就是以实际刀具圆心点移动轨迹作为编程路径。这种方法应用得较多，因为使用 CAD/CAM 软件很方便就可以通过工件轮廓计算出刀具圆心的轨迹线，如图 7-20（b）所示。

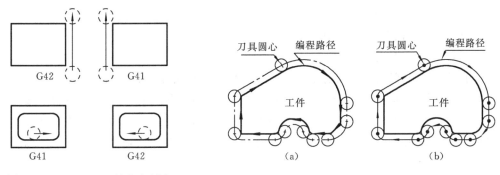

图 7-19　G41 和 G42 的方向判定　　　　　　　　图 7-20　编程路径

使用该方法时,编程路径已经偏置了一个所使用刀具的半径。在使用中,如果更换刀具或刀具出现磨损,不必更换加工程序,只要将新的刀具偏置值输入"刀具偏置值"寄存器中即可。如果使用的刀具直径大于编程所选用的刀具直径,输入的刀具偏置值应为正值。如果使用的刀具直径小于编程所使用的刀具直径,输入的刀具偏置值应为负值。假如编程所选用的刀具直径为 $\phi20$ mm:若实际使用的刀具也是直径为 $\phi20$ mm,那么输入的刀具偏置值应为零,若实际使用的刀具直径为 $\phi22$ mm,那么输入的刀具偏置值应为 1 mm;若实际使用的刀具直径为 $\phi18$ mm,那么输入的刀具偏置值应为 -1 mm。

刀具补偿指令 G40,G41,G42 属于同一组的模态指令。

5）**固定循环指令**

固定循环是数控系统针对数控机床常见的加工动作过程,按规定的动作次序,以子程序形式制定的指令集合。这些子程序可以通过一个 G 指令直接调用,因此,使用固定循环指令可以大大地减少编程的工作量,使程序得到极大的简化。

调用固定循环的 G 指令称为固定循环指令。固定循环的基本动作由固定循环指令进行选择,每一个不同的固定循环,G 指令都对应不同的加工动作循环。

常用的钻镗固定循环指令有 G73,G74,G76,G80～G89 等。每一种循环都是由多个简单动作组合而成的,如图 7-21 所示。一个固定循环由以下六个动作顺序组成:

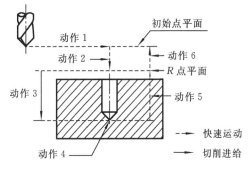

图 7-21　钻孔固定循环动作

动作 1——OXY 平面快速定位;

动作 2——快速运动到 R 点平面;

动作 3——孔加工;

动作 4——孔底操作；

动作 5——回到 R 点平面；

动作 6——快速返回初始点。

在孔加工中有三个作用的平面：初始平面、R 点平面和孔底平面。

（1）初始平面　初始点所在的与 Z 轴垂直的平面，称为初始平面。初始平面是为了保证安全下刀而规定的一个平面。初始平面到工件表面的距离可以任意设定在一个安全高度上。当使用同一把刀具加工若干孔时，只有孔间存在障碍需要跳跃或全部加工完成时，才使刀具返回到初始平面上的初始点处。

（2）R 点平面　R 点平面是刀具下刀时，快速进给转为切削进给时的高度平面，与工件表面的距离主要考虑工件表面尺寸的变化，一般可取 $3\sim5$ mm。R 点平面亦称参考平面。

（3）孔底平面　加工盲孔时，孔底平面就是孔底部的 Z 轴方向的高度；加工通孔时，一般刀具要伸出工件底面一段距离，主要是为了保证全部孔深都加工到尺寸。钻孔时还要考虑到钻头钻尖对孔深的影响。

目前，固定循环操作仅限于 Z 轴，所以加工平面也限于 OXY 平面。常用固定循环指令及其功能和动作如表 7-2 所示。

表 7-2　固定循环指令

G 指令	Z 轴钻孔方向	孔底操作	Z 轴返回动作	应　　用
G73	间歇进给	—	快速	高速深孔加工循环
G74	切削进给	主轴顺时针转	快速	左旋螺纹攻螺纹循环
G76	进给后停止	主轴准定	快速	精镗循环
G80	—	—	—	取消循环
G81	切削进给	—	快速	钻、点钻循环
G82	切削进给	暂停	快速	反镗循环
G83	间歇进给	—	快速	深孔加工循环
G84	切削进给	主轴逆时针转	切削进给	右旋螺纹攻螺纹循环
G85	切削进给		切削进给	镗孔循环
G86	切削进给	主轴停	快速	镗孔循环
G87	切削进给	主轴停	手动/快速	反镗循环
G88	切削进给	暂停后主轴停	手动/快速	镗孔循环
G89	切削进给	暂停	切削进给	镗孔循环

在固定循环的编程中，必须定义尺寸的编程方式，是绝对坐标编程（G90）还是相对坐标编程（G91）。在不同的方式下编程，其对应的循环参数的意义也是不同的。图 7-22 描

述了在用 G90 和 G91 两种指令编程时,其循环参数的不同意义。

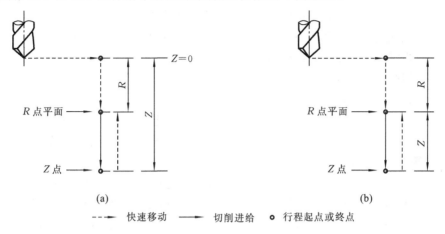

(a)   (b)

----→ 快速移动　——→ 切削进给　◦ 行程起点或终点

图 7-22　G90 和 G91 的坐标计算

(a) G90 编程；　(b) G91 编程

Z 轴返回点的位置,对于不同的数控系统有不同的指定方式,相应有专门的返回平面选择指令 G98 和 G99。指令 G98 用于加工完成后,使刀具返回到初始平面;指令 G99 用于加工完成后,使刀具返回到 R 点平面,如图 7-23 所示。

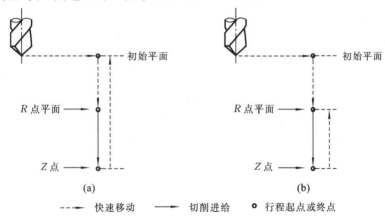

(a)   (b)

----→ 快速移动　——→ 切削进给　◦ 行程起点或终点

图 7-23　G98 和 G99 的区别

(a) G98 编程；　(b) G99 编程

根据不同的循环方式,固定循环的指令需要也不相同。具体应根据循环动作的要求予以定义。常用的固定循环基本指令格式为

$$G\_\ X\_\ Y\_\ Z\_\ R\_\ Q\_\ P\_\ F\_\ L\_;$$

其中:G——孔加工固定循环方式;

　　X、Y——指定孔中心在 OXY 平面的位置;

Z——孔底坐标(G90)或 R 点平面到孔底的距离(G91)；

R——R 点的坐标值(G90)或初始平面到 R 点平面的增量值；

Q——指定每次进刀深度(G73,G83)或指定刀具位移增量(G76,G87)；

P——指定刀具在孔底暂停的时间；

F——切削进给速度；

L——指定固定循环次数。

利用 G80,G00,G01,G02,G03 等指令可以实现固定循环切削。不同的数控系统的固定循环指令的意义和格式会有所不同,具体以数控机床的编程手册为依据。

6) 车削固定循环指令

数控车床同数控铣床或加工中心一样,也存在着进给动作简单,但使用次数频繁的特点,这样的动作也常常被定义为固定循环的指令格式,以便简化车削编程。车削固定循环包括单一固定循环和复合固定循环。单一固定循环为一次进刀加工循环,单一固定循环指令有：外径、内径车削循环指令(G77,G90),螺纹切削循环指令(G78,G92)和端面切削循环指令(G79,G94)。

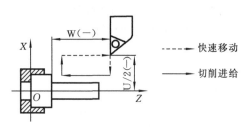

图 7-24　外径、内径车削循环指令 G77

（1）外径、内径车削循环指令(G77,G90)

该指令用于零件的外径和内径的车削加工,循环指令的动作顺序如图 7-24 所示,其指令格式为

$$G77\ X(U)\_\ \ Z(W)\_\ \ F\_;$$

其中：X 为横向加工的终点坐标；Z 为纵向加工的终点坐标；F 为切削速度。在采用相对编程方式时,横向和纵向的终点坐标分别使用地址 U 和 W 表示。U 为直径方向的增量,地址 U、W 值的符号取决于轨迹的运动方向。

（2）端面车削循环指令 (G79,G94)　直端面的切削循环动作如图 7-25(a) 所示。G79 的指令格式为

$$G79\ X(U)\_\ \ Z(W)\_\ \ F\_;$$

该指令可实现刀具纵向进刀(Z 方向)和横向车削(X 方向)。其地址代码意义同前。

锥端面切削循环动作如图 7-25(b) 所示。其指令格式为

$$G79\ X(U)\_\ \ Z(W)\_\ \ K\_\ \ F\_;$$

其中：K 值为锥面大、小端的差值。图 7-25(b) 中 K 值为正。如果 K 值为负,则进行反锥形切削。其他地址代码意义同前。

（3）复合型车削循环指令(G70~G76)　在数控车床上加工零件时,由于切削余量大,需要采用分步进给的方式将毛坯逐步切削成形。这就需要通过复合车削固定循环来完成加工。复合固定循环为多次走刀切削的固定循环,能更进一步地简化编程。在应用

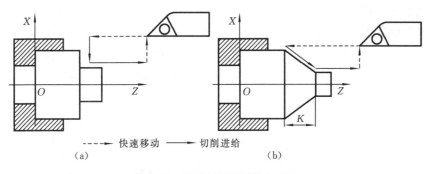

图 7-25　端面车削循环指令 G79

(a) 车削直端面；　(b) 车削锥端面

复合固定循环指令时,只需指定精加工路线和半径方向的切深,系统就会自动计算出粗加工到精加工的全部动作,从而使程序编制更为方便。

① 车削循环指令 G71　该指令用于切除棒料毛坯的大部分加工余量。G71 指令的动作循环如图 7-26 所示,刀具的切削加工在平行于 Z 轴的移动中进行。粗车后为精车留有余量 Δu(X 方向),Δw(Z 方向)。执行 G71 指令时,刀具在给定的编程轨迹 $A \to A' \to B$ 之间进行分步加工,并指定每次 X 轴的进给量 Δd,数控系统将控制刀具由 A 点开始按图中箭头指示的方向进行粗加工循环,最后进行轮廓的精加工。G71 指令通常要使用以下两个程序段。

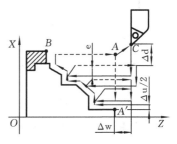

图 7-26　外径粗车削循环指令 G71

G71 U(Δd) R(e);

G71 P(ns) Q(nf) U(Δu) W(Δw) F(f) S(s) T(t);

第一个程序段给定固定循环的每步切削深度 Δd 与退刀量 e。Δd、e 可以根据编程的轮廓轨迹自动决定方向,指令中不需要给定符号,切入、退出的方向由 AA' 的方向决定。Δd、e 的指定是模态的,它们可以连续保持,直到被下一轮指令更改。此外,大部分数控系统中,通过操作面板也可以指定 Δd、e 的值。

第二个程序段指定给定循环的轮廓轨迹与精加工余量,以及 G71 指令中 F、S、T 值。其中:

ns——调用编程轮廓程序段群的首个程序段号;

nf——调用编程轮廓程序段群的结束程序段号;

Δu——X 轴方向的精加工余量;

Δw——Z 轴方向的精加工余量;

f,s,t——执行 G71 循环的进给速度、主轴转速、刀具及刀补号。

② 端面粗车循环指令 G72　G72 是用于端面粗车的复合固定循环指令。G72 指令与 G71 指令的格式、动作过程均类似,不同的是 G72 指令的切削加工是在与 X 轴平行的方向移动中进行的。它是从外径向轴心方向切削端面的粗车循环。给定的轨迹为 $A \rightarrow A' \rightarrow B$,各参数的意义与 G71 指令的相似。其动作顺序如图 7-27 所示。

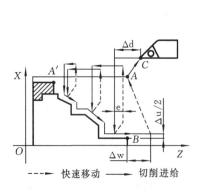

图 7-27　外径粗车削循环指令 G72　　　　图 7-28　重复车削循环指令 G73

③ 重复切削循环指令 G73　该循环指令也称为给定形状粗车循环。只要指定精加工路线,系统就可自动给出粗加工路线。使用 G73 指令循环时,对编程的轮廓轨迹可以进行多次重复切削,每次切削完成后,刀具自动向指定的方向移动指定的增量,使刀具加工轨迹产生平行移动。因此,G73 指令适合于基本成形的铸造、锻造毛坯的粗加工切削。因为这类零件粗加工余量比用棒料直接车出工件的余量要小得多,所以可以提高加工效率,节省加工时间。G73 指令的动作顺序如图 7-28 所示。G73 指令的编程亦要使用两个连续程序段完成,其指令格式为

G73 U(ΔI) W(ΔK) R(d);

G73 P(ns) Q(nf) U(Δu) W(Δw) F(f) S(s) T(t);

其中:ΔI——X 轴方向的切削量及方向指定;

ΔK——Z 轴方向的切削量及方向指定;

d——重复加工参数(粗车次数)。

第一段给定固定循环的 X,Z 轴的退刀距离 ΔI,ΔK 及方向、重复进行的粗车次数 d。ΔI,ΔK,d 的指定是模态的,它们可以连续保持,直到被下一轮指令改变。在大部分数控系统中,可以通过操作面板设定 ΔI,ΔK,d 的值。

第二段指定固定循环的轮廓轨迹与精加工余量,以及 G73 指令程序段中的 F、S、T 值。

ns——调用编程轮廓程序段群的首个程序段号;

nf——调用编程轮廓程序段群的结束程序段号;

△u——X 轴方向精加工余量；

△w——Z 轴方向精加工余量；

f,s,t——执行 G73 指令固定循环的进给速度、主轴转速、刀具及刀补号。

④ 精车加工循环指令 G70　当用 G71,G72,G73 指令对工件进行粗加工之后,可以使用 G70 指令按粗车循环指定的精加工路线去除粗加工留下的余量。其指令格式为

$$G70 \ P(ns) \ Q(nf);$$

其中:ns——指定精加工程序的首个程序段号；

　　　nf——指定精加工程序的结束程序段号。

精加工 G70 循环结束后,刀具返回循环起始点 A。

使用 G71,G72,G73 循环指令时应注意以下几点。

① 使用 G71,G72,G73 循环指令时,根据各机床数控系统的特点和不同的加工要求,通过改变 △u 和 △w 的符号,可以改变 A,B,A' 点的相对位置,从而将图示的轨迹进行改变。

② 在 ns～nf 之间的程序段中,不能含有调用子程序的程序段。

7.2.2　辅助功能 M 指令

M 指令是用来指定辅助功能的指令,主要用于数控机床的开、关量的控制。如程序结束,主轴的正转、反转,冷却液泵的开、停等。不同的数控系统的 M 指令也有较大的差别,因此,编程人员必须熟悉具体数控机床的 M 指令。下面介绍一些常用的辅助功能指令。

ISO 国际标准中,M 指令有 M00～ M99 共计 100 种,见表 7-3。

表 7-3　辅助功能 M 指令

M 指令	功　　能	M 指令	功　　能
M00	程序停止	M31	正方向启动排屑器
M01	程序选择停止	M32	反方向启动排屑器
M02	程序结束	M33	排屑器停止
M03	主轴顺时针方向旋转	M34	冷却液喷嘴升高一位
M04	主轴逆时针方向旋转	M35	冷却液喷嘴降低一位
M05	主轴停止	M39	旋转刀盘
M06	换刀	M82	松开刀具
M08	冷却液打开	M86	夹紧刀具
M09	冷却液关闭	M97	子程序调用
M19	主轴准停	M98	子程序调用
M30	程序结束并返回	M99	子程序调用结束

7.2.3　其他指令

在一个程序中,除了前面介绍的 G 指令和 M 指令外,还有其他指令,这些指令指定其他功能,如机床的进给速度、主轴转速、刀具号等。

地址 S 指令——主轴转速设定指令。一般数控系统规定此指令的赋值范围为 1～99999。指令 S 只是指定转速的大小,必须使用指令 M03 或 M04 指定主轴是正转或是反转。

地址 F 指令——进给速度设定指令。单位是 mm/min 或 in/min。

地址 T 指令——刀具选择指令。该指令用于具有刀库的数控机床。对大部分数控机床而言,T 指令只是指定机床将刀盘旋转到指定位置,该位置称为等待位置或下一把刀位置,它并不会将刀具换到主轴,只有 M06 指令在同一程序出现时,才会将所需要的刀具换到主轴。

7.3　数控机床程序编制

7.3.1　手工编程

手工编程是指由人工完成程序编制的各个阶段的任务,按照数控机床的指令格式(不同的数控系统指令是有差别的)和程序结构,根据加工要求逐行写出每个程序段,组成零件的数控加工程序。

手工编程在实际工作中是十分有用的。即使是采用自动编程,同样需要手工编程基础。对于复杂的零件,例如具有曲线或曲面的零件,采用手工编程是很困难的,甚至无法编写,一般采用自动编程。

7.3.2　数控铣削加工程序的编制

1. 铣削程序的特点

铣削是最常用的数控加工方法之一,包括平面铣削、沟槽铣削、轮廓铣削等。数控铣削可以在数控卧铣、数控立铣和加工中心等机床上实现。平面铣削一般是在一个平面上进行的加工,所以编程时应指定程序所在的平面。下面通过零件的加工程序,介绍铣削加工程序的结构、指令格式等。

2. 铣削加工实例

例 7-1　在加工中心上进行加工,铣深 6 mm 的型腔,如图 7-29 所示,其刀具路径如图 7-30 所示。加工工艺参数见表 7-4,加工程序见表 7-5。

说明:①将程序零点($X0,Y0$)设在工件的左下角;②$Z0$ 设在工件的上表面;③粗加工留的余量为 0.5 mm。

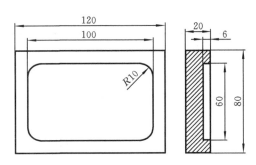

图 7-29 加工零件图

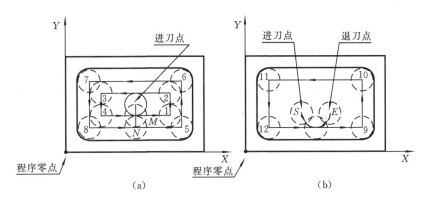

(a)   (b)

图 7-30 粗加工和精加工的刀具路径

(a) 粗加工; (b) 精加工

表 7-4 例 7-1 工件的加工工艺参数

刀 具 号	操 作	刀 具	主轴转速/(r/min)	进给速度/(mm/min)
1	铣进刀孔	φ20 键槽铣刀	600	40
2	粗加工	φ20 立铣刀	600	70
3	精加工	φ20 立铣刀	600	100

表 7-5 例 7-1 工件的加工程序

加 工 程 序	说 明
%	程序开始符号
O0002	程序号
N005 G90 G21 G49 G80 G40 G17;	绝对坐标编程、公制编程、取消刀具长度补偿、取消刀具固定循环、取消刀具半径补偿、OXY 平面选择

续表

加 工 程 序	说　　明
N010 G54；	选择工件坐标系
N015 M06 T01；	选用 1 号键槽铣刀
N020 S600 M03；	主轴正转，转速为 600 mm/min
N025 G43 G00 H01 Z128.；	对 1 号刀进行长度补偿，快速移动到 $Z=128$ mm 的平面
N030 X0. Y0. M08；	快速移动到程序零点（X0，Y0），冷却液打开
N035 X60. Y40.；	快速移动到进刀点
N040 Z10.；	快速移动到 $Z=10$ mm 平面
N045 G01 Z2. F100.；	直线进给到 $Z=2$ mm 平面，进给速度为 100 mm/min
N050 G81 R2. Z−6. F40.；	钻孔循环，钻深 6 mm，加工结束返回到 $Z=2$ mm 的平面，进给速度为 40 mm/min
N055 G80；	取消固定循环 G81
N060 G00 Z120；	快速移动到 $Z=120$ mm 的平面
N065 M06 T02；	主轴停止，冷却液泵关闭，换 2 号粗加工立铣刀
N070 S600 M03；	主轴正转，转速为 600 mm/min
N075 G43 H02 Z128.；	对 2 号刀长度补偿，快速移动到 $Z=128$ mm 的平面
N080 X0. Y0. M08；	快速到程序零点（X0，Y0），冷却液泵打开
N090 X60. Y40.；	快速移动到进刀点
N095 Z2.；	快速移动到 $Z=2$ mm 的平面
N100 G01 Z−6. F70.；	粗加工直线进给到 $Z=−6$ mm 的平面，进给速度为 70 mm/min
N105 Y30.5；	切削到点 $M(60.0,30.5)$
N110 X89.5；	切削到点 1(89.5,30.5)
N115 Y49.5；	切削到点 2(89.5,49.5)
N120 X30.5；	切削到点 3(30.5,49.5)
N125 Y30.5；	切削到点 4(30.5,30.5)
N130 X60.；	切削到点 $M(60.0,30.5)$
N135 Y20.5；	切削到点 $N(60.0,20.5)$
N140 X99.5；	切削到点 5(99.5,20.5)

续表

加 工 程 序	说　明
N145 Y59.5;	切削到点 6(99.5,59.5)
N150 X20.5;	切削到点 7(20.5,59.5)
N155 Y20.5;	切削到点 8(20.5,20.5)
N160 X60.;	切削到点 N(60.0,20.5)
N165 G00 Z120.;	快速移动到 $Z=120$ mm 的平面
N170 M06 T03;	主轴停止,冷却液泵关闭,换 3 号精加工立铣刀
N175 S800 M03;	主轴正转,转速为 800 mm/min
N180 G43 H03 Z128.;	对 3 号刀长度补偿,快速移动到 $Z=128$ mm 的平面
N185 X0. Y0. M08;	快速到程序零点(X0,Y0),冷却液泵打开
N195 X48. Y32.;	快速移动到进刀起点
N200 Z10.;	快速移动到 $Z=10$ mm 的平面
N205 G03 X60. Y20. I12. J0. F100.;	精加工逆时针圆弧插补到点(60.0,20.0),进给速度为 100 mm/min
N210 G01 X100.;	直线插补到点(100.0,20.0)
N215 Y60.;	切削到点(100.0,60.0)
N220 X20.;	切削到点(20.0,60.0)
N225 Y20.;	切削到点(20.0,20.0)
N230 X60.;	切削到点(60.0,20.0)
N235 G03 X73. Y32. I0. J12.;	逆时针圆弧插补到点(73.0,32.0)
N240 G00 Z120.;	快速移动到 $Z=120$ mm 的平面
N245 M09;	冷却液泵关闭
N250 M30;	程序结束
%	结束符号

例 7-2 如图 7-31 所示工件,进行周边的粗加工和精加工,铣深为 20 mm,其加工刀具路径如图 7-32 所示。加工工艺参数见表 7-6,加工程序见表 7-7。

说明:①将程序零点(X0,Y0)设在工件的左下角;②Z0 设在工件的上表面;③粗加工留的余量为 0.5 mm。

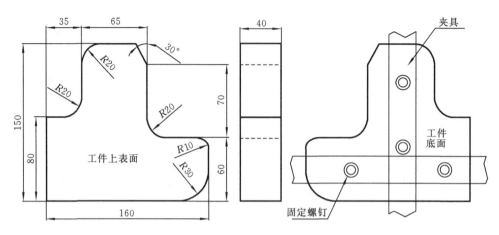

图 7-31　加工零件和装夹图

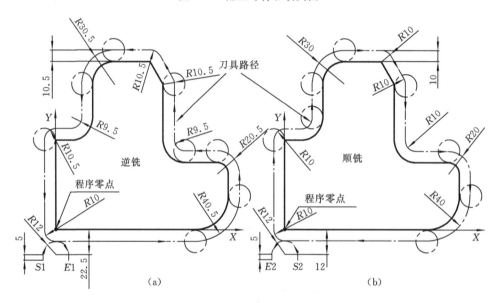

图 7-32　工件粗加工和精加工的刀具路径

(a) 粗加工；(b) 精加工

表 7-6　例 7-2 工件的加工工艺参数

顺序	操　作	刀　具	主轴转速/(r/min)	加工进给/(mm/min)
1	粗加工	φ20 粗加工立铣刀	500	70
2	精加工	φ20 精加工立铣刀	800	100

表 7-7 例 7-2 工件的加工程序

加 工 程 序	说 明
％	程序开始符号
O0002	程序号
N005 G90 G21 G49 G80 G40 G17;	绝对坐标编程、公制编程、取消刀具长度补偿、取消刀具固定循环、取消刀具半径补偿、OXY平面选择
N010 G54;	选择工件坐标系
N015 M06 T01;	换 1 号 ϕ20 粗加工立铣刀
N020 S500 M03;	主轴正转,转速为 500 r/min
N025 G43 G00 H01 Z128.;	对 1 号刀长度进行补偿,快速移动到 $Z=128$ mm 的平面
N030 X0. Y0. M08;	快速移动到程序零点(X0,Y0)
N040 X−12. Y−27.5;	快速移动到加工起点
N045 Z10.;	快速移动到 $Z=10$ mm 的平面
N050 G01 Z−20.F70.;	直线进给到 $Z=20$ mm 的平面,进给速度为 70 mm/min
N055 G42 D01 Y−22.5;	对 1 号刀进行右刀补,切削到点 (−12.0,−22.5,−20.0)
N060 G02 X0. Y−10.5 I12. J0.;	顺时针圆弧插补,切削到点 (0,−10.5,−20.0)
N065 G01 X130.;	直线插补,切削到点(130.0,−10.5,−20.0)
N070 G03 X170.5 Y30. I0. J40.5;	逆时针圆弧插补,切削到点 (170.5,30,−20.0)
N075 G01 Y50.;	直线插补,切削到点(170.5,50.0,−20.0)
N080 G03 X150. Y70.5 I−20.5 J0.;	逆时针圆弧插补,切削到点(150.0,70.5,−20.0)
N085 G01 X120.;	直线插补,切削到点(120.0,70.5,−20.0)
N090 G02 X110.5 Y80. I0. J9.5;	顺时针圆弧插补,切削到点(110.5,80.0,−20.0)
N095 G01 Y130.;	直线插补,切削到点(110.5,130.0,−20.0)
N100 G03 X109.1 Y135.25 I−10.5 J0.;	逆时针圆弧插补,切削到点(109.1,135.25,−20.0)
N105 G01 X97.546 Y155.25;	直线插补,切削到点(97.546,155.25,−20.0)
N110 G03 X88.453 Y160.5 I−9.093 J−5.25;	逆时针圆弧插补,切削到点(88.453,160.5,−20.0)
N115 G01 X55.;	直线插补,切削到点(55,160.5,−20.0)

续表

加 工 程 序	说　　明
N120 G03 X24.5 Y130.I0.J−30.5；	逆时针圆弧插补，切削到点(24.5,130.0,−20.0)
N125 G01 Y100.；	直线插补，切削到点(24.5,100.0,−20.0)
N130 G02 X15.Y90.5 I−9.5 J0.；	顺时针圆弧插补，切削到点(15,90.5,−20.0)
N135 G01 X0.；	直线插补，切削到点(0,90.5,−20.0)
N140 G03 X−10.5 Y80.I0.J−10.5；	逆时针圆弧插补，切削到点(−10.5,80.0,−20.0)
N145 G01 Y0.；	直线插补，切削到点(−10.5,0,−20.0)
N150 G03 X0.Y−10.5 I10.5 J0.；	逆时针圆弧插补，切削到点(0,−10.5,−20.0)
N155 G02 X12.Y−22.5 I0.J−12.；	顺时针圆弧插补，切削到点(12.0,−22.5,−20.0)
N160 G01 G40 Y−27.5；	直线插补，切削到点(12.0,−27.5,−20.0)，取消1号刀的半径补偿
N165 G00 Z120.；	快速移动到 Z=120 mm 的平面
N170 M06 T02；	主轴停，冷却液泵关闭，换2号 $\phi20$ 精加工立铣刀
N175 S800 M03；	主轴正转，转速为 800 mm/min
N180 G43 H02 Z128.；	快速移动到 Z=128 mm 的平面
N185 X0.Y0.M08；	快速移动到程序零点(X0,Y0)，冷却液泵打开
N195 X12.Y−27；	快速移动到程序起点(12,−27,128.0)
N200 Z10.；	快速移动到 Z=10 mm 的平面
N205 G01 Z−20.F100.；	直线进给到 Z=−20 mm 的平面，进给速度为 100 mm/min
N210 G41 D02 Y−22.；	对2号刀进行左刀补，切削到点(12.0,−22.0,−20.0)
N220 G03 X0.Y−10.I−12.J0.；	逆时针圆弧插补，切削到点(0,−10.0,−20.0)
N225 G02 X−10.Y0.I0.J10.；	顺时针圆弧插补，切削到点(−10.0,0,−20.0)
N230 G01 Y80.；	直线插补，切削到点(−10.0,80.0,−20.0)
N235 G02 X0.Y90.I10.J0.	顺时针圆弧插补，切削到点(0,90.0,−20.0)
N240 G01 X15.；	直线插补，切削到点(15.0,90.0,−20.0)
N245 G03 X25.Y100.I0.J10.；	逆时针圆弧插补，切削到点(25.0,100.0,−20.0)
N250 G01 Y130.；	直线插补，切削到点(25.0,130.0,−20.0)
N255 G02 X55.Y160.I30.J0.；	顺时针圆弧插补，切削到点(55.0,160.0,−20.0)
N260 G01 X88.45；	直线插补，切削到点(88.45,160.0,−20.0)
N265 G02 X97.11 Y155.I0.J−10.；	顺时针圆弧插补，切削到点(97.11,155.0,−20.0)
N270 G01 108.66 Y135.；	直线插补，切削到点(108.66,135.0,−20.0)

续表

加 工 程 序	说　　　明
N275 G02 X110.Y130.I−8.66 J−5.；	顺时针圆弧插补，切削到点(110.0,130.0,−20.0)
N280 G01 Y80.；	直线插补，切削到点(110.0,80.0,−20.0)
N285 G03 X120.Y70.I10.J0.；	逆时针圆弧插补，切削到点(120.0,70.0,−20.0)
N290 G01 X150.；	直线插补，切削到点(150.0,70.0,−20.0)
N295 G02 X170.Y50.I0.J−20.；	顺时针圆弧插补，切削到点(170.0,50.0,−20.0)
N300 G01 Y30.；	直线插补，切削到点(170.0,30.0,−20.0)
N305 G02 X130.Y−10.I−40.J0.；	顺时针圆弧插补，切削到点(130.0,−10.0,−20.0)
N310 G01 X0.；	直线插补，切削到点(0,−10.0,−20.0)
N315 G03 X−12.Y−20.I0.J−12.；	逆时针圆弧插补，切削到点(−12.0,−20.0,−20.0)
N320 G01 G40 Y−25.；	直线插补，切削到点(−12.0,−25.0,−20.0)，取消2号刀的半径补偿
N325 G00 Z120.；	快速移动到 $Z=120$ mm 的平面
N330 M09；	冷却液泵关闭
N335 M30；	程序结束
％	结束符号

7.3.3　数控车削程序的编制

1. 车削编程的特点

车削加工是在数控车床上完成的加工。数控车床常用于轴类零件的加工，它是数控机床中产量最大，使用最广的机床之一。车削是数控加工的重要加工工艺，它包括车内圆、外圆、端面、锥面、回转曲面、沟槽、螺纹、钻孔等。在数控车床上，由于只需要对轴类零件的轴向(Z向)与径向(X向)进行控制，因此，数控车床控制系统通常为两轴控制系统，其指令格式与数控铣床有所不同。下面将予以阐述。

1) 坐标系

数控车床坐标系为 OXZ，主轴与尾座连线方向上(纵向)为 Z 轴，垂直于 Z 轴的径向上为 X 轴。原点可选在工件右端面、左端面或卡爪前端面与工件旋转中心线的交点处。数控车床的工件坐标系原点是通过 G50 指令指定的，即刀具所在机床坐标系中的位置相对工件坐标系原点的距离。该点也是程序零点，如图 7-33 所示。

2) 编程

绝对坐标编程时，使用代码 X 和 Z；相对坐标编程时，使用代码 U 和 W。切削圆弧时，使用 I 和 K 表示圆心相对圆弧起点的坐标增量值，也可使用 R 代替 I 和 K 值。在一

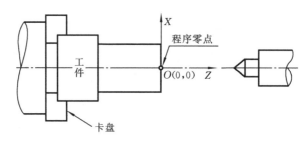

图 7-33　数控车床坐标系

个零件的程序中或一个程序段中,可以使用绝对坐标编程或相对坐标编程,也可以用绝对坐标与相对坐标的混合编程。

在数控车床的程序编制中,X 或 U 坐标值是直径值。即使用绝对坐标编程时,X 为直径值;使用相对坐标编程时,U 为径向实际移动距离的两倍,并附上方向符号。

(1)刀具补偿功能　数控车床具有刀具长度补偿和刀尖圆弧补偿功能,这对于减小刀具安装误差、磨损后修磨的影响,保证精加工质量非常有利。

(2)车削固定循环功能　车削在粗加工和半精加工之前,加工余量大,一般需要多次走刀才能完成。因此,数控车床系统具备各种不同形式的固定循环功能,可以简化编程。

(3)参考点与换刀点　参考点是机床坐标系中的固定点,最多可设置四个。其中第一个参考点(称为机床参考点)与机床原点一致,而第二、第三、第四参考点是事先通过参数设置并根据与第一参考点距离来确定的。换刀点是自动换刀的位置,根据实际情况以上参考点都可以设为换刀点,如图 7-34 所示。

(4)数控车床常用的 G 指令　数控车床常用的 G 指令见表 7-8。

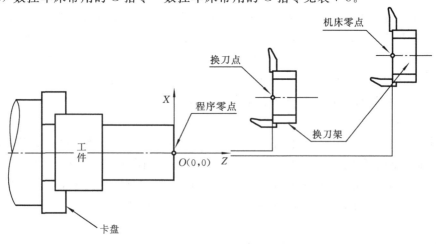

图 7-34　数控车床参考点

表 7-8　数控车床常用的 G 指令

指令	模态	功　能	指令	模态	功　能
G00	01	快速定位运动	G54	05	选择工件坐标系 1
G01	01	直线插补运动	G55	05	选择工件坐标系 2
G02	01	顺时针圆弧插补	G56	05	选择工件坐标系 3
G03	01	逆时针圆弧插补	G57	05	选择工件坐标系 4
G04	♯	暂停	G58	05	选择工件坐标系 5
G17	02	OXY 平面选择	G59	05	选择工件坐标系 6
G18	02	OXZ 平面选择	G70	06	精车固定循环
G20	03	英制编程选择	G71	06	粗车外圆固定循环
G21	03	公制编程选择	G72	06	精车端面固定循环
G28	♯	返回参考点	G73	06	固定形状粗车固定循环
G40	04	切削刀具补偿	G75	06	精车固定循环
G41	04	左偏刀具长度补偿	G76	06	螺纹切削循环
G42	04	右偏刀具长度补偿	G90	06	内、外圆切削循环
G50	♯	设定工件坐标系	G92	06	螺纹切削循环

（5）数控车床常用的 M 指令　数控车床常用的 M 指令见表 7-9。

表 7-9　数控车床常用 M 指令

指令	功　能	指令	功　能
M00	程序停止	M09	冷却液泵关闭
M03	主轴顺时针旋转	M10	夹紧工件
M04	主轴逆时针旋转	M11	松开工件
M05	主轴停止	M30	程序结束并返回
M06	换刀	M98	子程序调用
M08	冷却液泵打开	M99	子程序调用结束

2. 车削编程实例

例 7-3　工件如图 7-35 所示,编制该工件的车削加工程序,包括粗/精车端面、外圆、倒角和圆角。零件的单边余量为 4 mm,其左端 25 mm 为夹紧用,可预先在普通机床上完成夹紧面的车削。其数控车削加工程序见表 7-10。

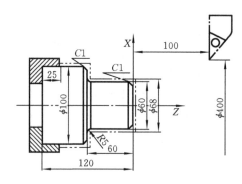

图 7-35　例 7-3 工件的安装位置

表 7-10　例 7-3 工件的车削加工程序

加 工 程 序	说　　明
％	程序开始符号,用于将程序分开
O0020	程序号
N005 G50 X400.0 Z100.0;	设定工件坐标系
N010 S800 M03;	主轴正转,转速为 800 r/min
N015 T0101 M08;	调用 01 号粗车刀,对 01 号刀进行长度补偿,打开冷却液泵
N020 G00 X60.0 Z5.0;	快速移动到粗车外圆起点
N025 G01 Z2.0 F50.;	准备粗车端面
N030 X0.0;	粗车端面第一刀
N035 G00 X60.;	快速回退到第一次进刀点
N040 G01 Z0.3 F50.;	准备粗车端面
N045 X0.0;	粗车端面留 0.3mm 余量
N050 G00 X58.6.;	快速回退到粗车倒角起点
N055 G01 X60.6 Z−1.3;	粗车倒角
N060 W−53.7;	粗车小端外圆面
N065 G02 X70.0 Z−59.7 R4.7;	粗车台阶内圆角
N070 G01 X97.4;	粗车台阶端面
N075 X100.6 W−1.6;	粗车倒角
N080 Z−95.;	粗车台阶外圆面
N085 G00 X400.0 Z100.0;	返回换刀点

续表

加 工 程 序	说　　明
N090 T0202；	调用 02 号精车刀，对 02 号刀进行长度补偿
N095 S1000 M03；	主轴正转，转速为 1 000 r/min
N100 G00 Z1.0 X61.0；	准备精车端面
N105 G01 Z0.0 F50.0；	精车起点
N110 X0.0；	精车端面
N115 G00 Z2.0 X58.0；	准备精车倒角
N120 G01 Z0.0；	倒角起点
N125 Z－1.0 X60.0；	精车倒角
N130 W－54.0；	精车小端外圆面
N135 G02 X70.0 Z－60.0；	精车削台阶内圆面
N140 X98.0；	精车削台阶端面
N145 X100.0 W－1.0；	精车倒角
N150 W－34.0；	精车削台阶外圆面
N155 G00 X400.0 Z100.0；	返回换刀点
N160 T0200 M05 M09；	取消刀补，主轴停，冷却液关闭
N165 M30；	程序结束
％	程序结束符号

例 7-4　工件安装如图 7-36 所示，图中 ϕ100 mm 外圆不需要加工，要求编制其精加工车削程序。其加工方案和刀具参数见表 7-11，加工程序见表 7-12。

表 7-11　例 7-4 工件的加工方案及刀具参数

顺序	操　　作	刀具编号	主轴转速 /(r/min)	进给速度/(mm/min)
1	倒角、切削螺纹的实际外圆、切削圆锥部分、切削 ϕ62 mm 的外圆、倒角、车 R70 mm 圆弧、车 ϕ80 mm 外圆	01	630	100
2	车 3 mm×ϕ45 mm 的槽	02	315	30
3	车 M48 的螺纹	03	200	40

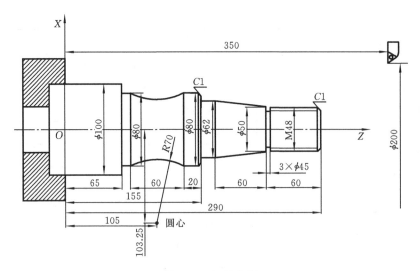

图 7-36   编程实例

表 7-12   例 7-4 工件的车削加工程序

加 工 程 序	说　　明
%	程序开始符号
O0006	程序号
N005 G50 X200. Z350. T0101;	建立工件坐标系,使用 01 号刀,对 01 号刀进行长度补偿
N010 S630 M03 M08;	主轴正转,转速 630 r/min,冷却液打开
N015 G00 X46. Z292.;	快速移动到准备车削位置
N020 G01 Z290 F100.;	进给到倒角起点,进给速度为 100 mm/min
N022 X48. Z289.;	倒角
N025 U0. W−59.;	车螺纹外圆和沟槽外圆
N030 X50. W0.;	车削台阶端面
N035 X62. W−60.;	车削锥面
N040 U0. Z155.;	车削 ϕ62 mm 外圆
N045 X78. W0.;	车削台阶端面
N050 X80. W−1.;	倒角
N055 U0. W−19.;	车削 ϕ80 mm 外圆

续表

加 工 程 序	说　　明
N060 G02 U0. W－60. I63.25 K－30.；	车削 *R*70 mm 圆弧
N065 G01 U0. Z65.；	车削 φ80 mm 外圆
N070 X106. W0.；	车削台阶端面
N075 G00 X200. Z350. T0100 M09；	快速移动到换刀点,取消 01 号刀的刀补,冷却液泵关闭
N080 T0202；	调用 02 号切槽刀,对 02 号刀进行长度补偿
N085 S315 M03；	主轴正转,转速为 315 mm/min
N090 G00 X51. Z230. M08；	快速移动到切槽起点
N095 G01 X45. W0. F30；	切槽
N100 G00 X56.；	切槽刀退出
N105 X200. Z350. T0200 M09；	快速移动到换刀点,取消 02 号刀的刀补,冷却液泵关闭
N110 T0303；	调用 02 号切槽刀,对 03 号刀进行长度补偿
N115 S200 M03；	主轴正转转速 *S*＝200 mm/min
N120 G00 X50. Z293. M08；	快速移动到车削螺纹起点,冷却液泵打开
N125 G76 X47.4 Z227. F40.；	车削螺纹循环,切深 0.3 mm,进给速度为 40 mm/min
N130 X46.8；	切深 0.6 mm
N135 X46.2；	切深 0.9 mm
N140 X45.6；	切深 1.2 mm
N145 X45.；	切深 1.5 mm
N150 X44.4；	切深 1.8 mm
N155 X44.；	切深 2 mm
N160 G00 X200. Z350. T0300 M09；	快速移动到换刀点,取消 03 号刀的刀补,冷却液泵关闭
N165 M05；	主轴停
N170 M30；	程序结束
％	结束符号

7.4　用 UG 加工轮毂模具 CAD/CAM 实例

轮毂模具具体加工方案见表 7-13。

表 7-13　轮毂模具加工方案

操作	①CAVITY	②CAVITY	③CONTOUR	④CONTOUR	⑤CONTOUR	⑥CONTOUR
操作类型						
刀具	$\phi25R5$ 牛鼻硬质合金刀	$\phi10$ 球面硬质合金刀	$\phi10$ 球面硬质合金刀	$\phi10$ 球面硬质合金刀	$\phi10$ 球面硬质合金刀	$\phi6$ 球面高速钢涂层刀
进给率 /(mm/min)	255	200	180	180	100	60
主轴速度 /(r/min)	2546	3000	4000	4000	4000	4000
进给量	35%刀具直径	2 mm	0.5 mm	0.5 mm	0.25 mm	0.25 mm
切削深度 /mm	1.5	0.3	—	0.2	0.15	0.15
内/外公差 /mm	0.0254 /0.127	0.0254 /0.0254	0.0254 /0.0254	0.0254 /0.0254	0.0254 /0.0254	0.0254 /0.0254
零件余量 /mm	0.2	0.2	0.15	0.15	0	0
说明	粗加工:型腔铣的挖槽加工	二次粗加工:以前一把刀具作为参考刀具进行残料加工,使得余量均匀	清根:通过 Flow Cut 驱动方法,初步清理凹角	半精加工:用 Area Milling 驱动方法,完成有较多余量底面的半精加工,侧面不加工	精加工:Area Milling 驱动方法,完成所有表面的精加工	清根:通过 Flow Cut 驱动方法进一步清理凹角,最后的残留材料可借助其他加工方法解决

　　轮毂模具三维造型如图 7-37 所示,该模具的特点是循环对称,为简化编程步骤,提高编程效率,故取零件的三分之一作为编程参考模型,建立六分之一的加工编程毛坯,如图 7-38 所示。

步骤 1　首次粗加工。

（1）选择"File"→"Open"命令,在弹出的对话框（见图 7-39）中找到正确路径,选择"wheel.prt"。

（2）选择"Application"→"Manufacturing"命令,进入制造模块。

（3）单击图标按钮 ➡ →选择"mill_contour"→单击 ➡ →单击按钮 Apply ,弹出型腔铣操作对话框（见图 7-40）。

图 7-37 模具三维造型

图 7-38 编程准备模型

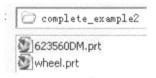

图 7-39 文件打开菜单和对话框

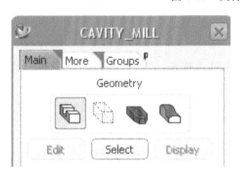

图 7-40 型腔铣操作对话框

7-41 加工参考模型(一)

（4）单击图标按钮 ，单击 Select ，选择三分之一轮毂为加工参考模型（见图 7-41）。

（5）单击图标按钮 ，单击 Select ，选择六分之一轮毂为加工毛坯（见图 7-42）。

（6）在型腔铣操作对话框（见图 7-43）中设置相应参数。

（7）单击按钮 Cutting ，在弹出的切削参数对话框中设定切削参数（见图 7-44）。

（8）顺次单击按钮 Method → Automatic ，在弹出的刀具运动参数对话框中设定进、退刀参数（见图 7-45）。

（9）单击按钮 Feed Rates ，在弹出的进给速度对话框中设定进给速度、主轴转速（见图 7-46）。

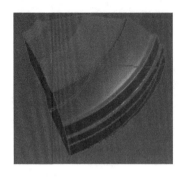

图 7-42　加工毛坯

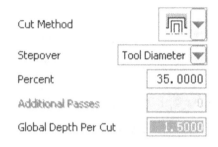

图 7-43　型腔铣操作参数设置

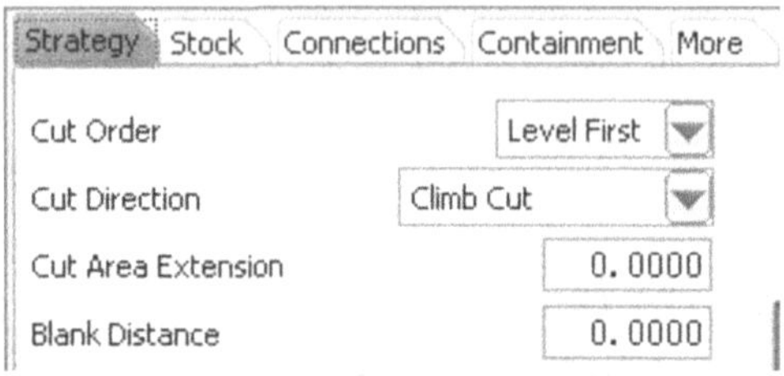

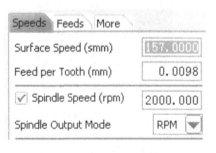

图 7-44　切削参数设置（一）

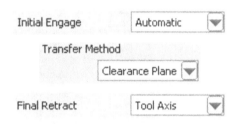

图 7-45　刀具运动参数设置（一）

（10）单击按钮 Groups，选择"Tool：NONE"，再单击按钮 Select ，在弹出的新建刀具对话框（见图 7-47）中设定刀具相关参数。

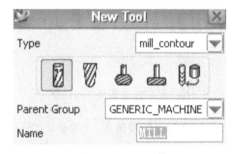

图 7-46　进给速度、主轴转速设置（一）

图 7-47　新建刀具对话框

（11）顺次单击图标按钮 ⥾ → ⚙ → ⚒ → ⚑ ，生成首次粗加工刀具路径（见图 7-48）。

步骤 2　二次粗加工。

（1）该操作本质上就是通过右键快捷菜单将步骤 1 的加工特征复制（见图 7-49），再修改刀具参数即可。

（2）双击图标按钮 ⚑ R2D10B，打开型腔铣操作对话框（见图 7-40），然后顺次单击按钮 Cutting → Containment，弹出参考刀具激活对话框（见图 7-50）。

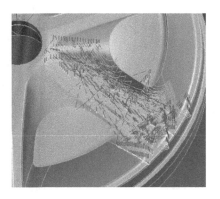

图 7-48　首次粗加工刀具路径

图 7-49　复制特征菜单

图 7-50　参考刀具激活对话框

（3）单击按钮 Groups ，选择"Tool：NONE"，再单击按钮 Select ，在弹出的新建刀具对话框（见图 7-47）中设定相关参数。

（4）顺次单击图标按钮 ⇥ → ⬆ → ⬙ → ⬗ ，生成二次粗加工刀具路径（见图 7-51）。

图 7-51　二次粗加工刀具路径

步骤 3　首次清根。

（1）单击图标按钮 ⇥ →选择"mill_contour"→单击图标按钮 ⬇ →单击按钮 Apply ，弹出曲面轮廓铣操作对话框（见图 7-52）。

（2）单击图标按钮 ⬒ →单击按钮 Select ，选择三分之一轮毂为加工参考模型（见图 7-53）。

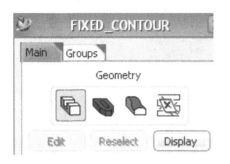

图 7-52　曲面轮廓铣操作对话框

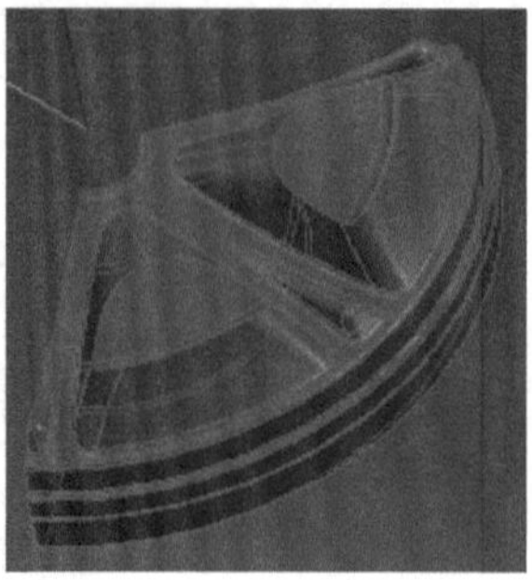

图 7-53　加工参考模型(二)

(3) 在曲面轮廓铣操作对话框中设置相关参数(见图 7-54)。

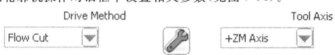

图 7-54　曲面轮廓铣参数设置(一)

(4) 单击图标按钮，在弹出的加工参数对话框中设定相关参数(见图 7-55)。

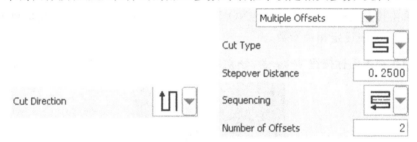

图 7-55　加工参数设置(一)

(5) 单击按钮 Cutting ，在弹出的切削参数对话框中设定相关切削参数(见图 7-56)。

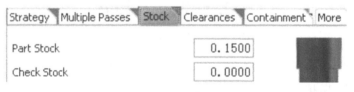

图 7-56　切削参数对话框

(6) 单击按钮 Non-Cutting ，在弹出的刀具运动参数对话框中设定进、退刀参数(见图 7-57)。

（7）单击按钮 Feed Rates ，在弹出的进给速度对话框中设定进给速度、主轴速度（见图 7-46）。

（8）单击按钮 Groups →选择"Tool：NONE"→单击按钮 Select ，在新建刀具对话框（见图 7-57）中，设定刀具相关参数。

（9）顺次单击图标按钮 ↦ → ⤸ → ⟋ → ⤶ ，生成首次清根刀具路径（见图 7-58）。

图 7-57　刀具运动参数设置（二）　　　　　图 7-58　首次清根刀具路径

步骤 4　底面半精加工。

（1）单击图标按钮 ↦ →选择"mill＿contour"→单击图标按钮 ⟱ →单击按钮 Apply ，弹出曲面轮廓铣操作对话框（见图 7-52）。

（2）单击图标按钮 ▢ →单击按钮 Select ，选择三分之一轮毂为加工参考模型。

（3）单击图标按钮 ▧ →单击按钮 Select ，选择轮毂模具底面为加工刀具路径驱动几何体（见图 7-59）。

（4）单击图标按钮 ▨ →单击按钮 Select ，选择刀具路径修剪边界（见图 7-60）。

（5）在曲面轮廓铣操作对话框中设置相关参数（见图 7-61）。

（6）单击图标按钮 🔧 ，在弹出的加工参数对话框中设定切削加工参数（见图 7-62）。

（7）单击按钮 Cutting ，在切削参数对话框（见图 7-56）中，设定切削加工参数。

（8）单击按钮 Non-Cutting ，在刀具运动参数对话框中，设定进、退刀参数（见图 7-57）。

（9）单击按钮 Feed Rates ，在进给速度对话框中，设定进给速度、主轴转速（见图 7-63）。

（10）单击按钮 Groups →选择"Tool：NONE"→单击按钮 Select ，在弹出的新建刀具对

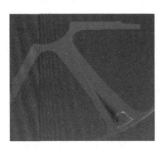

图 7-59　刀具路径驱动几何体（一）

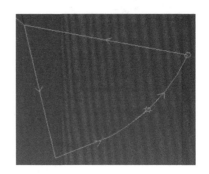

图 7-60　刀具路径修剪边界

图 7-61　曲面轮廓铣参数设置（二）

图 7-62　加工参数设置（二）

话框（见图 7-47）中设定刀具相关参数。

（11）顺次单击图标按钮 ▮▶ → ▮◌ → ▮ → ▮，生成底面半精加工刀具路径（见图 7-64）。

图 7-63　进给速度、主轴转速设置（二）

图 7-64　底面半精加工刀具路径

步骤5 底面与侧面的精加工。

（1）该操作本质上就是通过右键快捷菜单（见图7-49）将步骤4复制，然后修改加工参数、驱动几何体即可。

（2）单击图标按钮 → 单击按钮 Select ，选择轮毂底、侧面为加工刀具路径驱动几何体（见图7-65）。

（3）单击图标按钮 ，在弹出的加工参数对话框中设定切削加工参数（见图7-66）。

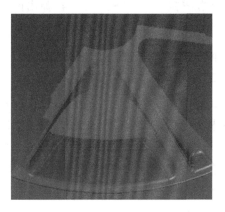

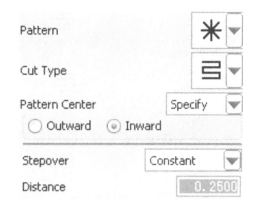

图7-65 刀具路径驱动几何体（二）   图7-66 加工参数设置（三）

（4）单击按钮 Cutting ，在弹出的切削参数对话框中设定切削加工参数。

（5）顺次单击图标按钮 → → → ，生成底面与侧面精加工刀具路径（见图7-67）。

图7-67 底面与侧面精加工刀具路径

步骤6 最终清根精加工。

（1）单击图标按钮 → 选择"mill_contour" → 选择图标按钮 → 单击按钮

Apply ，弹出曲面轮廓铣操作对话框(见图 7-52),设定相关参数。

(2) 单击图标按钮 → 单击按钮 Select ,选择三分之一轮毂为"加工参考模型"。

(3) 在曲面轮廓铣操作对话框中,设置相关参数。

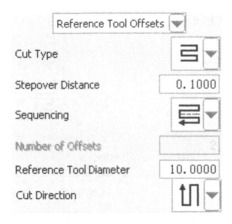

图 7-68　加工参数设置(四)

(4) 单击图标按钮 ,在弹出的加工参数对话框中设定相关加工参数(见图7-68)。

(5) 单击按钮 Cutting ,在弹出的切削对话框中设定相关切削参数。

(6) 单击按钮 Non-Cutting ,在弹出的刀具运动对话框中,设定进、退刀相关参数。

(7) 单击按钮 Feed Rates ,在弹出的进给速度对话框中,设进给速度、主轴转速(见图7-69)。

(8) 单击按钮 Groups → 选择"Tool:NONE" → 单击按钮 Select ,在弹出的新建刀具对话框中,设定刀具相关参数。

(9) 顺次单击图标按钮 → → → ,生成最终清根精加工刀具路径(见图7-70)。

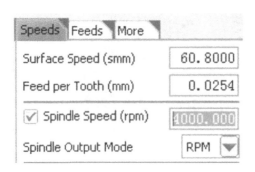

图 7-69　进给速度、主轴转速设置(三)

图 7-70　最终清根精加工刀具路径

$$\text{本章重难点及知识拓展}$$

　　本章的重点是要掌握数控程序的手工编制以及 APT 语言编程规范;难点是掌握各种数控机床每个坐标轴的确定、刀具补偿的选定和固定循环的使用。

　　为了更深刻地掌握所学的理论知识,要经常到实验室去了解数控机床的数控程序的输入,以便掌握正确的对刀和在程序中设定坐标系的方法,结合 CAD/CAM 软件自动编程的内容来加深理解固定循环各参数的含义。

思考与练习

1. 在数控机床中,刀具和运动指令的控制一般采用哪两种方式? 有何区别?

2. 准备功能 G 指令的模态和非模态有什么区别?

3. 何谓后置处理程序? 简述其主要内容。

4. 简要叙述数控加工编程的基本过程及其主要工作内容。

5. 试分析比较常用的几种数控编程方法,简要说明其原理和特点。

6. 举例说明接触点、刀具路径和刀位文件的概念。

7. 解释以下各程序段的意义。

(1) N005 G01 X120.7 F120.;

(2) N010 G00 X35.8 Y60.9 S1200;

(3) N100 T06 M06;

　　 N105 G43 H06;

(4) N080 G03 X0. Y−12.5 I−15. J0.;

　　 N090 G02 X−12.5 Y0. I0. J12.;

8. 编写钻如题 8 图所示的四个孔的数控加工程序。

说明:①将程序零点设在如图所示 O 位置;②Z 的零点设在工件上表面。

9. 编写如题 9 图所示工件的外轮廓的精加工程序。刀具为 $\phi 25$ 的立铣刀,进给速度为 70 mm/min,主轴转速为 800 r/min。

说明:①将程序零点设在如图所示位置;②Z 的零点设在工件上表面。

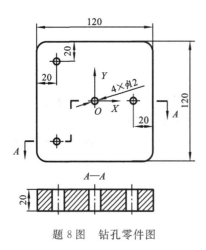

题 8 图　钻孔零件图

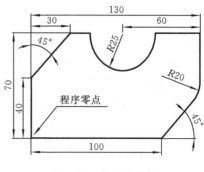

题 9 图　铣削零件图

第8章 CAD/CAM 集成技术与计算机集成制造

本章阐述了 CAD/CAM 集成的概念、系统的组成、集成的方式等。另外,还介绍了 CIMS 的含义、构成,体系结构和实现的关键技术。

8.1 CAD/CAM 集成技术

8.1.1 CAD/CAM 集成的概念

计算机的出现和发展是为了将人类从烦琐、重复的脑力劳动中解放出来。早在三四十年前,计算机就已作为重要的工具辅助人类承担一些单调、重复的劳动,如数值计算、工程图绘制和数控编程等。在此基础上,逐渐出现了 CAD,CAPP,CAM,CAE 等概念。近年来,这些独立的系统获得了飞速的发展,分别在产品设计自动化、工艺过程设计自动化和数控编程自动化等方面起到了重要作用。

随着计算机技术日益广泛深入的应用,人们很快发现,采用这些各自独立的系统不能实现系统之间信息的自动传递和交换。例如 CAD 系统设计的结果,不能直接由 CAPP 系统接收。进行工艺规程设计时,还需要人工将 CAD 输出的图样、文档等信息转换成 CAPP 系统所需要的输入数据,这不但影响了效率的提高,而且在人工转换过程中难免会发生错误。只有当 CAD 系统生成的产品零件信息能自动转换成后续环节(如 CAPP, CAM 等)所需的输入信息时,才是最经济的。为此人们提出了 CAD/CAM 集成的概念,并致力于 CAD,CAPP 和 CAM 系统之间数据自动传递和转换的研究,以便将正在使用中的 CAD,CAPP,CAM 等独立系统集成起来。

8.1.2 CAD/CAM 系统的组成

一个完善的 CAD/CAM 系统应具有如下功能。

(1) 快速数字计算及图形处理能力。

(2) 大量数据和知识的存储及快速检索、操作能力。

(3) 人机交互通信的功能。

(4) 输入、输出信息及图形的能力。

为实现上述功能,CAD/CAM 系统应由人、硬件和软件三大部分组成。其中:计算机及其外围设备称为 CAD/CAM 系统的硬件;操作系统、数据库、支撑软件、应用软件称为

| 用户界面 |
| 应用系统
CAD/CAPP/CAM
数据库 |
| 操作系统、网络系统 |
| 计算机硬件 |

图 8-1　CAD/CAM 系统总体结构

CAD/CAM 系统的软件。不言而喻，人在 CAD/CAM 系统中起主导作用，他们通过人机交互方式或批处理方式控制和操纵 CAD/CAM 系统的工作过程，从而完成诸如计算、绘图、工艺设计、数控编程、仿真模拟等一系列任务。

由人、硬件和软件组成的 CAD/CAM 系统将实现设计和制造各功能模块之间的信息传输和交换，并对各功能模块的运行进行统一管理和控制。CAD/CAM 系统的总体结构一般如图 8-1 所示，从图中结构可见，CAD/CAM 系统是建立在计算机系统上，并在操作系统、网络系统及数据库的支持下运行的软件系统。用户通过用户界面操纵、控制 CAD/CAM 系统的运行。近几年来，如何使 CAD/CAM 系统具有一个友好、直观、易学易用的用户界面，已成为 CAD/CAM 系统追求的目标之一，因为它直接关系到系统运行的效率及推广应用的可能性。为了满足高质量用户界面的需求，自 20 世纪 80 年代中期起，人们已开始研究窗口管理系统。窗口管理是一种多任务编辑的屏幕显示和人机界面技术。目前国际上著名的窗口管理系统，如 X-Window 和 MS-Window，它们在工作站和微型计算机上都已获得了广泛的应用，已成为事实上的 CAD/CAM 应用软件的标准界面。

8.1.3　CAD/CAM 系统的集成方案

CAD/CAM 系统的集成有信息集成、过程集成和功能集成。目前的 CAD/CAM 系统大多只停留在信息集成基础上。因此，一般所谓 CAD/CAM 集成是指把 CAD，CAE，CAPP，CAM 等各种功能软件有机地结合在一起，用统一的执行程序来控制和组织各功能软件信息的提取、转换和共享，从而达到系统内信息的畅通和系统协调运行的目的。

CAD/CAM 系统集成的关键是信息的交换和共享，根据信息交换方式和共享程度的不同，CAD/CAM 系统的集成方案主要有以下三种。

1. 通过专用数据接口实现集成

利用这种方式实现集成时，各子系统都是在各自独立的数据模式下工作的。如图 8-2 所示，当系统 A 需要系统 B 的数据时，需要设计一个专用的数据接口文件，将系统 B 的数据格式直接转换成系统 A 的数据格式，反之亦然。这种集成方式原理简单，运行效率较高，但开发的专用数据接口无通用性，不同的 CAD，CAPP，CAM 系统之间要开发不同的接口，且当其中一个系统的数据结构发生变化时，与之相关的所有接口程序都要修改。

2. 利用数据交换标准格式接口文件实现集成

这种集成方式的思路是建立一个与各子系统无关的公用接口文件，如图 8-3 所示。

图 8-2　专用数据接口

当某一个系统的数据结构发生变化时,只需修改此系统的前、后处理程序即可。这种集成方式的关键是建立公用的数据交换标准。目前,世界上已开发出多个公用数据交换标准,其中典型的有 IGES、STEP 等。同时,有关的 CAD/CAM 商用软件都提供了各自的符合标准格式的前、后置处理器,所以用户不必自行开发。但目前 STEP 标准还在不断完善和扩充之中,不久的将来将成为数据交换的主流标准。

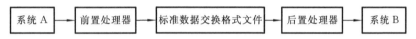

图 8-3　标准格式数据接口

3. 基于统一产品模型和数据库的集成

这是一种将 CAD,CAPP,CAM 作为一个整体来规划和开发,从而实现信息高度集成和共享的方案。图 8-4 为 CAD/CAPP/CAM 集成系统框架图,从图中可见,集成产品模型是实现集成的核心,统一数据库管理系统是实现集成的基础。各功能模块通过公共数据库及统一的数据库管理系统实现数据的交换和共享,从而避免了数据文件格式的转换,消除了数据冗余,保证了数据一致性、安全性和保密性。

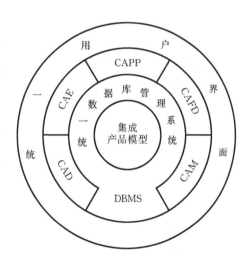

图 8-4　CAD/CAPP/CAM 集成系统框架图

8.1.4　CAD/CAM 系统的发展

随着信息技术的不断发展,为使企业产生更大效益,人们又提出要把企业内所有的分散系统都集成起来。这种集成设想不仅包括生产信息,也包括生产管理过程所需要的全部信息,从而构成一个计算机集成制造系统(CIMS)。所以 CIMS 是以企业为对象,借助计算机和信息技术,使生产中各部分从经营决策、产品开发、生产准备到生产实施及销售都有机地结合为一体,形成所谓"物流"和"信息流"的系统。生产过程本身是有机的整体,通过信息集成可达到更高的效率、更好的柔性和可靠性,而 CAD/CAM 集成则是 CIMS 中的核心技术。

8.2　CIMS 的提出及意义

　　计算机和信息技术的发展引起了社会和生产的巨大变革,这场变革使机械制造领域内传统的生产观念发生了本质的变化,以物资的生产、存储为主的机械制造观已转换成以信息的生产、存储为主的信息制造观,如图 8-5 所示。

图 8-5　两种制造观
(a) 信息制造观;　(b) 机械制造观

　　在信息制造观中,信息的集成和信息流的概念是十分重要的,而 CIMS 正是信息制造观的具体体现。在 20 世纪 70—80 年代,计算机已广泛应用到生产过程的各个领域,形成了很多计算机应用的分散系统,如 CAD,CAPP,CAM,CAE,CAQ,CAT 系统等。这些分散系统在提高产品设计质量及减轻人类劳动强度方面发挥了重要的作用,但是真正用于生产实际的比例不是很大,限制这些分散系统实际应用的最大障碍就是数据的重复输入。这是因为目前使用的 CAD,CAPP,CAM 等系统是相互独立发展起来的,其功能不同,表示方法也不同,因此在进入 CAPP,CAM 等系统环境时,还需要人工进行信息提取、组织、输入,这不仅会造成信息中断,而且容易因重复输入而引起信息的丢失或出错,严重影响工作效率的提高和系统的可靠性。所以,随着信息技术的日益发展,把企业内部分散的系统集成的设想自然被提出,信息应一次产生并为后续环节共享,这一设想中信息不仅包括生产信息,也包括生产管理过程所需的全部信息。计算机集成制造(CIM)的概念由此形成。

　　进入 20 世纪 80 年代后,用户对产品的要求不断提高,市场竞争也日益激烈,企业的一切活动都开始转到以用户要求为核心的四项指标 T,Q,C,S 的竞争上。其中:T——time,是指缩短产品制造周期、提前上市、及时交货;Q——quality,是指提高产品质量;C——cost,是指降低产品成本;S——service,是指提供良好服务。而实现 CIM 正是解决企业这些问题的一条有效途径。

　　CIM 的关键是实现信息集成,即把分散在各有关部门的信息集成起来,做到在正确的时刻,把正确的信息以正确的方式传送给正确的人,以便做出正确的决策。为实现信息的集成,一方面要研究软、硬件的集成,另一方面要求改造现有企业的组织机构。因此,

CIM 使企业处于变革转换时期,可以说今天的工厂正处于迈向下一代工厂的门槛上。

CIM 是经济、技术发展的重要趋势,也是信息技术对生产技术的挑战。很多专家预言,CIM 是 21 世纪占主导地位的新生产模式。目前一些工业发达国家,如美国、日本、欧洲共同体,都把 CIM 作为科学技术发展的一个重要战略目标,通过制订各种计划、规划及采取建立国家级研究实验基地等措施,积极推进这一新的生产模式的发展。

我国在 1987 年开始实施的"高技术研究发展纲要"中,也列入了 CIMS 的课题。根据中国制造业发展的需求,首先建立 CIMS 工程研究中心及相应的单元技术实验基地,进行 CIMS 关键技术的研究。同时选择有条件、有需求的若干个工厂进行 CIMS 的应用研究,并已取得了一定的经济效益与社会效益,目前正在上述基础上逐步推广 CIMS 并实现产业化。

8.3　CIM 的定义及 CIMS 的构成

8.3.1　CIM 的定义

CIM 概念是 1974 年由美国的约瑟夫·哈林顿博士在《Computer Integrated Manufacturing》一书中首次提出的,他的 CIM 概念基于两个观点:一是企业中的各个部门,诸如市场分析、经营管理、工程设计、加工制造、装配维修、质量管理、仓库管理、售后服务等是一个不可分割的整体,为了达到企业的经营目标应统一考虑;二是整个生产过程实质上是一个信息的采集、传递、加工处理和利用的过程。从这两个观点可以看出,CIM 是一种新的制造思想和技术形态,是信息技术与制造过程相结合的自动化技术与科学,是未来工厂的一种模式。

CIM 概念的产生反映了人们对"制造"有了更深刻的认识。通常,人们仅把工艺设计、库存控制、生产制造及维护这些活动称为制造,但实际上这是一种狭义的理解。从广义上看,制造应包括对产品需求的察觉、产品概念的形成、设计、开发、生产、销售以及对用户在使用产品过程中提供服务等全部活动。另一方面,过去人们仅把制造看作一个物料转换的过程,即由原材料经过加工、装配,最终变成一个产品。实际上,制造是一个复杂的信息转换过程,在制造中进行的一切活动都是信息处理连续统一体的一部分。

二十多年来,CIM 的概念在不断地丰富和发展,人们对其的理解也更加深入。我国 863 高技术专家组认为:"CIM 是一种组织管理与企业运行的新哲理。它是借助于计算机软硬件、网络、数据库,集成各部门产生的信息,综合运用现代管理技术、制造技术、信息技术、自动化技术、系统工程技术,将企业生产全过程中有关人、技术、经营管理三要素及其信息流、物料流有机地集成,并优化运行,实现企业整体优化,以达到产品高质、低耗、上市快的目的,从而赢得市场竞争的主动权。"

8.3.2 CIMS 的构成

从功能上讲，CIMS 包括产品设计、生产及经营等全部活动，这些功能对应着 CIMS 结构中的三个层次。

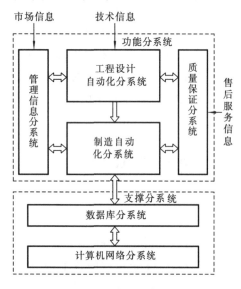

图 8-6　CIMS 的构成

（1）决策层：帮助企业领导做出经营决策。

（2）信息层：生成工程技术信息（如 CAD，CAPP，CAM，CAQ 信息等），进行企业信息管理，包括物流需求、生产计划等。

（3）物资层：处于底层的生产实体，涉及生产环境和加工制造中的许多设备，是信息流和物料流的结合点，包括进货、加工、装配、检测、库存和销售等环节。设备因行业不同而不同，常见的加工设备有加工中心、机器人、自动运输小车、自动化仓库、柔性制造单元和柔性制造系统等。

为实现上述功能的有效集成，还需要支撑环境及工具，如分布式网络、数据库和质量保证系统等。图 8-6 是现阶段 CIMS 的一般构成形式。它包括工程设计自动化分系统、制造自动化分系统、管理信息分系统、质量保证分系统、数据库分系统和计算机网络分系统。

CIMS 没有固定模式，由于企业不同，经营方式、经营目的、基础条件不同，所以 CIMS 的模式也不同。另外，需要说明的是 CIMS 不是无人化工厂，也不同于工厂活动的计算机化，人在 CIMS 中永远是主体。

8.4 　CIMS 的体系结构及控制

8.4.1 CIMS 的体系结构

1. 研究 CIMS 体系结构的重要性

CIMS 是一个集产品设计、制造、经营为一体的多层次、多结构的复杂的大系统，因此实施 CIMS 首先需要研究 CIMS 的体系结构及控制 CIMS 运行的有效方法。CIMS 体系结构研究就是研究 CIMS 系统各部分组成及相互关系，以便从系统的角度全面地研究一个企业如何从传统的经营方式向新的经营方式转变，并提供一些合理的、有效的 CIMS 参考体系结构。由于这些参考体系结构具有共性，因此可以大大地降低企业开发 CIMS

的难度和代价。

2. 开发 CIMS 体系结构的基本原则

国际上对 CIMS 体系结构的研究非常广泛,由于开发单位不同,其 CIMS 体系结构的形式也是多种多样的,但其开发的原则基本上是一致的。主要从以下几个方面考虑。

(1) 抽象化　忽略系统特性和行为的某些方面,把注意力集中在重要问题上。

(2) 模块化　系统被分解成若干个独立单元。这些单元能与系统中其他部分同样功能的单元互换,而不影响系统总的性能。

(3) 开放性　即时空的开放性。在空间上 CIMS 各组成部分能有效集成,并扩展新的功能或与其他系统集成;在时间上有尽可能长的生命周期。

(4) 规划设计与当前运行分离　在新一代制造系统的定义、设计阶段,不要干扰上一代制造系统在集成环境下的正常运行。

3. CIMS 体系结构的分类

目前研究提出的 CIMS 体系结构基本上可分为以下三类。

(1) 面向 CIMS 系统功能和控制的体系结构　主要考虑结构化、模块化的设计方法。将系统分为若干个层次、若干个分系统,并希望各组成部分在空间上能够有效地集成起来,以取得最优的总体效益。

(2) 面向 CIMS 系统生命周期的体系结构　主要考虑是保住市场,不断更新,尽可能利用原有系统组成部分,需要改造的部分能简易有效地被取代,需要增添的部分能简单地被植入原有系统,希望 CIMS 系统有尽可能长的生命周期。

(3) 面向 CIMS 系统集成平台的体系结构　主要考虑标准化、规范化和开放性问题。改变软件——对应地开发其相互接口的方式,建立一种标准化的统一平台,提供集成的环境和工具。

4. 面向功能构成和控制结构的体系结构

由于 CIMS 是一个复杂的大系统,包括从设计、制造、装配、检测到库存、经营、管理等许多环节。因此最有效的分析方法就是将它分解为多层次的若干个分系统和子系统,以降低系统开发和全局控制的难度。这是当今体系结构研究的主流方向,也是企业 CIMS 设计师们和研究人员最感兴趣的问题。因为在他们研究开发系统原型和目标产品时,都必定要首先研究确定系统的功能体系结构,并希望其局部结构与全局结构相兼容,以实现其可集成性。另外,这种方法也适应于信息技术和制造技术的当前发展水平,而且又接近于企业现行的控制习惯,所以这种分层次的体系结构概念已在国际上被广泛地认可和引用。

将一个复杂的大系统分解为多层次的若干个分系统和子系统,其分解方法可以有两种,即横向分解和纵向分解。横向分解是面向功能构成的分解,纵向分解是面向控制的分解。

（1）面向功能构成的体系结构　应用这种分解方法的典型代表是美国制造工程师学会（ASME）的轮式结构。20 世纪 80 年代，ASME 提出的轮式结构被广泛用于表示 CIMS 的构成，如图 8-7 所示，它将 CIMS 功能分解成"核"和里、中、外三层。核为集成系统体系结构；里层为公共数据、信息资源管理和通信；中层为产品/工艺过程（工程设计）、制造规划和管理、工厂自动化三个分系统，每个分系统中又包含若干个子系统；外层则有市场研究、战略规划、财务、生产管理和人力资源管理。该时期的轮图主要表现为设计、制造和管理功能。

图 8-7　20 世纪 80 年代的 CIMS 轮图

随着信息技术的发展及 CIMS 研究的深入，1993 年 ASME 又推出了 CIMS 新的六层轮图，如图 8-8 所示。这六层分别为：用户；人、技术和组织；共享的知识和系统；生产过程；资源和职责；制造基础结构。该时期的轮图将用户作为核心，充分体现 CIMS 的核心是赢得用户、拥有市场。

（2）面向控制的体系结构　最著名的是美国国家标准局（简称 NBS，现为 NIST）开发的递阶控制模型，该模型为五层递阶控制结构。国际标准化组织（ISO）的六层递阶模型与之相似，如图 8-9 所示。其都是面向控制的模型，从纵向进行分层控制，降低了全局控制的难度和系统开发的难度，并由于它接近企业现行的控制习惯，这类结构在工厂已广泛地应用。

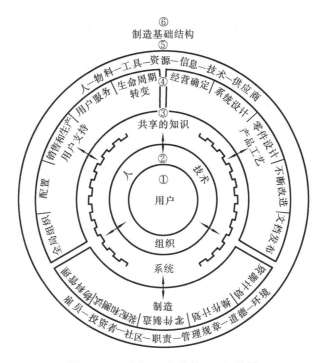

图 8-8　20 世纪 90 年代的 CIMS 轮图

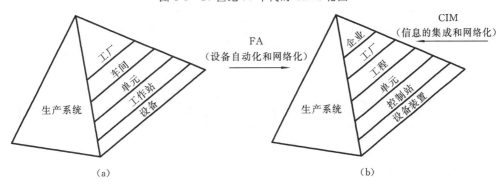

图 8-9　递阶控制模型

（a）NBS 的五层递阶模型；　（b）ISO 的六层递阶模型

8.4.2　分级控制结构

复杂系统采用的递阶控制方式是当今的主流方式。CIMS 的控制系统均采用模块化的分级结构，每一分系统或模块均接受上一级的命令，并将状况反馈至上一级。通过这种分级式控制结构和模块化系统可将复杂的整体任务一级一级地分解成更细的具体任务来完成。现有 CIMS 系统多采用 3～6 级控制结构。例如,德国的 MTU 公司的 CIMS 系统采用计划级（工厂级）、管理级（部门级）和执行级（工作站/设备级）三级结构。计划级采用 IBM 公司生产的大型计算机,安装在工厂的计算机中心内;管理级安装了许多 DEC-VAX 过程机,并借助计算机网络连接在一起;执行级主要安装了 DEC 公司的终端和微处理机。管理级和执行级之间的连接由以太网总线来完成。

美国国家标准局的自动化实验基地（简称 AMRF）建立的 CIMS 系统在对传统的制造管理系统进行深入分析的基础上采用五级控制结构,即工厂级、车间级、单元级、工作站级和设备级。每一级又可进一步分解为多个子系统或模块,可扩展成树状结构,如图 8-10 所示。

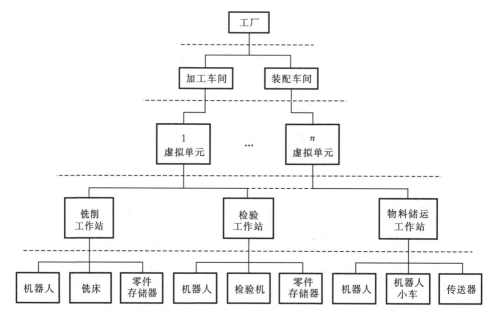

图 8-10　扩展的 AMRF 分级控制结构

1. 工厂级控制系统

这是最高一级控制系统,履行"厂部"职能。它的规划时间范围（指任何控制级完成任务的时间长度）可以从几个月到几年。这一级按主要功能又分为三个子系统,即生产管理子系统、信息管理子系统和制造工程子系统。

（1）生产管理子系统　它的功能是跟踪主要项目,制订长期生产计划,明确生产资源需求,确定所需的追加投资,算出剩余生产能力,汇总质量性能数据,应用生产计划数据,确定交给下一级的生产指令。

（2）信息管理子系统　它的功能是通过用户/数据接口实现必要的行政或经营管理

功能,如成本估算、库存统计、用户订单处理、采购、人事管理及工资单处理等。

（3）制造工程子系统　其功能一般都是通过用户/数据接口,在人的干预下实现的。CAD是其中的一个子系统,用于几何设计、结构分析和给出部件、零件明细表;另一个是工艺规程设计子系统,用于编制每个零件从原材料到成品的全部工艺规程。

2. 车间级控制系统

车间级控制系统负责协调车间的生产和辅助性工作,以及上述工作的资源配置,其规划时间范围从几周到几个月。它设有两个主要模块:其一是任务管理模块,负责安排生产能力计划,对订单进行分批,把任务及资源分配给各单元,跟踪订单直到完成,安排所有切削刀具、夹具、机器人、机床及物料运输设备的预防性维修,以及其他辅助性工作;其二是资源分配模块,负责分配单元级进行各项具体加工时所需的工作站、储存站、托盘、刀具及材料等。

3. 单元级控制系统

1）单元控制系统模块

单元控制系统负责零件分批通过工作站的顺序和管理物料储运、检验及其他有关辅助性工作,它的规划时间范围可以从几小时到几周。具体的工作内容是完成任务分解,资源需求分析,向车间级报告作业进展和系统状态,决定分批零件的动态加工路线,安排工作站的工序,给工作站分配任务,以及监控任务进展的情况等。单元控制系统设有三个模块。

（1）排队管理模块　它向上与操作命令模块接口,向下与调度模块接口。提出新的作业项目申请后,该模块就必须分析其可行性,通过调度模块向工作站发出适当命令,并向操作命令模块反馈情况。当需要处理一项新的命令时,该模块就应在单元作业排队中建立一个项目,确定为满足该申请而所需完成的任务,并把这些任务分配给适当的调度模块和报告已被系统接收的作业。该模块还不断接收来自下级模块有关工作站操作状况和作业完成情况的反馈。

（2）调度模块　每个工作站都配有一个调度模块,它向上与排队模块接口,向下与本单元的分配模块接口。调度模块负责:管理各自的调度作业,监控该工作站任务的完成,选择下一个任务;向有关的分配模块发出适当命令处理该任务;清除所有取消的和已完成任务的作业;适时修改新任务和进行中任务的状态等。

（3）分配模块　每个工作站都配有一个分配模块,它向上与调度模块接口,向下直接与有关工作站控制器接口。分配模块有两个基本功能:一是把经过选择的任务用适当的命令结构分配给工作站;二是通过工作站的反馈,监控该命令的执行情况,对工作站的反馈进行处理,以便调度模块利用经过这种处理的信息适时修改排队和工作站状态。

2）虚拟单元

AMRF单元级控制采用了一种新型的动态生产管理结构来提高生产的柔性,这种结构称为虚拟单元,它不同于过去的实际制造单元,即不再把制造单元看作车间内的一组固定的工作站或设备,而是采用与中央处理器(CPU)类似的分时制的方法。当某一批工件投入 AMRF 单元加工时,可将该批工件需要使用 AMRF 单元中的某些设备看作一个临时组成的单元,由于这种单元并非真正要求设备重新布置,故称之为虚拟单元。当几批工件要投入加工时,可看作有相应的几个虚拟单元要求使用 AMRF 中的设备,由单元级控制系统安排这些虚拟单元先后加工或同时加工。虚拟单元具有下列功能。

(1) 需求预测　由于工作站及其他资源不再长期固定,单元控制器必须预测何时需要某一资源、需用多久及有何影响等。还需预测诸如材料储运等工作的准备时间,以防止被指派的工作站出现闲置等待现象。

(2) 资源请求　车间一旦建立虚拟单元,一般就不再固定资源,因此应分析车间分配的作业批,提出为完成这一作业批的策略,然后向车间征用工作站、储存区、刀具、托盘及其他资源等。

(3) 分时　虽然这种分时与计算机系统的分时相似,但在分时时间的长短及工件在机床上还需要的停留时间等方面有很大差别。

(4) 信号交换　即建立使用和撤销对资源控制的协议和程序。

4. 工作站级控制系统

这一级控制系统负责指挥和协调车间中一个设备小组的活动,它的规划时间范围可从几分钟到几小时。一个典型的 AMRF 工作站由一台机床、一台机器人、一个物料储存器和一台控制计算机组成。AMRF 加工工作站负责处理由物料储运系统交来的零件托盘。控制器对工件调整、零件夹紧、切削加工、切屑清除、加工检验、拆卸工件及清理工作等设备级各子系统排序。单元至工作站的控制接口设计成可用于各种形式工作站的标准接口。为了适应虚拟单元中分配工作站引起的动态控制结构变化,必须采用统一接口。

5. 设备级控制系统

这一级是"前沿"系统,是各种设备如机床、机器人、坐标测量机、运输小车、传送装置及储存/检索系统等的控制器。规划时间范围可从几毫秒到几分钟。采用上述设备控制装置,是为了扩大现役设备的功能,并使它们符合标准局的控制和检测计量概念。标准局为设备控制系统研制的先进计量法包括:热和运动误差的软件修正;在线超声波表面粗糙度检测;切屑形状声发射监测;刀具磨损检测;在机床上探测和预先计算由夹紧力引起的变形等。这一级控制系统向上与工作站控制系统用接口连接,向下与厂家供应的设备控制接口连接。设备控制器的功能是把工作站控制器命令转换成可操作的、有次序的简单任务,并通过各种传感器监控这些任务的执行。

8.5　实现 CIMS 的关键技术

如前所述,CIMS 是自动化技术、信息技术、制造技术、网络技术、传感技术等多学科技术相互渗透而产生的集成系统。由于 CIMS 的技术覆盖面太广,因此不可能由某一厂家成套地供应 CIMS 技术与设备,而必然出现由许多厂商供应的局面。另外,现有的不同技术,如数据库,以及 CAD,CAPP,CAM 等是按其应用领域相对独立地发展起来的,这就带来了不同技术设备和不同软件之间的非标准化问题。而标准化及相应的接口技术对信息的集成是至关重要的,这是实现 CIMS 的第一个关键技术。目前,世界各国在解决软、硬件的兼容问题及各种编程语言的标准、协议标准、接口标准等方面做了大量工作,开发了如 MAP/TOP,IGES,STEP 等程序软件。

实现 CIMS 的第二个关键技术为数据模型、异构分布数据管理及网络通信等方面的技术。这是因为一个 CIMS 涉及的数据类型是多种多样的,有图形数据、结构化数据(如关系数据)及非图形非结构化数据(如数控代码)。如何保证数据的一致性及相互通信问题是一个至今没有很好解决的课题。现在人们在研究用一个全局数据模型(如用产品模型)来统一描述这些数据,这是未来 CIMS 的重要理论基础和技术基础。

第三个关键技术是系统技术和现代管理技术。对这样复杂的系统如何描述、设计和控制,以使系统在满意状态下运行,是一个有待研究的问题。CIMS 会引起管理体制变革,所以在生产规划、调度和集成管理方面的研究也是实现 CIMS 的关键之一。

8.5.1　信息传输

信息传输是企业实现 CIMS 的关键和先决条件。因为解决不了通信问题,就不能将企业内相互分离的各个部分集成为一个统一的整体。因此随着 CIMS 发展的需要,信息传输技术发展很快,特别是工业局域网(LAN),它是利用计算机及通信技术,将分散的数据处理设备连接起来,完成信息传输的一种计算机网络。在工业局域网产品中发展最迅速的有 MAP 网、以太网(ethernet),MAP 网是按照自动化协议(MAP)将一台或多台计算机、终端设备、数据传输设备、自动加工设备等不同软、硬件连接起来的系统的集合。

1. MAP/TOP 的提出

制造自动化协议(manufacturing automation protocol,MAP)是美国通用汽车(GM)公司于 1980 年首先提出的。由于自动化水平的不断提高,GM 公司内部已拥有 4 万多台自动化设备,但是由于这些自动化设备如机床、机器人等来自不同的供应厂商,若不解决机器设备之间的通信问题,势必不能将其连接成一个整体系统。而要解决机器设备之间的通信问题,必须首先制定一个通信标准。MAP 提出后,得到了世界上许多公司的关注和重视,尤其是一些著名的计算机公司,如 IBM,DEC 及 HP 公司等。在此形势下,MAP用户协会于 1984 年 9 月宣告成立。目前 MAP 已成为世界性的制造自动化通信标准。

技术和办公室协议(technical and office protocol,TOP)和办公室协议类似于 MAP,是工业企业在技术和办公室环境下进行数据通信的详细办法。它为通过局域网络进行分布式功能处理提供了一个标准框架,其主要目的是为技术和办公室通信建立一组统一的

工业标准,从而可采用多家厂商生产的计算机及其他可编程装置。TOP 的功能包括以下几个方面:

（1）文件、散页资料和图形交换;

（2）打印、绘图、存档和索引服务;

（3）文件传输;

（4）分布式数据库接口;

（5）电子邮件、存储和向前通信联系。

TOP 与 MAP 网络可以互联,并可视为一个 MAP/TOP 网络。总之,MAP/TOP 的开发和研究在计算机辅助制造和办公通信方面为信息交换提供了统一的标准,从而为进一步实现内容广泛的 CIMS 方案创造了前提条件。

2. MAP/TOP 的开发及使用动向

1980 年 GM 公司公布了众所周知的 MAP1.0 的网络体系结构,随后推出了 MAP2.0,1985 年公布了 MAP2.1。至此 MAP 的使用价值已远远超出 GM 公司的范畴,而为广大网络用户所接受。1987 年 5 月推出的 MAP3.0 是 MAP 发展的又一个里程碑,是目前 MAP 规范的最新版本。MAP3.0 与 MAP2.1 相比,优越之处主要有以下几点:

（1）MAP3.0 增加了光纤作为传输介质的网络标准,光纤网络能完全不受电子噪声影响,更适宜在工厂环境中使用;

（2）扩充了文件的传送、访问和管理功能;

（3）网络层增加了网络拓扑管理;

（4）更详细地规定了有关数据访问、互用性和兼容性等方面的问题;

（5）网络管理功能增强,如 MAP2.1 提供的管理功能是 3～7 层,而 MAP3.0 提供了所有 7 层的管理。

GM 公司在研究 MAP 的同时,还在工厂内积极实施 MAP。这个技术中心有四个实验室,分别负责:研究 MAP 产品;试验 MAP 设备性能、可靠性和持久性;研究适用于机床、清洗机和有关设备上的分布式数控装置;研究光导纤维。

除 GM 公司外,美国的波音飞机公司也十分重视 MAP/TOP 的研究和应用,并将 MAP/TOP 的应用作为工厂现代化计划的核心。有关人士认为,除 GM 公司外,波音公司的 MAP3.0 项目是世界上最大的联网项目。

目前,德国的一些大汽车制造厂（如 BMW 和 VW）已安装了 MAP 宽频带网络,欧洲的其他一些国家也建立了 MAP 用户集团,其目的是在发展 CIMS 时,优先引导使用 MAP/TOP,并促进在这一基础上开发国际的通信系统。

MAP 网还在继续发展之中,并将进一步研究和解决诸如通信语言、联网费用、规范扩充以及广域网连接等一系列问题。目前,信息传输技术正向网络化、标准化和开放系统等方面发展。

8.5.2　产品集成模型

产品设计与制造是CIMS的核心。CAD系统在CIMS中承担着产品成形和在计算机内部构成有关产品信息的任务,从而为后续环节,如工艺规程设计、数控编程、加工检测等提供基础数据。由于CAD系统在CIMS中的重要作用,因此人们从集成化的观点出发对CAD系统提出了越来越高的要求。然而迄今的市场调查表明,现有CAD系统无论是从建模方法和功能范围,还是从工作方式方面都远远满足不了计算机集成制造系统的要求。几乎所有的CAD系统的功能都集中在解决几何问题,如体素拼合、剖面计算、消隐及真实图形的显示等上。虽然现有CAD系统可以辅助设计人员相当漂亮地完成各种设计计算及已有零件的计算机绘图工作,但是,众所周知,设计过程刚好与此相反,即首先从方案构思开始,然后经过设计计算及图形绘制,最后再形成装配图、零件图及各种生产技术文件。产生这种CAD技术反向介入设计过程的原因是多方面的,有历史上的原因,也有技术上的原因。而技术上的主要原因就在于现有的CAD系统大都建立在几何模型的基础上,即建立在对已存在对象的几何数据和拓扑关系描述的基础上,因而无法满足上述集成化的要求,因为它缺少这些过程和任务所需要的信息。

为了实现集成化的要求,CAD系统必须能完整地、全面地描述零件的信息。除了有关几何信息和拓扑信息之外,还需要包含有关工艺特征、材料、加工精度以及表面粗糙度等方面的信息。后者对加工方法、工艺路线及刀具、切削用量的选择等具有决定性影响。为此,需要在计算机内部把与产品有关的全部信息集成在一起,构成产品模型。产品模型中不仅包括了与生产过程有关的所有信息,而且在结构上还能清楚地表达这些信息之间的关联。因此,产品模型可视为与产品有关的所有数据构成的逻辑单元。

由于产品模型中的信息是面向产品、技术和生产过程的,并包含了许多与工艺过程密切相关的特征,因此相对于几何建模,这样的建模技术称为产品建模或特征建模。

与几何建模相比,产品建模针对的不仅仅是图形绘制,而是整个生产过程。图形绘制仅仅作为设计结果,以最终的表达方式出现。因此在这一模型中,除了包括对现实产品的描述信息之外,还包括大量面向设计过程、生产过程的动态信息,借此完成设计、生产各阶段信息的转换,并使设计过程不断具体化和完善化。

产品建模的前提条件是技术、物理、管理信息提供的可能性,以及解决它们如何与几何信息相连接的问题。目前关于产品模型的两个重要设想是关联模型和智能模型。其中关联模型是把信息排列成不同的逻辑信息层,每一信息层就是语义上封闭的产品信息的一部分。这样的系统方案的实现已被证实。而智能模型将基于人工智能专家系统的原理来实现。

8.5.3　生产管理

为了综合管理企业的全部生产活动,生产管理系统应具有三个方面的功能。

(1) 建立适应生产变化的机制并完成订货选择。由于顾客需求的不断变化及生产技术的不断发展,企业需要不断更换生产计划,以适应变化的市场要求。为此,必须加快合同制定及工艺规程制定等工作的速度,并实现从订货、制造到成品出厂的集成化。

(2) 加强物料的供应管理。随着产品品种的不断增加,要求生产管理系统能进行周密的物料采购和供应管理。因此,对每一种零件或材料都要制定标准供货期,以便按规定日期订货、购货,从而实现有计划的零件、材料供应。

(3) 通过综合信息管理,压缩库存物资。这意味着从材料入库到成品生成的全过程中的生产进度及设备使用情况要不断汇总,并通过综合处理,确保交货日期,压缩库存物资。总之,要求生产管理系统能准确地掌握生产信息,及时地指示生产系统需要什么物品,何时需要,需要多少。随着生产规模的日益扩大,单凭直观和经验处理这些问题越来越困难。制造资源计划(manufacturing resource planning,MRP)系统的出现,为利用计算机处理中小批生产的管理问题提供了可能性。目前,机械制造生产管理中的核心问题是推广使用 MRPⅡ系统。这是一个在规定了应生产的产品种类和数量之后,根据产品构成的零部件展开、制订生产计划和对由原材料制成成品的“物流”进行时间管理的计算机系统。它采用人机交互的方式帮助生产管理人员对企业的产、供、销、财务和成本进行统一管理。它能完成经营计划、生产计划、车间作业计划的制订及物料采购、库存和成本管理信息处理等功能。在美国 MRPⅡ应用较多,并取得了明显的经济效益,例如原材料库存减少 13%～50%,在制品减少 10%～40%,生产率提高 10%～50%。

虽然,MRPⅡ系统已广泛应用于工厂管理,并带来了一定的经济效益,但在某些工厂安装了 MRPⅡ系统后发现,该系统的应用往往达不到预期的效果。其中的主要原因在于MRPⅡ系统并非对所有公司都适用的万能系统;同时 MRPⅡ系统还存在一些不足,例如:这一系统建立的以天为单位计算的优化权调度与车间日益增长的自动化趋势之间存在矛盾;另外,它设定的全部准备时间都是固定不变的,并且只考虑了需求日期,而没有全面考虑系统的得失;等等。因此,对 MRPⅡ做出某些修改并引进专家系统势在必行。

英国国际计算有限公司(ICL)开发了一种新的制造资源计划 MRPⅢ系统来代替MRPⅡ系统,并弥补了 MRPⅡ系统的不足。MRPⅢ系统由五部分组成,即 MRPⅡ系统、准时生产(just in time,JIT)系统、专家系统、并行工程和人员。由图 8-11 可见,MRPⅢ系统是在工程数据库的支持下,由 MRPⅡ系统从前序向后序安排长期物料供应和制造资源计划,由 JIT 系统从后序向前序完成每天或每小时的调度管理,通过人的干预来保证交货的质量、柔性,并由人进行服务工作,用专家系统解决 MRPⅡ系统和 JIT 系统在运行中的矛盾冲突。该系统的最大特点是把 MRPⅡ系统和 JIT 系统控制集成到一个系统,它虽然仍离不开人,但由于采用了专家系统,可以帮助人做出决策,使人的部分决策工作自动化。

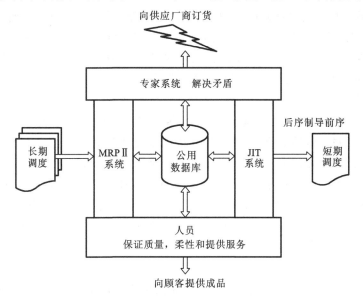

向供应厂商订货

专家系统　解决矛盾

后序制导前序

长期调度　　MRPⅡ系统　　公用数据库　　JIT系统　　短期调度

人员
保证质量,柔性和提供服务

向顾客提供成品

图 8-11　MRPⅢ系统的构成及功能

1. 准时生产系统

准时生产是日本丰田汽车工业公司在 1962 年创造的一种生产管理制度。它的基本概念是在需要的时候,按需要的数量,生产需要的产品(零件、部件、成品等)。其基本要点是"准时",目标是把工序间库存储备及制造过量而造成的无效劳动和浪费减少到最低限度,避免由于过多的物料传输、紧张而忙乱的加工及产品的返工、损坏、丢失等造成的浪费。JIT 系统是后序制导前序的系统,即由后道工序控制前道工序的生产,由后道工序在需要的时候向前一工序提取需要的产品和数量,尽可能做到在需要的时候只生产一件,只传输一件,只储备一件,任何工序不准生产额外零件,绝不积压在制品。它用最终工序来调整、平衡全部生产过程,并规定不合格零件绝对不许流入下道工序。要将准时生产的想法变成现实的关键是装配调度处理器。它的任务是不断地重新计算当前调度所需的零件,并能对调度的改变及时地做出响应。

另外,要有效实施准时生产,必须满足下列条件:生产的品种及生产(大量重复性生产)速度稳定;各道工序生产的零件必须 100％ 合格,质量免检;当产品品种改变时,调整时间很短,要求各工序能迅速调整好设备,迅速实现生产转换;设备运行稳定,所有设备在生产过程中,必须不能出故障;要求全体人员有很强的主人翁意识,积极参与、团结协作,素质要高。

2. MRPⅡ系统与 JIT 系统的矛盾

MRPⅡ系统是从前序推到后序的系统，物流管理由推动命令执行；而 JIT 系统管理的物料是按后序制导前序的机制运行，即后一个工序向前一个工序索要物料。因此 MRPⅡ系统与 JIT 系统之间存在矛盾。为解决这一矛盾，在 MRPⅢ系统中采用了物料控制器，并由专家系统帮助减少物料控制器的障碍。

3. 专家系统

ICL 公司采用 Omac2000 专家系统，该系统包括一个规则编码器和一个规则处理器。规则编码器由物料控制器确定，规则处理器按规则处理订单的数据。系统中的 MRPⅡ系统通过对装配调度变化的分析，产生一系列动作请求，这些动作请求包括交货日期，供应厂商，产品类型、种类、质量、重量、价值和建议等。物料控制器通过接收、拒收、调查和改变这些请求来执行控制功能。Omac2000 专家系统允许物料控制器在 MRPⅡ系统运行前对规则进行检查和恢复，然后计算机自动运行这些规则，并提出另一些它认为重要的规则。

4. 并行工程

把设计与制造集成为一体且并行运行的做法称为并行工程。并行的目的是确保设计阶段所采取的决策能同时考虑生产方法和质量问题，从而缩短推出新产品所需的时间。以前设计与制造等功能需顺序完成，并行工程允许在产品设计的同时就确定制造工艺，并通过协调设计和生产资源来解决其中的问题。

5. 人员

人具有机械系统不能具有的柔性、素质和服务精神。没有人的干预，系统就不能成功。在 MRPⅢ系统中，人的作用和能力至关重要。

综上所述，目前组成 CIMS 的关键技术、基础技术仍在继续发展，CIMS 正在通过多种方法和途径逐步实现。由于每个国家、每个企业都有自己独特的技术优势和经营方式，因而在开发应用 CIMS 时不能千篇一律地采用相同的实施方法和步骤。每个企业都要结合自身特点，从实际情况和原有基础出发来开发 CIMS，既可以从成组技术做起，也可以从 MRPⅡ或 CAD/CAM 集成开始。

8.6　我国 CIMS 技术的进展与发展前景

CIMS 是一种发展中的高技术，它对每一个国家的工业自动化来讲，既是一种挑战，也是一种机遇。由于 CIM 将成为 21 世纪占主导地位的新型生产方式，因此我国对 CIMS 的发展也极为关注。我国的 863 和 975 高技术计划中安排了 CIMS 主题。我国 CIMS 主题 21 世纪初的战略目标是：形成一定规模的各具示范特色的 CIMS 应用企业；促进形成 CIM 高技术产业；建成一批 CIMS 的研究中心和开放实验室；出一批高水平的研究成果，培养一批掌握 CIM 技术的人才。为此,CIMS 主题的工作按应用工程、产品开发、产品预研与关键技术攻关和研究课题四个层次做全面安排。

应用工程以效益驱动,以成熟技术支持 CIMS 应用企业。关键技术以开发为主,辅以工厂特定需要的关键技术攻关。

产品开发以市场驱动,以市场需求和投入产出比为产品的验收标准,建立以开发为主的公司实体的开发机制。

产品预研及关键技术攻关以市场为导向,以技术驱动,目标是开发出原型系统。

研究课题着眼于 CIMS 技术中具有高水平和新概念的关键问题。

经过我国广大 CIMS 科技人员 20 多年的努力,CIMS 技术有了重要进展,建成了 CIMS 技术的研究环境和工程环境,形成了我国 CIMS 研究和开发的基地。研究环境包括一个国家 CIMS 工程研究中心和七个网点实验室。CIMS 工程研究中心已在 1993 年 3 月通过国家科委的鉴定和验收,其他七个单元技术网点实验室(包括集成产品设计自动化实验室、集成化工艺设计自动化实验室、柔性制造系统实验室、集成化管理与决策信息系统实验室、集成化质量系统实验室、CIMS 网络和数据库技术实验室和 CIMS 技术实验室)也于 1994 年陆续建成和开放。工程环境是选择了 10 家企业作为 863/CIMS 应用工厂,涉及飞机、机床、大型鼓风机、纺织机械、汽车、家电、服装和电子行业。研究环境的建成加深了人们对 CIMS 的认识,这对更好地积极跟踪国际 CIMS 的发展,突出创新,造就一支我国研究开发 CIMS 的科技队伍,减少我国实施 CIMS 的风险,都具有重要价值。工程环境的建立有助于更好地用 CIMS 技术推动我国企业的技术改造。

在应用工程方面,近年来已取得突破性进展。北京第一机床厂、沈阳鼓风机厂、成都飞机公司的 CIMS 工程突破口项目已进行验收,取得了重大进展,对企业产生了良好的效益,受到了高度评价。例如沈阳鼓风机厂是单件生产的离散型制造企业,他们开发的产品报价系统,使产品报价从 6 周缩短到 2 周,达到国际先进水平。另外由于采用 CIMS,产品设计时间、生产准备时间及加工制造时间从 18 个月缩短到 10～12 个月,大大提高了工厂的综合经济效益,增强了企业的竞争能力。又如北京第一机床厂是 20 世纪 50 年代兴建的国家骨干企业。为了提高企业的应变能力,参与市场竞争,他们采用 CIMS 技术,使产品设计周期比以前缩短了 $1/2$,工艺设计周期缩短了 $1/3$～$1/2$,制造周期缩短了 10%～20%,生产计划编制效率提高了数十倍,降低成本、减少资金 10%,库存比以前下降了 10%。继 1994 年以来,清华大学 CIMS 工程研究中心获得美国制造工程师学会(ASME)颁发的"大学领先奖",1995 年北京第一机床厂又夺得多年被美国企业占有的 CIMS"工业领先奖"。这表明我国在 CIMS 研究和应用方面已跨入世界先进行列。

在产品开发方面也已取得重大成果。近年来,863/CIMS 项目支持了近 20 多项产品开发,包括 CAD 系统,CAPP 系统,制造业的管理及决策信息系统,加工过程的调度与控制、仿真系统以及其他与工厂自动化有关的计算机辅助技术产品。值得提出的是基于

STEP 的 CAD/CAM 集成系统的大型软件，经过关键技术攻关，已取得了技术上的突破，在国际上处于先进水平。另一项重大产品开发是面向大中型企业的制造业管理信息系统。这是我国自己开发、更符合国情的具有广大市场的产品。上述各项产品多已完成并投入使用。

CIMS 作为一门迅速发展中的高技术，随着人们认识的不断深化，其概念也在拓宽和变化，新思路、新概念、新技术如并行工程、面向对象（object oriented，OO）技术、精良生产（lean production）、虚拟制造（virtual manufacturing）和敏捷制造（agile manufacturing）等，正在不断地被引进到 CIMS 中来，这给我国 CIMS 的研究和应用注入了新的活力。

随着全球经济一体化的不断发展，在激烈的市场竞争中求生存、争发展已成为我国企业共同关心的根本问题。如何缩短产品上市时间、提高产品质量、降低成本和提供更良好的服务，是企业当前所面临的最迫切的问题。采用 CIMS 就是解决这些问题的一条途径，所以有越来越多的企业希望实施 CIMS。

"十一五"期间，863/CIMS 的工作重点是在推广应用中促进产业化。到 2010 年，全国就已有各种类型（离散、连续、混合）的几百个大、中、小型企业实现了 CIM（局部集成或较全面的集成）。企业本身从中获得了重大经济效益，对我国制造业产生了重要的导向作用。目前，已经形成几家著名的系统集成高技术产业，有几种 CIMS 产品在国内市场上占有一定份额，有几个国际知名的 CIMS 技术研究开发基地，它们在 CIMS 的研究应用、重大工程及产品开发方面发挥了重大的作用。

本章重难点及知识拓展

计算机辅助技术 CAD，CAPP，CAM，CAE 等独立地分别在产品设计自动化、工艺过程设计自动化和数控编程自动化等方面起到了重要作用，开发 CAD/CAM 系统可使这些独立的系统之间的信息和数据自动传递和转换。

CIMS 是信息制造观的具体体现，CIMS 的关键是实现信息集成，把分散在各有关部门的信息集成起来，做到在正确的时刻，把正确的信息以正确的方式送给正确的人，以便做出正确的决策。

思考与练习

1. 简述 CAD/CAM 集成的基本概念。

2. 实现 CAD/CAM 集成有哪些方法？

3. 为什么说 CIM 是一种新的制造思想？

4. 从功能上讲,CIMS 由哪几部分组成？各有何功能？

5. 实现 CIMS 主要需解决哪些关键技术问题？

6. 解决 CIMS 中的信息通信问题有些什么方法？

7. 为什么说产品集成模型能满足 CIMS 中集成化的要求？

8. CIMS 中的生产管理为什么采用 MRPⅡ系统？

9. 当前我国 CIMS 技术取得了哪些主要进展？

10. 你认为在 CIMS 的研究发展中,应采用哪些先进技术？

参 考 文 献

[1] 孙春华,尚广庆,邢西哲. CAD/CAPP/CAM 技术基础及应用[M]. 北京:清华大学出版社,2004.

[2] 宁汝新,赵汝嘉,欧宗英. CAD/CAM 技术[M]. 北京:机械工业出版社,2004.

[3] 王定标,郭茶秀,向飒. CAD/CAE/CAM 技术与应用[M]. 北京:化学工业出版社,2005.

[4] 王大康,刘志峰,王蕾. 计算机辅助设计及制造技术[M]. 北京:机械工业出版社,2005.

[5] 蔡颖,薛庆,徐弘山. CAD/CAM 原理与应用[M]. 北京:机械工业出版社,1998.

[6] 袁泽虎,戴锦春,华中平,等. 计算机辅助设计与制造[M]. 北京:中国水利水电出版社,2004.

[7] 刘军,李永奎,陶栋材. CAD/CAE/CAM 技术及应用[M]. 北京:中国农业大学出版社,2005.

[8] 王国均,唐国民,苏晓萍,等. 数据结构——C 语言描述[M]. 北京:科学出版社,2005.

[9] 文益民,郭杰,李键. 数据结构基础教程[M]. 北京:清华大学出版社,北京交通大学出版社,2005.

[10] 施法中. 计算机辅助几何设计与非均匀有理 B 样条[M]. 北京:北京航空航天大学出版社,1994.

[11] 宗志坚,陈新度. CAD/CAM 技术[M]. 北京:机械工业出版社,2001.

[12] 魏生民. 机械 CAD/CAM[M]. 武汉:武汉理工大学出版社,2001.

[13] 柳宁. 机械 CAD/CAM[M]. 北京:机械工业出版社,2002.

[14] 单忠臣. 机械 CAD/CAM[M]. 北京:中央广播电视大学出版社,2002.

[15] 王隆太,朱灯林,戴国洪. 机械 CAD/CAM 技术[M]. 北京:机械工业出版社,2002.

[16] 宋振会. UG NX 4.0 三维建模基础教程[M]. 北京:清华大学出版社,2006.

[17] 零点工作室等. 精通 UG NX 4.0[M]. 北京:电子工业出版社,2007.

[18] LOGAN D L. 有限元方法基础教程[M]. 伍义生,吴永礼,译. 3 版. 北京:电子工业出版社,2003.

[19] 李玉龙,王勇. UG 下外啮合齿轮泵齿轮 3D 设计和分析[J]. 机床与液压,2004(9):21-23.

［20］   孙靖民. 现代机械设计方法［M］. 哈尔滨:哈尔滨工业大学出版社,2003.

［21］   邹慧君. 机械设计系统原理［M］. 北京:科学出版社,2003.

［22］   余俊. 现代设计方法及应用［M］. 北京:中国标准出版社,2002.

［23］   刘德贵,费景高. 动力学系统数字仿真算法［M］. 北京:科学出版社,2000.